선형대수학 제2판

채갑병 지음

KM 경문사

2판 머리말

1판의 오타와 오류를 수정하였고 현행 고등학교 과정에서 행렬이 제외되어 대학과정에서 행렬을 먼저 배워야 하기에 행렬을 1장으로 변경하였다. 또한 연습문제를 보강하고 행렬을 사용한 계산을 더 강조하여 서술하여 공대 학생들에게도 친숙하도록 하였다. 공대학생들은 자세한 증명과 이론을 생략하고 보아도 되도록하였다. MATLAB을 사용한 계산을 추가하여 학생들이 MATLAB 프로그램에 조금 더 친숙하게 되도록 노력하였다.

끝으로 세밀하게 읽어주신 김미경 교수님과 경문사 편집부의 수고에 감사드린다.

2021년 2월

채갑병 씀

1판 머리말

선형대수학(Linear Algebra)은 우리 세계의 많은 문제를 분석하는 데 필수적인 학문 분야이다. 현재 공학을 비롯한 많은 수학적 모델링이 필요한 분야에서 필수적인 과목이다. 선형(linear)이란 직선 또는 평평하다는 뜻이고, 특히 원점을 지나는 모든 직선, 평면, 공간 등 벡터공간을 의미한다.

선형대수학은 3개의 부분으로 구성되어 있다. 첫 번째는 중고등학교 때부터 배워왔던 1차(선형) 연립방정식을 푸는 방법에 대한 것이다. 두 번째는 추상적으로 벡터공간에 대한 공부이다. 그와 함께 벡터공간 간의 함수인 선형변환을 공부한다. 세 번째는 행렬(matrix)의 거의 모든 것에 관해 배우는 것이다. 행렬은 특히 연립방정식과 벡터공간과 그들의 선형변환에 관한 문제를 푸는 실질적인 도구이다.

선형 연립방정식이란 1차의 한 개 이상의 미지수(변수)를 갖는 방정식들의 모임이다. 이 선형 연립방정식이 해는 미지수(변수)의 개수와 방정식의 개수 중 어느 것이 더 많은가와 밀접한 관계가 있다. 또한 행렬을 이용한 해법을 공부할 것이다. 벡터공간이란 덧셈이 정의되고 곱셈의 정의가 어려운 대상을 모델로 하여 만든 수학적 대상이 되는 집합으로써, 곱셈 대신 벡터공간의 원소 벡터에 체 $\mathbb{R}$의 원소를 곱하는 스칼라 곱셈(scalar multiplication)을 도입한 것이다. 두 벡터공간이 주어졌을 때 덧셈과 스칼라 곱셈을 유지시켜주는 두 공간 사이의 함수인 선형변환에 대하여 공부를 하는데, 행렬은 이 선형변환을 표현하는 도구 중 가장 중요하고 효율적이라고 하겠다. 이러한 선형변환을 표현하는 행렬은 유일하지는 않고 그 쓰이는 벡터공간의 기저(bases)에 따라 각기 달리 나타난다. 우리는 이 벡터공간의 선형변환을 가장 단순한 형태로 표현하고자 노력할 것이다.

이 교재는 학부 수준의 선형대수학의 두 학기용 교재로서 1장부터 4장까지 첫 학기, 5장부터 8장까지 두 번째 학기용으로 사용할 수 있다. 부족하지만 계속해서 보안해나갈 것을 약속드리고, 이 책이 나올 때까지 꼼꼼히 읽어 주고 수정해준 경문사 편집부와 많은 오타를 찾아준 제자들에게 감사의 말을 전한다.

마지막으로 이 책을 시작하도록 독려해주신 허걸 교수님께 감사의 마음을 전하고 항상 힘이 돼주는 나의 가족에게 감사함을 전한다.

2010년 8월

채갑병 씀

차 례

3장 연립방정식

4장 벡터 공간

5장 선형변환과 행렬

6장 내적공간과 직교성

7장 행렬식

8장 고윳값과 고유벡터

“

이 책을 나의 가족에게 바칩니다.

”

1장

행렬

행렬은 데이터를 저장하는 수단 또는 표현하는 방법 중 하나이다. 즉 정보를 어떻게 써야 더 많은 정보를 저장하고 어떻게 표현해야 효율적으로 관리할 수 있는가 하는 관점에서 앞으로 배울 것을 바라보면 쉽게 이해할 수 있다. 따라서 행렬은 정보의 저장, 정보의 손쉬운 표현과 수학적 처리가 필요한 모든 인간의 학문 분야에서 다양하게 쓰이고 있고 특히 물리학, 역학, 컴퓨터, 통계, 경제, 의학, AI 등 거의 모든 현대 자연과학 분야에서 쓰이는 수단이다. 여러분들이 가지고 있는 핸드폰 또한 통신 데이터의 저장과 표현, 수학적 처리의 수단으로 행렬을 사용하고 있는 대표적 사례라고 할 수 있다. 행렬의 가장 큰 특징은 교환법칙이 성립하지 않는 것이다.

1.1 행렬의 정의와 연산

행렬의 정의

먼저 벡터를 정의하자. 실수로 이루어진 모든 $n-$순서쌍 $(a_1, a_2, \ldots, a_n)$의 집합을 $\mathbb{R}^n$이라 나타내고 $n-$공간이라 부른다. 그리고

$$u = (a_1, a_2, \ldots, a_n) = \begin{bmatrix} a_1 \\ a_2 \\ \vdots \\ a_n \end{bmatrix}$$

를 점 또는 **벡터**라 부른다. $\mathbb{R}^n$안의 벡터 u의 **놈** 또는 **크기**를 $\|u\|$라고 나타내고 $u = (a_1, a_2, \ldots, a_n)$일 때,

$$\|u\| = \sqrt{a_1^2 + a_2^2 + \cdots + a_n^2}$$

라 정의한다. u의 성분들의 제곱의 합의 제곱근이다. 한 벡터 u가 $\|u\| = 1$(또는 $u \cdot u = 1$)를 만족하면 **단위벡터**라고 부른다. 실수 a_i들을 u의 **좌표**(coordinates), **성분**(components), **원소**(entries, elements)라고 한다. 또한 $\mathbb{R}$의 원소들을 스칼라라고 부른다.

실수 $\mathbb{R}$ 위의 **행렬**(Matrix, 복수는 Matrices) A는 다음과 같이 실수 $\mathbb{R}$의 원소(스칼라라 부른다)들을 성분으로 갖는 사각형 형태의 배열로 나타내어진다.

$$A = \begin{bmatrix} a_{11} & a_{12} & \cdots & a_{1n} \\ a_{21} & a_{22} & \cdots & a_{2n} \\ \vdots & \vdots & \vdots & \vdots \\ a_{m1} & a_{m2} & \cdots & a_{mn} \end{bmatrix}$$

행렬 A의 각 **행**(rows)은

$$(a_{11}, a_{12}, \ldots, a_{1n}),\ (a_{21}, a_{22}, \ldots, a_{2n}),\ \ldots,\ (a_{m1}, a_{m2}, \ldots, a_{mn})$$

과 같이 m개의 **행벡터**를 이루고(벡터를 행으로 쓸 때는 소괄호를 사용) 각 **열**(columns)은

$$\begin{bmatrix} a_{11} \\ a_{21} \\ \vdots \\ a_{m1} \end{bmatrix}, \begin{bmatrix} a_{12} \\ a_{22} \\ \vdots \\ a_{m2} \end{bmatrix}, \ \ldots, \begin{bmatrix} a_{1n} \\ a_{2n} \\ \vdots \\ a_{mn} \end{bmatrix}$$

과 같이 n개의 **열벡터**를 이룬다(열벡터는 기본적으로 대괄호를 사용한다). 행렬 A의 성분 a_{ij}를 ij**성분**(entry) 또는 ij**원소**라 부르고 행렬 A의 i번째 열과 j번째 행을 나타낸다. 단순히 행렬 A를

$$A = [a_{ij}]$$

라 쓰고 m개의 행과 n개의 열을 가진 행렬을 $m \times n$ **행렬**이라 하며, m과 n을 행렬의 **크기**(size)라고 한다. 두 행렬 A, B가 같은 크기를 갖고 대응하는 모든 성분이 각각 일치할 때 우리는 두 행렬을 같다(equal)고 하고 $A = B$ 라고 쓴다(행렬의 **상등**이라고도 한다). 즉 두 행렬이 같음을 보이려면 $m \times n$개의 성분을 비교하여야 한다.

또한 행렬의 모든 성분이 복소수이면 복소수 집합 $\mathbb{C}$**위의 행렬**(matrices over $\mathbb{C}$)이라고 부른다. 이 책에서는 별다른 말이 없을 때 모든 행렬은 모두 실수 위에서의 행렬을 뜻하고 증명도 모두 실수 위에서의 행렬에 관하여 논할 것이다.

$$A = [a_{ij}] = \begin{bmatrix} a_{11} & a_{12} & \cdots & a_{1n} \\ a_{21} & a_{22} & \cdots & a_{2n} \\ \cdots & \cdots & \cdots & \cdots \\ a_{m1} & a_{m2} & \cdots & a_{mn} \end{bmatrix} = [a_1 \ a_2 \ \cdots \ a_n]$$

와

$$B = [b_{ij}] = \begin{bmatrix} b_{11} & b_{12} & \cdots & b_{1n} \\ b_{21} & b_{22} & \cdots & b_{2n} \\ \cdots & \cdots & \cdots & \cdots \\ b_{m1} & b_{m2} & \cdots & b_{mn} \end{bmatrix} = [b_1 \ b_2 \ \cdots \ b_n]$$

를 $m \times n$행렬이라 하자. 여기서 $a_1, a_2, \cdots, a_n$은 행렬 A의 열벡터이고 $b_1, b_2, \cdots, b_n$은 행렬 B의 열벡터이다(첨자가 한 개가 붙은 것과 두 개가 붙은 것을 확실히 구분하도록 하자. 뒤에서 정의하겠지만 첨자가 한 개가 붙으면 보통 벡터이고 두 개가 붙으면 스칼라, 즉 상수(성분)이다). 즉,

$$a_i = \begin{bmatrix} a_{1i} \\ a_{2i} \\ \cdots \\ a_{mi} \end{bmatrix}, \ b_i = \begin{bmatrix} b_{1i} \\ b_{2i} \\ \cdots \\ b_{mi} \end{bmatrix}$$

숫자 a_{ij}는 i번째 행의 j번째 열의 성분이다. $m\times n$행렬 A의 대각성분은 $a_{11}, a_{22}, a_{33}, \cdots$ 이고 A의 **주대각성분**을 형성한다. **대각행렬**은 대각성분을 제외한 모든 성분이 0인 $n\times n$행렬이다. $n\times n$ 단위행렬 I_n이 대표적인 예이다. 모든 성분이 0인 $m\times n$행렬을 영행렬(zero matrix)이라 하고 $\mathbf{0}$이라 쓴다.

보기 1.1 (1) $A=\begin{bmatrix}1 & 1 & 2\\ 2 & 0 & -3\end{bmatrix}$은 2×3 행렬이다. $(1,\ 1,\ 2)$, $(2,\ 0,\ -3)$은 각각 두 개의 행벡터이고 $\begin{bmatrix}1\\2\end{bmatrix}, \begin{bmatrix}1\\0\end{bmatrix}, \begin{bmatrix}2\\-3\end{bmatrix}$은 열벡터이다.

(2) 3×4 영행렬은 $\mathbf{0}=\begin{bmatrix}0 & 0 & 0 & 0\\ 0 & 0 & 0 & 0\\ 0 & 0 & 0 & 0\end{bmatrix}$이다.

(3) $\begin{bmatrix}2x+y & 2z+t\\ x+y & 2z-t\end{bmatrix}=\begin{bmatrix}6 & 5\\ 4 & 3\end{bmatrix}$을 만족하는 $x,\ y,\ z,\ t$는 각 성분이 같아야 하므로

$$\begin{cases}2x+y=6\\ x+y=4\end{cases},\ \begin{cases}2z+t=5\\ 2z-t=3\end{cases}$$

을 얻고, 이 연립방정식을 풀면 $x=2,\ y=2,\ z=2,\ t=1$이다. ■

두 $m\times n$행렬 A와 B의 **덧셈**, $A+B$을 다음과 같이 정의한다.

$$A+B=\begin{bmatrix}a_{11}+b_{11} & a_{12}+b_{12} & \cdots & a_{1n}+b_{1n}\\ a_{21}+b_{21} & a_{22}+b_{22} & \cdots & a_{2n}+b_{2n}\\ \cdots & \cdots & \cdots & \cdots\\ a_{m1}+b_{m1} & a_{m2}+b_{m2} & \cdots & a_{mn}+b_{mn}\end{bmatrix}=[a_1+b_1\ \cdots\ a_n+b_n]$$

또한 스칼라 k와 행렬 A의 곱, 즉 **스칼라 곱** kA를

$$kA=\begin{bmatrix}ka_{11} & ka_{12} & \cdots & ka_{1n}\\ ka_{21} & ka_{22} & \cdots & ka_{2n}\\ \cdots & \cdots & \cdots & \cdots\\ ka_{m1} & ka_{m2} & \cdots & ka_{mn}\end{bmatrix}=[ka_1\ ka_2\ \cdots\ ka_n]$$

로 정의한다. 또한

$$-A=(-1)A,\quad A-B=A+(-B)$$

이다. $-A$를 행렬 A의 **음**(negative)이라 하고 $A-B$를 A와 B의 **차이**(difference)라고 한다.

보기 1.2 (1) $A=\begin{bmatrix}1&1&2\\2&0&-3\end{bmatrix}$, $B=\begin{bmatrix}2&1&1\\0&4&7\end{bmatrix}$, $C=\begin{bmatrix}3&-3\\0&2\end{bmatrix}$라고 하자.

$$A+B=\begin{bmatrix}3&2&3\\2&4&4\end{bmatrix}$$

이고 $A+C$는 정의되지 않는다.

(2) $A=\begin{bmatrix}1&1&2\\2&0&-3\end{bmatrix}$ $B=\begin{bmatrix}-3&5&3\\-1&1&-4\end{bmatrix}$라고 하자.

$$A+B=\begin{bmatrix}1-3&1+5&2+3\\2-1&0+1&-3-4\end{bmatrix}=\begin{bmatrix}-2&6&5\\1&1&-7\end{bmatrix}$$

$$3A=3\begin{bmatrix}1&1&2\\2&0&-3\end{bmatrix}=\begin{bmatrix}3(1)&3(1)&3(2)\\3(2)&3(0)&3(-3)\end{bmatrix}=\begin{bmatrix}3&3&6\\6&0&-9\end{bmatrix}$$

$$\begin{aligned}3A-2B&=\begin{bmatrix}3&3&6\\6&0&-9\end{bmatrix}-\begin{bmatrix}2(-3)&2(5)&2(3)\\2(-1)&2(1)&2(-4)\end{bmatrix}\\&=\begin{bmatrix}3&3&6\\6&0&-9\end{bmatrix}-\begin{bmatrix}-6&10&6\\-2&2&-8\end{bmatrix}\\&=\begin{bmatrix}9&-7&0\\8&-2&-1\end{bmatrix}\end{aligned}$$

■

유제 1.1 $A=\begin{bmatrix}-2&-3&3\\4&2&-4\end{bmatrix}$, $B=\begin{bmatrix}2&0&2\\-4&2&5\end{bmatrix}$라 할 때, 다음을 구하라.

(1) $A+B$ (2) $2A-3B$

풀이 (1) 대응하는 성분끼리 더한다.

$$A+B=\begin{bmatrix}-2+2&-3+0&3+2\\4-4&2+2&-4+5\end{bmatrix}=\begin{bmatrix}0&-3&5\\0&4&1\end{bmatrix}$$

(2) $2A-3B=\begin{bmatrix}-4&-6&6\\8&4&-8\end{bmatrix}-\begin{bmatrix}6&0&6\\-12&6&15\end{bmatrix}=\begin{bmatrix}-10&-6&0\\20&-2&-23\end{bmatrix}$ ■

정리 1.1 행렬 A, B, C와 스칼라 k, k'이 주어져 있다 하자.

(1) $(A+B)+C=A+(B+C)$
(2) $A+\mathbf{0}=\mathbf{0}+A=A$
(3) $A+(-A)=(-A)+A=0$
(4) $A+B=B+A$
(5) $k(A+B)=kA+kB$
(6) $(k+k')A=kA+k'A$
(7) $(kk')A=k(k'A)$
(8) $1A=A$

증명 $A=[a_{ij}]$, $B=[b_{ij}]$, $C=[c_{ij}]$라 하자. 증명은 양쪽 항의 대응하는 성분이 일치한다는 것을 보인다.

(1) $A+B$의 $ij-$성분은 $a_{ij}+b_{ij}$이고 $(A+B)+C$의 $ij-$성분은 $(a_{ij}+b_{ij})+c_{ij}$이다. 반면, $B+C$의 $ij-$성분은 $b_{ij}+c_{ij}$이고 $A+(B+C)$의 $ij-$성분은 $a_{ij}+(b_{ij}+c_{ij})$이다. 그런데 실수 위에서

$$(a_{ij}+b_{ij})+c_{ij}=a_{ij}+(b_{ij}+c_{ij})$$

이므로 모든 i, j에 대하여 $(A+B)+C$와 $A+(B+C)$는 같은 $ij-$성분을 갖는다. 그러므로 $(A+B)+C=A+(B+C)$이다.

(5) $k(A+B)$의 $ij-$성분은 $k(a_{ij}+b_{ij})$이고 $kA+kB$의 $ij-$성분은 $ka_{ij}+kb_{ij}$이고 실수 위에서 $k(a_{ij}+b_{ij})=ka_{ij}+kb_{ij}$이므로 $k(A+B)=kA+kB$이다. ■

(1)과 (4)에 의하여 유한개의 행렬의 덧셈 $A_1+A_2+\cdots+A_n$은 순서와 괄호에 영향을 받지 않음을 알 수 있다. 또한 (vi)과 (viii)에 의하여 $A+A=2A$, $A+A+A=3A$, ...임을 알 수 있다.

행렬의 곱셈

$A=[a_{ik}]$와 $B=[b_{kj}]$를 각각 $m\times p$, $p\times n$ 행렬이라 하자. 행렬의 곱셈은 행렬 A의 열의 개수와 행렬 B의 행의 개수가 일치해야만 정의된다.

$$\begin{bmatrix} a_{11} & a_{12} & \cdots & a_{1p} \\ \cdots & \cdots & \cdots & \cdots \\ a_{i1} & a_{i2} & \cdots & a_{ip} \\ \cdots & \cdots & \cdots & \cdots \\ a_{m1} & a_{m2} & \cdots & a_{mp} \end{bmatrix} \begin{bmatrix} b_{11} & \cdots & b_{1j} & \cdots & b_{1n} \\ \cdots & \cdots & \cdots & \cdots & \cdots \\ \cdots & \cdots & \cdots & \cdots & \cdots \\ \cdots & \cdots & \cdots & \cdots & \cdots \\ b_{p1} & \cdots & b_{pj} & \cdots & b_{pn} \end{bmatrix} = \begin{bmatrix} c_{11} & \cdots & c_{1n} \\ \cdots & \cdots & \cdots \\ \cdots & c_{ij} & \cdots \\ \cdots & \cdots & \cdots \\ c_{m1} & \cdots & c_{mn} \end{bmatrix} \quad \cdots\cdots (1)$$

두 행렬의 곱 AB는 $m\times n$행렬이 되고 그 $ij-$성분은 A의 i번째 행과 B의 j번째 열의 곱으로 구하여진다.

여기서

$$\begin{aligned} c_{ij} &= (a_{i1},\ a_{i2}\ \ldots,\ a_{ip}) \begin{bmatrix} b_{1j} \\ b_{2j} \\ \vdots \\ b_{pj} \end{bmatrix} \\ &= a_{i1}b_{1j}+a_{i2}b_{2j}+\cdots+a_{ip}b_{pj} \\ &= \sum_{k=1}^{p} a_{ik}b_{kj} \end{aligned}$$

이다.

정리 1.2 행렬 A, B, C 가 주어져 있다 하고 아래의 곱셈과 덧셈이 잘 정의 될 때 다음이 성립한다.

(1) $(AB)C = A(BC)$ (결합법칙)

(2) $A(B+C) = AB + AC$ (왼쪽 배분법칙)

(3) $(B+C)A = BA + CA$ (오른쪽 배분법칙)

(4) $k(AB) = (kA)B = A(kB)$, k는 스칼라.

0이 영행렬이면 $0A = 0$이고 $B0 = 0$이다.

증명 (1) $A = [a_{ij}]_{\alpha \times m}$, $B = [b_{jk}]_{m \times n}$, $C = [c_{kl}]_{n \times \beta}$,

$AB = S = [s_{ik}]_{\alpha \times n}$, $BC = T = [t_{jl}]_{m \times \beta}$ 이라 하자. 따라서

$s_{ik} = \sum_{j=1}^{m} a_{ij} b_{jk}$ 이고 $t_{jl} = \sum_{k=1}^{n} b_{jk} c_{kl}$ 이다.

$(AB)C = SC$ 의 $il-$성분은

$$s_{i1}c_{1l} + s_{i2}c_{2l} + \cdots + s_{in}c_{nl} = \sum_{k=1}^{n} s_{ik}c_{kl} = \sum_{k=1}^{n}\sum_{j=1}^{m}(a_{ij}b_{jk})c_{kl}$$

이다. 반면에 $A(BC) = AT$ 의 $il-$성분은

$$a_{i1}t_{1l} + a_{i2}t_{2l} + \cdots + a_{im}t_{ml} = \sum_{j=1}^{m} a_{ij}t_{jl} = \sum_{j=1}^{m}\sum_{k=1}^{n} a_{ij}(b_{jk}c_{kl})$$

이다. 위의 두 합은 같으므로 $(AB)C = A(BC)$ 이다.

(2) $A = [a_{ij}]_{\alpha \times m}$, $B = [b_{jk}]_{m \times \beta}$, $C = [c_{jk}]_{m \times \beta}$, $D = B + C = [d_{jk}]_{m \times \beta}$ 이고 $E = AB = [e_{ik}]_{\alpha \times \beta}$, $F = AC = [f_{ik}]_{\alpha \times \beta}$ 이라 하자. 그러면

$$d_{jk} = b_{jk} + c_{jk}, \quad e_{ik} = \sum_{j=1}^{m} a_{ij}b_{jk}, \quad f_{ik} = \sum_{j=1}^{m} a_{ij}c_{jk}$$

이다. $AB + AC$ 의 $ik-$성분은

$$e_{ik} + f_{ik} = \sum_{j=1}^{m} a_{ij}b_{jk} + \sum_{j=1}^{m} a_{ij}c_{jk} = \sum_{j=1}^{m} a_{ij}(b_{jk} + c_{jk})$$

이고, 반면 $AD = A(B+C)$ 의 $ik-$성분은

$$a_{i1}d_{1k} + a_{i2}d_{2k} + \cdots + a_{im}d_{mk} = \sum_{j=1}^{m} a_{ij}d_{jk} = \sum_{j=1}^{m} a_{ij}(b_{jk} + c_{jk})$$

이다. 그러므로 $A(B+C) = AB + AC$이다.

(3), (4)는 각자 해보시오. ■

곱셈의 다른 표현

$m\times p$행렬 A, $p\times n$행렬 $B=[b_1\ b_2\ \cdots\ b_n]$이고 $x\in\mathbb{R}^n$이라 하자. $x_1, x_2, \cdots, x_n$는 벡터 x의 성분들이다(즉, 스칼라이다). 그러면

$$Bx = x_1b_1 + \cdots + x_nb_n = x_1\begin{bmatrix} b_{11} \\ b_{21} \\ \vdots \\ b_{p1} \end{bmatrix} + \cdots + x_n\begin{bmatrix} b_{1n} \\ b_{2n} \\ \vdots \\ b_{pn} \end{bmatrix}$$

이다. 여기에 A를 곱하면 정리 1.2에 의하여(행렬 곱셈의 선형성 또는 배분법칙)

$$\begin{aligned} A(Bx) &= A(x_1b_1) + \cdots + A(x_nb_n) \\ &= x_1Ab_1 + \cdots + x_nAb_n \end{aligned}$$

벡터 $A(Bx)$는 벡터 x의 성분들을 스칼라로 사용한 벡터 $Ab_1, \ldots, Ab_n$들의 **선형결합**이다. 행렬 표현으로 이를 다시 쓰면

$$A(Bx) = [Ab_1\ Ab_2\ \cdots\ Ab_n]x$$

이다. 따라서 행렬 AB는 열성분이 $Ab_1, \ldots, Ab_n$인 $m\times n$행렬이다. 즉,

$$AB = [Ab_1\ Ab_2\ \cdots\ Ab_n]$$

이다. 그러므로

$$A = \begin{bmatrix} a_{11} & a_{12} & \cdots & a_{1p} \\ a_{21} & a_{22} & \cdots & a_{2p} \\ \cdots & \cdots & \cdots & \cdots \\ a_{m1} & a_{m2} & \cdots & a_{mp} \end{bmatrix} = [a_1\ a_2\ \cdots\ a_p],$$

$$B = [b_1\ b_2\ \cdots\ b_n]_{p\times n},\quad C = [c_1\ c_2\ \cdots\ c_n]_{m\times n}$$

이면 '행렬의 곱셈' 식 (1)은 다음과 같은 n개의 식들을 함께 나타낸 것이다. 모든 $j=1, \cdots, n$에 대하여

$$\begin{aligned} Ab_j &= \begin{bmatrix} a_{11} & a_{12} & \cdots & a_{1p} \\ a_{21} & a_{22} & \cdots & a_{2p} \\ \cdots & \cdots & \cdots & \cdots \\ a_{m1} & a_{m2} & \cdots & a_{mp} \end{bmatrix}\begin{bmatrix} b_{1j} \\ \vdots \\ b_{pj} \end{bmatrix} = [a_1\ a_2\ \cdots\ a_p]\begin{bmatrix} b_{1j} \\ \vdots \\ b_{pj} \end{bmatrix} \\ &= b_{1j}a_1 + \cdots + b_{pj}a_p = \begin{bmatrix} c_{1j} \\ \vdots \\ c_{mj} \end{bmatrix} = [c_j] \end{aligned}$$

여기서 $j=1, \cdots, n$이고 c_j는 행렬 C의 j번째 열이다. 여기서 a_i들은 벡터들이고 b_{ij}는 스칼라임을 유의해서 보아야 한다. 특히,

$$[a_1\ a_2\ \cdots\ a_p]\begin{bmatrix} b_{1j} \\ \vdots \\ \vdots \\ b_{pj} \end{bmatrix} = b_{1j}a_1 + \cdots + b_{pj}a_p$$

는 행렬과 열벡터의 곱으로서 학생들이 벡터와 벡터의 곱으로 착각하는 경우가 많다.

보기 1.3 $A = \begin{bmatrix} a_{11}\ a_{12}\ a_{13} \\ a_{21}\ a_{22}\ a_{23} \\ a_{31}\ a_{32}\ a_{33} \end{bmatrix}$ 이고 $b = \begin{bmatrix} b_1 \\ b_2 \\ b_3 \end{bmatrix}$ 일 때

$$Ab = [a_1\ a_2\ a_3]\begin{bmatrix} b_1 \\ b_2 \\ b_3 \end{bmatrix} = b_1a_1 + b_2a_2 + b_3a_3$$

임을 보여라.

풀이 $Ab = \begin{bmatrix} a_{11}\ a_{12}\ a_{13} \\ a_{21}\ a_{22}\ a_{23} \\ a_{31}\ a_{32}\ a_{33} \end{bmatrix}\begin{bmatrix} b_1 \\ b_2 \\ b_3 \end{bmatrix} = \begin{bmatrix} a_{11}b_1 + a_{12}b_2 + a_{13}b_3 \\ a_{21}b_1 + a_{22}b_2 + a_{23}b_3 \\ a_{31}b_1 + a_{32}b_2 + a_{33}b_3 \end{bmatrix}$

$$= \begin{bmatrix} a_{11}b_1 \\ a_{21}b_1 \\ a_{31}b_1 \end{bmatrix} + \begin{bmatrix} a_{12}b_2 \\ a_{22}b_2 \\ a_{32}b_2 \end{bmatrix} + \begin{bmatrix} a_{13}b_3 \\ a_{23}b_3 \\ a_{33}b_3 \end{bmatrix} = b_1\begin{bmatrix} a_{11} \\ a_{21} \\ a_{31} \end{bmatrix} + b_2\begin{bmatrix} a_{12} \\ a_{22} \\ a_{32} \end{bmatrix} + b_3\begin{bmatrix} a_{13} \\ a_{23} \\ a_{33} \end{bmatrix}$$

$$= b_1a_1 + b_2a_2 + b_3a_3$$

■

보기 1.4 (1) $A = \begin{bmatrix} -3 & 1 \\ 2 & 3 \end{bmatrix}$, $B = \begin{bmatrix} 0 & 4 & 5 \\ -2 & 2 & -3 \end{bmatrix}$ 일 때 AB 를 구하라.

A는 2×2행렬이고 B는 2×3행렬이므로 행렬 A의 열의 개수와 행렬 B의 행의 개수가 같다. 그러므로 곱셈을 정의할 수 있고 그 결과 $AB = [c_{ij}]$는 2×3행렬이 된다.

$$c_{11} = (-3,\ 1)\begin{bmatrix} 0 \\ -2 \end{bmatrix} = (-3)0 + 1(-2) = -2,$$

$$c_{12} = (-3,\ 1)\begin{bmatrix} 4 \\ 2 \end{bmatrix} = (-3)4 + 1(2) = -12 + 2 = -10,$$

$$c_{13} = (-3,\ 1)\begin{bmatrix} 5 \\ -3 \end{bmatrix} = (-3)5 + 1(-3) = -15 - 3 = -18,$$

$$c_{21} = (2,\ 3)\begin{bmatrix} 0 \\ -2 \end{bmatrix} = (2)0 + 3(-2) = -6,$$

$$c_{22} = (2,\ 3)\begin{bmatrix} 4 \\ 2 \end{bmatrix} = (2)4 + 3(2) = 8 + 6 = 14,$$

$$c_{23} = (2,\ 3)\begin{bmatrix} 5 \\ -3 \end{bmatrix} = (2)5 + 3(-3) = 10 - 9 = 1.$$

그러므로 $C = \begin{bmatrix} -2 & -10 & -18 \\ -6 & 14 & 1 \end{bmatrix}$ 이다. BA는 정의되지 않는다.

〈별해〉 $B=\begin{bmatrix} 0 & 4 & 5 \\ -2 & 2 & -3 \end{bmatrix}=[b_1\ b_2\ b_3]$이라 하면 $Ab_1=\begin{bmatrix} -3 & 1 \\ 2 & 3 \end{bmatrix}\begin{bmatrix} 0 \\ -2 \end{bmatrix}=\begin{bmatrix} -2 \\ -6 \end{bmatrix}$,

$Ab_2=\begin{bmatrix} -3 & 1 \\ 2 & 3 \end{bmatrix}\begin{bmatrix} 4 \\ 2 \end{bmatrix}=\begin{bmatrix} -10 \\ 14 \end{bmatrix}$, $Ab_3=\begin{bmatrix} -3 & 1 \\ 2 & 3 \end{bmatrix}\begin{bmatrix} 5 \\ -3 \end{bmatrix}=\begin{bmatrix} -18 \\ 1 \end{bmatrix}$

이므로 $C=\begin{bmatrix} -2 & -10 & -18 \\ -6 & 14 & 1 \end{bmatrix}$이다.

(2) $A=\begin{bmatrix} -3 & 1 \\ 2 & 3 \end{bmatrix}$, $B=\begin{bmatrix} 0 & 5 \\ -2 & -3 \end{bmatrix}$라 하자. 그러면

$$AB=\begin{bmatrix} -3(0)+1(-2) & -3(5)+1(-3) \\ 2(0)+3(-2) & 2(5)+3(-3) \end{bmatrix}=\begin{bmatrix} -2 & -18 \\ -6 & 1 \end{bmatrix}$$

이고

$$BA=\begin{bmatrix} 0(-3)+5(2) & 0(1)+5(3) \\ -2(-3)+(-3)(2) & -2(1)+(-3)(3) \end{bmatrix}=\begin{bmatrix} 10 & 15 \\ 0 & -11 \end{bmatrix}$$

이다. $AB \neq BA$임을 주의하자. 즉, 일반적으로 행렬의 곱셈에서 **교환 법칙**은 성립하지 않는다. ■

보기 1.5 $A=\begin{bmatrix} 2 & 3 \\ 1 & -5 \end{bmatrix}$ 이고 $B=\begin{bmatrix} 4 & 3 & 6 \\ 1 & -2 & 3 \end{bmatrix}$일 때, AB를 구하라.

$B=[b_1\ b_2\ b_3]$라 하면

$$Ab_1=\begin{bmatrix} 2 & 3 \\ 1 & -5 \end{bmatrix}\begin{bmatrix} 4 \\ 1 \end{bmatrix}=\begin{bmatrix} 11 \\ -1 \end{bmatrix},\ Ab_2=\begin{bmatrix} 2 & 3 \\ 1 & -5 \end{bmatrix}\begin{bmatrix} 3 \\ -2 \end{bmatrix}=\begin{bmatrix} 0 \\ 13 \end{bmatrix},$$

$Ab_3=\begin{bmatrix} 2 & 3 \\ 1 & -5 \end{bmatrix}\begin{bmatrix} 6 \\ 3 \end{bmatrix}=\begin{bmatrix} 21 \\ -9 \end{bmatrix}$이므로 $AB=\begin{bmatrix} 11 & 0 & 21 \\ -1 & 13 & -9 \end{bmatrix}$이다. ■

유제 1.2

(1) $[-3\ 6\ 2]\begin{bmatrix} 4 \\ 2 \\ -1 \end{bmatrix}$, (2) $[4\ -1\ 6\ 5]\begin{bmatrix} 5 \\ -9 \\ -3 \\ 4 \end{bmatrix}$ (행렬과 행렬의 곱이다.)

풀이 (1) $[-3\ 6\ 2]\begin{bmatrix} 4 \\ 2 \\ -1 \end{bmatrix}=-12+12-2=-2$

(2) $[4\ -1\ 6\ 5]\begin{bmatrix} 5 \\ -9 \\ -3 \\ 4 \end{bmatrix}=20+9-18+20=31$ ■

유제 1.3 $A=\begin{bmatrix} 1 & -2 \\ 4 & 5 \end{bmatrix}$, $B=\begin{bmatrix} 3 & 0 & 2 \\ -7 & 1 & 8 \end{bmatrix}$라 할 때, 다음을 구하라.

(1) AB (2) BA

풀이 (1) $AB = \begin{bmatrix} 1 & -2 \\ 4 & 5 \end{bmatrix} \begin{bmatrix} 3 & 0 & 2 \\ -7 & 1 & 8 \end{bmatrix}$

$= \begin{bmatrix} 3+14 & 0-2 & 2-16 \\ 12-35 & 0+5 & 8+40 \end{bmatrix} = \begin{bmatrix} 17 & -2 & -14 \\ -23 & 5 & 48 \end{bmatrix}$

(2) $BA = \begin{bmatrix} 3 & 0 & 2 \\ -7 & 1 & 8 \end{bmatrix} \begin{bmatrix} 1 & -2 \\ 4 & 5 \end{bmatrix}$는 계산이 가능하지 않다. ■

1.2 전치행렬과 정방행렬

행렬 A의 **전치 행렬**(Transpose Matrix) A^T는 행렬 A의 각 행을 열로 바꾸어 순서대로 다시 써서 얻어진다. 예를 들면

$$\begin{bmatrix} 1\,2\,3 \\ 4\,5\,6 \end{bmatrix}^T = \begin{bmatrix} 1\,4 \\ 2\,5 \\ 3\,6 \end{bmatrix} \text{ 이고 } \quad [1\,2\,3]^T = \begin{bmatrix} 1 \\ 2 \\ 3 \end{bmatrix}$$

이다. 좀 더 수학적으로 나타내면 $A = [a_{ij}]$가 $m \times n$행렬일 때 $A^T = [b_{ij}]$는 $n \times m$행렬이고 $b_{ij} = a_{ji}$이다. 행벡터($1 \times n$행렬)의 전치행렬은 열벡터($n \times 1$행렬)이고 열벡터의 전치행렬은 행벡터이다.

MATLAB에서 행렬 A의 전치행렬은 A'이다.

```
>> A=[2 -1 3 ; 3 2 1]

A =

     2    -1     3
     3     2     1

>> A'

ans =

     2     3
    -1     2
     3     1
```

정리 1.3 행렬 A, B와 스칼라 k가 주어져 있다 하자. 아래의 곱셈과 덧셈이 잘 정의 될 때 다음이 성립한다.

(1) $(A+B)^T = A^T + B^T$　　(2) $(A^T)^T = A$

(3) $(kA)^T = kA^T$　　(4) $(AB)^T = B^T A^T$

증명 (4)만 증명하고 나머지는 학생들에게 남긴다.

(4) $A = [a_{ik}]_{\alpha \times m}$, $B = [b_{kj}]_{m \times \beta}$ 이라 하자. AB의 $ij-$성분은

$$a_{i1}b_{1j} + a_{i2}b_{2j} + \cdots + a_{im}b_{mj}$$

이고 또한 $(AB)^T$의 $ji-$성분이다. B^T의 j번째 행은 B의 j번째 열이었고, A^T의 i번째 열은 A의 i번째 행이었으므로 $B^T A^T$의 $ji-$성분은

$$[b_{1j}, b_{2j}, \ldots, b_{mj}]\begin{bmatrix} a_{i1} \\ a_{i2} \\ \vdots \\ a_{im} \end{bmatrix} = a_{i1}b_{1j} + a_{i2}b_{2j} + \cdots + a_{im}b_{mj}$$

이다. 그러므로 $(AB)^T = B^T A^T$이다. ■

정방행렬

정방행렬(Square Matrix)이란 행과 열의 개수가 일치하는 것이다. $n \times n$ 정방행렬이라 할 때 n을 이 정방행렬의 위수라 하고 $n-$정방행렬이라고 쓴다. $n \times n$정방행렬들 간의 연산일 경우 덧셈이나 곱셈이 가능한지에 대해 걱정할 필요도 없고 모든 연산의 결과 또한 $n \times n$정방행렬이기도 하다.

보기 1.6 $A = \begin{bmatrix} -3 & 1 & 4 \\ 2 & 3 & 1 \\ 5 & 6 & 7 \end{bmatrix}$, $B = \begin{bmatrix} 0 & 4 & 5 \\ -2 & 2 & -3 \\ 1 & 2 & 3 \end{bmatrix}$라고 하자.

$$A+B = \begin{bmatrix} -3+0 & 1+4 & 4+5 \\ 2+(-2) & 3+2 & 1+(-3) \\ 5+1 & 6+2 & 7+3 \end{bmatrix} = \begin{bmatrix} -3 & 5 & 9 \\ 0 & 5 & -2 \\ 6 & 8 & 10 \end{bmatrix},$$

$$2A = 2\begin{bmatrix} -3 & 1 & 4 \\ 2 & 3 & 1 \\ 5 & 6 & 7 \end{bmatrix} = \begin{bmatrix} -6 & 2 & 8 \\ 4 & 6 & 2 \\ 10 & 12 & 14 \end{bmatrix},\ A^T = \begin{bmatrix} -3 & 2 & 5 \\ 1 & 3 & 6 \\ 4 & 1 & 7 \end{bmatrix},$$

$$AB = \begin{bmatrix} 2 & -2 & -6 \\ -5 & 16 & 4 \\ -5 & 46 & 28 \end{bmatrix}, \quad BA = \begin{bmatrix} 33 & 42 & 39 \\ -5 & -14 & -27 \\ 16 & 25 & 27 \end{bmatrix}$$

이다. ■

유제 1.4 다음 행렬들의 전치행렬을 찾아라.

$$A = \begin{bmatrix} 2 & -1 & 3 \\ 3 & 2 & 1 \end{bmatrix}, \quad B = [5 \;\; 2 \;\; 3 \;\; -4], \quad C = \begin{bmatrix} 3 \\ -4 \\ 6 \end{bmatrix}$$

풀이 $A^T = \begin{bmatrix} 2 & 3 \\ -1 & 2 \\ 3 & 1 \end{bmatrix}$, $B^T = \begin{bmatrix} 5 \\ 2 \\ 3 \\ -4 \end{bmatrix}$, $C^T = [3 \;\; -4 \;\; 6]$ 이다. ■

대각성분과 트레이스

$A = [a_{ij}]$를 $n-$정방행렬이라 하자. 행렬 A의 대각성분 또는 **주 대각성분**(diagonal)이란 ij의 첨자가 같은 성분을 의미한다. 즉,

$$a_{11},\; a_{22},\; a_{33},\; \ldots\;,\; a_{nn}$$

이다. 행렬 A의 **트레이스**(trace), $\mathrm{tr}(A)$, 란 대각성분의 합을 말한다. 즉,

$$\mathrm{tr}(A) = a_{11} + a_{22} + a_{33} + \cdots + a_{nn}$$

정리 1.4 $A = [a_{ij}]$와 $B = [b_{ij}]$를 $n-$정방행렬이라 하고 k를 스칼라라 하자.

(1) $\mathrm{tr}(A+B) = \mathrm{tr}(A) + \mathrm{tr}(B)$ (2) $\mathrm{tr}(A^T) = \mathrm{tr}(A)$

(3) $\mathrm{tr}(kA) = k\,\mathrm{tr}(A)$ (4) $\mathrm{tr}(AB) = \mathrm{tr}(BA)$

증명 (4)만 증명하고 나머지는 학생들에게 남긴다.

(4) $A = [a_{ij}]_{n\times n}$, $B = [b_{ij}]_{n\times n}$이라 하자. $i = 1, 2, \ldots, n$에 대하여 AB의 $ii-$성분은

$$a_{i1}b_{1i} + a_{i2}b_{2i} + \cdots + a_{in}b_{ni}$$

이므로 $tr(AB) = \sum_{i=1}^{n}(a_{i1}b_{1i} + \cdots + a_{in}b_{ni}) = \sum_{i=1}^{n}\sum_{j=1}^{n} a_{ij}b_{ji}$ 이다. BA 의 $ii-$성분은

$$b_{i1}a_{1i} + \cdots + b_{in}a_{ni}$$

이므로 $tr(BA) = \sum_{i=1}^{n}(b_{i1}a_{1i} + \cdots + b_{in}a_{ni}) = \sum_{i=1}^{n}\sum_{j=1}^{n} b_{ij}a_{ji} = \sum_{j=1}^{n}\sum_{i=1}^{n} a_{ji}b_{ij}$ 이다. 따라서 $\mathrm{tr}(AB) = \mathrm{tr}(BA)$이다. ■

보기 1.7 $A = \begin{bmatrix} -2 & 1 & 4 \\ 3 & 3 & 1 \\ 1 & 6 & 7 \end{bmatrix}$, $B = \begin{bmatrix} 5 & 3 & 5 \\ -2 & 2 & -3 \\ 1 & 2 & 3 \end{bmatrix}$ 라고 하자.

A의 대각성분 = $[-2,3,7]$ 이고 $\mathrm{tr}(A) = -2+3+7 = 8$

B의 대각성분 = $[5, 2, 3]$ 이고 $\mathrm{tr}(B) = 5+2+3 = 10$

나아가

$$AB = \begin{bmatrix} -2 & 1 & 4 \\ 3 & 3 & 1 \\ 1 & 6 & 7 \end{bmatrix}\begin{bmatrix} 5 & 3 & 5 \\ -2 & 2 & -3 \\ 1 & 2 & 3 \end{bmatrix} = \begin{bmatrix} -8 & 4 & -1 \\ 10 & 17 & 9 \\ 0 & 29 & 8 \end{bmatrix}$$

$$BA = \begin{bmatrix} 5 & 3 & 5 \\ -2 & 2 & -3 \\ 1 & 2 & 3 \end{bmatrix}\begin{bmatrix} -2 & 1 & 4 \\ 3 & 3 & 1 \\ 1 & 6 & 7 \end{bmatrix} = \begin{bmatrix} 4 & 44 & 58 \\ 7 & -14 & -27 \\ 7 & 25 & 27 \end{bmatrix}$$

이므로

$$\mathrm{tr}(A+B) = 3+5+10 = 18, \quad \mathrm{tr}(2A) = -4+6+14 = 16$$

$$\mathrm{tr}(A^T) = -2+3+7 = 8, \ \mathrm{tr}(AB) = -8+17+8 = 17$$

$$\mathrm{tr}(BA) = 4-14+27 = 17$$

$\mathrm{tr}(A+B) = \mathrm{tr}(A) + \mathrm{tr}(B)$, $\mathrm{tr}(A^T) = \mathrm{tr}(A)$, $\mathrm{tr}(kA) = k\,\mathrm{tr}(\mathrm{A})$가 성립하고 $AB \neq BA$ 이지만

$$\mathrm{tr}(AB) = \mathrm{tr}(BA)$$

임을 알 수 있다. ■

단위행렬과 스칼라 행렬(Identity Matrix, Scalar Matrices)

$n-$정방 항등행렬 또는 단위행렬, I_n 또는 I는 대각성분이 모두 1이고 나머지 성분이 모두 0인 행렬이다. 단위행렬은 실수에서 1의 역할을 한다. 즉, 모든 행렬 A에 대하여

$$AI = IA = A$$

이다. 더 나아가 일반적으로 B가 $m \times n$행렬이면,

$$BI_n = I_m B = B$$

이다.

임의의 스칼라 k에 대하여, 행렬 kI를 스칼라 행렬이라 부른다.

$$(kI)A = k(IA) = kA$$

임을 명심하자.

다음은 보기 1.7의 MATLAB을 사용하여 구현한 것이다.

```
>> A = [-2 1 4 ; 3 3 1 ; 1 6 7 ]
A =
    -2     1     4
     3     3     1
     1     6     7
>> B = [ 5 3 5 ; -2 2 -3 ; 1 2 3]
B =
     5     3     5
    -2     2    -3
     1     2     3
>> A+B
ans =
    -8     4    -1
    10    17     9
     0    29     8
>> B+A
ans =
     4    44    58
     7   -14   -27
     7    25    27
 >> trace(A)

 ans =

      8

 >> inv(A)
```

```
ans =

    1.5000    1.7000   -1.1000
   -2.0000   -1.8000    1.4000
    1.5000    1.3000   -0.9000

>> format rat              % 분수로 나타내기
>> inv(A)

ans =

      3/2          17/10        -11/10
     -2            -9/5           7/5
      3/2          13/10         -9/10
```

보기 1.8 $\begin{bmatrix}1&0&0\\0&1&0\\0&0&1\end{bmatrix}$, $\begin{bmatrix}1&0&0&0\\0&1&0&0\\0&0&1&0\\0&0&0&1\end{bmatrix}$들은 각각 위수 3, 4의 단위행렬이고 $\begin{bmatrix}5&0&0\\0&5&0\\0&0&5\end{bmatrix}$, $\begin{bmatrix}5&&&\\&5&&\\&&5&\\&&&5\end{bmatrix}$는 $k=5$일 때의 위수 3, 4의 스칼라 행렬이다. ■

언급 Ⅱ 1. 위의 보기에서 네 번째 행렬처럼 0이 많이 들어가는 부분을 생략하여 쓰기도 한다.

2. **크로네커 델타 함수** δ_{ij}를 다음과 같이 정의한다.

$$\delta_{ij}=\begin{cases}0 & \text{if } i\neq j\\ 1 & \text{if } i=j\end{cases}$$

그러므로 단위행렬은 $I=[\delta_{ij}]$라고 정의 할 수도 있다.

행렬의 거듭제곱과 다항식

$A=[a_{ij}]$를 체 $\mathbb{R}$ 위의 $n-$정방행렬이라 하자. A의 거듭제곱은 다음과 같이 정의된다.

$$A^0=I,\ A^1=A,\ A^2=AA,\ A^3=A^2A,\\ \cdots\ ,\ A^{n+1}=A^nA,\ \cdots$$

역행렬

$n\times n$ 정방행렬 $A=[a_{ij}]$가 다음과 같은 조건을 만족하는 행렬 B를 가지면 **가역적**

(invertible 또는 nonsingular) 또는 가역행렬이라고 한다.

$$AB = BA = I$$

여기서 I는 단위행렬이다. 이러한 행렬 B는 유일하게 존재한다. 즉, 만약 $AB_1 = B_1A = I$이고 $AB_2 = B_2A = I$라 하면(정리 1.2에 의해),

$$B_1 = B_1I = B_1(AB_2) = (B_1A)B_2 = IB_2 = B_2$$

가 되어 $B_1 = B_2$가 된다. 이러한 행렬 B는 A의 역행렬(inverse matrix)이라 하고 A^{-1}로 나타낸다. 또한 A는 행렬 B의 역행렬이 된다.

역행렬은 아주 중요한 개념으로 응용에서도 가장 활용이 높아 많이 쓰인다. 우리 책에서는 앞으로 3가지의 역행렬 구하는 방법에 대하여 공부할 것이다.

보기 1.9 $A = \begin{bmatrix} 2 & 5 \\ 1 & 3 \end{bmatrix}$, $B = \begin{bmatrix} 3 & -5 \\ -1 & 2 \end{bmatrix}$라고 하자.

$$AB = \begin{bmatrix} 6-5 & -10+10 \\ 3-3 & -5+6 \end{bmatrix} = \begin{bmatrix} 1 & 0 \\ 0 & 1 \end{bmatrix}$$

이고 $BA = \begin{bmatrix} 6-5 & 15-15 \\ -2+2 & -5+6 \end{bmatrix} = \begin{bmatrix} 1 & 0 \\ 0 & 1 \end{bmatrix}$이므로 A와 B는 서로 역행렬이다. ■

2×2 행렬의 역행렬 간단히 구하기(역행렬을 구하는 가장 초보적 방법)

$A = \begin{bmatrix} a & b \\ c & d \end{bmatrix}$를 임의의 2×2 행렬이라 하자. A의 역행렬 A^{-1}를 찾아보자.

$AA^{-1} = I$ 이어야 하므로

$$\begin{bmatrix} a & b \\ c & d \end{bmatrix}\begin{bmatrix} x_1 & x_2 \\ y_1 & y_2 \end{bmatrix} = \begin{bmatrix} 1 & 0 \\ 0 & 1 \end{bmatrix} \quad \text{또는} \quad \begin{bmatrix} ax_1+by_1 & ax_2+by_2 \\ cx_1+dy_1 & cx_2+dy_2 \end{bmatrix} = \begin{bmatrix} 1 & 0 \\ 0 & 1 \end{bmatrix}$$

을 만족시키는 x_1, x_2, y_1, y_2를 찾아야 한다. 위의 두 행렬의 각 성분이 같아야 하므로 다음과 같은 4개의 방정식을 얻는다.

$$\begin{aligned} ax_1 + by_1 = 1, \quad ax_2 + by_2 = 0, \\ cx_1 + dy_1 = 0, \quad cx_2 + dy_2 = 1 \end{aligned}$$

위의 연립방정식을 풀면

$$x_1 = \frac{d}{ad-bc}, \quad y_1 = \frac{-c}{ad-bc}, \quad x_2 = \frac{-b}{ad-bc}, \quad y_2 = \frac{a}{ad-bc}$$

을 얻는다. 여기서 $ad-bc\neq 0$이어야 한다. $|A|=ad-bc$라고 하면(절댓값이 아니다. 행렬의 **행렬식**(determinant of A, $\det A$)이라 한다.) 다음과 같이 쓸 수 있다.

$$A^{-1}=\begin{bmatrix} a & b \\ c & d \end{bmatrix}^{-1}=\begin{bmatrix} \frac{d}{|A|} & -\frac{b}{|A|} \\ -\frac{c}{|A|} & \frac{a}{|A|} \end{bmatrix}=\frac{1}{|A|}\begin{bmatrix} d & -b \\ -c & a \end{bmatrix}$$

만약 $|A|=ad-bc=0$이라면 A는 가역적이 아니다. 즉, 역행렬을 갖지 않는다.

보기 1.10 $A=\begin{bmatrix} 3 & 1 \\ 5 & 2 \end{bmatrix}$, $B=\begin{bmatrix} 2 & -4 \\ -2 & 3 \end{bmatrix}$의 역행렬을 찾아라.

$|A|=6-5=1$이고 $|B|=6-8=-2$이다. 그러므로

$$A^{-1}=\begin{bmatrix} 2 & -1 \\ -5 & 3 \end{bmatrix} \qquad B^{-1}=-\frac{1}{2}\begin{bmatrix} 3 & 4 \\ 2 & 2 \end{bmatrix}$$

이다. ■

언급 Ⅱ 정방행렬이 역행렬을 가질 필요충분조건은 행렬식이 영이 아닌 것이다. 또한 역행렬을 찾는다는 것은 위에서 보았듯이 $n\times n$ 연립방정식을 푸는 것과 같다.

유제 1.5 $A=\begin{bmatrix} 1 & 1 & 1 \\ 0 & 1 & 2 \\ 1 & 2 & 4 \end{bmatrix}$ 일 때 $A^{-1}=\begin{bmatrix} x_1 & x_2 & x_3 \\ y_1 & y_2 & y_3 \\ z_1 & z_2 & z_3 \end{bmatrix}$를 찾아라.

풀이 $AA^{-1}=\begin{bmatrix} 1 & 1 & 1 \\ 0 & 1 & 2 \\ 1 & 2 & 4 \end{bmatrix}\begin{bmatrix} x_1 & x_2 & x_3 \\ y_1 & y_2 & y_3 \\ z_1 & z_2 & z_3 \end{bmatrix}=I=\begin{bmatrix} 1 & 0 & 0 \\ 0 & 1 & 0 \\ 0 & 0 & 1 \end{bmatrix}$이므로

$$\begin{aligned} x_1+y_1+z_1&=1 & x_2+y_2+z_2&=0 & x_3+y_3+z_3&=0 \\ y_1+2z_1&=0 & y_2+2z_2&=1 & y_3+2z_3&=0 \\ x_1+2y_1+4z_1&=0 & x_2+2y_2+4z_2&=0 & x_3+2y_3+4z_3&=1 \end{aligned}$$

을 풀면

$x_1=0,\ y_1=2,\ z_1=-1;\ x_2=-2,\ y_2=3,\ z_2=-1;\ x_3=1,\ y_3=-2,$ $z_3=1$이므로

$$A^{-1}=\begin{bmatrix} 0 & -2 & 1 \\ 2 & 3 & -2 \\ -1 & -1 & 1 \end{bmatrix}$$

이다. ■

다음은 MATLAB을 사용하여 행렬 A^{-1}를 구한 것이다.

```
>> A = [1 1 1 ; 0 1 2 ; 1 2 4]

A =

     1     1     1
     0     1     2
     1     2     4

>> inv(A)

ans =

     0    -2     1
     2     3    -2
    -1    -1     1
```

유제 1.6 A, B가 $n \times n$ 가역행렬이라 하자.

(1) AB는 가역행렬이고 $(AB)^{-1} = B^{-1}A^{-1}$임을 보여라.

(2) A^T는 가역행렬이고 $(A^T)^{-1} = (A^{-1})^T$임을 보여라

풀이 (1) $(AB)(B^{-1}A^{-1}) = A(BB^{-1})A^{-1} = AIA^{-1} = AA^{-1} = I$

$$(B^{-1}A^{-1})(AB) = B^{-1}(A^{-1}A)B = B^{-1}IB = B^{-1}B = I$$

이므로 AB는 가역적이고 $(AB)^{-1} = B^{-1}A^{-1}$이다.

(2) $I = I^T = (AA^{-1})^T = (A^{-1})^T A^T$이고

$I = I^T = (A^{-1}A)^T = A^T(A^{-1})^T$이므로

A^T는 가역적이고 역행렬은 $(A^{-1})^T$이다. ■

$AB = I$이기 위한 필요충분조건이 $BA = I$라는 것을 나중에 보일 것이다(2장). 만약 A와 B가 가역적이면 AB도 가역적이고 $(AB)^{-1} = B^{-1}A^{-1}$이다. 더 나아가 $A_1, A_2, \ldots, A_k$가 가역적이면 그들의 곱도 또한 가역적이고

$$(A_1 A_2 \cdots A_k)^{-1} = A_k^{-1} \cdots A_2^{-1} A_1^{-1}$$

이다.

대각행렬과 삼각행렬(Diagonal and Triangular Matrices)

정방행렬 $D = [d_{ij}]$가 대각성분이 아닌 모든 성분이 0이면 이 행렬을 대각행렬

(diagonal matrix)이라 하고

$$D = \mathrm{diag}(d_{11}, d_{22}, \ldots, d_{nn})$$

라고 나타낸다. 여기서 d_{ii}는 0이어도 된다. 예를 들면

$$\begin{bmatrix} 2 & 0 & 0 \\ 0 & -1 & 0 \\ 0 & 0 & -5 \end{bmatrix}, \begin{bmatrix} -3 & 0 \\ 0 & 2 \end{bmatrix}, \begin{bmatrix} 3 & & & \\ & 0 & & \\ & & 0 & \\ & & & 0 \end{bmatrix}$$

모두 대각행렬이고

$$\mathrm{diag}(2,-1,-5),\ \mathrm{diag}(-3,2),\ \mathrm{diag}(3,0,0,0)$$

으로 나타내기도 한다.

$n-$정방행렬 $A = [a_{ij}]$가 대각성분 아래 부분이 모두 0이면 **상삼각행렬**(upper triangular matrix)이라 한다. 즉, $a_{ij} = 0,\ i > j$이다. 일반적인 위수 2, 3, 4의 상삼각행렬은 다음과 같다.

$$\begin{bmatrix} a_{11} & a_{12} \\ & a_{22} \end{bmatrix}, \begin{bmatrix} a_{11} & a_{12} & a_{13} \\ & a_{22} & a_{23} \\ & & a_{33} \end{bmatrix}, \begin{bmatrix} a_{11} & a_{12} & a_{13} & a_{14} \\ & a_{22} & a_{23} & a_{24} \\ & & a_{33} & a_{34} \\ & & & a_{44} \end{bmatrix}$$

정리 1.5 $A = [a_{ij}]$와 $B = [b_{ij}]$를 $n \times n$ 상삼각행렬이라 하자.

(1) $A+B$, kA, AB 들은 다음과 같은 대각성분을 각각 갖는 상삼각행렬이다.

$$(a_{11}+b_{11}, \ldots, a_{nn}+b_{nn}),\ (ka_{11}, \ldots, ka_{nn}),\ (a_{11}b_{11}, \ldots, a_{nn}b_{nn})$$

(2) A가 가역적일 필요충분조건은 모든 $i\,(1 \le i \le n)$에 대하여 $a_{ii} \neq 0$인 것이다. 또한 A^{-1}가 존재할 때 이 또한 상삼각행렬이다.

증명 (1) AB만 증명 즉, AB도 대각성분이 $a_{11}b_{11},\ a_{22}b_{22},\ \ldots,\ a_{nn}b_{nn}$인 상삼각행렬임을 증명한다. $AB = [c_{ij}]$라 하자. 그러면 $c_{ij} = \sum_{k=1}^{n} a_{ik}b_{kj}$이고 특히, $c_{ii} = \sum_{k=1}^{n} a_{ik}b_{ki}$이다. $i > j$라 하자. 그러면 임의의 k에 대하여, $a_{ik} = 0,\ i > k$ 이고 $b_{kj} = 0,\ k > j$이어서

$$c_{ij} = a_{i1}b_{1j} + a_{i2}b_{2j} + \cdots + a_{ik}b_{kj} + \cdots + a_{in}b_{nj} = 0 + \cdots + 0 = 0$$

이다. $i = j$이면 $a_{ik} = 0,\ i > k$ 이고 $b_{ki} = 0,\ k > i$이어서 $c_{ii} = a_{ii}b_{ii}$이다.

(2) 7장에서 알 수 있음. ■

$n-$정방행렬 $A=[a_{ij}]$가 대각성분 윗부분이 모두 0이면 **하삼각행렬**(lower triangular)이라 한다. 위의 정리 1.5에서 상삼각행렬을 하삼각행렬 또는 대각행렬로 바꾸어도 정리는 성립한다.

언급 ‖ 공집합이 아닌 행렬들의 모임(collection)이 행렬 덧셈과 스칼라 곱, 행렬 곱셈에 대하여 닫혀 있을 때 이것을 **대수**(algebra)라고 부른다. 분명히 정방행렬은 대수를 이룬다. 또한 스칼라 행렬, 대각행렬, 삼각행렬 등도 이를 만족한다.

유제 1.7 $A^3=\begin{bmatrix}8 & -57\\ 0 & 27\end{bmatrix}$이 되는 상삼각행렬 A를 구하라.

풀이 $A=\begin{bmatrix}x & y\\ 0 & z\end{bmatrix}$라 하자.

$$A^3=\begin{bmatrix}x & y\\ 0 & z\end{bmatrix}\begin{bmatrix}x & y\\ 0 & z\end{bmatrix}\begin{bmatrix}x & y\\ 0 & z\end{bmatrix}=\begin{bmatrix}x^2 & *\\ 0 & z^2\end{bmatrix}\begin{bmatrix}x & y\\ 0 & z\end{bmatrix}=\begin{bmatrix}x^3 & *\\ 0 & z^3\end{bmatrix}$$

이므로 $x^3=8$이고 $x=2$이다. 또한 $z^3=27$이므로 $z=3$이다. 그러므로

$$A^3=\begin{bmatrix}2 & y\\ 0 & 3\end{bmatrix}\begin{bmatrix}2 & y\\ 0 & 3\end{bmatrix}\begin{bmatrix}2 & y\\ 0 & 3\end{bmatrix}=\begin{bmatrix}4 & 5y\\ 0 & 9\end{bmatrix}\begin{bmatrix}2 & y\\ 0 & 3\end{bmatrix}=\begin{bmatrix}8 & 4y+15y\\ 0 & 27\end{bmatrix}$$

이므로 $19y=-57$이고 $y=-3$이다. 따라서 $A=\begin{bmatrix}2 & -3\\ 0 & 3\end{bmatrix}$이다. ■

대칭(Symmetric)행렬, 직교(Orthogonal)행렬, 정규(Normal)행렬

행렬 A는 성분이 모두 실수인 정방행렬이라 하자.

(a) 대칭 행렬(Symmetric Matrices)

$A^T=A$을 만족하는 행렬 A를 대칭행렬이라 한다. 다른 말로 하면 대각성분에 관해 대칭인 성분들이 같을 때, 즉, $a_{ij}=a_{ji}$일 때 $A=[a_{ij}]$를 대칭행렬이라 한다. 또한 $a_{ij}=-a_{ji}$인 행렬 $A=[a_{ij}]$를 **반대칭행렬**(skew-symmetric Matrix)이라 한다. 즉, $A^T=-A$을 만족하여야 한다. 또한 $a_{ii}=-a_{ii}$이어야 하므로 대각성분은 모두 0이어야 한다.

보기 1.11 $A=\begin{bmatrix}1 & -4 & -1\\ -4 & 3 & 5\\ -1 & 5 & 0\end{bmatrix}$, $B=\begin{bmatrix}0 & -1 & 2\\ 1 & 0 & 3\\ -2 & -3 & 0\end{bmatrix}$, $C=\begin{bmatrix}0 & 2 & 3\\ 2 & 3 & 0\end{bmatrix}$라 할 때 A는 대칭행렬

이고 B는 반대칭이지만 C는 대칭도 반대칭도 아니다. ■

(b) **직교행렬**(Orthogonal Matrices)

$A^T = A^{-1}$을 만족하는 행렬 A를 직교행렬이라 한다. 즉, $AA^T = A^TA = I$이어야 한다. 분명히 A는 정방행렬이고 가역적이어야 한다.

보기 1.12 $A = \begin{bmatrix} \frac{1}{9} & \frac{8}{9} & -\frac{4}{9} \\ \frac{4}{9} & -\frac{4}{9} & -\frac{7}{9} \\ \frac{8}{9} & \frac{1}{9} & \frac{4}{9} \end{bmatrix}$라 하면 $A^T = \begin{bmatrix} \frac{1}{9} & \frac{4}{9} & \frac{8}{9} \\ \frac{8}{9} & -\frac{4}{9} & \frac{1}{9} \\ -\frac{4}{9} & -\frac{7}{9} & \frac{4}{9} \end{bmatrix}$이고 $AA^T = I$이다.

그러므로 $A^T = A^{-1}$이므로 A는 직교행렬이다. ■

$A = \begin{bmatrix} a_1 & a_2 & a_3 \\ b_1 & b_2 & b_3 \\ c_1 & c_2 & c_3 \end{bmatrix}$가 직교행렬이라 하자. 그러면 $AA^T = I$이어야 하므로

$$AA^T = \begin{bmatrix} a_1 & a_2 & a_3 \\ b_1 & b_2 & b_3 \\ c_1 & c_2 & c_3 \end{bmatrix} \begin{bmatrix} a_1 & b_1 & c_1 \\ a_2 & b_2 & c_2 \\ a_3 & b_3 & c_3 \end{bmatrix} = \begin{bmatrix} 1 & 0 & 0 \\ 0 & 1 & 0 \\ 0 & 0 & 1 \end{bmatrix} = I$$

이어야 한다. 이를 풀어 쓰면 다음과 같이 9개의 방정식을 얻는다.

$$\begin{array}{lll} a_1^2 + a_2^2 + a_3^2 = 1, & a_1b_1 + a_2b_2 + a_3b_3 = 0, & a_1c_1 + a_2c_2 + a_3c_3 = 0 \\ a_1b_1 + a_2b_2 + a_3b_3 = 0, & b_1^2 + b_2^2 + b_3^2 = 1, & b_1c_1 + b_2c_2 + b_3c_3 = 0 \\ a_1c_1 + a_2c_2 + a_3c_3 = 0, & b_1c_1 + b_2c_2 + b_3c_3 = 0, & c_1^2 + c_2^2 + c_3^2 = 1 \end{array}$$

이다. A의 행 벡터들을 $u_1 = (a_1, a_2, a_3)$, $u_2 = (b_1, b_2, b_3)$, $u_3 = (c_1, c_2, c_3)$라 하면

$$\begin{aligned} &u_1 \bullet u_1 = u_2 \bullet u_2 = u_3 \bullet u_3 = 1, \\ &u_i \bullet u_j = 0, \ i \neq j \end{aligned}$$

이다. 그러므로 u_1, u_2, u_3는 각각 **단위벡터**이고 서로 직교한다.

일반적으로 $u_1, u_2, \ldots, u_m \in \mathbb{R}^n$일 때, 이 벡터들이 단위벡터이고 서로 직교할 때, 즉

$$\begin{aligned} u_i \bullet u_j &= \begin{cases} 0 & \text{if } i \neq j \\ 1 & \text{if } i = j \end{cases} \\ &= \delta_{ij} \ (\text{크로네커 델타 함수}) \end{aligned}$$

이면 $u_1, u_2, \ldots, u_m \in \mathbb{R}^n$는 벡터들의 **직교집합**(orthogonal set)을 형성한다고 한다.

이를 정리하면 $AA^T = I$이면 A의 행들은 직교집합을 형성하고, 비슷하게 A의 열들도 직교집합을 형성한다. 또한 이 역도 성립하므로 다음과 같은 정리를 얻을 수 있다.

정리 1.6 A가 실수 행렬이라 하자. 다음은 모두 동치이다.

(1) A는 직교행렬이다.

(2) A의 행들은 직교집합을 형성한다.

(3) A의 열들은 직교집합을 형성한다.

정리 1.7 A가 실수 2×2 직교행렬이라 하자. 그러면 임의의 실수 θ에 대하여 A는 모두 다음과 같은 형태와 동치이다.

$$A=\begin{bmatrix}\cos\theta & \sin\theta\\ -\sin\theta & \cos\theta\end{bmatrix} \quad \text{또는} \quad A=\begin{bmatrix}\cos\theta & \sin\theta\\ \sin\theta & -\cos\theta\end{bmatrix}$$

유제 1.8 A를 실수 2×2 직교행렬이라 하자.

(1) (a, b)가 행렬A의 첫 번째 행이면 $a^2+b^2=1$이고

$$A=\begin{bmatrix}a & b\\ -b & a\end{bmatrix} \qquad \text{또는} \qquad A=\begin{bmatrix}a & b\\ b & -a\end{bmatrix}$$

이다.

(2) 정리 1.7을 증명하라. 즉, 임의의 실수 θ에 대하여

$$A=\begin{bmatrix}\cos\theta & \sin\theta\\ -\sin\theta & \cos\theta\end{bmatrix} \quad \text{또는} \quad A=\begin{bmatrix}\cos\theta & \sin\theta\\ \sin\theta & -\cos\theta\end{bmatrix}$$

이다.

풀이 (1) $A=\begin{bmatrix}a & b\\ x & y\end{bmatrix}$라 하자. A의 행들은 직교집합을 이루어야 하므로

$$a^2+b^2=1, \quad x^2+y^2=1, \quad ax+by=0$$

이어야 한다. 비슷하게 열들도 직교하여야 하므로

$$a^2+x^2=1, \quad b^2+y^2=1, \quad ab+xy=0$$

이어야 한다. 그러므로 $x^2=1-a^2=b^2$이므로 $x=\pm b$이다.
$x=b$이면 $ab+by=b(a+y)=0$이므로 $y=-a$이고 $x=-b$이면 $ab-by=b(a-y)=0$이므로 $y=a$이다. 그러므로

$$A=\begin{bmatrix}a & b\\ -b & a\end{bmatrix} \qquad \text{또는} \qquad A=\begin{bmatrix}a & b\\ b & -a\end{bmatrix}$$

이다.

(2) $a^2+b^2=1$이므로 $-1 \le a \le 1$이다. $a=\cos\theta$라 하자. $b^2=1-\cos^2\theta$ 이므로 $b=\sin\theta$이다. ■

(c) 정규행렬(Normal Matrices)

만약 행렬 A가 그것의 전치행렬과 가환적이면 행렬 A를 정규행렬이라 한다. 즉, $AA^T=A^TA$ 이면 A를 정규행렬이라 한다. 만약 A가 대칭행렬이거나, 반대칭행렬 또는 직교행렬이면 A는 정규행렬이다(연습문제 24). 다른 종류의 정규행렬도 있다.

보기 1.13 $A=\begin{bmatrix}6 & -3\\ 3 & 6\end{bmatrix}$라 하자.

그러면 $AA^T=\begin{bmatrix}6 & -3\\ 3 & 6\end{bmatrix}\begin{bmatrix}6 & 3\\ -3 & 6\end{bmatrix}=\begin{bmatrix}45 & 0\\ 0 & 45\end{bmatrix}$이고

$A^TA=\begin{bmatrix}6 & 3\\ -3 & 6\end{bmatrix}\begin{bmatrix}6 & -3\\ 3 & 6\end{bmatrix}=\begin{bmatrix}45 & 0\\ 0 & 45\end{bmatrix}$ 이다. 그러므로 A는 정규행렬이다. ■

1.3 복소수 행렬

* 이 절은 생략할 수 있다.

복소수와 켤레복소수(Complex numbers and complex conjugate)

복소수들의 집합은 $\mathbb{C}$로 나타낸다. 복소수는 두 실수의 순서쌍 (a,b)이고 다음과 같이 상등, 덧셈, 그리고 곱셈이 정의된다.

$$(a,\, b)=(c,\, d) \iff (\, a=c \text{이고 } b=d\,)$$

$$(a,\, b)+(c,\, d)=(a+c,\, b+d)$$

$$(a,\, b)(c,\, d)=(ac-bd,\, ad+bc)$$

복소수 $(a,\, 0)$은 실수 a이다. 그러므로 실수의 모든 연산이 복소수 안에서 보존된다. 즉,

$$(a,\, 0)+(b,\, 0)=(a+b,\, 0) \quad \text{그리고} \quad (a,\, 0)(b,\, 0)=(ab,\, 0)$$

그러므로 실수 $\mathbb{R}$은 복소수 $\mathbb{C}$의 부분집합이 된다.

복소수 $\mathbb{C}$는 실수 $\mathbb{R}$과 유리수 $\mathbb{Q}$와 같은 덧셈과 곱셈 같은 연산을 정의할 수 있는 체(field)이다. 복소수 $(0,1)$은 i로 나타내고 다음과 같은 성질을 갖는다.

$$i^2=ii=(0,\, 1)(0,\, 1)=(-1,\, 0)=-1 \quad \text{또는} \quad i=\sqrt{-1}$$

따라서 모든 복소수 $z=(a,b)$는 다음과 같은 형태로 나타낼 수 있다.

$$z=(a,\ b)=(a,\ 0)+(0,\ b)=(a,\ 0)+(b,\ 0)(0,\ 1)=a+bi$$

위의 표시법 $z=a+bi$에서 a와 b를 각각 z의 **실수부**(real part), **허수부**(imaginary part)라고 부른다. 사실 두 복소수의 곱과 합은 이 표시법과 $i=\sqrt{-1}$을 사용하여 다음과 같이 나타낼 수 있다.

$z=a+bi,\ w=c+di$라 하자. 그러면

$$z+w=(a+bi)+(c+di)=a+c+bi+di=(a+c)+(b+d)i$$

$$zw=(a+bi)(c+di)=ac+bci+adi+bdi^2=(ac-bd)+(ad+bc)i$$

또한 $\mathbb{C}$에서 z의 **음**(negative)와 뺄셈을 다음과 같이 정의한다.

$$-z=-1z \quad \text{그리고} \quad w-z=w+(-z)$$

복소수 $z=a+bi$가 있을 때 z의 켤레복소수를 다음과 같이 정의하고 나타낸다.

$$\overline{z}=\overline{a+bi}=a-bi$$

그러면 $z\overline{z}=(a+bi)(a-bi)=a^2-b^2i^2=a^2+b^2$이다. 만약 z가 실수이면 $\overline{z}=z$이다. 행렬 A를 복소수 행렬이라 하자, 즉, 성분이 모두 복소수인 행렬이다. 행렬 $A=[a_{ij}]$가 주어졌을 때 이의 켤레 행렬 $\overline{A}=[b_{ij}]$는 각각의 성분이 A의 모든 성분의 켤레복소수를 취함으로써 얻어진다. 즉, $b_{ij}=\overline{a_{ij}}$이다. 전치행렬연산과 켤레행렬연산은 서로 가역적이다. 즉 연산의 순서에 상관없이 결과가 같다. 그러므로 다음과 같은 표시법 A^H를 정의할 수 있다.

$$A^H=(\overline{A})^T=\overline{A^T}$$

이를 **켤레전치행렬**이라 하자. 만약 A가 실수 행렬이면 $A^H=A^T$이다. 다른 교재에서는 A^*라고도 쓴다.

에르미트 행렬, 유니타리 행렬, 정규행렬

복소행렬 A가 $A^H=A$을 만족하면 행렬 A를 **에르미트 행렬**(Hermitian Matrix)이라 한다. $A^H=-A$, 즉 $a_{ij}=-\overline{a_{ji}}$인 행렬 $A=[a_{ij}]$를 **반에르미트 행렬**(skew-Hermitian Matrix)이라 한다.

에르미트 행렬일 경우 $a_{ij}=\overline{a_{ji}}$ 이므로 대칭인 성분이 서로 켤레복소수여야 하고 대각 성분은 실수이어야만 한다. 비슷한 논리로 반에르미트 행렬의 대각성분은 모두 0

이어야만 한다. 에르미트, 반에르미트 행렬은 정방행렬이어야만 한다.

복소행렬 A가 $A^H A = AA^H = I$ 를 만족하면 행렬 A를 **유니타리 행렬**(Unitary Matrix)이라 한다. $A^{-1} = A^H$, 즉 A의 역행렬이 바로 켤레전치행렬 A^H인 것이다. A는 당연히 정방행렬이고 가역적이어야 한다. 또한 다음이 성립한다.

정리 1.8 A가 복소행렬이라 하자. 다음은 모두 동치이다.

(1) A는 유니타리 행렬이다.

(2) A의 행들은 직교집합을 형성한다.

(3) A의 열들은 직교집합을 형성한다.

증명 복소수에서는 내적(복소수 내적은 2장에서 배운다)이

$$(z_1, z_2, \ldots, z_n) \cdot (w_1, w_2, \ldots, w_n) = z_1\overline{w_1} + z_2\overline{w_2} + \cdots + z_n\overline{w_n}$$

임을 주의하자. A는 유니타리 행렬이라 하고 $R_1, R_2, \ldots, R_n$을 이 행렬의 행들이라 하자. 그러면 $\overline{R_1}^T, \overline{R_2}^T, \ldots, \overline{R_n}^T$는 A^H의 열들이다. $AA^H = [c_{ij}]$라 하면 $c_{ij} = R_i\overline{R_j}^T = R_i \cdot R_j$이다. A는 유니타리 행렬이므로 $AA^H = I$이다. 그러므로 $c_{ij} = R_i \cdot R_j = 0,\ i \neq j$이고 $c_{ii} = R_i \cdot R_i = 1$이다. 그러므로 A의 행들은 직교집합을 형성한다. 비슷하게 $A^H A = I$를 이용하면 A의 열들은 직교집합을 형성함을 볼일 수 있다. 또한 위의 논증의 역방향도 자연스럽게 성립하므로 역방향 증명도 된다. ■

복소수 행렬 A가 $A^H A = AA^H$ 를 만족하면 행렬 A를 **정규행렬**(Normal)이라 한다. 즉, 켤레전치행렬과 가환적이면 정규행렬이라 한다.

보기 1.14 $A = \begin{bmatrix} 5 & 2-3i & 3-5i \\ 2+3i & -3 & -3i \\ 3+5i & 3i & 0 \end{bmatrix}$, $B = \dfrac{1}{2}\begin{bmatrix} 1 & -i & -1+i \\ i & 1 & 1+i \\ 1+i & -1+i & 0 \end{bmatrix}$,

$C = \begin{bmatrix} 2+3i & 1 \\ i & 1+2i \end{bmatrix}$라 하자.

(1) A는 $A^H = A$를 만족하므로 에르미트 행렬이다.

(2) B는 $BB^H = I$이고 $B^H B = I$이므로 B는 유니타리 행렬이다.

(3) $CC^H = C^H C$이므로 C는 정규행렬이다. ■

행렬 A가 실수 행렬이면 에르미트 행렬은 대칭행렬과 같고, 유니타리 행렬은 직교행렬과 같은 말이다.

1.4 블록행렬

주어진 행렬 A를 수직, 또는 수평 점선을 사용해 **분할**(partition)할 수 있다. 분할된 각 부분 행렬을 **블록**(blocks) 또는 **셀**(cells)들이라고 한다. 분할하는 방법은 특별한 규칙은 없다. 예를 들면

$$\begin{bmatrix} 1 & 2 & \vdots & 3 & 4 & \vdots & 5 \\ 2 & 3 & \vdots & 4 & 5 & \vdots & -6 \\ \cdots & \cdots & \vdots & \cdots & \cdots & \vdots & \cdots \\ 3 & -1 & \vdots & -2 & 5 & \vdots & 9 \\ 4 & 6 & \vdots & 1 & -3 & \vdots & 3 \end{bmatrix}, \begin{bmatrix} 1 & 2 & \vdots & 3 & 4 & 5 \\ \cdots & \cdots & \cdots & \cdots & \cdots & \cdots \\ 2 & 3 & \vdots & 4 & 5 & -6 \\ 3 & -1 & \vdots & -2 & 5 & 9 \\ \cdots & \cdots & \cdots & \cdots & \cdots & \cdots \\ 4 & 6 & \vdots & 1 & -3 & 3 \end{bmatrix}, \begin{bmatrix} 1 & 2 & 3 & \vdots & 4 & 5 \\ 2 & 3 & 4 & \vdots & 5 & -6 \\ \cdots & \cdots & \cdots & \cdots & \cdots & \cdots \\ 3 & -1 & -2 & \vdots & 5 & 9 \\ 4 & 6 & 1 & \vdots & -3 & 3 \end{bmatrix}$$

모두 한 행렬을 여러 가지 방법으로 분할한 것이다.

지금부터 행렬 $A = [A_{ij}]$를 그것의 블록 A_{ij}로서 나타내는 표시법을 쓸 것이다.

$A = [A_{ij}]$과 $B = [B_{ij}]$를 행과 열의 블록의 개수가 모두 같은 블록행렬이라고 하자. 또한 대응하는 블록의 크기가 모두 일치한다고 하자.

> A와 B의 대응하는 블록을 더하는 것은 바로 대응하는 성분을 더하는 것과 같고 스칼라 k를 각 블록에 곱하는 것도 각 성분에 곱하는 것과 같다.

그러므로

$$A + B = \begin{bmatrix} A_{11} + B_{11} & A_{12} + B_{12} & \ldots & A_{1n} + B_{1n} \\ A_{21} + B_{21} & A_{22} + B_{22} & \ldots & A_{2n} + B_{2n} \\ \ldots & \ldots & \ldots & \ldots \\ A_{m1} + B_{m1} & A_{m2} + B_{m2} & \ldots & A_{mn} + B_{mn} \end{bmatrix}$$

이고

$$kA = \begin{bmatrix} kA_{11} & kA_{12} & \ldots & kA_{1n} \\ kA_{21} & kA_{22} & \ldots & kA_{2n} \\ \ldots & \ldots & \ldots & \ldots \\ kA_{m1} & kA_{m2} & \ldots & kA_{mn} \end{bmatrix}$$

이다. 행렬곱셈은 조금 복잡하지만 블록의 곱으로 나타낼 수 있다. $U = [U_{ik}]$와

$V = [V_{kj}]$를 각각의 블록행렬들끼리의 곱이 정의될 수 있도록 U_{ik}의 열의 개수와 V_{kj}의 행의 개수가 일치한다고 하자. 그러면

$$UV = \begin{bmatrix} W_{11} & W_{12} & \dots & W_{1n} \\ W_{21} & W_{22} & \dots & W_{2n} \\ \dots & \dots & \dots & \dots \\ W_{m1} & W_{m2} & \dots & W_{mn} \end{bmatrix},$$

여기서 $W_{ij} = U_{i1}V_{1j} + U_{i2}V_{2j} + \cdots + U_{ip}V_{pj}$이다. 예를 들면

보기 1.15 $A = \left[\begin{array}{ccc|cc} 2 & -3 & 1 & 0 & -4 \\ 1 & 5 & -2 & 3 & -1 \\ \hline 0 & -4 & -2 & 7 & -1 \end{array}\right]$이고 $B = \left[\begin{array}{cc} 6 & 4 \\ -2 & 1 \\ -3 & 7 \\ \hline -1 & 3 \\ 5 & 2 \end{array}\right]$일 때 AB를 구하면

$$A = \left[\begin{array}{ccc|cc} 2 & -3 & 1 & 0 & -4 \\ 1 & 5 & -2 & 3 & -1 \\ \hline 0 & -4 & -2 & 7 & -1 \end{array}\right] = \begin{bmatrix} A_{11} & A_{12} \\ A_{21} & A_{22} \end{bmatrix}, \quad B = \left[\begin{array}{cc} 6 & 4 \\ -2 & 1 \\ -3 & 7 \\ \hline -1 & 3 \\ 5 & 2 \end{array}\right] = \begin{bmatrix} B_1 \\ B_2 \end{bmatrix}$$이라 하자.

일반적인 행렬의 곱셈을 하면

$$AB = \begin{bmatrix} A_{11} & A_{12} \\ A_{21} & A_{22} \end{bmatrix}\begin{bmatrix} B_1 \\ B_2 \end{bmatrix} = \begin{bmatrix} A_{11}B_1 + A_{12}B_2 \\ A_{21}B_1 + A_{22}B_2 \end{bmatrix} = \left[\begin{array}{cc} -5 & 4 \\ -6 & 2 \\ \hline 2 & 1 \end{array}\right]$$

이다. 여기서

$$A_{11}B_1 = \begin{bmatrix} 2 & -3 & 1 \\ 1 & 5 & -2 \end{bmatrix}\begin{bmatrix} 6 & 4 \\ -2 & 1 \\ -3 & 7 \end{bmatrix} = \begin{bmatrix} 15 & 12 \\ 2 & -5 \end{bmatrix}$$

$$A_{12}B_2 = \begin{bmatrix} 0 & -4 \\ 3 & -1 \end{bmatrix}\begin{bmatrix} -1 & 3 \\ 5 & 2 \end{bmatrix} = \begin{bmatrix} -20 & -8 \\ -8 & 7 \end{bmatrix}$$

이다. 그러므로 AB의 윗부분은

$$A_{11}B_1 + A_{12}B_2 = \begin{bmatrix} 15 & 12 \\ 2 & -5 \end{bmatrix} + \begin{bmatrix} -20 & -8 \\ -8 & 7 \end{bmatrix} = \begin{bmatrix} -5 & 4 \\ -6 & 2 \end{bmatrix}$$

이다. 또한

$$A_{21}B_1 = [0 \ -4 \ -2]\begin{bmatrix} 6 & 4 \\ -2 & 1 \\ -3 & 7 \end{bmatrix} = [14 \ -18]$$

$$A_{22}B_2 = [7 \ -1]\begin{bmatrix} -1 & 3 \\ 5 & 2 \end{bmatrix} = [-12 \ 19]$$

이므로 AB의 아랫부분은

$$A_{21}B_1 + A_{22}B_2 = [14 \quad -18] + [-12 \; 19] = [2 \quad 1]$$

이다. ■

아래는 블록행렬의 곱셈이 아닌 일반적인 행렬 곱셈을 보여주고 있다.

$$A = \begin{bmatrix} a_{11} & a_{12} & a_{13} & a_{14} & a_{15} \\ a_{21} & a_{22} & a_{23} & a_{24} & a_{25} \\ a_{31} & a_{32} & a_{33} & a_{34} & a_{35} \end{bmatrix}, \; B = \begin{bmatrix} b_{11} & b_{12} \\ b_{21} & b_{22} \\ b_{31} & b_{32} \\ b_{41} & b_{42} \\ b_{51} & b_{52} \end{bmatrix} \text{이면}$$

$$AB = \begin{bmatrix} a_{11}b_{11} + a_{12}b_{21} + a_{13}b_{31} \mid + a_{14}b_{41} + a_{15}b_{51} & a_{11}b_{12} + a_{12}b_{22} + a_{13}b_{32} \mid + a_{14}b_{42} + a_{15}b_{52} \\ a_{21}b_{11} + a_{22}b_{21} + a_{23}b_{31} \mid + a_{24}b_{41} + a_{25}b_{51} & a_{21}b_{12} + a_{22}b_{22} + a_{23}b_{32} \mid + a_{24}b_{42} + a_{25}b_{52} \\ \hline a_{31}b_{11} + a_{32}b_{21} + a_{33}b_{31} \mid + a_{34}b_{41} + a_{35}b_{51} & a_{31}b_{12} + a_{32}b_{22} + a_{33}b_{32} \mid + a_{34}b_{42} + a_{35}b_{52} \end{bmatrix}$$

유제 1.9 블록 곱셈을 사용하여 AB 를 구하라.

$$A = \begin{bmatrix} 1 & 2 & \vdots & 1 \\ 3 & 4 & \vdots & 0 \\ \cdots & \cdots & \cdots & \cdots \\ 0 & 0 & \vdots & 2 \end{bmatrix}, \; B = \begin{bmatrix} 1 & 2 & 3 & \vdots & 1 \\ 4 & 5 & 6 & \vdots & 1 \\ \cdots & \cdots & \cdots & \cdots & \cdots \\ 0 & 0 & 0 & \vdots & 1 \end{bmatrix}$$

풀이 $A = \begin{bmatrix} E & F \\ 0_{1\times 2} & G \end{bmatrix}$, $B = \begin{bmatrix} R & S \\ 0_{1\times 3} & T \end{bmatrix}$ 라고 놓을 수 있다. 그러므로

$$AB = \begin{bmatrix} ER & ES + FT \\ 0_{1\times 3} & GT \end{bmatrix} = \begin{bmatrix} \begin{bmatrix} 9 & 12 & 15 \\ 19 & 26 & 33 \end{bmatrix} & \begin{bmatrix} 3 \\ 7 \end{bmatrix} + \begin{bmatrix} 1 \\ 0 \end{bmatrix} \\ [0, 0, 0] & 2 \end{bmatrix} = \begin{bmatrix} 9 & 12 & 15 & 4 \\ 19 & 26 & 33 & 7 \\ 0 & 0 & 0 & 2 \end{bmatrix}$$

이다. ■

보기 1.16 $A = \begin{bmatrix} -3 & 1 & 2 \\ 1 & -4 & 5 \end{bmatrix}$ 이고 $B = \begin{bmatrix} a & b \\ c & d \\ e & f \end{bmatrix}$ 일 때 다음을 증명하라.

$$AB = \text{col}_1(A)\,\text{row}_1(B) + \text{col}_2(A)\,\text{row}_2(B) + \text{col}_3(A)\,\text{row}_3(B)$$

풀이 각 성분을 계산한다.

$$\text{col}_1(A)\,\text{row}_1(B) = \begin{bmatrix} -3 \\ 1 \end{bmatrix} [a \;\; b] = \begin{bmatrix} -3a & -3b \\ a & b \end{bmatrix}$$

$$\mathrm{col}_2(A)\,\mathrm{row}_2(B) = \begin{bmatrix} 1 \\ -4 \end{bmatrix}[c \ \ d] = \begin{bmatrix} c & d \\ -4c & -4d \end{bmatrix}$$

$$\mathrm{col}_3(A)\,\mathrm{row}_3(B) = \begin{bmatrix} 2 \\ 5 \end{bmatrix}[e \ \ f] = \begin{bmatrix} 2e & 2f \\ 5e & 5f \end{bmatrix}$$

따라서

$$\sum_{k=1}^{3} \mathrm{col}_k(A)\,\mathrm{row}_k(B) = \begin{bmatrix} -3a+c+2e & -3b+d+2f \\ a-4c+5e & b-4d+5f \end{bmatrix} = AB \text{ 이다.}$$ ■

정리 1.9 AB의 열-행 확장법(Column-Row Expansion of AB)

A는 $m \times n$행렬이고 B가 $n \times p$행렬이면

$$AB = [\mathrm{col}_1(A) \ \ \mathrm{col}_2(A) \ \cdots \ \mathrm{col}_n(A)] \begin{bmatrix} \mathrm{row}_1(B) \\ \mathrm{row}_2(B) \\ \vdots \\ \mathrm{row}_n(B) \end{bmatrix} \tag{1}$$

$$= \mathrm{col}_1(A)\,\mathrm{row}_1(B) + \cdots + \mathrm{col}_n(A)\,\mathrm{row}_n(B)$$

이다.

증명 각각의 첨자 i와 j에 대하여, $\mathrm{col}_k(A)\mathrm{row}_k(B)$의 성분 (i, j)는 $\mathrm{col}_k(A)$의 성분 a_{ik}와 $\mathrm{row}_k(B)$의 성분 b_{kj}의 곱이다. 그러므로 성분 식 (1)의 (i, j)은

$$\underset{(k=1)}{a_{i1}b_{1j}} + \underset{(k=2)}{a_{i2}b_{2j}} + \cdots + \underset{(k=n)}{a_{in}b_{nj}}$$

이다. 이 합은 또한 AB의 (i, j) 성분이다. ■

정방블록행렬

M을 블록행렬이라 하자. M이 다음 조건을 만족시키면 **정방블록행렬**(square block matrix)이라 한다.

(i) M이 정방행렬이다.

(ii) 블록들이 또한 정방행렬이다(블록의 개수를 따질 때).

(iii) 대각 블록들이 정방행렬이다.

$$A=\begin{bmatrix} 1 & 2 & \vdots & 3 & 4 & \vdots & 5 \\ 2 & 3 & \vdots & 4 & 5 & \vdots & -6 \\ \cdots & \cdots & \cdots & \cdots & \cdots & \cdots & \cdots \\ 3 & -1 & \vdots & -2 & 5 & \vdots & 9 \\ \cdots & \cdots & \cdots & \cdots & \cdots & \cdots & \cdots \\ 2 & 3 & \vdots & 4 & 5 & \vdots & -6 \\ 4 & 4 & \vdots & 3 & 5 & \vdots & 3 \end{bmatrix},\quad B=\begin{bmatrix} 1 & 2 & \vdots & 3 & 4 & \vdots & 5 \\ 2 & 3 & \vdots & 4 & 5 & \vdots & -6 \\ \cdots & \cdots & \cdots & \cdots & \cdots & \cdots & \cdots \\ 3 & -1 & \vdots & -2 & 5 & \vdots & 9 \\ 2 & 3 & \vdots & 4 & 5 & \vdots & -6 \\ \cdots & \cdots & \cdots & \cdots & \cdots & \cdots & \cdots \\ 4 & 4 & \vdots & 3 & 5 & \vdots & 3 \end{bmatrix}$$

A 는 정방블록행렬이 아니지만 B는 정방블록행렬이다.

블록대각행렬

$M = [A_{ij}]$를 대각성분블록이 아닌 모든 블록들이 모두 0행렬인 정방블록행렬이라 하자. 즉, $A_{ij}=0,\ i\neq j$이다. 이 행렬을 **블록대각행렬**(block diagonal matrix)이라 한다. 이 행렬을

$$M=\operatorname{diag}(A_{11}, A_{22}, \ldots, A_{rr}) \quad \text{또는} \quad M=A_{11}\oplus A_{22}\oplus\cdots\oplus A_{rr}$$

이라고 나타내기도 한다.

블록대각행렬이 중요한 이유는 블록행렬들의 연산들이 각각의 블록들 간의 연산으로 된다는 것이다. M이 가역적일 필요충분조건은 각각의 A_{ii}가 가역적인 것이다. 그리고 M^{-1}은 블록대각행렬이고

$$M^{-1}=\operatorname{diag}(A_{11}^{-1}, A_{22}^{-1}, \ldots, A_{rr}^{-1})$$

이다. 대각블록 아래 블록들이 모두 0블록이면 이 정방블록행렬을 **블록상삼각행렬**(block upper triangular matrix)이라 하고 이와 반대의 삼각행렬을 **블록하삼각행렬**(block lower triangular matrix)라고 한다.

예를 들어 블록상삼각행렬

$$A=\begin{bmatrix} A_{11} & A_{12} \\ 0 & A_{22} \end{bmatrix}$$

에서 A_{11}은 $p\times p$, A_{22}는 $q\times q$ 이고 A가 가역적일때, A^{-1}을 찾아보자.

A^{-1}를 다음을 만족하는 행렬이라 하자.

$$AA^{-1}=\begin{bmatrix} A_{11} & A_{12} \\ 0 & A_{22} \end{bmatrix}\begin{bmatrix} B_{11} & B_{12} \\ B_{21} & B_{22} \end{bmatrix}=\begin{bmatrix} I_p & 0 \\ 0 & I_q \end{bmatrix}$$

이 식을 풀면 다음의 4개의 방정식을 얻는다.

$$A_{11}B_{11} + A_{12}B_{21} = I_p \qquad (1)$$

$$A_{11}B_{12} + A_{12}B_{22} = 0 \qquad (2)$$

$$A_{22}B_{21} = \mathbf{0} \qquad (3)$$

$$A_{22}B_{22} = I_q \qquad (4)$$

식 (4)으로부터 $B_{22} = A_{22}^{-1}$임을 얻는다. 다음 식 (3)의 양변에 A_{22}^{-1}을 곱하면

$$B_{21} = A_{22}^{-1}0 = \mathbf{0}$$

을 얻는다. 이것을 정리하면

$$A_{11}B_{11} + \mathbf{0} = I_p$$

이다. A_{11}는 정방행렬이므로 A_{11}가 가역적임을 말하고 $B_{11} = A_{11}^{-1}$이다. 마지막으로 이것을 이용하여 식 (2)와 조합하면

$$A_{11}B_{12} = -A_{12}B_{22} = -A_{12}A_{22}^{-1} \text{ 이고 } B_{12} = -A_{11}^{-1}A_{12}A_{22}^{-1}$$

이다. 따라서

$$A^{-1} = \begin{bmatrix} A_{11} & A_{12} \\ 0 & A_{22} \end{bmatrix}^{-1} = \begin{bmatrix} A_{11}^{-1} & -A_{11}^{-1}A_{12}A_{22}^{-1} \\ 0 & A_{22}^{-1} \end{bmatrix}$$

이다.

보기 1.17 $A = \left[\begin{array}{cc:c} 1 & 2 & 0 \\ 3 & 4 & 5 \\ \hdashline 0 & 0 & 6 \end{array}\right]$, $B = \left[\begin{array}{c:cc:c} 1 & 0 & 0 & 0 \\ \hdashline 2 & 3 & 4 & 0 \\ 5 & 0 & 6 & 0 \\ \hdashline 0 & 7 & 8 & 9 \end{array}\right]$,

$C = \left[\begin{array}{c:cc} 1 & 0 & 0 \\ \hdashline 0 & 2 & 3 \\ 0 & 4 & 5 \end{array}\right]$, $D = \left[\begin{array}{cc:c} 1 & 2 & 0 \\ 3 & 4 & 5 \\ \hdashline 0 & 6 & 7 \end{array}\right]$ 라 하자.

(a) 대각성분 아래가 0이므로 A는 (블록)상삼각행렬이다.

(b) 대각성분 윗부분이 0이므로 B는 (블록)하삼각행렬이다.

(c) 대각성분 위아래가 모두 0이므로 C는 대각행렬이다.

(d) D는 아무것도 아니다. 어떤 분할도 D를 삼각행렬이나 대각행렬로 만들 수 없다. ■

유제 1.10 $M = \mathrm{diag}(A, B, C)$, $A = \begin{bmatrix} 1 & 2 \\ 3 & 4 \end{bmatrix}$, $B = [5]$, $C = \begin{bmatrix} 1 & 3 \\ 5 & 7 \end{bmatrix}$ 일 때 M^2를 구하라.

풀이 $A^2 = \begin{bmatrix} 7 & 10 \\ 15 & 22 \end{bmatrix}$, $B^2 = [25]$, $C^2 = \begin{bmatrix} 16 & 24 \\ 40 & 64 \end{bmatrix}$ 이므로

$$M^2 = \left[\begin{array}{cc:c:cc} 7 & 10 & & & \\ 15 & 22 & & & \\ \hdashline & & 25 & & \\ \hdashline & & & 16 & 24 \\ & & & 40 & 64 \end{array}\right]$$ 이다. ■

1장 연습문제

[1-4] 다음 행렬들을 사용하라.

$$A=\begin{bmatrix}1 & 2\\ -3 & 4\end{bmatrix},\quad B=\begin{bmatrix}3 & 4\\ 0 & 2\end{bmatrix},\quad C=\begin{bmatrix}1 & 3 & 2\\ -3 & 6 & 5\end{bmatrix},\quad D=\begin{bmatrix}3 & 7 & -3\\ 5 & -4 & -1\end{bmatrix},$$

$x=[1,\ 2]^T$

1. 다음을 구하라.

(1) $5A-2B$ (2) $2A+3B$

(3) $2C-3D$

2. 다음을 구하라.

(1) AB와 BA (2) $A(BC)$와 $(AB)C$

3. 다음을 구하라.

(1) A^2 (2) AD와 BD

(3) B^3x [도움말; $B(B(Bx))$와 $(BBB)x$, 두 가지 방법을 이용하여 구해보라.]

4. 다음을 구하라.

(1) A^T (2) B^T

(3) A^TB^T (4) $(AB)^T$

(5) $tr(A)$ (6) $tr(AB)$

(7) $tr(BA)$ (8) $tr((AB)^T)$

5. $e_i=(0,\ \dots,\ 0,\ 1,\ 0,\ \dots,\ 0)$이라 하자(1이 i째 나타난다). 다음을 증명하라.

(1) $e_iA=A_i$, A_i는 A의 i째 행이다.

(2) 만약 모든 i에 대해 $e_iA=e_iB$이면 $A=B$이다.

(3) $Be_j^T=B^j$, B^j는 B의 j째 열이다.

(4) 만약 모든 j에 대해 $Ae_j^T=Be_j^T$이면 $A=B$이다.

6. 정리 1.2의 (3)과 (4)를 증명하라.

7. 정리 1.3의 (1), (2)와 (3)을 증명하라.

8. 정리 1.4의 (1), (2), (3)을 증명하라.

9. 정리 1.6을 증명하라.

10. 다음을 증명하라.

만약 A가 성분이 모두 0인 행을 가지면 AB도 성분이 모두 0인 행을 갖는다.

11. 다음 행렬의 역행렬을 구하라. (단, 정의만 이용하라.)

$$A = \begin{bmatrix} 1 & 1 & 2 \\ 1 & 2 & 5 \\ 1 & 3 & 7 \end{bmatrix}, \ B = \begin{bmatrix} 1 & -1 & 1 \\ 0 & 1 & -1 \\ 1 & 3 & -2 \end{bmatrix}$$

12. 처음 두 행이 다음의 두 벡터들 각각의 스칼라 배가 되는 3×3 직교행렬 P를 구하라.

(1) $(1,\ 2,\ 3)$과 $(1,\ -1,\ 0)$ (2) $(1,\ 3,\ 1)$과 $(1,\ 0,\ -1)$

13. A가 복소수행렬이라 하자. AA^H와 A^HA가 에르미트 행렬임을 보여라.

14. $U = \begin{bmatrix} 1 & 2 & \vdots & 0 & 0 & 0 \\ 3 & 4 & \vdots & 0 & 0 & 0 \\ & & \vdots & & & \\ 0 & 0 & \vdots & 5 & 1 & 2 \\ 0 & 0 & \vdots & 3 & 4 & 1 \end{bmatrix}, \ V = \begin{bmatrix} 3 & -2 & \vdots & 0 & 0 \\ 2 & 4 & \vdots & 0 & 0 \\ & & \vdots & & \\ 0 & 0 & \vdots & 1 & 2 \\ 0 & 0 & \vdots & 2 & -3 \\ 0 & 0 & \vdots & -4 & 1 \end{bmatrix}$이라 하자. 블록 곱셈을 이용하여 UV를 구하라.

15. 다음의 그림을 점 5개와 선 6개를 갖는 그래프 G라 한다.

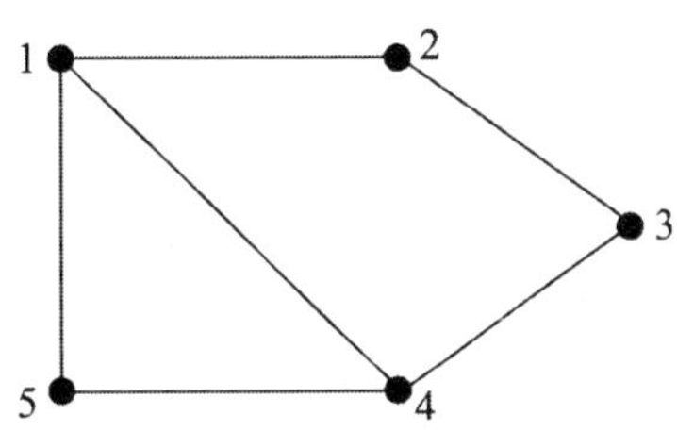

이 그래프의 행렬 표현은 $A(G) = \begin{bmatrix} 0 & 1 & 0 & 1 & 1 \\ 1 & 0 & 1 & 0 & 0 \\ 0 & 1 & 0 & 1 & 0 \\ 1 & 0 & 1 & 0 & 1 \\ 1 & 0 & 0 & 1 & 0 \end{bmatrix}$이다. 즉

$$A(G) = \begin{cases} 1, & \text{점 } i\text{와 } j\text{를 잇는 선이 있는 경우} \\ 0, & \text{점 } i\text{와 } j\text{를 잇는 선이 없는 경우} \end{cases}$$

와 같이 정의된다. A^2을 구하라. 그리고 그 의미를 추론하라.

[16-18] $A = \begin{bmatrix} 2 & 2 \\ 3 & -1 \end{bmatrix}$라 할 때 다음을 풀어라.

16. A^2를 구하라.

17. $f(x) = x^3 - 3x^2 - 2x + 4$일 때 $f(A)$를 구하라.

18. $g(x) = x^2 - x - 8$일 때 $g(A)$를 구하라.

19. $B = \begin{bmatrix} 4 & x+2 \\ 2x-3 & x+1 \end{bmatrix}$가 대칭행렬이라 할 때 x를 구하라.

20. 행렬 A가 n정방행렬이고 P는 임의의 $n \times m$행렬이라 할 때 P^TAP도 또한 대칭행렬임을 보여라.

21. $C = \begin{bmatrix} 4 & 3-5i \\ 3+5i & -7 \end{bmatrix}$일 때 C는 에르미트 행렬인가? 또는 반에르미트 행렬인가?

22. $D = \begin{bmatrix} 1/9 & 8/9 & -4/9 \\ 4/9 & -4/9 & -7/9 \\ 8/9 & 1/9 & 4/9 \end{bmatrix}$일 때 D가 직교행렬임을 보여라.

23. $E = \begin{bmatrix} 2+3i & 1 \\ i & 1+2i \end{bmatrix}$일 때 E는 정규행렬인가?

24. A가 대칭행렬이거나 반대칭행렬 또는 직교행렬이면 A는 정규행렬임을 증명하라.

2장

공간 벡터

이 장에서는 벡터에 대하여 공부한다. 선형대수학의 수학적 대상은 기본적으로 벡터들이라고 말할 수 있을 것이다. 앞으로 우리는 벡터들의 집합을 벡터 공간이라고 배울 것이고 그 벡터 공간 사이의 함수에 대하여 공부할 것이다. 이 장에서는 우선 벡터에 대하여 공부하자. 우리가 다루는 벡터들은 성분(components)들을 갖고 있으며 각 성분은 **실수체** $\mathbb{R}$(the field of real numbers) 또는 **복소수체** $\mathbb{C}$(the field of complex numbers)의 원소들이다(여기서 '체'는 집합이라고 생각하자). 반면 실수 또는 복소수 각각의 원소들을 스칼라(scalars)라고 부른다. 앞으로 이 책에서는 스칼라는 모두 $\mathbb{R}$의 원소로 가정하겠다. 예를 들어, $1 \in \mathbb{R}$, $2 \in \mathbb{R}$이고 이러한 숫자를 스칼라라 하고, $(1, 2) \in \mathbb{R}^2$일 때, $(1, 2)$는 벡터라고 볼 수 있다. 물론 $\mathbb{R}$을 벡터들의 집합이라고 볼 수 있다(사실 1차원 벡터 공간이다). 하지만 $\mathbb{R}^2$은 스칼라의 집합은 아니다.

2.1 $\mathbb{R}^n$ 안의 벡터와 연산

벡터를 표시하는 방법에는 두 가지가 있다. 첫 번째 방법은 벡터의 성분을 괄호 안에 나열하는 방법이다.

$$w = (w_1, w_2, \ldots, w_n) = \begin{bmatrix} w_1 \\ w_2 \\ \vdots \\ w_n \end{bmatrix}$$

이것을 **선형 배열**(linear array) 또는 **벡터**(vector)라고 한다. 다른 방법은 물리학에서 기원된 방법이다. 물리학적인 양을 나타내는 것 중 힘과 속도와 같은 크기와 방향을 가진 물리량이 있는 데 이것을 0점을 시작점으로 적합한 길이(벡터의 크기)와 방향으로 나타내는 데 이것을 벡터라 한다. 하지만 이것은 물리학적 정의에 불과하다. 수학적 정의는 차후 배울 것이다.

(i) 벡터의 덧셈

벡터 u와 v가 주어져 있을 때 $u+v$는 그림 2.1 (a)에서 보다시피 벡터 u와 v를 양 변으로 가지는 평행사변형을 이용하여 구할 수 있다. $u+v$는 바로 이 평행사변형의 대각선이다. $\mathbb{R}^3$에서 $u=(a,b,c)$이고 $v=(a',b',c')$라고 하면

$$u+v = (a+a',\ b+b',\ c+c')$$

이 된다.

(ii) **벡터의 스칼라 곱**

한 벡터 u에 수 k를 곱한다는 것은 벡터u의 크기를 k배 한다는 것이다. 그림 2.1 (b)에서 보다시피 $u=(a,b,c)$라 하면 $ku=(ka,kb,kc)$가 된다. 만약 $k>0$이라면 ku는 u와 같은 방향이고 $k<0$이면 ku는 u와 반대 방향이 된다. 또한 $k=0$이면 $ku=0$이 된다.

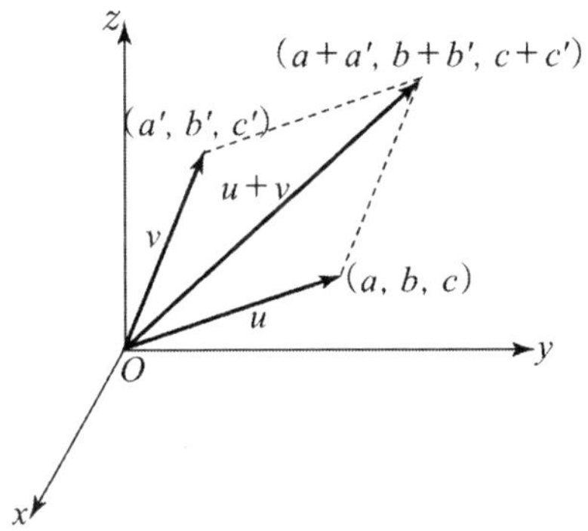

(a) 벡터덧셈

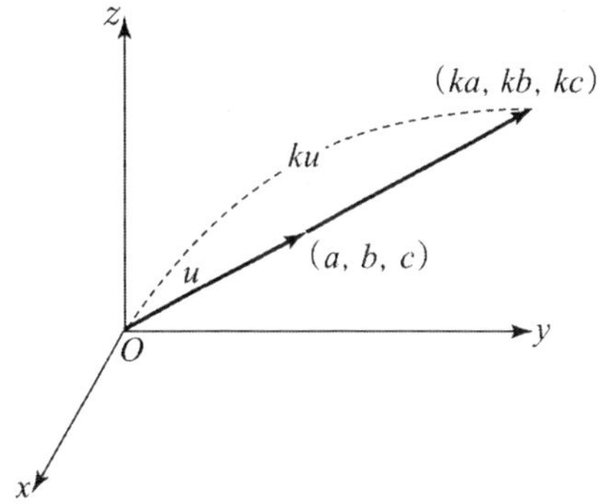

(b) 스칼라 곱

그림 2.1

실수로 이루어진 모든 $n-$순서쌍 $(a_1, a_2, \ldots, a_n)$의 집합을 $\mathbb{R}^n$이라 나타내고 $n-$공간이라 부른다. 그리고

$$u=(a_1, a_2, \ldots, a_n)=\begin{bmatrix} a_1 \\ a_2 \\ \vdots \\ a_n \end{bmatrix}$$

를 점 또는 벡터라 부른다. 실수 a_i들을 u의 **좌표**(coordinates), **성분**(components), **원소**(entries, elements)라고 한다. 또한 $\mathbb{R}$의 원소들을 **스칼라**라고 부른다.

두 벡터 u, v가 있어 그들의 성분의 개수가 일치하고 각각의 대응하는 성분이 모두 같을 때 우리는 "u, v가 같다"라고 하고 $u=v$라고 쓴다. 벡터 $(1,2,3)$과 $(2,3,1)$은 같은 세 개의 숫자를 갖고 있지만 대응하는 원소들이 같지 않기 때문에 같은 벡터가 아니다.

보기 2.1 (a) $(2,-5)$, $(7,9)$, $(0,0,0)$, $(3,4,5)$ 들은 모두 벡터이다.
$(2,-5)$, $(7,9)\in\mathbb{R}^2$이고 $(0,0,0)$, $(3,4,5)\in\mathbb{R}^3$이다. $(0,0,0)$은 $\mathbb{R}^3$의 영 벡터이다.
(b) $(x-y,\ x+y,\ z-1)=(4,2,3)$를 만족하는 x, y, z를 찾아라.

대응하는 원소가 같아야 하므로

$$x-y=4, \quad x+y=2, \quad z-1=3$$

이다. 위의 연립방정식을 풀면 $x=3$, $y=-1$, $z=4$이다. ■

열벡터(Column Vectors)

$\mathbb{R}^n$안의 벡터를 나타낼 때 종종 수평으로 쓰기보다 수직으로 내려쓴다. 이러한 벡터를 **열벡터**(column vectors)라고 하고 위에서처럼 수평으로 쓴 벡터를 **행벡터**(row vectors)라고 한다. 예를 들어 다음의 벡터들은 열벡터들이다.

$$\begin{bmatrix} 1 \\ 2 \end{bmatrix}, \quad \begin{bmatrix} 3 \\ -4 \end{bmatrix}, \quad \begin{bmatrix} 1 \\ 5 \\ -6 \end{bmatrix}, \quad \begin{bmatrix} 1.5 \\ \frac{2}{3} \\ -15 \end{bmatrix}$$

다음의 벡터들은 행벡터들이다.

$$(1,2), \quad (3,-4), \quad (1,5,-6), \quad \left(1.5, \frac{2}{3}, -15\right)$$

유제 2.1 다음을 만족시키는 x와 y를 찾아라.

(1) $(x, 7)=(3, x+2y)$,

(2) $(4, y)=x(1,4)$.

풀이 (1) 두 벡터의 성분이 각각 같아야 하므로 $x=3$, $7=x+2y$이므로 $x=3$, $y=2$이다.

(2) $(4, y)=x(1, 4)=(x, 4x)$이므로 $x=4$, $y=4x$이다. 그러므로 $x=4$, $y=16$이 된다. ■

벡터의 덧셈과 스칼라 곱

$\mathbb{R}^n$안의 벡터 u, v가 있을 때, 즉

$$u=(a_1, a_2, \ldots, a_n) \qquad v=(b_1, b_2, \ldots, b_n)$$

라 하자. 벡터 u와 v의 합, $u+v$, 는 u와 v의 대응하는 각 성분들을 더하여 얻어진다. 즉,

$$u+v=(a_1+b_1, a_2+b_2, \ldots, a_n+b_n)$$

벡터 u와 실수 k의 스칼라 곱은 벡터 u의 모든 성분에 k를 곱하면 된다. 즉,

$$ku = (ka_1, ka_2, \ldots, ka_n)$$

$u+v$와 ku 모두 다시 $\mathbb{R}^n$안의 벡터임을 명심하자. 성분의 개수가 다른 두 벡터의 합은 정의되지 않는다.

벡터의 음과 뺄셈은 $\mathbb{R}^n$안에서 다음과 같이 정의된다.

$$-u = (-1)u, \qquad u-v = u+(-v)$$

벡터 $-u$를 u의 **음**(negative)라 하고 $u-v$를 벡터 u, v의 **차**(difference)라고 한다.

벡터 $u_1, u_2, \ldots, u_m \in \mathbb{R}^n$과 스칼라 $k_1, k_2, \ldots k_m \in \mathbb{R}$이 주어졌을 때

$$v = k_1u_1 + k_2u_2 + \cdots + k_mu_m$$

을 벡터 $u_1, u_2, \ldots, u_m$들의 **선형결합**이라 한다.

보기 2.2 (1) $u = (2, 4, -5)$, $v = (1, -6, 9)$라 하자.

$$u+v = (2+1,\ 4+(-6),\ -5+9) = (3,\ -2,\ 4)$$
$$7u = (7(2), 7(4), 7(-5)) = (14, 28, -35)$$
$$-v = (-1)(1,-6,9) = (-1,6,-9)$$
$$3u-5v = (6,12,-15)+(-5,30,-45) = (1,42,-60)$$

(2) 영 벡터 $\mathbf{0} = (0,0,\ldots,0) \in \mathbb{R}^n$은 스칼라 $0 \in \mathbb{R}$과 비슷하다. 임의의 벡터 $u = (a_1, a_2, \ldots, a_n)$에 대하여

$$u + \mathbf{0} = (a_1+0, a_2+0, \ldots, a_n+0) = (a_1, a_2, \ldots, a_n) = u$$

(3) $u = \begin{bmatrix} 2 \\ 3 \\ -4 \end{bmatrix}$, $v = \begin{bmatrix} 3 \\ -1 \\ -2 \end{bmatrix}$이라 하자. 그러면

$$2u-3v = \begin{bmatrix} 4 \\ 6 \\ -8 \end{bmatrix} + \begin{bmatrix} -9 \\ 3 \\ 6 \end{bmatrix} = \begin{bmatrix} -5 \\ 9 \\ -2 \end{bmatrix}$$ ■

정리 2.1 임의의 $u, v, w \in \mathbb{R}^n$과 스칼라 $k, k' \in \mathbb{R}$에 대하여 다음이 성립한다.

(1) $(u+v)+w = u+(v+w)$

(2) $u+\mathbf{0} = u$

(3) $u+(-u) = \mathbf{0}$

(4) $u+v = v+u$

(5) $k(u+v) = ku+kv$

(6) $(k+k')u = ku+k'u$

(7) $(kk')u = k(k'u)$

(8) $1u = u$

평행한 두 벡터

벡터 $u, v \in \mathbb{R}^n$가 스칼라 $k \in \mathbb{R}$에 $u = kv$를 만족한다고 하면 u를 v의 **배수**(multiple)라 한다. 또한 $k > 0$이면 u가 v와 같은 방향이고 $k < 0$이면 u는 v와 반대 방향을 갖는다. 이때 두 벡터 u와 v를 **평행**하다고 한다.

유제 2.2 $u = (1, -3, 2), v = (3, -2, 0), w = (-1, 2, 4)$일 때 다음을 구하라.

(1) $2u - 3v$ (2) $2u - v + 3w$

풀이 (1) $2u - 3v = 2(1, -3, 2) - 3(3, -2, 0) = (2, -6, 4) - (9, -6, 0)$
$= (-7, 0, 4)$

(2) $2u - v + 3w = 2(1, -3, 2) - (3, -2, 0) + 3(-1, 2, 4)$
$= (2, -6, 4) - (3, -2, 0) + (-3, 6, 12)$
$= (-4, 2, 16)$

■

유제 2.3 벡터 $v = (-2, 3, 5)$를 $u_1 = (1, 1, 1), u_2 = (2, 1, 3), u_3 = (2, -1, 1)$의 선형결합으로 나타내시오.

풀이 $v = k_1 u_1 + k_2 u_2 + k_3 u_3$이 되는 k_i들을 구하면 되므로

$$\begin{bmatrix} -2 \\ 3 \\ 5 \end{bmatrix} = k_1 \begin{bmatrix} 1 \\ 1 \\ 1 \end{bmatrix} + k_2 \begin{bmatrix} 2 \\ 1 \\ 3 \end{bmatrix} + k_3 \begin{bmatrix} 2 \\ -1 \\ 1 \end{bmatrix} = \begin{bmatrix} k_1 + 2k_2 + 2k_3 \\ k_1 + k_2 - k_3 \\ k_1 + 3k_2 + k_3 \end{bmatrix}$$

이다. 양쪽의 벡터가 같으므로 각 성분이 일치함을 이용해 연립방정식 형태로 나타내면

$$\begin{aligned} -2 &= k_1 + 2k_2 + 2k_3 \\ 3 &= k_1 + k_2 - k_3 \\ 5 &= k_1 + 3k_2 + k_3 \end{aligned}$$

이다. $\begin{cases} k_1 + 2k_2 + 2k_3 = -2 \\ -k_2 - 3k_3 = 5 \\ k_2 - k_3 = 7 \end{cases}$ 또는 $\begin{cases} k_1 + 2k_2 + 2k_3 = -2 \\ -k_2 - 3k_3 = 5 \\ -4k_3 = 12 \end{cases}$

이므로 $k_3 = -3,\ k_2 = 4,\ k_1 = -4$이다. 그러므로

$$v = -4u_1 + 4u_2 - 3u_3$$

이다. ■

내적(inner 또는 dot product)

$\mathbb{R}^n$안의 벡터 u, v가 있을 때, 즉

$$u=(a_1,a_2,\ldots,a_n) \qquad v=(b_1,b_2,\ldots,b_n)$$

라 하자. 벡터 u, v의 **내적**(inner, 또는 scalar product)를 다음과 같이 정의한다.

$$u\cdot v=a_1b_1+a_2b_2+\cdots+a_nb_n$$

만약 $u\cdot v=0$이면 벡터 u와 v가 **직교**(orthogonal 또는 perpendicular)한다고 한다. 일반적인 내적은 6장에서 깊게 다룬다.

보기 2.3 (1) $u=(1,-2,3)$, $v=(4,5,-1)$, $w=(2,7,4)$라 하면

$$u\cdot v=1(4)-2(5)+3(-1)=4-10-3=-9$$
$$u\cdot w=2-14+12=0, \qquad v\cdot w=8+35-4=39$$

그러므로 u와 w는 직교한다.

(2) $u=\begin{bmatrix}2\\3\\-4\end{bmatrix}$, $v=\begin{bmatrix}3\\-1\\-2\end{bmatrix}$라 하자. 그러면 $u\cdot v=6-3+8=11$이다.

(3) $u=(1,2,3,4)$, $v=(6,k,-8,2)$라 하자. u와 v가 직교하기 위한 k를 찾아보자. 먼저 $u\cdot v=6+2k-24+8=-10+2k$이고 $u\cdot v=0$이므로 k에 관하여 풀면 $-10+2k=0$ 또는 $k=5$이다. ■

정리 2.2 임의의 $u,v,w\in\mathbb{R}^n$과 스칼라 $k\in\mathbb{R}$에 대하여 다음이 성립한다.

(1) $(u+v)\cdot w=u\cdot w+v\cdot w$ (2) $(ku)\cdot v=k(u\cdot v)$

(3) $u\cdot v=v\cdot u$ (4) $u\cdot u\geq 0$ 그리고 $u\cdot u=0 \Leftrightarrow u=0$

증명 $u=(u_1,u_2,\ldots,u_n)$, $v=(v_1,v_2,\ldots,v_n)$, $w=(w_1,w_2,\ldots,w_n)$이라 하자.

(1) $u+v=(u_1+v_1,\ldots,u_n+v_n)$이므로

$$\begin{aligned}(u+v)\cdot w&=(u_1+v_1)w_1+(u_2+v_2)w_2+\cdot\cdot+(u_n+v_n)w_n\\&=u_1w_1+v_1w_1+u_2w_2+v_2w_2+\cdots+u_nw_n+v_nw_n\\&=(u_1w_1+u_2w_2+\cdots+u_nw_n)+(v_1w_1+v_2w_2+\cdots+v_nw_n)\\&=u\cdot w+v\cdot w\end{aligned}$$

(2)
$$\begin{aligned}(ku)\cdot v&=(ku_1,ku_2,\ldots,ku_n)\cdot(v_1,v_2,\ldots,v_n)\\&=ku_1v_1+ku_2v_2+\cdots+ku_nv_n\\&=k(u_1v_1+u_2v_2+\cdots+u_nv_n)\\&=k(u\cdot v)\end{aligned}$$

(3) $u \cdot v = u_1 v_1 + u_2 v_2 + \cdots + u_n v_n = v_1 u_1 + v_2 u_2 + \cdots + v_n u_n = v \cdot u$

(4) u_i^2이 모두 양수이고 $u \cdot u = u_1^2 + u_2^2 + \cdots + u_n^2$이므로 $u \cdot u \geq 0$이다. 또한 $u \cdot u = u_1^2 + u_2^2 + \cdots + u_n^2 = 0$일 필요충분조건은 모든 i에 대하여 $u_i = 0$이므로 $u = 0$이다. ■

(2)에서 내적의 첫 번째 벡터로부터 k를 빼낼 수 있다는 것을 알 수 있다. 또한, (3)과 (2)로부터

$$u \cdot (kv) = (kv) \cdot u = k(v \cdot u) = k(u \cdot v)$$

를 얻을 수 있다. 즉, 내적의 두 번째 벡터로부터 k를 빼낼 수 있다는 것을 알 수 있다.

위에서 정의된 벡터 합, 스칼라 곱, 그리고 내적을 정의한 공간 $\mathbb{R}^n$을 보통 **유클리드 $n-$공간**(Euclidean $n-$space)이라 부른다.

벡터의 크기 놈(Norm, length)

$\mathbb{R}^n$안의 벡터 u의 놈 또는 크기를 $\|u\|$라고 나타내고 $u \cdot u$의 양의 제곱근으로 정의한다. 즉, $u = (a_1, a_2, \ldots, a_n)$일 때,

$$\|u\| = \sqrt{u \cdot u} = \sqrt{a_1^2 + a_2^2 + \cdots + a_n^2}$$

이다. u의 성분들의 제곱의 합의 제곱근이다. 그러므로 $\|u\| \geq 0$이고, $\|u\| = 0$일 필요충분조건은 $u = 0$이다.

한 벡터 u가 $\|u\| = 1$(또는 $u \cdot u = 1$)를 만족하면 **단위벡터**라고 부른다. 임의의 영이 아닌 벡터 $v \in \mathbb{R}^n$에 대하여 벡터

$$\hat{v} = \frac{1}{\|v\|} v = \frac{v}{\|v\|}$$

은 v와 방향이 같은 유일한 단위 벡터이다. $\hat{v}$를 구하는 과정을 v를 **정규화**(normalizing v)한다고 한다.

보기 2.4 (1) $u = (1, -2, -4, 5, 3)$이라고 하자. $\|u\|$를 찾기 위해서 우리는 먼저 $\|u\|^2 = u \cdot u$를 다음과 같이 찾아보자.

$$\|u\|^2 = 1^2 + (-2)^2 + (-4)^2 + 5^2 + 3^2 = 1 + 4 + 16 + 25 + 9 = 55$$

그러므로 $\|u\| = \sqrt{55}$이다.

(2) $v=(1,-3,4,2)$이고 $w=(\frac{1}{2},-\frac{1}{6},\frac{5}{6},\frac{1}{6})$이라 하자. 그러면

$$\|v\|=\sqrt{1+9+16+4}=\sqrt{30} \quad \text{그리고} \quad \|w\|=\sqrt{\frac{9}{36}+\frac{1}{36}+\frac{25}{36}+\frac{1}{36}}=\sqrt{\frac{36}{36}}=1$$

그러므로 w는 단위 벡터이지만 v는 아니다. 그렇지만 v를 정규화하여

$$\hat{v}=\frac{v}{\|v\|}=\left(\frac{1}{\sqrt{30}},\frac{-3}{\sqrt{30}},\frac{4}{\sqrt{30}},\frac{2}{\sqrt{30}}\right)$$

을 얻는다. 이 벡터는 v와 방향이 같은 유일한 단위 벡터이다. ■

다음 식은 **슈바르츠 부등식**(Schwartz inequality) 또는 **코시-슈바르츠 부등식**(Cauchy-Schwartz inequality)라고 부른다.

> **정리 2.3** **(슈바르츠 부등식)**
> 임의의 벡터 u, $v \in \mathbb{R}^n$에 대하여
> $$|u \cdot v| \le \|u\|\|v\|.$$

증명 임의의 t에 대하여 정리 2.2를 이용하면

$$\begin{aligned} 0 \le (tu+v)\cdot(tu+v) &= t^2(u\cdot u)+2t(u\cdot v)+(v\cdot v) \\ &= \|u\|^2t^2+2(u\cdot v)t+\|v\|^2 \end{aligned}$$

이고 이 식은 t에 관한 이차방정식이다. 모든 t에 대하여

$$0 \le \|u\|^2t^2+2(u\cdot v)t+\|v\|^2$$

이라는 말은 이 방정식이 두 개의 실근을 갖지 못한다는 말이다. 즉, 판별식이 $2^2(u\cdot v)^2-4\|u\|^2\|v\|^2 \le 0$, 즉, $4(u\cdot v)^2 \le 4\|u\|^2\|v\|^2$ 이어야 함을 뜻한다. 양변을 4로 나누고 제곱근을 취하면 바로 $\sqrt{(u\cdot v)^2}=|u\cdot v| \le \|u\|\|v\|$ 이다. ■

$u=(u_1, u_2)$, $v=(v_1, v_2)\in\mathbb{R}^2$라 하면 다음을 살펴보는 것도 도움이 될 것이다. $|u\cdot v|=|u_1v_1+u_2v_2|$이고 $\|u\|\|v\|=\sqrt{u_1^2+u_2^2}\sqrt{v_1^2+v_2^2}$이므로 슈바르츠 부등식 $|u\cdot v| \le \|u\|\|v\|$에 의해

$$\begin{aligned}(u_1v_1+u_2v_2)^2 &\le (u_1^2+u_2^2)(v_1^2+v_2^2)\\ u_1^2v_1^2+2u_1u_2v_1v_2+u_2^2v_2^2 &\le u_1^2v_1^2+u_1^2v_2^2+u_2^2v_1^2+u_2^2v_2^2\\ 0 &\le u_1^2v_2^2+u_2^2v_1^2-2u_1u_2v_1v_2\\ 0 &\le (u_1v_2-u_2v_1)^2\end{aligned}$$

이므로 슈바르츠 부등식을 위의 식에 사용하여도 증명이 가능하다.

위의 정리를 이용하여 **삼각부등식**(triangle inequality) 또는 **민코프스키 부등식**(Minkowski inequality)이라 알려진 부등식을 증명할 수 있다.

정리 2.4 **(민코프스키 Minkowski 부등식)**

임의의 벡터 $u, v \in \mathbb{R}^n$에 대하여

$$\|u+v\| \le \|u\|+\|v\|.$$

증명 내적과 슈바르츠 부등식을 이용하면

$$\begin{aligned}\|u+v\|^2 &= (u+v)\cdot(u+v) = (u\cdot u)+2(u\cdot v)+(v\cdot v)\\ &\le \|u\|^2+2\|u\|\|v\|+\|v\|^2 = (\|u\|+\|v\|)^2\end{aligned}$$

이고 양변에 제곱근을 취하면 원하던 결과를 얻는다. ■

거리, 각, 정사영(Distance, Angles, Projections)

$\mathbb{R}^n$ 안의 벡터 $u=(a_1, a_2, \ldots, a_n)$과 $v=(b_1, b_2, \ldots, b_n)$ 사이의 거리를 다음과 같이 나타내고 정의한다.

$$d(u, v) = \|u-v\| = \sqrt{(a_1-b_1)^2+(a_2-b_2)^2+\cdots+(a_n-b_n)^2}.$$

이 정의는 $\mathbb{R}^2$ 위 또는 $\mathbb{R}^3$ 위의 거리개념과 일치한다.

$\mathbb{R}^n$ 안의 영이 아닌 벡터 u, v의 끼인각 θ는 다음과 같이 정의된다.

$$\cos\theta = \frac{u\cdot v}{\|u\|\|v\|}$$

이 정의는 슈바르츠 부등식에 의하여 잘 정의되어 있다.

$$-1 \le \frac{u\cdot v}{\|u\|\|v\|} \le 1$$

만약 $u\cdot v=0$이면 $\theta=90°$(또는 $\theta=\pi/2$)이다. 이것도 앞의 직교 정의와 일치한다.

벡터 u의 벡터 v 위로의 **정사영**은 다음과 같이 정의되는 벡터이다.

$$\mathrm{proj}_v u = \mathrm{proj}(u,\ v) = \frac{u\cdot v}{\|v\|^2}v = \frac{u\cdot v}{\|v\|}\frac{v}{\|v\|} = \frac{u\cdot v}{v\cdot v}v$$

그림 2.2처럼 각각의 끝점이 A, B인 벡터 u, v가 주어져 있을 때, 벡터 v위의 벡터 u의 정사영 u^*의 크기는

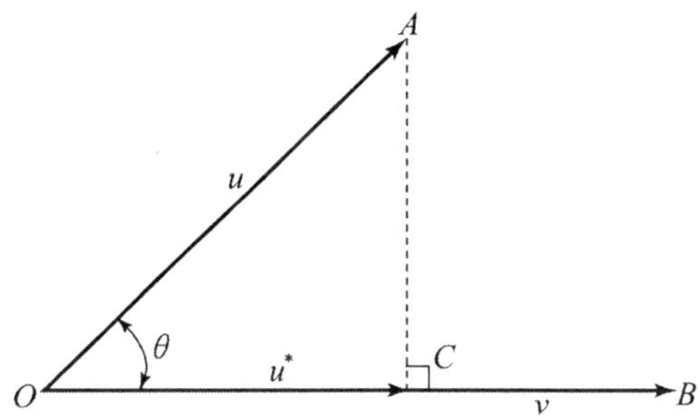

그림 2.2 v 위로의 u의 정사영 벡터 u^*

$$\|u^*\| = \|u\|\cos\theta = \|u\|\frac{u\cdot v}{\|u\|\|v\|} = \frac{u\cdot v}{\|v\|}$$

u^*를 구하기 위해서는 벡터 v방향의 단위벡터에 u^*의 크기, $\|u^*\|$를 곱하면 된다.

$$u^* = \|u^*\|\frac{v}{\|v\|} = \frac{u\cdot v}{\|v\|}\frac{v}{\|v\|} = \frac{u\cdot v}{\|v\|^2}v$$

이 식은 위의 정사영의 정의와 일치한다.

보기2.5 $u=(-2,\ 2,\ 4)$, $v=(1,\ 3,\ 4)$라고 하자.

$$d(u,v) = \sqrt{(-2-1)^2+(2-3)^2+(4-4)^2} = \sqrt{9+1} = \sqrt{10}$$

벡터 u, v의 사이 각 θ는

$u\cdot v = -2+6+16=20,\ \|u\|^2 = 4+4+16=24,\ \|v\|^2 = 1+9+16=26$

이므로 $$\cos\theta = \frac{u\cdot v}{\|u\|\|v\|} = \frac{20}{\sqrt{24}\sqrt{26}}$$

또한 $$\mathrm{proj}_v u = \mathrm{proj}\,(u,v) = \frac{u\cdot v}{\|v\|^2}v = \frac{20}{26}(1,\ 3,\ 4) = \left(\frac{10}{13},\ \frac{30}{13},\ \frac{40}{13}\right)$$

이다. ■

유제 2.4 u와 v가 수직이 되게 하는 k를 구하라.

(1) $u=(2,\ k,\ -4),\ v=(1,\ 3,\ -4)$

(2) $u=(1,\ 2k,\ 5,\ -3),\ v=(1,\ -2,\ -3,\ 4)$

풀이 (1) $u\cdot v=(2,\ k,\ -4)\cdot(1,\ 3,\ -4)=2+3k+16=0$이므로 $k=-6$.

(2) $u\cdot v=(1,\ 2k+1,\ 5,\ -3)\cdot(1,\ -2,\ -3,\ 4)$

$=1-4k-2-15-12=0$이므로 $k=-7$. ■

유제 2.5 다음 벡터들을 정규화하라.

(1) $u=(1,\ 3,\ -4)$ (2) $u=(-2,\ 4,\ 4,\ -3)$

풀이 (1) $\|u\|=\sqrt{1^2+3^2+(-4)^2}=\sqrt{26}$이므로

$$\hat{u}=\frac{u}{\|u\|}=\frac{1}{\sqrt{26}}(1,\ 3,\ -4)=\left(\frac{1}{\sqrt{26}},\ \frac{3}{\sqrt{26}},\ \frac{-4}{\sqrt{26}}\right).$$

(2) $\|u\|=\sqrt{(-2)^2+4^2+4^2+(-3)^2}=\sqrt{45}$이므로

$$\hat{u}=\frac{u}{\|u\|}=\frac{1}{\sqrt{45}}(-2,\ 4,\ 4,\ -3)$$
$$=\left(\frac{-2}{\sqrt{45}},\ \frac{4}{\sqrt{45}},\ \frac{4}{\sqrt{45}},\ \frac{-3}{\sqrt{45}}\right).$$ ■

유제 2.6 $u=(2,\ -3,\ 5),\ v=(1,\ 4,\ -3)$일 때 다음을 구하라.

(1) $\cos\theta$, θ는 u와 v의 끼인각.

(2) $\mathrm{proj}(u,\ v)$, v 위로의 u의 정사영.

(3) $d(u,\ v)$, u와 v의 거리.

풀이 (1) $\|u\|=\sqrt{2^2+(-3)^2+5^2}=\sqrt{38}$이고

$$\|v\|=\sqrt{1^2+4^2+(-3)^2}=\sqrt{26},$$
$$u\cdot v=2-12-15=-25$$

이므로

$$\cos\theta=\frac{u\cdot v}{\|u\|\|v\|}=\frac{-25}{\sqrt{38}\sqrt{26}}.$$

(2) $\mathrm{proj}(u,\ v)=\dfrac{u\cdot v}{\|v\|^2}v=\dfrac{-25}{26}(1,\ 4,\ -3)$

$$=\left(\frac{-25}{26}, \frac{-100}{26}, \frac{75}{26}\right)$$

(3) $d(u, v)=\|u-v\|=\|(1, -7, 8)\|=\sqrt{1+49+64}=\sqrt{114}$ ■

2.2 $\mathbb{R}^n$ 위의 위치벡터, 초평면, 선, 곡선

이 절에서는 $\mathbb{R}^n$ 위의 n 순서쌍 $P(a_i) \equiv P(a_1, a_2, \ldots, a_n)$을 점으로 보고 n 순서쌍 $u=(c_1, c_2, \ldots, c_n)$은 영점 $\mathbf{0}$에서부터 점 $C(c_1, c_2, \ldots, c_n)$까지의 벡터로 본다.

위치벡터

$\mathbb{R}^n$ 위의 임의의 점 $A(a_1, a_2, \ldots, a_n)$과 $B(b_1, b_2, \ldots, b_n)$을 사용하여 A로부터 B로의 위치벡터(located vector) $\overrightarrow{AB}$를 정의할 수 있다. 그리고 이 벡터 $\overrightarrow{AB}$는 바로 다음의 벡터 u와 같은 크기와 방향을 갖기 때문에 동일한 벡터이다(그림 2.3).

$$u=B-A=(b_1-a_1, b_2-a_2, \ldots, b_n-a_n).$$

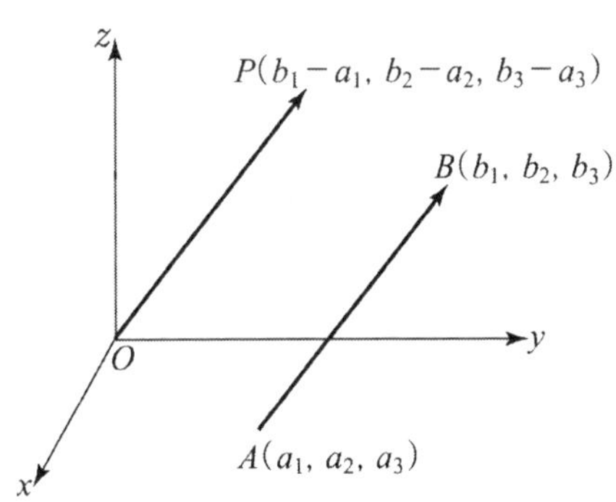

그림 2.3 $u=B-A$

유제 2.7 점 P와 Q를 지나는 벡터를 구하라.

(1) $P(2, 3, -1)$, $Q(4, 6, -3)$

(2) $P(1, -3, 4, -1)$, $Q(2, -3, 1, -5)$

풀이 (1) $u=\overrightarrow{PQ}=Q-P=(4-2, 6-3, -3-(-1))=(2, 3, -2)$

(2) $u = \overrightarrow{PQ} = Q - P = (2-1,\ -3-(-3),\ 1-4, -5-(-1))$
$= (1,\ 0,\ -3,\ -4)$ ■

초평면(Hyperplanes)

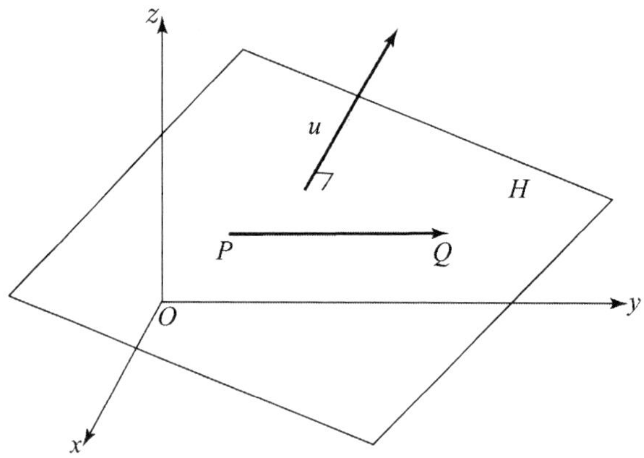

그림 2.4

$\mathbb{R}^n$ 위의 초평면 H란 선형방정식

$$a_1x_1 + a_2x_2 + \cdots + a_nx_n = b \qquad \cdots (1)$$

를 만족시키는 점들$(x_1,\ x_2,\ \ldots,\ x_n)$의 집합이다. 여기서 계수 벡터 $u = (a_1,\ a_2,\ \ldots,\ a_n)$은 영이 아니다. 그러므로 $\mathbb{R}^2$ 위의 초평면 H란 하나의 선이고 $\mathbb{R}^3$ 위의 초평면 H란 하나의 평면이 된다. 그림 2.4에서 벡터 u는 초평면 H 위의 임의의 직선 $\overrightarrow{PQ}$와 직교한다. 이러한 이유로 벡터 u를 초평면 H의 **법선벡터**(normal vector)라 한다.

점 $P(p_1,\ p_2,\ \ldots,\ p_n)$과 $Q(q_1,\ q_2,\ \ldots,\ q_n)$이 H 위에 있기 때문에 이 점들은 위의 초평면 방정식을 만족한다. 즉

$$a_1p_1 + a_2p_2 + \cdots + a_np_n = b\text{이고 } a_1q_1 + a_2q_2 + \cdots + a_nq_n = b$$

이다.

$$v = \overrightarrow{PQ} = Q - P = (q_1 - p_1,\ q_2 - p_2,\ \ldots,\ q_n - p_n)$$

이라 하면

$$\begin{aligned} u \cdot v &= a_1(q_1 - p_1) + a_2(q_2 - p_2) + \cdots + a_n(q_n - p_n) \\ &= (a_1q_1 + a_2q_2 + \cdots + a_nq_n) - (a_1p_1 + a_2p_2 + \cdots + a_np_n) \\ &= b - b = 0 \end{aligned}$$

이므로 $v = \overrightarrow{PQ}$는 벡터 $u = (a_1,\ a_2,\ \ldots,\ a_n)$에 직교한다.

초평면 H 위의 점 $P(p_1,\ p_2,\ \ldots,\ p_n)$과 H에 수직인 벡터 $u = (a_1,\ a_2,\ \ldots,\ a_n)$이 주어졌을 때 H의 방정식을 구하는 방법은 $Q(x_1,\ x_2,\ \ldots,\ x_n)$을 초평면 H 위의 임의의 점이라 하고 위와 같은 방법으로 구할 수 있다. 즉 벡터 v를 구하여 이 벡터가 u와 수직임을 이용한다.

$$v = \overrightarrow{PQ} = Q - P = (x_1 - p_1,\ x_2 - p_2,\ \ldots,\ x_n - p_n)$$

이므로

$$\begin{aligned} &u \cdot v = a_1(x_1 - p_1) + a_2(x_2 - p_2) + \cdots + a_n(x_n - p_n) = 0 \\ \Leftrightarrow\ &(a_1x_1 + a_2x_2 + \cdots + a_nx_n) - (a_1p_1 + a_2p_2 + \cdots + a_np_n) = 0 \\ \Leftrightarrow\ &a_1x_1 + a_2x_2 + \cdots + a_nx_n = b. \end{aligned}$$

여기서 $b = a_1p_1 + a_2p_2 + \cdots + a_np_n$이다. 그러므로 식 (1)과 같은 결과를 얻는다. 여기서 주의할 점은 벡터 u의 성분들이 이 방정식의 변수들의 계수라는 것이다.

$\mathbb{R}^n$ 위의 선들(Lines)

$\mathbb{R}^n$ 위의 점 $P(b_1,\ b_2,\ \ldots,\ b_n)$을 지나고 영이 아닌 벡터 $u = (a_1,\ a_2, \ldots,\ a_n)$과 평행한 직선 L의 방정식을 구하자. 이 직선 위의 임의의 점을 $X(x_1,\ x_2,\ \ldots,\ x_n)$이라고 하자.

점 $P(b_1,\ b_2,\ \ldots,\ b_n)$으로부터 점 $X(x_1,\ x_2,\ \ldots,\ x_n)$로의 위치벡터 $\overrightarrow{PX} = (x_1 - b_1,\ x_2 - b_2,\ \ldots,\ x_n - b_n)$가 벡터 u와 평행하므로 임의의 스칼라 t에 대하여

$$\overrightarrow{PX} = ut, \qquad t \in \mathbb{R}$$

라 쓸 수 있고(t가 변함에 따라 서로 다른 점 X의 좌표가 나온다), 다시 말해

$$(x_1 - b_1,\ x_2 - b_2,\ \ldots,\ x_n - b_n) = (a_1,\ a_2,\ \ldots,\ a_n)t$$

이므로 대응하는 원소들을 같게 놓으면

$$x_1 = a_1t + b_1,\ x_2 = a_2t + b_2,\ \cdots,\ x_n = a_nt + b_n \qquad \cdots (2)$$

이다. 이것이 직선 L의 방정식이다. (그림 2.5)

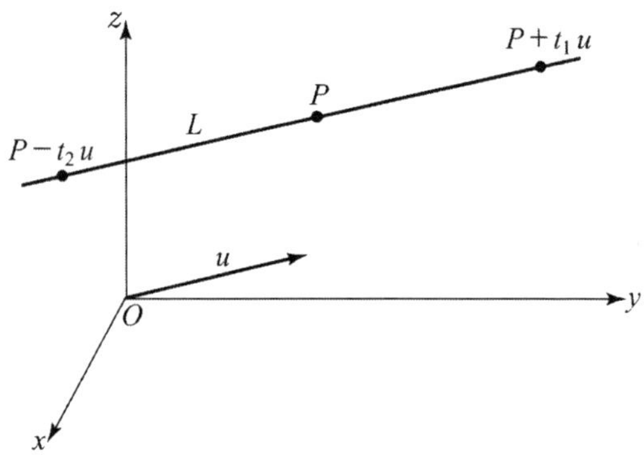

그림 2.5

보기 2.6 (1) $\mathbb{R}^3$위의 평면 H의 방정식을 $2x-5y+7z=4$라고 하자. 점 $P(1,1,1)$과 점 $Q(5,4,2)$는 이 방정식의 근들이다. 그러므로 점 P와 점 Q과 선분

$$v=\overrightarrow{PQ}=Q-P=(5-1,\ 4-1,\ 2-1)=(4,3,1)$$

은 평면 H 위에 있다. 벡터 $u=(2,-5,7)$은 평면 H에 수직이다. 그러므로

$$u \cdot v=(2,-5,7)\cdot(4,3,1)=8-15+7=0$$

이다. 즉, u는 v에 직교한다.

(2) 점 $P(1,3,-4,2)$를 지나고 벡터 $u=(4,-2,5,6)$에 직교하는 $\mathbb{R}^4$ 위의 초평면 H의 방정식을 구해보자. 초평면 H의 방정식의 계수들은 벡터 u의 성분들이므로 방정식은 다음과 같은 형태를 갖는다.

$$4x_1-2x_2+5x_3+6x_4=k$$

점 P를 이식에 대입하면,

$$4(1)-2(3)+5(-4)+6(2)=k \quad \text{또는} \quad k=-10$$

이므로 $4x_1-2x_2+5x_3+6x_4=-10$이 초평면 H의 방정식이다.

(3) $\mathbb{R}^4$에서 점 $P(1,2,3,-4)$를 지나고 벡터 $u=(5,6,-7,8)$와 평행한 직선 L의 방정식을 구하라. 또한, $t=1$일 때의 선 L위의 점 Q를 구해보자. 식 (2)에 위의 정보를 대입하면

$$x_1=5t+1,\ \ x_2=6t+2,\ \ x_3=-7t+3,\ \ x_4=8t-4$$

또는 $L(t)=(5t+1,\ 6t+2,\ -7t+3,\ 8t-4)$이다. $t=0$일 때

$L(0)=(1,2,3,-4)=P$ 임을 주의하자.

또한 $t=1$이면 $L(1)=(6,8,-4,4)=Q(6,8,-4,4)$이다. ■

유제 2.8 $P(3,\ 2,\ 4,\ -1)$을 지나고 벡터 $u=(3,\ -2,\ 1,\ 5)$에 수직인 $\mathbb{R}^4$ 위의 초평면 H의 방정식을 구하라.

풀이 H 위의 임의의 한 점을 $X(x_1,\ x_2,\ x_3,\ x_4)$라 하면 위치벡터 $\overrightarrow{PX}$는 벡터 u와 수직이므로 내적이 0이다. 그러므로

$$\begin{aligned}\overrightarrow{PX}\cdot u &= (x_1-3,\ x_2-2,\ x_3-4,\ x_4+1)\cdot(3,\ -2,\ 1,\ 5)\\ &= 3(x_1-3)-2(x_2-2)+(x_3-4)+5(x_4+1)=0\end{aligned}$$

이다. 이를 정리하면 $3x_1-2x_2+x_3+5x_4=4$이다.

또는 H의 방정식의 계수들은 바로 벡터 u의 성분들이므로

$$3x_1-2x_2+x_3+5x_4=k$$

점 P를 이 식에 대입하면 $k=4$이므로 $3x_1-2x_2+x_3+5x_4=4$이다. ■

유제 2.9 점 $P(1,\ -3,\ -4)$를 포함하고 평면 $H':\ 3x-6y+5z=2$에 평행한 평면 H의 방정식을 구하라.

풀이 H와 H'이 평행하므로 둘은 같은 법선벡터를 갖는다. 그러므로 H의 방정식은 $3x-6y+5z=k$꼴이어야 하고 이 식에 점 P를 대입하면 $k=1$을 얻는다. 그러므로 H의 방정식은

$$3x-6y+5z=1$$

이다. ■

유제 2.10 점 $P(4,\ -3,\ -4,\ 2)$를 지나며 벡터 $u=(2,\ -2,\ 8,\ 5)$와 평행한 직선 L의 방정식을 구하라.

풀이 L 위의 임의의 한 점을 $X(x_1,\ x_2,\ x_3,\ x_4)$라 하면 위치벡터 $\overrightarrow{PX}$는 벡터 u와 평행하다. 즉 임의의 $t\in\mathbb{R}$에 대하여

$$\overrightarrow{PX}=tu \text{ 또는 } (x_1-4,\ x_2+3,\ x_3+4,\ x_4-2)=tu$$

이다. 그러므로

$$x_1 - 4 = 2t,\ x_2 + 3 = -2t,\ x_3 + 4 = 8t,\ x_4 - 2 = 5t$$

또는

$$x_1 = 2t + 4,\ x_2 = -2t - 3,\ x_3 = 8t - 4,\ x_4 = 5t + 2$$

이다. ■

2.3 $\mathbb{R}^3$ 위의 벡터(공간벡터), ijk 표시법

이 절에서는 $\mathbb{R}^3$ 안의 벡터들을 공간벡터라 한다. 이 벡터들을 위한 특별한 표시법이 있다.

$\mathbf{i} = (1,\ 0,\ 0)$은 x축 방향의 단위벡터이다.
$\mathbf{j} = (0,\ 1,\ 0)$은 y축 방향의 단위벡터이다.
$\mathbf{k} = (0,\ 0,\ 1)$은 z축 방향의 단위벡터이다.

그러면 임의의 벡터 $u = (a,\ b,\ c) \in \mathbb{R}^3$는 다음과 같이 유일하게 나타내어진다.

$$u = (a,\ b,\ c) = a\mathbf{i} + b\mathbf{j} + c\mathbf{k}$$

$\mathbf{i}$, $\mathbf{j}$, $\mathbf{k}$ 벡터가 단위벡터이고 서로 간에 직교하기 때문에 다음과 같은 내적을 얻을 수 있다.

$$\mathbf{i}\cdot\mathbf{i} = 1,\ \mathbf{j}\cdot\mathbf{j} = 1,\ \mathbf{k}\cdot\mathbf{k} = 1 \text{이고 } \mathbf{i}\cdot\mathbf{j} = 0,\ \mathbf{i}\cdot\mathbf{k} = 0,\ \mathbf{j}\cdot\mathbf{k} = 0.$$

더 나아가 벡터 연산들을 ijk 표시법으로 나타낼 수 있다.

$$u = a_1\mathbf{i} + a_2\mathbf{j} + a_3\mathbf{k} \text{ 이고 } v = b_1\mathbf{i} + b_2\mathbf{j} + b_3\mathbf{k}$$

라고 하자. 그러면 c가 스칼라일 때

$$u + v = (a_1 + b_1)\mathbf{i} + (a_2 + b_2)\mathbf{j} + (a_3 + b_3)\mathbf{k} \text{ 이고 } cu = ca_1\mathbf{i} + ca_2\mathbf{j} + ca_3\mathbf{k}$$

이다. 또한

$$u\cdot v = a_1b_1 + a_2b_2 + a_3b_3 \text{이고 } \|u\| = \sqrt{u\cdot u} = \sqrt{a_1^2 + a_2^2 + a_3^2}$$

이다.

보기 2.7 $u = 3\mathbf{i} + 5\mathbf{j} - 2\mathbf{k}$ 이고 $v = 4\mathbf{i} - 8\mathbf{j} + 7\mathbf{k}$ 라 하자.

(1) $u + v = 7\mathbf{i} - 3\mathbf{j} + 5\mathbf{k}$

(2) $3u - 2v = (9\mathbf{i} + 13\mathbf{j} - 6\mathbf{k}) + (-8\mathbf{i} + 16\mathbf{j} - 14\mathbf{k}) = \mathbf{i} + 29\mathbf{j} - 20\mathbf{k}$

(3) $u \cdot v = 12 - 40 - 14 = -42$

(4) $\|u\| = \sqrt{9+25+4} = \sqrt{38}$ ■

외적(Cross Product)

$\mathbb{R}^3$ 안의 벡터 u, v에 대하여 특별한 연산이 있는데 이 연산은 $\mathbb{R}^n$, $n \neq 3$인 공간에서는 정의되지 않는다. 이 연산을 **외적**이라고 하며 $u \times v$라고 쓴다.

$$\begin{vmatrix} a & b \\ c & d \end{vmatrix} = ad - bc$$

를 2차 **행렬식**이라 하고 그것의 **음**(negative)의 값을

$$-\begin{vmatrix} a & b \\ c & d \end{vmatrix} = bc - ad$$

이라 한다. 이제 $u \times v$의 계산 공식을 쉽게 외울 수 있는 방법을 공부하자. $u = a_1\mathbf{i} + a_2\mathbf{j} + a_3\mathbf{k}$ 이고 $v = b_1\mathbf{i} + b_2\mathbf{j} + b_3\mathbf{k}$ 라 하자. 그러면

$$u \times v = (a_2b_3 - a_3b_2)\mathbf{i} + (a_3b_1 - a_1b_3)\mathbf{j} + (a_1b_2 - a_2b_1)\mathbf{k}$$

$$= \begin{vmatrix} \mathbf{i} & \mathbf{j} & \mathbf{k} \\ a_1 & a_2 & a_3 \\ b_1 & b_2 & b_3 \end{vmatrix} = \begin{vmatrix} a_2 & a_3 \\ b_2 & b_3 \end{vmatrix}\mathbf{i} - \begin{vmatrix} a_1 & a_3 \\ b_1 & b_3 \end{vmatrix}\mathbf{j} + \begin{vmatrix} a_1 & a_2 \\ b_1 & b_2 \end{vmatrix}\mathbf{k}$$

$u \times v$는 벡터이다. 그러므로 $u \times v$는 벡터곱(vector product) 또는 외적(outer product)이라고도 불린다.

보기 2.8 $u \times v$를 구하라.

(1) $u = 4\mathbf{i} + 3\mathbf{j} + 6\mathbf{k}$, $v = 2\mathbf{i} + 5\mathbf{j} - 3\mathbf{k}$

(2) $u = (2,\ -1,\ 5)$, $v = (3,\ 7,\ 6)$

풀이 (1) $u \times v = \begin{vmatrix} \mathbf{i} & \mathbf{j} & \mathbf{k} \\ 4 & 3 & 6 \\ 2 & 5 & -3 \end{vmatrix} = \begin{vmatrix} 3 & 6 \\ 5 & -3 \end{vmatrix}\mathbf{i} - \begin{vmatrix} 4 & 6 \\ 2 & -3 \end{vmatrix}\mathbf{j} + \begin{vmatrix} 4 & 3 \\ 2 & 5 \end{vmatrix}\mathbf{k}$

$= (-9-30)\mathbf{i} + (12+12)\mathbf{j} + (20-6)\mathbf{k}$

$= -39\mathbf{i} + 24\mathbf{j} + 14\mathbf{k}$

(2) $u \times v = \begin{vmatrix} \mathbf{i} & \mathbf{j} & \mathbf{k} \\ 2 & -1 & 5 \\ 3 & 7 & 6 \end{vmatrix} = \begin{vmatrix} -1 & 5 \\ 7 & 6 \end{vmatrix}\mathbf{i} - \begin{vmatrix} 2 & 5 \\ 3 & 6 \end{vmatrix}\mathbf{j} + \begin{vmatrix} 2 & -1 \\ 3 & 7 \end{vmatrix}\mathbf{k}$

$= (-6-35)\mathbf{i} + (15-12)\mathbf{j} + (14+3)\mathbf{k}$

$= -41\mathbf{i} + 3\mathbf{j} + 17\mathbf{k}$

$$= (-41,\ 3,\ 17)$$ ■

보기 2.8 (1)의 $u\times v$를 MATLAB을 사용하여 계산한 것이다.

```
>> u=[4 ; 3; 6]

u =

     4
     3
     6

>> v=[2; 5; -3]

v =

     2
     5
    -3

>> cross(u, v)

ans =

   -39
    24
    14
```

언급 Ⅱ i, j, k 벡터의 외적은 다음과 같다.

$$\mathrm{i}\times\mathrm{j}=\mathrm{k},\ \mathrm{j}\times\mathrm{k}=\mathrm{i},\ \mathrm{k}\times\mathrm{i}=\mathrm{j},$$
$$\mathrm{j}\times\mathrm{i}=-\mathrm{k},\ \mathrm{k}\times\mathrm{j}=-\mathrm{i},\ \mathrm{i}\times\mathrm{k}=-\mathrm{j}$$

정리 2.5 u, v, $u\times v$는 **오른손법칙**을 말하는 것이고 다음의 공식으로부터 $u\times v$의 크기를 구할 수 있다.

$$\|u\times v\| = \|u\|\|v\|\sin\theta$$

여기서 θ는 u와 v의 사이각이다.

증명 $u = a_1\mathbf{i} + a_2\mathbf{j} + a_3\mathbf{k}$ 이고 $v = b_1\mathbf{i} + b_2\mathbf{j} + b_3\mathbf{k}$ 이라 하자.

$$\|u\times v\|^2 = (a_2b_3 - a_3b_2)^2 + (a_3b_1 - a_1b_3)^2 + (a_1b_2 - a_2b_1)^2$$

$$= a_2^2b_3^2 - 2a_3b_2a_2b_3 + a_3^2b_2^2 + a_3^2b_1^2 - 2a_1b_3a_3b_1 + a_1^2b_3^2 + a_1^2b_2^2 - 2a_2b_1a_1b_2 + a_2^2b_1^2$$

$$(a_1^2 + a_2^2 + a_3^2)(b_1^2 + b_2^2 + b_3^2) - (a_1b_1 + a_2b_2 + a_3b_3)$$

$$= \|u\|^2\|v\|^2 - (u\cdot v)^2$$

$$= \|u\|^2\|v\|^2 - \|u\|^2\|v\|^2\cos^2$$

■

정리에서 $\|u\|\sin\theta$은 벡터 u와 v로 이루어진 평행사변형의 높이와 같으므로 $\|u\times v\|$는 평행사변형의 넓이와 같다.

정리 2.6 u, v를 $\mathbb{R}^3$ 안의 벡터라 하자.

(i) 벡터 $u\times v$는 u와 v 모두에 직교한다.

(ii) 세 벡터곱 $w\cdot(u\times v) = \|w\|\,\|u\times v\|\cos\theta$의 절댓값은 u, v, w를 변으로 갖는 평행직육면체의 부피다(그림 2.6).

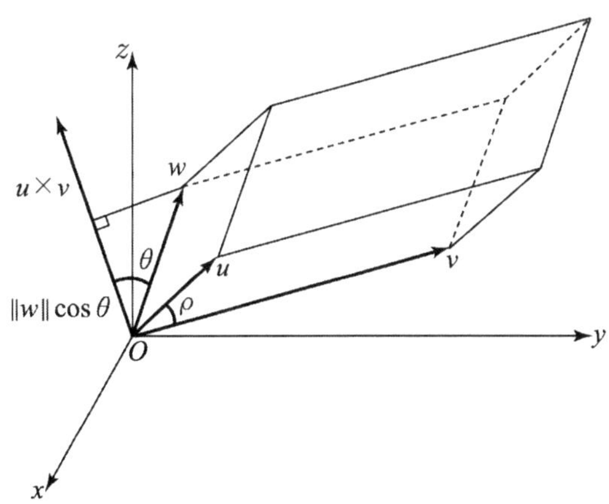

그림 2.6

증명 (1) $u = a_1\mathbf{i} + a_2\mathbf{j} + a_3\mathbf{k}$ 이고 $v = b_1\mathbf{i} + b_2\mathbf{j} + b_3\mathbf{k}$ 이라 하자.

$$u\cdot(u\times v) = (a_1\mathbf{i} + \mathrm{a}_2\mathbf{j} + a_3\mathbf{k})\cdot\begin{vmatrix} \mathbf{i} & \mathbf{j} & \mathbf{k} \\ a_1 & a_2 & a_3 \\ b_1 & b_2 & b_3 \end{vmatrix}$$

$$= (a_1\mathbf{i} + a_2\mathbf{j} + a_3\mathbf{k})\left(\begin{vmatrix} a_2 & a_3 \\ b_2 & b_3 \end{vmatrix}\mathbf{i} - \begin{vmatrix} a_1 & a_3 \\ b_1 & b_3 \end{vmatrix}\mathbf{j} + \begin{vmatrix} a_1 & a_2 \\ b_1 & b_2 \end{vmatrix}\mathbf{k}\right)$$
$$= (a_2b_3 - a_3b_2)a_1 + (a_3b_1 - a_1b_3)a_2 + (a_1b_2 - a_2b_1)a_3$$
$$= 0$$

$v \cdot (u \times v)$도 비슷하게 계산할 수 있다.

(2) 내적의 정의에 의해

$$w \cdot (u \times v) = \|w\| \|u \times v\| \cos\theta = \|w\| \cos\theta \|u \times v\|$$

이므로 $\|w\|\cos\theta$ 는 평행직육면체의 높이가 되고 $\|u \times v\|$는 위에서 알아본 것과 같이 평행사변형의 넓이이다. 따라서 $|w \cdot (u \times v)|$는 u, v, w를 변으로 갖는 평행직육면체의 체적이다.(그림 2.6) ■

u, v, $u \times v$는 오른손법칙을 말하는 것이고 다음의 공식

$$\|u \times v\|^2 = (u \cdot u)(v \cdot v) - (u \cdot v)^2 = \|u\|^2 \|v\|^2 - (u \cdot v)^2$$
$$= \|u\|^2 \|v\|^2 - (\|u\| \|v\| \cos\rho)^2$$
$$= \|u\|^2 \|v\|^2 (1 - \cos^2\rho) = \|u\|^2 \|v\|^2 \sin^2\rho$$

로부터 $u \times v$의 크기를 구할 수 있다(연습문제 16번 참고).

$$\|u \times v\| = \|u\| \|v\| \sin\rho.$$

여기서 ρ는 u와 v의 끼인각이다. 이는 기하학적으로 두 벡터 u와 v를 두 변으로 하는 평행사변형의 넓이와 같다.

2.4 복소수와 벡터

켤레복소수와 절댓값(Complex Conjugate, Absolute Value)

복소수 $z = a + bi$가 있을 때 z의 **켤레복소수**를 다음과 같이 정의하고 나타낸다.

$$\bar{z} = \overline{a + bi} = a - bi.$$

그러면 $z\bar{z} = (a + bi)(a - bi) = a^2 - b^2i^2 = a^2 + b^2$이다. 만약 z가 실수이면 $\bar{z} = z$이다. z의 **절댓값** $|z|$는 $z\bar{z}$의 음이 아닌 제곱근으로 정의한다. 즉

$$|z| = \sqrt{z\bar{z}} = \sqrt{a^2 + b^2}.$$

$|z|$는 $\mathbb{R}^2$에서 점 (a, b)의 놈과 일치한다.

$z \neq 0$이라고 하자. 그러면 $\mathbb{C}$ 안의 z의 **역**(inverse) z^{-1}과 **나눗셈**은 각각 다음과 같다.

$$z^{-1} = \frac{\bar{z}}{z\bar{z}} = \frac{a}{a^2+b^2} - \frac{b}{a^2+b^2}i \text{ 그리고 } \frac{w}{z} = \frac{w\bar{z}}{z\bar{z}} = wz^{-1}.$$

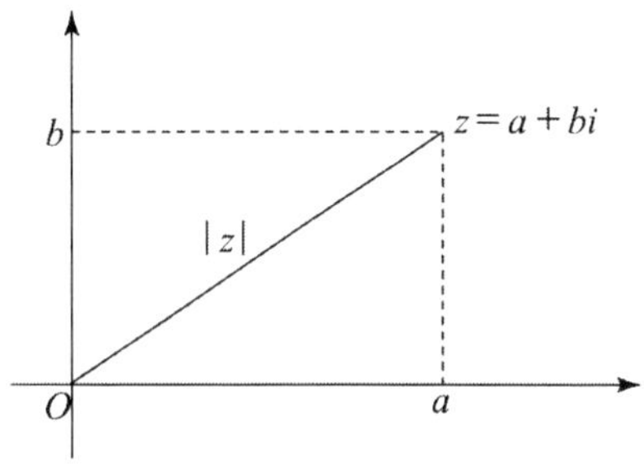

그림 2.7

보기 2.9 $z = 2+3i$, $w = 5-2i$일 때

$$z+w = (2+3i)+(5-2i) = (2+5)+(3-2)i = 7+i,$$
$$zw = (2+3i)(5-2i) = 10+15i-4i-6i^2 = 16+11i,$$
$$\bar{z} = \overline{2+3i} = 2-3i \text{이고 } \bar{w} = \overline{5-2i} = 5+2i,$$
$$\frac{w}{z} = \frac{5-2i}{2+3i} = \frac{(5-2i)(2-3i)}{(2+3i)(2-3i)} = \frac{4-19i}{13} = \frac{4}{13} - \frac{19}{13}i,$$
$$|z| = \sqrt{4+9} = \sqrt{13} \text{이고 } |w| = \sqrt{25+4} = \sqrt{29}$$

가 된다. ■

복소평면(Complex Plane)

실수 $\mathbb{R}$의 원소들은 선 위에 점들로 나타나듯이 복소수 $\mathbb{C}$의 점들은 평면 위의 점들로 나타내어질 수 있다. 즉 평면 위의 점 (a, b)는 $a+bi$를 의미한다(그림 2.7). $|z|$는 영점 0에서 점 z까지의 거리를 나타낸다. 이 평면을 복소평면이라 부른다.

$\mathbb{C}^n$의 벡터들

복소수들의 n 순서쌍들의 집합은 $\mathbb{C}^n$으로 나타내고 복소 n 공간이라 부른다. 실수와 마찬가지로 $\mathbb{C}^n$의 원소들을 점 또는 벡터라 부르고 $\mathbb{C}$의 원소들은 스칼라라고 부른다. $\mathbb{C}^n$ 위의 덧셈과 곱셈은 다음과 같이 정의된다.

$$(z_1,\ z_2,\ \ldots,\ z_n)+(w_1,\ w_2,\ \ldots,\ w_n)=(z_1+w_1,\ z_2+w_2,\ \ldots,\ z_n+w_n),$$
$$z(z_1,\ z_2,\ \ldots,\ z_n)=(zz_1,\ zz_2,\ \ldots,\ zz_n).$$

여기서 z_i, w_i, $z\in\mathbb{C}$이다.

보기 2.10 $\mathbb{C}^3$의 벡터들이 $u=(2+3i,\ 4-i,\ 3)$, $v=(3-2i,\ 5i,\ 4-6i)$일 때

$$\begin{aligned}u+v&=(2+3i,\ 4-i,\ 3)+(3-2i,\ 5i,\ 4-6i)\\&=(5+i,\ 4+4i,\ 7-6i),\\(5-2i)u&=((5-2i)(2+3i),\ (5-2i)(4-i),\ (5-2i)3)\\&=(16+11i,\ 18-13i,\ 15-6i).\end{aligned}$$

■

$\mathbb{C}^n$에서의 내적

$\mathbb{C}^n$ 위의 벡터 $u=(z_1,\ z_2,\ \ldots,\ z_n)$, $v=(w_1,\ w_2,\ \ldots,\ w_n)$이 있을 때 u와 v의 **내적**은 다음과 같이 정의된다.

$$u\cdot v=z_1\overline{w_1}+z_2\overline{w_2}+\cdots+z_n\overline{w_n}.$$

w_i가 실수일 때 $w_i=\overline{w_i}$이기 때문에 이 정의는 실수에서의 내적 정의와 일치한다. u의 **놈**은 다음과 같이 정의된다.

$$\|u\|=\sqrt{u\cdot u}=\sqrt{z_1\overline{z_1}+z_2\overline{z_2}+\cdots+z_n\overline{z_n}}=\sqrt{|z_1|^2+|z_2|^2+\cdots+|z_n|^2}.$$

여기서 $u\neq 0$일 때는 항상 $u\cdot u$와 $\|u\|$는 양수이고 오직 $u=0$일 때만 $u\cdot u=0$, $\|u\|=0$이 된다.

보기 2.11 $\mathbb{C}^3$의 벡터들이 $u=(2+3i,\ 4-i,\ 3+5i)$, $v=(3-4i,\ 5i,\ 4-2i)$일 때

$$\begin{aligned}u\cdot v&=(2+3i)\overline{(3-4i)}+(4-i)\overline{(5i)}+(3+5i)\overline{(4-2i)}\\&=(2+3i)(3+4i)+(4-i)(-5i)+(3+5i)(4+2i)\\&=(-6+17i)+(-5-20i)+(2+26i)=-9+23i,\end{aligned}$$

$$\begin{aligned}u\cdot u&=|2+3i|^2+|4-i|^2+|3+5i|^2\\&=4+9+16+1+9+25=64,\end{aligned}$$

$$\|u\|=\sqrt{64}=8$$

벡터 덧셈, 곱셈, 스칼라 곱, 그리고 내적이 $\mathbb{C}^n$ 위에서 잘 정의되므로 $\mathbb{C}^n$을 유클리드 n 공간이라고 부른다. $\mathbb{R}^n$에 관한 정리 2.2 또한 $\mathbb{C}^n$에서 모두 성립한다($u \cdot v = v \cdot u$를 $u \cdot v = \overline{v \cdot u}$로 대치해야 함). 또한 정리 2.3과 2.4도 $\mathbb{C}^n$ 위에서 모두 성립한다. ■

다음은 보기 2.11을 MATLAB을 사용하여 계산한 것이다.

```
>>  u=[2+3i ; 4-i; 3+5i]

u =

   2.0000 + 3.0000i
   4.0000 - 1.0000i
   3.0000 + 5.0000i

>> v=[3-4i; 5i; 4-2i]

v =

   3.0000 - 4.0000i
   0.0000 + 5.0000i
   4.0000 - 2.0000i

>>  dot(u, v)

ans =

  -9.0000 -23.0000i

>> dot(u, u)

ans =

    64

>> norm(u)

ans =

     8
```

유제 2.11 $z=2-3i$일 때 $z\bar{z}$와 $|z|$를 구하라.

풀이 $z\bar{z} = (2-3i)(2+3i) = 2^2+3^2 = 13$이고 $|z| = \sqrt{z\bar{z}} = \sqrt{13}$이다. ■

유제 2.12 $z,\ w \in \mathbb{C}$일 때 다음을 증명하라.

(1) $\overline{z+w} = \bar{z}+\bar{w}$

(2) $\overline{zw} = \bar{z}\,\bar{w}$

(3) $\bar{\bar{z}} = z$

풀이 $z=a+bi,\ w=c+di$라 하자.

(1) $$\begin{aligned}\overline{z+w} &= \overline{(a+bi)+(c+di)} = \overline{(a+c)+(b+d)i} \\ &= (a+c)-(b+d)i = (a-bi)+(c-di) \\ &= \bar{z}+\bar{w}\end{aligned}$$

(2) $$\begin{aligned}\overline{zw} &= \overline{(a+bi)(c+di)} = \overline{(ac-bd)+(ad+bc)i} \\ &= (ac-bd)-(ad+bc)i = (a-bi)(c-di) \\ &= \bar{z}\,\bar{w}\end{aligned}$$

(3) $\bar{\bar{z}} = \overline{a-bi} = a+bi = z$ ■

2장 연습문제

1. 다음 연산을 수행하시오.

a) $\begin{bmatrix}1\\3\end{bmatrix}+\begin{bmatrix}2\\-4\end{bmatrix}$　　b) $\begin{bmatrix}5\\-3\end{bmatrix}-\begin{bmatrix}9\\4\end{bmatrix}$

c) $\begin{bmatrix}5\\-3\\7\end{bmatrix}-\begin{bmatrix}1\\6\\3\end{bmatrix}$　　d) $3\begin{bmatrix}a\\1\end{bmatrix}+4\begin{bmatrix}-2\\b\end{bmatrix}$

2. 다음을 만족시키는 x를 구하라.

a) $3x+\begin{bmatrix}-2\\1\end{bmatrix}=\frac{1}{3}\begin{bmatrix}4\\-2\end{bmatrix}$　　b) $x+2\begin{bmatrix}0\\1\\4\end{bmatrix}=-\begin{bmatrix}-7\\3\\3\end{bmatrix}$

3. 다음을 계산하라.

a) $(3,\ -4,\ 5,\ -6)+(1,\ 1,\ -2,\ 4)$　b) $(1,\ 2,\ -3)+(4,\ -5)$

c) $\begin{bmatrix}3\\-4\\5\\-6\end{bmatrix}+\begin{bmatrix}1\\1\\-2\\4\end{bmatrix}$　　d) $\begin{bmatrix}1\\2\\-3\end{bmatrix}+\begin{bmatrix}4\\-5\end{bmatrix}$

4. 다음 벡터들을 정규화하라.

a) $u=(5,\ -7)$　　b) $v=(1,2,\ -2,5)$

c) $\begin{bmatrix}1/2\\1/3\\-3/4\end{bmatrix}$

5. $v=(12,\ -3,\ -4)$를 정규화하라.

6. $v=(1/2,\ 2/3,\ -1/4)$를 정규화하라.

[7-10] $u=(-2,2,2)$, $v=(3,\ -4,\ -1)$, $w=(-4,-2,0)$, $d=(-1,-2,1,2)$라 할 때, 다음을 구하라.

7. 다음 벡터들의 크기(길이)를 구하라.

a) u

b) $u+v$

c) $u-v-w$

d) $\|d\|d$

8. 다음을 계산하라.

a) $u\cdot v$

b) $u\cdot(v+w)$

c) $v\cdot u+w\cdot v$

d) $(d\cdot d)d$

9. 다음 식 중 정의될 수 없는 식을 고르고 그 이유를 쓰라.

a) $u\cdot v\cdot w$

b) $u\cdot(v\cdot w)$

c) $(u\cdot v)w$

d) $(u\cdot v)(v\cdot w)$

e) $u\cdot(3v)$

f) $u\cdot(3\cdot v)$

g) $(d\cdot d)^3$

h) $d\cdot d+2$

10. 벡터 d방향의 길이가 d의 4배인 벡터를 구하라.

11. 다음 평행사변형 법칙을 증명하라.

$$\|u+v\|^2+\|u-v\|^2=2\|u\|^2+2\|v\|^2$$

12. 다음의 명제는 사실인가 거짓인가? 그 이유를 말하라.

a) $u\cdot v=0$이면 $u=0$이거나 $v=0$이다.

b) $u\cdot v=u\cdot w$이고 $u\neq 0$이면 $v=w$이다.

c) $u\times v=0$이면 $u=0$이거나 $v=0$이다.

d) $u\times v=u\times w$이고 $u\neq 0$이면 $v=w$이다.

13. 다음 두 벡터의 사이각 θ(또는 $\cos\theta$)를 구하라.

$$u=(-1,\ 1,\ 1),\ v=(2,\ -2,\ 1)$$

14. $u\times v=(-3,2,-4)$일 때, 다음을 구하라.

a) $v\times u$

b) $-2(v\times u)$

c) $u\times(10v)$

d) $\|u\times v\|$

15. $u=(-1,\ 2,\ 2)$, $v=(2,\ -2,\ 5)$, $w=(-2,\ -1,\ 3)$일 때 다음을 계산하라.

a) $u \times v$ b) $(u+v) \times w$

c) $u \times w + v \times w$ d) $u + (v \times w)$

16. $\|u \times v\|^2 = (u \cdot u)(v \cdot v) - (u \cdot v)^2$을 증명하라(라그랑주의 등식).

17. 두 평면 $x - y + 2z + 3 = 0$과 $-x + 2y + \frac{3}{2}z = 0$이 직교함을 보여라.

18. 두 평면 $x - y + z - 3 = 0$과 $-x + 5y + 3z + 4 = 0$의 만나는 직선의 방정식을 구하라.

19. 두 점 $(0, 3, 2)$와 $(-3, 2, -2)$를 지나는 직선의 방정식을 구하라.

20. 다음 두 직선은 만나지도 평행하지도 않음을 보여라.

$$l_1 : x = 5 - 3t,\ y = -4 + 2t,\ z = 2 - t$$
$$l_2 : x = 5 - t,\ y = -7 - t,\ z = 11 + t$$

21. $u = (1, -2, 3)$, $v = (2, 5, 4)$일 때 $\mathrm{proj}(u, v)$를 구하라.

22. $u = (4, -3, 1, 5)$, $v = (3, 6, -4, 1)$일 때 $\mathrm{proj}(u, v)$를 구하라.

23. $z = a + bi$와 $w = c + di$일 때 $\overline{z + w} = \overline{z} + \overline{w}$를 증명하라.

24. $|\overline{z}| = |z|$를 증명하라.

25. $u = (1, 2, 3)$, $v = (4, 5, 6)$일 때 $u \times v$를 구하라.

26. $u = (7, 3, 1)$, $v = (1, 1, 1)$일 때 $u \times v$를 구하라.

27. a) $u = (1, -2, 3)$, $v = (2, 5, 4)$이라 할 때 $u \times v = -(v \times u)$를 증명하라.

b) $u=(a_1, a_2, a_3)$, $v=(b_1, b_2, b_3)$이라 할 때 $u\times v=-(v\times u)$를 증명하라.

28. 다음 주어진 첫 번째 벡터가 다른 벡터들의 선형결합으로 나타나는지 판별하라.

a) $\begin{bmatrix}-a-2b\\4a+2b\end{bmatrix}, \begin{bmatrix}-1\\4\end{bmatrix}, \begin{bmatrix}2\\-3\end{bmatrix}$　　b) $\begin{bmatrix}1\\-3\end{bmatrix}, \begin{bmatrix}1\\1\end{bmatrix}, \begin{bmatrix}-1\\2\end{bmatrix}$

c) $\begin{bmatrix}1\\-3\end{bmatrix}, \begin{bmatrix}1\\1\end{bmatrix}, \begin{bmatrix}-2\\-2\end{bmatrix}$　　d) $\begin{bmatrix}0\\-3\\0\end{bmatrix}, \begin{bmatrix}1\\1\\1\end{bmatrix}, \begin{bmatrix}0\\-2\\1\end{bmatrix}$

e) $\begin{bmatrix}-3\\2\\4\end{bmatrix}, \begin{bmatrix}1\\1\\1\end{bmatrix}, \begin{bmatrix}1\\0\\-1\end{bmatrix}, \begin{bmatrix}0\\-2\\1\end{bmatrix}$　　f) $\begin{bmatrix}1\\-2\\0\end{bmatrix}, \begin{bmatrix}1\\1\\1\end{bmatrix}, \begin{bmatrix}1\\0\\-1\end{bmatrix}, \begin{bmatrix}0\\-1\\1\end{bmatrix}$

29. 벡터 b가 행렬 A의 열 벡터들의 선형결합으로 나타내어지는지 판별하라.

a) $A=\begin{bmatrix}1&-1&6\\2&1&3\\0&-2&3\end{bmatrix}, b=\begin{bmatrix}-1\\1\\0\end{bmatrix}$　　b) $A=\begin{bmatrix}1&-1&0\\0&1&0\\0&0&0\end{bmatrix}, b=\begin{bmatrix}-2\\1\\0\end{bmatrix}$

30. 임의의 벡터 $u\in\mathbb{R}^3$는 다음 행렬의 열 벡터들의 선형결합으로 나타내어짐을 보여라.

$$\begin{bmatrix}1&0&1\\1&1&0\\-1&0&1\end{bmatrix}$$

3장

연립방정식

이 장에서는 선형연립방정식(일차연립방정식)을 푸는 방법에 대하여 논한다. 선형대수학의 많은 문제들이 선형연립방정식을 푸는 방법과 연관되어 있다. 선형연립방정식을 행렬을 이용하여 푸는 방법에 대하여 주로 다룰 것이다.

3.1 기본적인 정의

선형방정식과 해(Linear Equations and Solution)

미지수 $x_1, x_2, \ldots, x_n$의 선형방정식이란 다음과 같은 기본형태(standard form)로 바꿀 수 있는 방정식을 말한다.

$$a_1x_1 + a_2x_2 + \cdots + a_nx_n = b$$

여기서 $a_1, a_2, \ldots, a_n$과 b는 상수들이다. 상수 a_k들은 x_k들의 계수라고 불리고 b는 방정식의 상수항이라고 불린다.

이 선형방정식의 해는

$$x_1 = k_1,\ x_2 = k_2,\ \ldots\ ,\ x_n = k_n \quad \text{또는} \quad u = (k_1, k_2, \ldots, k_n) \in \mathbb{R}^n$$

로서 선형방정식의 x_i에 k_i을 대입하였을 때

$$a_1k_1 + a_2k_2 + \cdots + a_nk_n = b$$

을 만족시킨다. 이 경우 u가 이 방정식을 만족시킨다고 말한다. 이러한 해들의 전체 집합을 이 연립방정식의 **일반해**(general solution, 해집합)라 한다. 이러한 일반해 중 임의의 한 해를 **특정해**(particular solution)라 한다.

보기 3.1 방정식 $x_1 + 2x_2 - x_3 = 2$의 일반해를 구하라.

풀이 이 방정식의 해집합은 $\mathbb{R}^3$의 한 평면 위의 모든 점이다. 모든 실수가 될 수 있는 x_2와 x_3를 자유변수라 한다. 보통 $x_2 = s$, $x_3 = t$라 놓으면, 모든 $s, t \in \mathbb{R}$에 대하여 $x_1 = 2 - 2x_2 + x_3 = 2 - 2s + t$이 이 방정식의 일반해이다. ■

보기 3.2 선형방정식 $x - 2y - 3z = 4$을 보자.

$u=(x,y,z)=(-1,\ -1,-1)$은 이 방정식의 해가 되지만 $w=(1,2,3)$은 해가 되지 않는다. 즉, $(-1)-2(-1)-3(-1)=4$이지만 $1-2(2)-3(3)=-12\neq 6$이다. ■

선형 연립방정식(System of Linear Equations)

선형 연립방정식이란 똑같은 미지수를 갖는 선형방정식의 나열이다. 특히 다음과 같은 기본 형태로 쓸 수 있다.

$$\begin{aligned} a_{11}x_1 + a_{12}x_2 + \cdots + a_{1n}x_n &= b_1 \\ a_{21}x_1 + a_{22}x_2 + \cdots + a_{2n}x_n &= b_2 \\ \vdots \qquad\qquad & \quad \vdots \\ a_{m1}x_1 + a_{m2}x_2 + \cdots + a_{mn}x_n &= b_m \end{aligned}$$

여기서 a_{ij}와 b_i들은 상수이다. **a_{ij}는 미지수 x_j의 계수**라 하고 **b_i는 방정식의 상수항**이라 한다.

위의 연립방정식을 $m\times n$ 시스템이라 한다. 만약 $m=n$이면 정방 시스템이라 한다. 즉 방정식의 개수 m과 미지수의 개수 n이 같다.

위의 연립방정식에서 b_i가 모두 0이면 이 시스템을 **동차**(homogeneous)**방정식**이라 하고, b_i 중 하나라도 0이 아니면 **비동차**(nonhomogeneous)**방정식**이라 한다.

위의 연립방정식의 한 **해**(a solution)란 미지수의 나열 또는 벡터 $u\in\mathbb{K}^n$로서 이 시스템의 각각의 방정식을 모두 만족시킨다. 이러한 해들의 전체 집합을 이 연립방정식의 **일반해**(general solution, 해집합)라 한다. 이러한 일반해 중 임의의 한 해를 특정해(particular solution)라 한다.

보기 3.3 선형 연립방정식

$$\begin{aligned} x_1 + x_2 + 4x_3 + 3x_4 &= 5 \\ 2x_1 + 3x_2 + x_3 - 2x_4 &= 1 \\ x_1 + 2x_2 - 5x_3 + 4x_4 &= 3 \end{aligned}$$

이 있다. (1) $u=(-8,\ 6,\ 1,\ 1)$, (2) $v=(-10,\ 5,\ 1,\ 2)$가 이 연립방정식의 해인지 알아보라.

풀이 (1) $u=(-8,\ 6,\ 1,\ 1)$을 각각의 방정식에 대입하자.

$$\begin{aligned} -8+6 \quad\quad +4(1)+3(1)&=5 \\ 2(-8)+3(6)+1 \quad\quad -2(1)&=1 \\ -8+2(6)-5(1)+4(1)&=3 \end{aligned}$$

이므로 $u=(-8,\ 6,\ 1,\ 1)$은 방정식을 모두 만족시킨다. 그러므로 해이다.

(2) $v=(-10,\ 5,\ 1,\ 2)$는

$$\begin{aligned} -10+5 \quad\quad +4(1)+3(2)&=5 \\ 2(-10)+3(5)+1 \quad\quad -2(2)&=-8\neq 1 \end{aligned}$$

이므로 $v=(-10,\ 5,\ 1,\ 2)$는 해가 아니다. ■

$m\times n$ 선형 연립방정식이 한 개 또는 그 이상의 해를 가지면 이 연립방정식이 **견고**(consistent)하다고 한다. 만약 해를 갖지 않으면 **비견고**(inconsistent)하다고 한다.

미지수가 2개인 선형 연립방정식

기본 형태로 주어진 다음의 미지수 x, y를 갖는 선형 연립방정식을 보자.

$$\begin{aligned} A_1x+B_1y&=C_1 \\ A_2x+B_2y&=C_2 \end{aligned}$$

A_1과 B_1이 동시에 0은 아니고 A_2와 B_2도 동시에 0이 아니라 가정하자. 실수체 $\mathbb{R}$이 스칼라 집합이면, 즉 A_1, A_2, B_1, B_2, C_1, C_2가 실수이면 각 방정식의 그래프는 $\mathbb{R}^2$ 위의 직선일 것이고, 선형 연립방정식의 근은 그림 3.1의 세 가지 경우 중 한 가지이다. 명확히 정리하면 다음과 같다.

(1) 연립방정식은 정확히 한 개의 해를 갖는다

그림 3.1(a)와 같이 두 개의 직선이 한 점에서 만나는 경우이다. 이 경우는 두 개의 직선의 기울기가 서로 달라야 한다. 즉

$$\frac{A_1}{A_2}\neq\frac{B_1}{B_2} \text{ 또는 } A_1B_2-A_2B_1\neq 0.$$

(2) 연립방정식은 해가 없다

이 경우는 두 개의 직선이 평행한 경우이다(그림 3.1(b)). 하지만 두 직선은 서로 다르다. 그러므로

$$\frac{A_1}{A_2} = \frac{B_1}{B_2} \neq \frac{C_1}{C_2}.$$

(3) 연립방정식은 무한히 많은 해를 갖는다

두 직선이 같은 경우이다(그림 3.1 (c)). 즉

$$\frac{A_1}{A_2} = \frac{B_1}{B_2} = \frac{C_1}{C_2}.$$

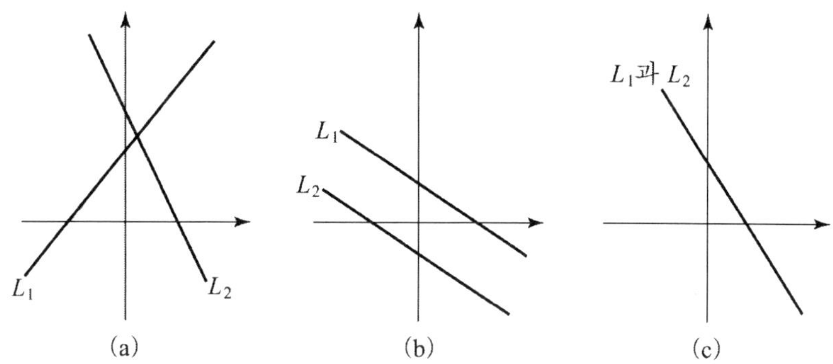

그림 3.1

$\frac{A_1}{A_2} \neq \frac{B_1}{B_2}$ 또는 $A_1B_2 - A_2B_1 \neq 0$에서 $A_1B_2 - A_2B_1$는 2차의 **행렬식**이고 다음과 같다.

$$\begin{vmatrix} A_1 & B_1 \\ A_2 & B_2 \end{vmatrix} = A_1B_2 - A_2B_1.$$

따라서 위의 연립방정식이 오직 한 개의 해를 가질 필요충분조건은 행렬식 $A_1B_2 - A_2B_1 \neq 0$인 것이다.

정리 3.1 스칼라 체가 무한집합이라 하자. 임의의 선형 연립방정식은 다음 중 하나만을 만족한다.

(i) 한 개의 유일한 해를 갖는다.

(ii) 해를 갖지 않는다.

(iii) 무한개의 해를 갖는다.

정리 3.2 두 개의 선형 연립방정식 M과 L이 있다고 하자. M과 L이 같은 해를 가질 필요충분조건은 M의 각 방정식이 L의 방정식들의 선형결합인 것이다(또는 L의 각 방정식이 M의 방정식들의 선형결합인 것).

행렬 표현(Matrix notation)

선형 연립방정식의 기본적인 정보는 다음과 같은 행렬(Matrix)로 나타낼 수 있다. 다음과 같은 연립방정식

$$\begin{aligned} x_1 - 2x_2 + x_3 &= 0 \\ 2x_2 - 8x_3 &= 8 \\ -4x_1 + 5x_2 + 9x_3 &= -9 \end{aligned}$$

이 주어졌을 때 다음과 같은 행렬

$$\begin{bmatrix} 1 & -2 & 1 \\ 0 & 2 & -8 \\ -4 & 5 & 9 \end{bmatrix}$$

을 연립방정식의 **계수행렬**(Coefficient matrix)이라고 한다. 연립방정식의 **첨가행렬**(Augmented matrix)이란 계수행렬 옆에 연립방정식의 오른쪽 항들을 열벡터로 첨가해서 얻은 행렬이다. 위의 연립방정식의 첨가행렬은 다음과 같다.

$$\begin{bmatrix} 1 & -2 & 1 & 0 \\ 0 & 2 & -8 & 8 \\ -4 & 5 & 9 & -9 \end{bmatrix}$$

일반적으로 n개의 미지수를 가진 m개의 선형 연립방정식은 다음 행렬방정식의 형태로 나타낼 수 있다.

$$\begin{bmatrix} a_{11} & a_{12} & \dots & a_{1n} \\ a_{21} & a_{22} & \dots & a_{2n} \\ \vdots & \vdots & \vdots & \vdots \\ a_{m1} & a_{m2} & \dots & a_{mn} \end{bmatrix} \begin{bmatrix} x_1 \\ x_2 \\ \vdots \\ x_n \end{bmatrix} = \begin{bmatrix} b_1 \\ b_2 \\ \vdots \\ b_m \end{bmatrix} \quad \text{또는 } Ax = b$$

여기서 $A = [a_{ij}]$는 계수행렬, $x = [x_j]$는 미지수의 열벡터, $b = [b_i]$는 상수들의 열벡터이다. 선형 연립방정식과 행렬방정식이 동치라는 말은 서로 같은 근을 갖는다는 것이다. 여기서

$$\begin{bmatrix} x_1 \\ x_2 \\ \vdots \\ x_n \end{bmatrix} \in \mathbb{R}^n \text{ 이고 } \begin{bmatrix} b_1 \\ b_2 \\ \vdots \\ b_m \end{bmatrix} \in \mathbb{R}^m$$

인 열벡터이다. 따라서 방정식 $Ax = b$를 벡터방정식이라고도 한다.

보기 3.4 다음의 선형 연립방정식과 행렬 방정식은 동치이다.

$$\begin{array}{r} x_1 + 2x_2 - 4x_3 + 7x_4 = 4 \\ 3x_1 - 5x_2 + 6x_3 - 8x_4 = 8 \\ 4x_1 - 3x_2 - 2x_3 + 6x_4 = 11 \end{array} \quad \text{이고} \quad \begin{bmatrix} 1 & 2 & -4 & 7 \\ 3 & -5 & 6 & -8 \\ 4 & -3 & -2 & 6 \end{bmatrix} \begin{bmatrix} x_1 \\ x_2 \\ x_3 \\ x_4 \end{bmatrix} = \begin{bmatrix} 4 \\ 8 \\ 11 \end{bmatrix}$$

이다. ■

보기 3.5 주어진 벡터 $u = \begin{bmatrix} 1 \\ -2 \end{bmatrix}$와 $v = \begin{bmatrix} 3 \\ -2 \end{bmatrix}$에 대하여 $3u$, $(-2)v$와 $3u + (-2)v$를 구하라.

풀이 $3u = 3\begin{bmatrix} 1 \\ -2 \end{bmatrix} = \begin{bmatrix} 3 \\ -6 \end{bmatrix}$이고 $(-2)v = (-2)\begin{bmatrix} 3 \\ -2 \end{bmatrix} = \begin{bmatrix} -6 \\ 4 \end{bmatrix}$이므로

$3u + (-2)v = \begin{bmatrix} 3 \\ -6 \end{bmatrix} + \begin{bmatrix} -6 \\ 4 \end{bmatrix} = \begin{bmatrix} -3 \\ -2 \end{bmatrix}$이다. ■

정리 3.1에 의해 다음은 당연하다.

정리 3.3 방정식 $Ax = b$는 (a) 유일한 해를 갖거나, (b) 해가 없거나, (c) 무한개의 해를 갖는다.

보기 3.6 다음 연립방정식을 풀어보자

$$\begin{array}{r} x_1 - 2x_2 + x_3 = 0 \\ 2x_2 - 8x_3 = 8 \\ -4x_1 + 5x_2 + 9x_3 = -9 \end{array}$$

행렬을 사용하지 않고 하는 방법과 행렬을 사용하는 방법을 동시에 보여줄 것이다.

$$\begin{array}{r} x_1 - 2x_2 + x_3 = 0 \\ 2x_2 - 8x_3 = 8 \\ -4x_1 + 5x_2 + 9x_3 = -9 \end{array} \qquad \begin{bmatrix} 1 & -2 & 1 & 0 \\ 0 & 2 & -8 & 8 \\ -4 & 5 & 9 & -9 \end{bmatrix}$$

첫 번째 행에 있는 x_1은 유지하면서 다른 방정식에서는 x_1을 제거한다. 이를 위해서는 4를 첫 번째 식에 곱하여 세 번째 방정식에 더해준다.

$$\begin{array}{r} 4x_1 - 8x_2 + 4x_3 = 0 \\ -4x_1 + 5x_2 + 9x_3 = -9 \\ \hline -3x_2 + 13x_3 = -9 \end{array}$$

이 계산의 결과를 세 번째 방정식 대신 쓴다.

$$x_1 - 2x_2 + x_3 = 0 \qquad \begin{bmatrix} 1 & -2 & 1 & 0 \\ 0 & 2 & -8 & 8 \\ 0 & -3 & 13 & -9 \end{bmatrix}$$
$$2x_2 - 8x_3 = 8$$
$$-3x_2 + 13x_3 = -9$$

두 번째 방정식에 1/2을 곱하여 x_2의 계수로 1을 얻는다.

$$\begin{aligned} x_1 - 2x_2 + x_3 &= 0 \\ x_2 - 4x_3 &= 4 \\ -3x_2 + 13x_3 &= -9 \end{aligned} \qquad \begin{bmatrix} 1 & -2 & 1 & 0 \\ 0 & 1 & -4 & 4 \\ 0 & -3 & 13 & -9 \end{bmatrix}$$

두 번째 방정식에 3을 곱하여 세 번째 방정식에 더하여 준다.

$$\begin{array}{r} 3x_2 - 12x_3 = 12 \\ -3x_2 + 13x_3 = -9 \\ \hline x_3 = 3 \end{array}$$

이 결과를 세 번째 식을 대신해서 쓰면

$$\begin{aligned} x_1 - 2x_2 + x_3 &= 0 \\ x_2 - 4x_3 &= 4 \\ x_3 &= 3 \end{aligned} \qquad \begin{bmatrix} 1 & -2 & 1 & 0 \\ 0 & 1 & -4 & 4 \\ 0 & 0 & 1 & 3 \end{bmatrix}$$

이제 세 번째 방정식을 사용하여 첫 번째와 두 번째 방정식에서 x_3항을 제거하도록 하자.

$$\begin{array}{r} x_1 - 2x_2 + x_3 = 0 \\ -x_3 = -3 \\ \hline x_1 - 2x_2 = -3 \end{array} \qquad \begin{array}{r} x_2 - 4x_3 = 4 \\ 4x_3 = 12 \\ \hline x_2 = 16 \end{array}$$

위 두 개의 연산을 정리하면

$$\begin{aligned} x_1 - 2x_2 &= -3 \\ x_2 &= 16 \\ x_3 &= 3 \end{aligned} \qquad \begin{bmatrix} 1 & -2 & 0 & 0 \\ 0 & 1 & 0 & 16 \\ 0 & 0 & 1 & 3 \end{bmatrix}$$

두 번째 방정식에 2를 곱하여 첫 번째 식에서 더하면 x_2항이 사라지게 되어 다음을 얻는다.

$$\begin{aligned} x_1 &= 29 \\ x_2 &= 16 \\ x_3 &= 3 \end{aligned} \qquad \begin{bmatrix} 1 & 0 & 0 & 29 \\ 0 & 1 & 0 & 16 \\ 0 & 0 & 1 & 3 \end{bmatrix}$$

그러므로 처음 주어진 연립방정식의 근은 (29, 16, 3)이다. 이 값을 원래 연립방정식에 대입하면 방정식들을 모두 만족시키는 것을 알 수 있다.

$$\begin{gathered} 29 - 2(16) + 3 = 29 - 32 + 3 = 0 \\ 2(16) - 8(3) = 32 - 24 = 8 \\ -4(29) + 5(16) + 9(3) = -116 + 80 + 27 = -9 \end{gathered}$$

■

보기 3.7 다음의 연립방정식을 풀어라.

(1) $2x+3y=4$ ---- R_1
$3x+y=5$ ---- R_2

이 연립방정식의 첨가행렬은 $\begin{bmatrix} 2 & 3 & 4 \\ 3 & 1 & 5 \end{bmatrix}$이다. R_1을 $-3/2$배하여 R_2에 더하면

$$\begin{aligned} -3x-9/2y &= -6 \\ 3x+y &= 5 \end{aligned}$$

이 되고 더하여 주면 $-7/2y=-1$를 얻는다. 이를 R_2와 바꾸어 주어 행렬로 나타내면

$$\begin{bmatrix} 2 & 3 & 4 \\ 0 & -7/2 & -1 \end{bmatrix}$$

를 얻는다. 두 번째 행에 6/7을 곱하여 첫 번째 행에 더하여 주면

$$\begin{aligned} 2x+3y &= 4 \\ -3y &= -6/7 \\ \hline 2x \quad &= 22/7 \end{aligned}$$

이 되고 첫째 행과 바꾸어 주면

$$\begin{bmatrix} 2 & 0 & 22/7 \\ 0 & -7/2 & -1 \end{bmatrix}$$

을 얻는다. R_1을 2로 나누고 R_2를 $-2/7$을 곱하면

$$\begin{bmatrix} 1 & 0 & 11/7 \\ 0 & 1 & 2/7 \end{bmatrix}$$

이다. 이 행렬을 연립방정식으로 바꾸면 $x=\dfrac{11}{7}$, $y=\dfrac{2}{7}$이다.

(2) $x-3y=4$ ---- R_1
$-2x+6y=-10$ ---- R_2

R_1을 -2배 하여 R_2에 더하면 $0x+0y=-2$가 된다. 이 식을 만족하는 x와 y는 존재하지 않으므로 이 연립방정식의 해는 없다. 첨가행렬로 나타내면

$$\begin{bmatrix} 1 & -3 & 4 \\ 0 & 0 & -2 \end{bmatrix}$$

이다.

(c) $x-3y=4$ ---- R_1
$-2x+6y=-8$ ---- R_2

R_1을 2배 하여 R_2에 더하면 $0x+0y=0$이 된다. 모든 x와 y가 이 식을 만족시키므로 이 연립방정식의 해는 무한개이다. 첨가행렬로 나타내면

$$\begin{bmatrix} 1 & -3 & 4 \\ 0 & 0 & 0 \end{bmatrix}$$

이다. 이 연립방정식의 일반해는 $y=t$라고 놓고 이를 R_1에 대입하면 $x=3t+4$가 되므로 $(3t+4,\ t),\ t\in\mathbb{R}$가 된다. 여기서 t를 매개변수(parameter)라 하고 이 일반해는 바로 직선 R_1(R_2와 동일함)이고 방정식 R_1의 매개변수 방정식 형태이다. ■

3.2 사다리꼴 행렬, 기약사다리꼴

1장에서 배운 행렬을 다시 복습하자. 실수체 $\mathbb{R}$ 위의 행렬 A는 다음과 같이 체 $\mathbb{R}$의 원소(스칼라)들을 성분으로 갖는 사각형 형태의 배열로 나타내어진다.

$$A = \begin{bmatrix} a_{11} & a_{12} & \cdots & a_{1n} \\ a_{21} & a_{22} & \cdots & a_{2n} \\ \cdots & \cdots & \cdots & \cdots \\ a_{m1} & a_{m2} & \cdots & a_{mn} \end{bmatrix}$$

행렬 A의 각 행(rows)은

$$(a_{11}, a_{12}, \ldots, a_{1n}),\ (a_{21}, a_{22}, \ldots, a_{2n}),\ \ldots,\ (a_{m1}, a_{m2}, \ldots, a_{mn})$$

와 같이 m개의 행벡터를 이루고 각 열(columns)은

$$\begin{bmatrix} a_{11} \\ a_{21} \\ \vdots \\ a_{m1} \end{bmatrix},\ \begin{bmatrix} a_{12} \\ a_{22} \\ \vdots \\ a_{m2} \end{bmatrix},\ \cdots,\ \begin{bmatrix} a_{1n} \\ a_{2n} \\ \vdots \\ a_{mn} \end{bmatrix}$$

와 같이 n개의 열벡터를 이룬다. 행렬 A의 성분 a_{ij}를 $ij-$성분 또는 $ij-$원소라 부르고 행렬 A의 i번째 열과 j번째 행에 나타난다. 단순히 행렬 A를

$$A = [a_{ij}]$$

라고 쓰고, m개의 행과 n개의 열을 가진 행렬을 $m\times n$행렬이라고 한다. m과 n을 행렬의 크기(size)라고 한다. 두 행렬 A, B가 같은 크기를 갖고 대응하는 모든 성분이 각각 일치할 때 우리는 두 행렬을 같다(equal)고 하고 $A=B$ 라고 쓴다. 한 행렬의 성분이 모두 0인 행렬을 영행렬이라 하고 0으로 나타낸다.

보기 3.8 (1) $A=\begin{bmatrix} 3 & -4 & 5 \\ 0 & -1 & -1 \end{bmatrix}$는 2×3행렬이다. $(3,\ -4,\ 5)$, $(0,\ -1,\ -1)$는 각각

행벡터이고 $\begin{bmatrix}3\\0\end{bmatrix}$, $\begin{bmatrix}-4\\-1\end{bmatrix}$, $\begin{bmatrix}5\\-1\end{bmatrix}$ 는 열벡터들이다.

(2) 3×5크기의 0행렬은 $0=\begin{bmatrix}0&0&0&0&0\\0&0&0&0&0\\0&0&0&0&0\end{bmatrix}$ 이다.

(3) $\begin{bmatrix}2x+y & z+2t\\x+y & 2z-t\end{bmatrix}=\begin{bmatrix}4&2\\3&-1\end{bmatrix}$을 만족하는 x, y, z, t를 찾아라.

각 성분이 같아야 하므로

$$\begin{cases}2x+y=4\\ \ \ x+y=3\end{cases},\qquad \begin{cases}z+2t=2\\2z-t=-1\end{cases}$$

을 얻고 이 연립방정식을 풀면 $x=1,\ y=2,\ t=1,\ z=0$이다. ■

사다리꼴 행렬(Echelon Matrices)

다음 두 조건을 만족시키는 행렬 A를 사다리꼴 행렬이라고 한다.

(1) 모든 성분이 영인 행이 있다면 행렬의 가장 마지막 행에 와야 한다.

(2) 한 행의 첫 번째 영이 아닌 성분은 앞선 행의 첫 번째 영이 아닌 성분의 오른쪽 밑에 와야 한다. 각 행의 첫 번째 영이 아닌 성분을 선택성분(pivot element)이라 한다.

보기 3.9 다음 행렬은 사다리꼴 행렬이다. 선택성분이 네모로 표시되어 있다.

$$\begin{bmatrix}0&\boxed{2}&3&4&5&9&0&7&8\\0&0&0&\boxed{3}&4&1&2&5&6\\0&0&0&0&0&\boxed{5}&7&2&3\\0&0&0&0&0&0&0&\boxed{8}&6\\0&0&0&0&0&0&0&0&0\end{bmatrix}$$

■

기약사다리꼴(reduced row echelon form, row canonical form)

다음 조건을 만족시키는 사다리꼴 행렬 A를 기약사다리꼴 행렬이라 한다.

(3) 각 선택(pivot) 성분은 1이다.

(4) 각 선택(pivot) 성분은 이 성분이 속한 각 열에서 유일한 영이 아닌 성분이다.

따라서 기약사다리꼴 행렬이란 위의 조건 (1)~(4)를 모두 만족하는 행렬이다. 아래에서는 이 기역사다리꼴이 어떻게 연립방정식의 해를 구하는데 사용될 수 있는지를 이론적으로 공부할 것이다.

보기 3.10 다음 행렬은 기약사다리꼴 행렬이다.

$$\begin{bmatrix} 0 & \boxed{1} & 3 & 0 & 0 & 4 \\ 0 & 0 & 0 & \boxed{1} & 0 & -3 \\ 0 & 0 & 0 & 0 & \boxed{1} & 2 \end{bmatrix}, \qquad \begin{bmatrix} \boxed{1} & 0 & 0 \\ 0 & \boxed{1} & 0 \\ 0 & 0 & \boxed{1} \end{bmatrix}$$

■

사다리꼴 형태(Echelon Form)와 선택(Pivot)과 자유변수(Free Variables)

다음 사다리꼴 형태의 연립방정식을 살펴보자.

$$\begin{aligned} 2x_1 + 6x_2 - x_3 + 4x_4 - 2x_5 &= 15 \\ x_3 + 2x_4 + 2x_5 &= 5 \\ 3x_4 - 9x_5 &= 6 \end{aligned}$$

이 연립방정식의 첨가행렬은

$$\begin{bmatrix} 2 & 6 & -1 & 4 & -2 & 15 \\ 0 & 0 & 1 & 2 & 2 & 5 \\ 0 & 0 & 0 & 3 & -9 & 6 \end{bmatrix}$$

이다. 이 형태를 사다리꼴(echelon form 또는 row echelon form)이라고 한다. 위의 방정식에서 첫 번째 방정식의 선두미지수(leading unknown)는 x_1이고 두 번째 방정식의 선두미지수는 x_3이고 세 번째 방정식의 선두미지수는 x_4이다. x_2와 x_5는 선두 미지수가 아니다. 이 미지수를 자유변수(free variables)라고 한다. 그리고 선두미지수 x_1, x_3, x_4를 **선택변수**라고 한다. 마찬가지로 첨가 행렬에서 첫 번째 행의 2의 위치, 두 번째 행의 1의 위치, 세 번째 행의 3의 위치를 선택위치(pivot position)라고 한다. 그리고 2, 1, 3을 각각 이 첨가행렬의 선택성분(pivot element)이라 부른다.

정리 3.4 n개의 미지수와 m개의 방정식을 갖는 사다리꼴 형태의 선형 연립방정식을 보자. 다음과 같은 두 가지 경우가 있다.

(i) $m=n$인 경우. 즉, 미지수의 개수와 방정식의 개수가 같다. 고로 삼각형 형태가 됨으로 오직 한 개의 해를 갖는다.

(ii) $m<n$인 경우. 즉, 방정식보다 미지수가 더 많은 경우이다. $n-m$개 자유변수에 임의의 값을 배정하고 나머지 m개의 선택변수를 구하여 연립방정식의 해를 구한다.

선형연립방정식의 해를 나타내는 방법에는 다음과 같이 매개변수형태와 자유변수형태가 있다.

매개변수형태(Parametric Form)

$$\begin{aligned} 2x_1 + 6x_2 - x_3 + 4x_4 - 2x_5 &= 15 \\ x_3 + 2x_4 + 2x_5 &= 5 \\ 3x_4 - 9x_5 &= 6 \end{aligned}$$

자유변수 x_2와 x_5에 자유변수이므로 매개변수(parameters) a, b를 배정하면 $x_2 = a$ 그리고 $x_5 = b$가 된다. x_5를 이용해 x_4를 구하면 $x_4 = 2 + 3b$이고 이런 식으로 $x_3 = 1 - 8b$, $x_1 = 4 - 3a - 9b$를 구한다.

그러므로 일반해는 $v = (4 - 3a - 9b,\ a,\ 1 - 8b,\ 2 + 3b,\ b)$이다. 여기서 a, b는 임의의 스칼라이다.

자유변수형태(Free-Variable Form)

위의 방법과 거의 같다. 단 매개변수 대신 x_2와 x_5를 그대로 사용한다. 즉, 위 연립방정식의 일반해는

$$v = (4 - 3x_2 - 9x_5,\ x_2,\ 1 - 8x_5,\ 2 + 3x_5,\ x_5)$$

가 된다. 또한 위 두 가지 방법으로 일반해를 나타낼 수 있고 어떤 특정한 해(particular solution)를 자유변수에 임의의 수를 배정함으로써 구할 수 있다. 즉, $x_2 = 1$, $x_5 = 1$이라 하면 우리의 특정해(particular solution)는

$$u = (-8,\ 1,\ -7,\ 5,\ 1)$$

이다.

유제 3.1 다음의 각 연립방정식에서 선택변수와 자유변수를 구하시오.

(1) $$\begin{aligned} 2x_1 - 3x_2 - 6x_3 - 5x_4 + 2x_5 &= 7 \\ x_3 + 3x_4 - 7x_5 &= 6 \\ x_4 - 2x_5 &= 1 \end{aligned}$$

(2) $$\begin{aligned} 2x - 6y + 7z &= 1 \\ 4y + 3z &= 8 \\ 2z &= 4 \end{aligned}$$

(3) $$\begin{aligned} x + 2y - 3z &= 2 \\ 2x + 3y + z &= 4 \\ 3x + 4y + 5z &= 8 \end{aligned}$$

풀이 (1) x_1, x_3, x_4가 선택변수이고 x_2, x_5가 자유변수이다.

(2) x, y, z가 선택변수이고 자유변수는 없다.

(3) 계수행렬이 사다리꼴 형태가 아니다. 선택변수와 자유변수는 사다리꼴 형태에서만 논하므로 논할 수가 없다. ■

기본행연산(Elementary Row Operations)

A를 $R_1, R_2, \ldots, R_m$을 행으로 갖는 행렬이라 하자. 다음 연산을 기본 행 연산(elementary row operations)이라 한다.

[E$_1$] (행 교환): 행 R_i와 R_j를 교환한다.

[E$_2$] (행 스케일링): 행 R_i를 영이 아닌 스칼라 k를 곱한 kR_i로 바꾼다($k \neq 0$).

[E$_3$] (행 교체): 행 R_j를 $kR_i + R_j$로 바꾼다($k \neq 0$).

행 동치(Row Equivalence)

행렬 B가 한 행렬 A에 유한개의 기본 행 연산을 적용하여 얻어졌다면 행렬 A와 행렬B를 행 동치라고 하고 다음과 같이 쓴다.

$$A \sim B$$

특히, 행렬 B가 사다리꼴 행렬이라면 행렬 B를 행렬 A의 사다리꼴 형태(echelon form)라 한다.

정리 3.5 한 연립방정식 M(또는 이 연립방정식의 첨가행렬)이 다른 연립방정식 L(이 연립방정식의 첨가행렬)로부터 유한개의 기본행연산(a finite sequence of elementary row operations)을 통하여 얻어졌다고 하자. 그러면 M과 L은 같은 해들을 갖는다. 이때 M과 L을 동치 또는 행동치라고 한다.

위의 기본연산 [E$_3$]에서 바뀌는 방정식은 오직 R_j라는 것을 명심하자.

정리 3.6 행렬 $A = [a_{ij}]$와 $B = [b_{ij}]$가 행 동치 사다리꼴 행렬이라고 하자. 그리고 다음과 같은 선택 성분(pivot element)를 갖는다 하자.

$$a_{1j_1}, a_{2j_2}, \ldots, a_{rj_r} \quad \text{그리고} \quad b_{1k_1}, b_{2k_2}, \ldots, b_{sk_s}$$

그러면 A와 B는 영이 아닌 행의 개수가 같다. 즉 $r = s$이고, 선택 성분들은 같은 위치를 갖는다. 즉, $j_1 = k_1, j_2 = k_2, \ldots, j_r = k_s$이다.

정리 3.7 모든 행렬은 유일한 기약사다리꼴 행렬과 행 동치이다.

> 정의 3.1 한 행렬 A의 사다리꼴 형태 안의 선택원소(pivot elements)의 개수를 행렬 A의 **랭크**(rank), $\mathrm{rank}(A)$라고 한다.

유제 3.2 다음 행렬들을 사다리꼴 형태로 바꾸어라.

(1) $A=\begin{bmatrix}1&2&-3&0\\2&4&-2&2\\3&6&-4&3\end{bmatrix}$ (2) $B=\begin{bmatrix}-4&1&-6\\1&2&-5\\6&3&-4\end{bmatrix}$

풀이 (1) $a_{11}\neq 0$이므로 선택한다. $a_{23}=4$를 선택한다. 즉,

$$A\sim\begin{bmatrix}1&2&-3&0\\0&0&4&2\\0&0&5&3\end{bmatrix}\sim\begin{bmatrix}1&2&-3&0\\0&0&4&2\\0&0&0&\frac{1}{2}\end{bmatrix}$$

(2) 선택원소가 1이면 계산이 편하므로 R_1과 R_2를 바꾼다. $a_{22}=9$를 선택한다. 즉,

$$B\sim\begin{bmatrix}1&2&-5\\-4&1&-6\\6&3&-4\end{bmatrix}\sim\begin{bmatrix}1&2&-5\\0&9&-26\\0&-9&26\end{bmatrix}\sim\begin{bmatrix}1&2&-5\\0&9&-26\\0&0&0\end{bmatrix}$$ ■

유제 3.3 다음 행렬들을 기약사다리꼴 형태로 바꾸어라.

(1) $A=\begin{bmatrix}2&2&-1&6&4\\4&4&1&10&13\\8&8&-1&26&23\end{bmatrix}$ (2) $B=\begin{bmatrix}5&-9&6\\0&2&3\\0&0&7\end{bmatrix}$

풀이 (1) $A\sim\begin{bmatrix}\boxed{2}&2&-1&6&4\\0&0&\boxed{3}&-2&5\\0&0&3&2&7\end{bmatrix}\sim\begin{bmatrix}\boxed{2}&2&-1&6&4\\0&0&\boxed{3}&-2&5\\0&0&0&4&2\end{bmatrix}$

$$\sim\begin{bmatrix}\boxed{2}&2&-1&6&4\\0&0&\boxed{3}&-2&5\\0&0&0&1&\frac{1}{2}\end{bmatrix}\sim\begin{bmatrix}\boxed{2}&2&-1&0&1\\0&0&\boxed{3}&0&6\\0&0&0&\boxed{1}&\frac{1}{2}\end{bmatrix}$$

$$\sim \begin{bmatrix} \boxed{2} & 2 & -1 & 0 & 1 \\ 0 & 0 & \boxed{1} & 0 & 2 \\ 0 & 0 & 0 & \boxed{1} & \frac{1}{2} \end{bmatrix} \sim \begin{bmatrix} \boxed{2} & 2 & 0 & 0 & 3 \\ 0 & 0 & \boxed{1} & 0 & 2 \\ 0 & 0 & 0 & \boxed{1} & \frac{1}{2} \end{bmatrix}$$

$$\sim \begin{bmatrix} \boxed{1} & 1 & 0 & 0 & \frac{3}{2} \\ 0 & 0 & \boxed{1} & 0 & 2 \\ 0 & 0 & 0 & \boxed{1} & \frac{1}{2} \end{bmatrix}$$

$$(2)\ \ B \sim \begin{bmatrix} 5 & -9 & 6 \\ 0 & 2 & 3 \\ 0 & 0 & \boxed{1} \end{bmatrix} \sim \begin{bmatrix} 5 & -9 & 0 \\ 0 & 2 & 0 \\ 0 & 0 & \boxed{1} \end{bmatrix} \sim \begin{bmatrix} 5 & -9 & 0 \\ 0 & \boxed{1} & 0 \\ 0 & 0 & \boxed{1} \end{bmatrix}$$

$$\sim \begin{bmatrix} 5 & 0 & 0 \\ 0 & \boxed{1} & 0 \\ 0 & 0 & \boxed{1} \end{bmatrix} \sim \begin{bmatrix} \boxed{1} & 0 & 0 \\ 0 & \boxed{1} & 0 \\ 0 & 0 & \boxed{1} \end{bmatrix}$$

■

MATLAB을 사용하여 유제 3.3의 행렬들의 기약사다리꼴을 구한 것이다. 행렬 A에서 분수가 나오면 실수가로 답이 나오는 것을 유의하여 보자.

```
>> A = [ 2 2  -1  6 4 ; 4 4 1 10 13 ; 8 8 -1  26  23]

A =

     2     2    -1     6     4
     4     4     1    10    13
     8     8    -1    26    23

>> rref(A)

ans =

    1.0000    1.0000         0         0    1.5000
         0         0    1.0000         0    2.0000
         0         0         0    1.0000    0.5000

>> B=[5 -9  6;  0 2  3  ; 0  0  7]
```

```
B =

     5    -9     6
     0     2     3
     0     0     7

>> rref(B)

ans =

     1     0     0
     0     1     0
     0     0     1
```

보기 3.11 $A = \begin{bmatrix} 1 & 2 & -3 & 1 & 2 \\ 2 & 4 & -4 & 6 & 10 \\ 3 & 6 & -6 & 9 & 13 \end{bmatrix}$ 가 있다 하자.

(1) 사다리꼴 형태로 변환하라.

(2) 기약사다리꼴 형으로 만들어라.

풀이 (a) $A = \begin{bmatrix} 1 & 2 & -3 & 1 & 2 \\ 2 & 4 & -4 & 6 & 10 \\ 3 & 6 & -6 & 9 & 13 \end{bmatrix} \sim \begin{bmatrix} 1 & 2 & -3 & 1 & 2 \\ 0 & 0 & 2 & 4 & 6 \\ 0 & 0 & 3 & 6 & 7 \end{bmatrix} : (R_2 - 2R_1,\ R_3 - 3R_1)$

$\sim \begin{bmatrix} 1 & 2 & -3 & 1 & 2 \\ 0 & 0 & 2 & 4 & 6 \\ 0 & 0 & 0 & 0 & -2 \end{bmatrix} : (R_3 - \frac{3}{2}R_2)$

(b) $A = \begin{bmatrix} 1 & 2 & -3 & 1 & 2 \\ 0 & 0 & 2 & 4 & 6 \\ 0 & 0 & 0 & 0 & -2 \end{bmatrix} \sim \begin{bmatrix} 1 & 2 & -3 & 1 & 2 \\ 0 & 0 & 2 & 4 & 6 \\ 0 & 0 & 0 & 0 & 1 \end{bmatrix} : (R_3/(-2))$

$\sim \begin{bmatrix} 1 & 2 & -3 & 1 & 0 \\ 0 & 0 & 2 & 4 & 0 \\ 0 & 0 & 0 & 0 & 1 \end{bmatrix} : (R_2 - 6R_3,\ R_1 - 2R_3)$

$\sim \begin{bmatrix} 1 & 2 & -3 & 1 & 0 \\ 0 & 0 & 1 & 2 & 0 \\ 0 & 0 & 0 & 0 & 1 \end{bmatrix} : (R_2/2) \sim \begin{bmatrix} 1 & 2 & 0 & 7 & 0 \\ 0 & 0 & 1 & 2 & 0 \\ 0 & 0 & 0 & 0 & 1 \end{bmatrix} : (R_1 + 3R_2)$

■

유제 3.4 다음 행렬을 기약사다리꼴 형태로 바꾸어라

$$A = \begin{bmatrix} 1 & -2 & 3 & 1 & 2 \\ 1 & 1 & 4 & -1 & 3 \\ 2 & 5 & 9 & -2 & 8 \end{bmatrix}$$

풀이 $A \sim \begin{bmatrix} \boxed{1} & -2 & 3 & 1 & 2 \\ 0 & 3 & 1 & -2 & 1 \\ 0 & 9 & 3 & -4 & 4 \end{bmatrix} \sim \begin{bmatrix} \boxed{1} & -2 & 3 & 1 & 2 \\ 0 & \boxed{1} & \frac{1}{3} & -\frac{2}{3} & \frac{1}{3} \\ 0 & 9 & 3 & -4 & 4 \end{bmatrix} \sim \begin{bmatrix} \boxed{1} & 0 & \frac{11}{3} & -\frac{1}{3} & \frac{8}{3} \\ 0 & \boxed{1} & \frac{1}{3} & -\frac{2}{3} & \frac{1}{3} \\ 0 & 0 & 0 & 2 & 1 \end{bmatrix}$

$$\sim \begin{bmatrix} \boxed{1} & 0 & \frac{11}{3} & -\frac{1}{3} & \frac{8}{3} \\ 0 & \boxed{1} & \frac{1}{3} & -\frac{2}{3} & \frac{1}{3} \\ 0 & 0 & 0 & \boxed{1} & \frac{1}{2} \end{bmatrix} \sim \begin{bmatrix} \boxed{1} & 0 & \frac{11}{3} & 0 & \frac{17}{6} \\ 0 & \boxed{1} & \frac{1}{3} & 0 & \frac{2}{3} \\ 0 & 0 & 0 & \boxed{1} & \frac{1}{2} \end{bmatrix}$$

■

주어진 행렬을 동치인 사다리꼴 행렬로 바꾸는 과정을 가우스소거법이라고 하고 기약사다리꼴로 바꾸는 과정을 가우스 조던소거법이라고도 한다.

정리 3.8 행렬 R가 $n \times n$행렬 A의 기약사다리꼴 행렬이라 하면, R에는 성분이 모두 0인 행이 있거나 R은 단위 행렬 I_n이다.

증명 A의 기약사다리꼴 행렬이 다음과 같다고 하자.

$$R = \begin{bmatrix} r_{11} & r_{12} & \cdots & r_{1n} \\ r_{21} & r_{22} & \cdots & r_{2n} \\ \vdots & \vdots & & \vdots \\ r_{n1} & r_{n2} & \cdots & r_{nn} \end{bmatrix}$$

R에는 성분이 모두 0인 행이 있거나 없거나 둘 중 하나이다. 만약 없다고 하면 결과적으로 각 행의 선택 성분(pivot elements)들은 모두 1 이어야 한다. 그리고 이러한 1들은 각 행의 바로 위에 선택성분의 오른쪽에 와야 하므로 R은 I_n이 되어야 한다. ■

정리 3.9 정방 선형 연립방정식 $Ax = b$가 유일한 해를 가질 필요충분조건은 A가 가역적이라는 것이다. 이 경우, $x = A^{-1}b$는 이 연립방정식의 유일한 해이다.

증명 여기서는 A가 가역적이면 $A^{-1}b$는 이 연립방정식의 유일한 해임을 증명하자. A가 가역적이면

$$A(A^{-1}b) = (AA^{-1})b = Ib = b$$

이므로 $A^{-1}b$는 한 해이다. 이제 v가 다른 해라고 하면 $Av = b$이다.

그러면

$$v = Iv = (A^{-1}A)v = A^{-1}(Av) = A^{-1}b$$

이므로 $A^{-1}b$는 유일한 해이다. 역은 정리 3.14 아래에서 증명한다. ■

보기 3.12

$$\begin{array}{r} x+2y+3z=1 \\ x+3y+6z=3 \\ 2x+6y+13z=5 \end{array}, \quad A = \begin{bmatrix} 1 & 2 & 3 \\ 1 & 3 & 6 \\ 2 & 6 & 13 \end{bmatrix}, \quad A^{-1} = \begin{bmatrix} 3 & -8 & 3 \\ -1 & 7 & -3 \\ 0 & -2 & 1 \end{bmatrix}$$

이면 정리 3.9에 의해 유일한 해는

$$A^{-1}b = \begin{bmatrix} 3 & -8 & 3 \\ -1 & 7 & -3 \\ 0 & -2 & 1 \end{bmatrix}\begin{bmatrix} 1 \\ 3 \\ 5 \end{bmatrix} = \begin{bmatrix} -6 \\ 5 \\ -1 \end{bmatrix}$$

이다. ■

2장에서 정의되었던 다음 정의를 다시 기억하자. 주어진 벡터 $v_1, v_2, \cdots, v_p \in \mathbb{R}^n$과 스칼라 $c_1, c_2, \cdots, c_p$에 대하여 벡터 y를 다음과 같이 정의하자.

$$y = c_1v_1 + c_2v_2 + \cdots + c_pv_p$$

이 벡터를 벡터 $v_1, v_2, \cdots, v_p$와 스칼라 $c_1, c_2, \cdots, c_p$의 선형결합(linear combination)이라 한다.

선형결합과 연립방정식

보기 3.13 $a_1 = \begin{bmatrix} 1 \\ -2 \\ -5 \end{bmatrix}$, $a_2 = \begin{bmatrix} 2 \\ 5 \\ 6 \end{bmatrix}$, $b = \begin{bmatrix} 7 \\ 4 \\ -3 \end{bmatrix}$일 때 벡터 b를 벡터 a_1과 a_2의 선형결합으로 나타낼 수 있는지 확인하라.

풀이 이것은

$$xa_1 + ya_2 = b$$

가 성립하는 x와 y가 있는지 판별하라는 문제이다. 즉, 벡터방정식 $xa_1 + ya_2 = b$의 해가 있으면 찾으라는 뜻이다.

$$x\begin{bmatrix} 1 \\ -2 \\ -5 \end{bmatrix} + y\begin{bmatrix} 2 \\ 5 \\ 6 \end{bmatrix} = \begin{bmatrix} 7 \\ 4 \\ -3 \end{bmatrix} \Leftrightarrow \begin{bmatrix} x \\ -2x \\ -5x \end{bmatrix} + \begin{bmatrix} 2y \\ 5y \\ 6y \end{bmatrix} = \begin{bmatrix} 7 \\ 4 \\ -3 \end{bmatrix} \Leftrightarrow \begin{bmatrix} x+2y \\ -2x+5y \\ -5x+6y \end{bmatrix} = \begin{bmatrix} 7 \\ 4 \\ -3 \end{bmatrix}$$

이고 좌우변의 열벡터가 같기 위한 필요충분조건은 각각의 대응하는 성분이 같아야 한다. 따라서

$$\begin{aligned} x+2y&=7 \\ -2x+5y&=4 \\ -5x+6y&=-3 \end{aligned}$$

이고 이를 첨가 행렬 형태로 바꾸어 연립방정식을 풀자.

$$\begin{bmatrix} 1 & 2 & 7 \\ -2 & 5 & 4 \\ -5 & 6 & -3 \end{bmatrix} \sim \begin{bmatrix} 1 & 2 & 7 \\ 0 & 9 & 18 \\ 0 & 16 & 32 \end{bmatrix} \sim \begin{bmatrix} 1 & 2 & 7 \\ 0 & 1 & 2 \\ 0 & 16 & 32 \end{bmatrix} \sim \begin{bmatrix} 1 & 0 & 3 \\ 0 & 1 & 2 \\ 0 & 0 & 0 \end{bmatrix}$$

이므로 $x=3$이고 $y=2$가 된다. 그러므로 b는 a_1과 a_2의 선형결합으로 나타내어진다. 즉,

$$3\begin{bmatrix} 1 \\ -2 \\ -5 \end{bmatrix} + 2\begin{bmatrix} 2 \\ 5 \\ 6 \end{bmatrix} = \begin{bmatrix} 7 \\ 4 \\ -3 \end{bmatrix}$$

이다. ■

위에서 첨가행렬 $\begin{bmatrix} 1 & 2 & 7 \\ -2 & 5 & 4 \\ -5 & 6 & -3 \end{bmatrix}$의 첫째 열은 벡터 a_1이고 둘째 열은 a_2, 마지막 열은 b이다. 따라서 $xa_1+ya_2=b$는 다음과 같은 첨가 행렬로 나타낼 수 있다.

$$\begin{bmatrix} 1 & 2 & 7 \\ -2 & 5 & 4 \\ -5 & 6 & -3 \end{bmatrix} = [a_1\ a_2\ b]$$

일반적으로 벡터 방정식 $x_1a_1+x_2a_2+\cdots+x_na_n=b$는 다음과 같은 첨가행렬과 동일한 해집합을 갖는다.

$$[a_1\ a_2\ \cdots\ a_n\ b] \qquad \cdots (1)$$

벡터 b가 벡터 $a_1, a_2, \cdots, a_n$의 선형결합으로 나타내어질 필요충분조건은 행렬 (1)에 대응하는 선형연립방정식의 해가 존재하는 것이다.

선형연립방정식 $Ax=b$는 $\begin{bmatrix} a_{11} & a_{12} & \ldots & a_{1n} \\ a_{21} & a_{22} & \ldots & a_{2n} \\ \vdots & \vdots & \vdots & \vdots \\ a_{m1} & a_{m2} & \ldots & a_{mn} \end{bmatrix} \begin{bmatrix} x_1 \\ x_2 \\ \vdots \\ x_n \end{bmatrix} = \begin{bmatrix} b_1 \\ b_2 \\ \vdots \\ b_m \end{bmatrix}$이고

$$Ax = \begin{bmatrix} a_{11} & a_{12} & \ldots & a_{1n} \\ a_{21} & a_{22} & \ldots & a_{2n} \\ \vdots & \vdots & \vdots & \vdots \\ a_{m1} & a_{m2} & \ldots & a_{mn} \end{bmatrix} \begin{bmatrix} x_1 \\ x_2 \\ \vdots \\ x_n \end{bmatrix} = [a_1\ a_2\ \cdots\ a_n] \begin{bmatrix} x_1 \\ x_2 \\ \vdots \\ x_n \end{bmatrix} = x_1a_1+x_2a_2+\cdots+x_na_n$$

이므로 $Ax=b$는

$$x_1a_1 + x_2a_2 + \cdots + x_na_n = \begin{bmatrix} b_1 \\ b_2 \\ \vdots \\ b_n \end{bmatrix}$$

라고 쓸 수 있다. 여기서 Ax를 행렬과 벡터의 형태라고 부를 것이다.

보기 3.14 $v_1 = \begin{bmatrix} 1 \\ -2 \\ 6 \end{bmatrix}$, $v_2 = \begin{bmatrix} 1 \\ -5 \\ 3 \end{bmatrix}$, $v_3 = \begin{bmatrix} -1 \\ 4 \\ -5 \end{bmatrix}$일 때 $3v_1 - 4v_2 + 9v_3$를 행렬과 벡터의 곱으로 나타내어라.

풀이 $3v_1 - 4v_2 + 9v_3 = [v_1\ v_2\ v_3]\begin{bmatrix} 3 \\ -4 \\ 9 \end{bmatrix} = \begin{bmatrix} 1 & 1 & -1 \\ -2 & -5 & 4 \\ 6 & 3 & -5 \end{bmatrix}\begin{bmatrix} 3 \\ -4 \\ 9 \end{bmatrix}$이다. ■

이제 선형연립방정식을 벡터들의 선형결합이 들어가 있는 벡터방정식으로 바꾸어 쓸 수 있다.

예를 들어 연립방정식

$$\begin{aligned} x - y + 2z &= 5 \\ 2x - 2y + 4z &= 10 \\ 3x - 3y + 6z &= 15 \end{aligned}$$

은

$$x\begin{bmatrix} 1 \\ 2 \\ 3 \end{bmatrix} + y\begin{bmatrix} -1 \\ -2 \\ -3 \end{bmatrix} + z\begin{bmatrix} 2 \\ 4 \\ 6 \end{bmatrix} = \begin{bmatrix} 5 \\ 10 \\ 15 \end{bmatrix}$$

과 동치이다. 위 식의 오른쪽 항은 행렬과 벡터의 곱셈이다. 따라서 다음과 같다.

$$\begin{bmatrix} 1 & -1 & 2 \\ 2 & -2 & 4 \\ 3 & -3 & 6 \end{bmatrix}\begin{bmatrix} x \\ y \\ z \end{bmatrix} = \begin{bmatrix} 5 \\ 10 \\ 15 \end{bmatrix}$$

정리 3.10 벡터 $a_1, a_2, \cdots, a_n$가 $m \times n$ 행렬 A의 열을 이룬다고 하자. $b \in \mathbb{R}^m$일 때 행렬방정식 $Ax = b$는 벡터방정식

$$x_1a_1 + x_2a_2 + \cdots + x_na_n = b$$

와 같은 해집합을 갖는다. 따라서 첨가행렬이 다음과 같은 연립방정식과도 같은 해집합을 갖는다.

$$[a_1\ a_2\ \cdots\ a_n\ b]$$

일반적으로 연립방정식 $Ax=b$가 해를 가질 필요충분조건은 벡터 b가 행렬 A의 열벡터들의 선형결합으로 나타내어지는 것을 말한다.

보기 3.15 $A=\begin{bmatrix} 2 & 3 & 4 \\ -1 & 5 & -3 \\ 6 & -2 & 8 \end{bmatrix}$, $x=\begin{bmatrix} x_1 \\ x_2 \\ x_3 \end{bmatrix}$일 때 Ax를 계산하라.

풀이 정의에 의해

$$\begin{bmatrix} 2 & 3 & 4 \\ -1 & 5 & -3 \\ 6 & -2 & 8 \end{bmatrix}\begin{bmatrix} x_1 \\ x_2 \\ x_3 \end{bmatrix} = x_1\begin{bmatrix} 2 \\ -1 \\ 6 \end{bmatrix} + x_2\begin{bmatrix} 3 \\ 5 \\ -2 \end{bmatrix} + x_3\begin{bmatrix} 4 \\ -3 \\ 8 \end{bmatrix}$$

$$= \begin{bmatrix} 2x_1 \\ -x_1 \\ 6x_1 \end{bmatrix} + \begin{bmatrix} 3x_2 \\ 5x_2 \\ -2x_2 \end{bmatrix} + \begin{bmatrix} 4x_3 \\ -3x_3 \\ 8x_3 \end{bmatrix}$$

$$= \begin{bmatrix} 2x_1 + 3x_2 + 4x_3 \\ -x_1 + 5x_2 - 3x_3 \\ 6x_1 - 2x_2 + 8x_3 \end{bmatrix}$$

■

삼각형 형태와 사다리꼴 형태의 연립방정식

삼각형 형태(Triangular Form)

다음 삼각형 형태의 연립방정식을 살펴보자.

$$\begin{aligned} x_1 - 2x_2 + 5x_3 - 2x_4 &= 8 \\ 3x_2 - x_3 + 3x_4 &= 2 \\ 5x_3 - x_4 &= 3 \\ 6x_4 &= 12 \end{aligned}$$

이 연립방정식의 첨가행렬은

$$\begin{bmatrix} 1 & -2 & 5 & -2 & 8 \\ 0 & 3 & -1 & 3 & 2 \\ 0 & 0 & 5 & -1 & 3 \\ 0 & 0 & 0 & 6 & 12 \end{bmatrix}$$

이 된다. 이 행렬과 같은 형태를 삼각행렬(상삼각행렬)이라 한다. 아래에서부터 대입하여(후방 대입법) 이 연립방정식을 쉽게 풀 수 있고 이 연립방정식은 항상 오직 한 개의 해 $u=(5,-1,1,2)$를 갖는다. 물론 기본 행연산을 써서 위 첨가행렬을

$$\begin{bmatrix} 1 & 0 & 0 & 0 & 5 \\ 0 & 1 & 0 & 0 & -1 \\ 0 & 0 & 1 & 0 & 1 \\ 0 & 0 & 0 & 1 & 2 \end{bmatrix}$$

을 얻을 수 있다.

행렬을 사용한 가우스–조던소거법

선형 연립방정식을 푸는 가장 주요한 방법인 가우스 소거법의 행렬 버전을 공부하자. 이 방법은 두 부분으로 되어 있다.

I. **(전방소거법: Forward Elimination)**

행렬을 기본 행 연산을 사용하여 사다리꼴 형태로 바꾸어나가는 과정이다.

II. **(후방소거법: Backward Elimination)**

행렬을 기본 행 연산을 사용하여 위에서 구한 사다리꼴 형태를 기약사다리꼴 형태로 바꾸어나가는 과정이다. 전방소거법과 비슷하나 그 방향이 밑에서부터 시작한다.

보기 3.16 다음 각 연립방정식을 풀어라.

(1) $\begin{aligned} x_1 + x_2 - 2x_3 + 4x_4 &= 5 \\ 2x_1 + 2x_2 - 3x_3 + x_4 &= 3 \\ 3x_1 + 3x_2 - 4x_3 - 2x_4 &= 1 \end{aligned}$ (2) $\begin{aligned} x_1 + x_2 - 2x_3 + 3x_4 &= 4 \\ 2x_1 + 3x_2 + 3x_3 - x_4 &= 3 \\ 5x_1 + 7x_2 + 4x_3 + x_4 &= 5 \end{aligned}$

(3) $\begin{aligned} x + 2y + z &= 3 \\ 2x + 5y - z &= -4 \\ 3x - 2y - z &= 5 \end{aligned}$

풀이 (1)

$$M = \begin{bmatrix} 1 & 1 & -2 & 4 & 5 \\ 2 & 2 & -3 & 1 & 3 \\ 3 & 3 & -4 & -2 & 1 \end{bmatrix} \sim \begin{bmatrix} 1 & 1 & -2 & 4 & 5 \\ 0 & 0 & 1 & -7 & -7 \\ 0 & 0 & 2 & -14 & -14 \end{bmatrix}$$

$$\sim \begin{bmatrix} 1 & 1 & -2 & 4 & 5 \\ 0 & 0 & 1 & -7 & -7 \\ 0 & 0 & 0 & 0 & 0 \end{bmatrix} \sim \begin{bmatrix} 1 & 1 & 0 & -10 & -9 \\ 0 & 0 & 1 & -7 & -7 \\ 0 & 0 & 0 & 0 & 0 \end{bmatrix}$$

이 기약사다리꼴을 연립방정식 형태로 다시 쓰면 바로 해를 구한다.

$$\begin{aligned} x_1 &= -9 - x_2 + 10x_4 \\ x_3 &= -7 + 7x_4 \end{aligned}$$

x_1와 x_3는 선택 변수이고 x_2와 x_4는 자유변수이다.

(2) $M = \begin{bmatrix} 1 & 1 & -2 & 3 & 4 \\ 2 & 3 & 3 & -1 & 3 \\ 5 & 7 & 4 & 1 & 5 \end{bmatrix} \sim \begin{bmatrix} 1 & 1 & -2 & 3 & 4 \\ 0 & 1 & 7 & -7 & -5 \\ 0 & 2 & 14 & -14 & -15 \end{bmatrix} \sim \begin{bmatrix} 1 & 1 & -2 & 3 & 4 \\ 0 & 1 & 7 & -7 & -5 \\ 0 & 0 & 0 & 0 & -5 \end{bmatrix}$

이므로 $0x_1+0x_2+0x_3+0x_4=-5$이다. 따라서 해는 없다(사다리꼴에서 멈춘 것을 유의하자).

(3) $M=\begin{bmatrix}1&2&1&3\\2&5&-1&-4\\3&-2&-1&5\end{bmatrix}\sim\begin{bmatrix}1&2&1&3\\0&1&-3&-10\\0&-8&-4&-4\end{bmatrix}\sim\begin{bmatrix}1&2&1&3\\0&1&-3&-10\\0&0&-28&-84\end{bmatrix}$

$\sim\begin{bmatrix}1&2&1&3\\0&1&-3&-10\\0&0&1&3\end{bmatrix}\sim\begin{bmatrix}1&2&0&0\\0&1&0&-1\\0&0&1&3\end{bmatrix}\sim\begin{bmatrix}1&0&0&2\\0&1&0&-1\\0&0&1&3\end{bmatrix}$

이므로 $x=2,\ y=-1,\ z=3$이다. ■

(1)번 문제를 MATLAB을 사용하여 계산한 것이다.

```
>> M=[1 1 -2 4 5 ; 2 2 -3 1 3 ; 3 3  -4 -2 1]

M =

     1     1    -2     4     5
     2     2    -3     1     3
     3     3    -4    -2     1

>> rref(M)

ans =

     1     1     0   -10    -9
     0     0     1    -7    -7
     0     0     0     0     0
```

유제 3.5 첨가 행렬을 사용하여 다음 선형 연립방정식을 풀어라.

(1) $\begin{cases}x+2y-z=3\\x+3y+z=5\\3x+8y+4z=17\end{cases}$ (2) $\begin{cases}x-2y+4z=2\\2x-3y+5z=3\\3x-4y+6z=7\end{cases}$

풀이 (1) $M=\begin{bmatrix}1&2&-1&3\\1&3&1&5\\3&8&4&17\end{bmatrix}\sim\begin{bmatrix}1&2&-1&3\\0&1&2&2\\0&2&7&8\end{bmatrix}\sim\begin{bmatrix}1&2&-1&3\\0&1&2&2\\0&0&3&4\end{bmatrix}$ 이므로

$\begin{cases}x+2y-z=3\\y+2z=2\\3z=4\end{cases}$를 얻을 수 있고 후방 대입법을 사용하여

$x=\frac{17}{3},\ y=-\frac{2}{3},\ z=\frac{4}{3}$을 구한다.

(2) $M=\begin{bmatrix}1 & -2 & 4 & 2\\ 2 & -3 & 5 & 3\\ 3 & -4 & 6 & 7\end{bmatrix} \sim \begin{bmatrix}1 & -2 & 4 & 2\\ 0 & 1 & -3 & -1\\ 0 & 2 & -6 & 1\end{bmatrix} \sim \begin{bmatrix}1 & -2 & 4 & 2\\ 0 & 1 & -3 & -1\\ 0 & 0 & 0 & 3\end{bmatrix}$ 이므로 해는 없다.

■

다음은 MATLAB을 써서 연립방정식을 푸는 것을 보여주고 있다. linsolve라는 명령을 사용하고 있다. 이 방법은 계수행렬 A와 상수행렬 b를 각각 따로 입력하는 방법이다.

```
>> A = [1 -2  5 -2  ; 0 3  -1 3  ; 0 0 5 -1 ; 0  0 0  6 ]

A =

     1    -2     5    -2
     0     3    -1     3
     0     0     5    -1
     0     0     0     6

>> b=[ 8; 2; 3; 12]

b =

     8
     2
     3
    12

>> X = linsolve(A,b)

X =

     5
    -1
     1
     2
```

다음 방법은 3.2절에서 배우는 기약사다리꼴을 사용하여 푸는 방법이다. 비교하기 위해 먼저 구현해 보았다. 첨가행렬 B를 사용하여 기약사다리꼴로 변형하여 문제를 푸는 방법이다. rref라는 함수를 사용하는데 이 함수는 주어진 행렬의 기약사다리꼴을 가우스-조던 방법을 사용하여 구현한다.

```
>> B = [1 -2  5 -2 8 ; 0 3  -1 3 2 ; 0 0 5 -1 3; 0  0 0  6 12]

B =

     1    -2     5    -2     8
     0     3    -1     3     2
     0     0     5    -1     3
     0     0     0     6    12

>> A=rref(B)

A =

     1     0     0     0     5
     0     1     0     0    -1
     0     0     1     0     1
     0     0     0     1     2
```

답이 같음을 알 수 있다. 모든 연립방정식은 이 linsolve와 rref 두 함수로 풀 수 있다. 여기서 주의할 점은 linsolve은 계수행렬을 사용하고 rref는 첨가 행렬을 사용한다는 것이다. 이 밖에도 다른 방법이 MATLAB에는 있다.

정리 3.11 A의 $m \times n$ 행렬이고 u, $v \in \mathbb{R}^n$, c는 스칼라라 하자. 그럼 다음이 성립한다.

(1) $A(u+v) = Au + Av$

(2) $A(cu) = c(Au)$

증명 $A = \begin{bmatrix} a_{11} & a_{12} & \dots & a_{1n} \\ a_{21} & a_{22} & \dots & a_{2n} \\ \vdots & \vdots & \vdots & \vdots \\ a_{m1} & a_{m2} & \dots & a_{mn} \end{bmatrix} = [a_1 \ a_2 \ \cdots \ a_n]$이고 $u = \begin{bmatrix} u_1 \\ u_2 \\ \vdots \\ u_n \end{bmatrix}$, $v = \begin{bmatrix} v_1 \\ v_2 \\ \vdots \\ v_n \end{bmatrix}$이라 하자.

$$\begin{aligned} A(u+v) &= [a_1 \ a_2 \ \cdots \ a_n] \begin{bmatrix} u_1 + v_1 \\ u_2 + v_2 \\ \vdots \\ u_n + v_n \end{bmatrix} \\ &= (u_1 + v_1)a_1 + (u_2 + v_2)a_2 + \cdots + (u_n + v_n)a_n \\ &= (u_1a_1 + u_2a_2 + \cdots + u_na_n) + (v_1a_1 + v_2a_2 + \cdots + v_na_n) \\ &= Au + Av \end{aligned}$$

이다.

$$
\begin{aligned}
A(cu) = [a_1\ a_2\ \cdots\ a_n]\begin{bmatrix} cu_1 \\ cu_2 \\ \vdots \\ cu_n \end{bmatrix} &= (cu_1)a_1 + (cu_2)a_2 + \cdots + (cu_n)a_n \\
&= c(u_1a_1) + c(u_2a_2) + \cdots + c(u_na_n) \\
&= c(u_1a_1 + u_2a_2 + \cdots + u_na_n) \\
&= c(Au)
\end{aligned}
$$

■

존재성과 유일성

연립방정식 해의 존재성과 유일성을 행렬의 랭크(rank)를 사용하여 서술한다.

정리 3.12 $Ax = b$는 첨가 행렬 $M = [A, b]$와 n개의 미지수를 갖는 선형 연립방정식이다.

(1) 이 선형 연립방정식이 해를 가질 필요충분조건은

$$\text{rank}(A) = \text{rank}(M).$$

(2) 이 선형 연립방정식의 해가 유일할 필요충분조건은

$$n = \text{rank}(A) = \text{rank}(M).$$

증명 (1) 이 선형 연립방정식이 해를 가질 필요충분조건은 $M = [A, b]$의 사다리꼴 형태가 다음과 같은 형태의 행을 갖지 않는 것이다.

$$(0, 0, \ldots, 0, c), \quad c \neq 0.$$

만약, $M = [A, b]$의 사다리꼴 형태가 위와 같은 행을 갖는다면 c가 M의 선택성분이 되고 A의 선택 성분은 아니라는 것이다. 그러므로 $\text{rank}(M) > \text{rank}(A)$. 당연히 $\text{rank}(M) \geq \text{rank}(A)$이다. $\text{rank}(M) \leq \text{rank}(A)$이면 $(0, 0, \ldots, 0, c),\ c \neq 0$과 같은 행을 갖지 않음을 보였으므로 $\text{rank}(A) = \text{rank}(M)$이면 $(0, 0, \ldots, 0, c),\ c \neq 0$과 같은 행을 갖지 않음을 보였다.

반면에 A와 M의 사다리꼴이 같은 선택 성분을 갖는다면 $\text{rank}(A) = \text{rank}(M)$이다.

(2) 이 선형 연립방정식의 해가 유일할 필요충분조건은 A의 사다리꼴이 자유변수를 갖지 않는 것이다. 즉, 각각의 미지수가 선택변수를 갖는 것이다. 그러므로 $n = \text{rank}(A) = \text{rank}(M)$이다. ■

3.3 기본행렬

e를 기본 행 연산이라 하고 $e(A)$는 한 행렬 A에 연산 e를 수행한 결과라 하자. 기본 행 연산 e를 단위행렬 I에 적용했을 때 얻어진 행렬을 E라고 하자, 즉,

$$E = e(I).$$

그러면 E를 기본 행 연산 e에 해당하는 **기본행렬**(elementary matrix)이라고 부른다. E는 항상 정방행렬이다. R_i은 한 행렬의 i번째 행을 나타낸다고 하자.

보기 3.17 다음 3개의 기본 행 연산을 보자.

(1) R_2와 R_3를 상호 교환.

(2) R_2를 $-6R_2$로 바꿈.

(3) R_3를 $-4R_1 + R_3$로 바꿈.

위의 기본 행 연산에 해당하는 3×3 기본행렬은 다음과 같다.

$$E_1 = \begin{bmatrix} 1 & 0 & 0 \\ 0 & 0 & 1 \\ 0 & 1 & 0 \end{bmatrix}, \quad E_2 = \begin{bmatrix} 1 & 0 & 0 \\ 0 & -6 & 0 \\ 0 & 0 & 1 \end{bmatrix}, \quad E_3 = \begin{bmatrix} 1 & 0 & 0 \\ 0 & 1 & 0 \\ -4 & 0 & 1 \end{bmatrix}$$ ■

유제 3.6 e_1, e_2, e_3가 각각 다음의 기본 행 연산을 의미한다고 하자.

(i) R_1과 R_2를 교환

(ii) R_3를 $7R_3$로 바꿈

(iii) R_2를 $-3R_1 + R_2$로 바꿈

위의 기본 행 연산에 대응하는 3×3 기본 행 행렬 E_1, E_2, E_3를 구하라.

풀이 $E_1 = e_1(I) = \begin{bmatrix} 0 & 1 & 0 \\ 1 & 0 & 0 \\ 0 & 0 & 1 \end{bmatrix}$, $E_2 = e_2(I) = \begin{bmatrix} 1 & 0 & 0 \\ 0 & 1 & 0 \\ 0 & 0 & 7 \end{bmatrix}$, $E_3 = e_3(I) = \begin{bmatrix} 1 & 0 & 0 \\ -3 & 1 & 0 \\ 0 & 0 & 1 \end{bmatrix}$ ■

정리 3.13 e를 기본 행 연산이라 하고 E를 e에 해당하는 $m\times m$ 기본행렬이라 하자. 그러면 임의의 $m\times n$ 행렬 A에 대하여

$$e(A) = EA$$

이다.

보기 3.18 $E_1 = \begin{bmatrix} 0 & 1 & 0 \\ 1 & 0 & 0 \\ 0 & 0 & 1 \end{bmatrix}$, $E_2 = \begin{bmatrix} 1 & 0 & 0 \\ 0 & 1 & 0 \\ 0 & 0 & 7 \end{bmatrix}$, $E_3 = \begin{bmatrix} 1 & 0 & 0 \\ 0 & 1 & 0 \\ -5 & 0 & 1 \end{bmatrix}$, $A = \begin{bmatrix} a & b & c \\ d & e & f \\ g & h & i \end{bmatrix}$ 라고 하자.

E_1A, E_2A과 E_3A를 계산하고 이 곱셈들이 A에 어떤 기본행연산을 시행했을 때 얻어지는 것인지 파악하라.

풀이 $E_1A = \begin{bmatrix} d & e & f \\ a & b & c \\ g & h & i \end{bmatrix}$, $E_2A = \begin{bmatrix} a & b & c \\ d & e & f \\ 7g & 7h & 7i \end{bmatrix}$, $E_3A = \begin{bmatrix} a & b & c \\ d & e & f \\ g-5a & h-5b & i-5c \end{bmatrix}$이다. 행렬 A의 행 R_1과 R_2를 교환하면 E_1A을 얻는다. 행렬 A의 행 R_3에 7을 곱하면 E_2A를 얻고, 행렬 A의 행 R_1에 -5를 곱하여 R_3와 더해준 후 R_3를 교체하면 E_3A를 얻는다. ■

다른 말로 하면 행렬 A에 기본 행 연산을 시행하는 것은 기본행렬 E를 행렬 A에 곱하는 것과 같다. e'을 기본 행 연산 e의 역 연산이라 하고 E'와 E를 그에 대응하는 기본행렬이라 할 때 E는 가역적이고 그 역은 E'이다(유제 3.10).

특히, 유한개의 기본행렬의 곱

$$P = E_k \ldots E_2E_1$$

은 가역적이다.

유제 3.7 e_1, e_2, e_3은 유제 3.6의 기본 행 연산을 의미한다.

(1) 기본 행 연산 $e_1^{-1}, e_2^{-1}, e_3^{-1}$을 설명하라.

(2) 기본 행 연산 $e_1^{-1}, e_2^{-1}, e_3^{-1}$에 대응하는 3×3 기본 행 행렬 E_1', E_2', E_3'를 구하라.

(3) E_1, E_2, E_3과 E_1', E_2', E_3'의 관계를 말하라.

풀이 (1) e_1^{-1} : R_1과 R_2를 교환, e_2^{-1} : R_3를 $\frac{1}{7}R_3$로 바꿈,

e_3^{-1} : R_2를 $3R_1 + R_2$로 바꿈.

(2) $E_1' = e_1^{-1}(I) = \begin{bmatrix} 0 & 1 & 0 \\ 1 & 0 & 0 \\ 0 & 0 & 1 \end{bmatrix}$, $E_2' = e_2^{-1}(I) = \begin{bmatrix} 1 & 0 & 0 \\ 0 & 1 & 0 \\ 0 & 0 & \frac{1}{7} \end{bmatrix}$,

$E_3' = e_3^{-1}(I) = \begin{bmatrix} 1 & 0 & 0 \\ 3 & 1 & 0 \\ 0 & 0 & 1 \end{bmatrix}$

(3) E_1', E_2', E_3'들은 각각 E_1, E_2, E_3의 역행렬이다.

$$E_1E_1{}' = \begin{bmatrix} 0 & 1 & 0 \\ 1 & 0 & 0 \\ 0 & 0 & 1 \end{bmatrix}\begin{bmatrix} 0 & 1 & 0 \\ 1 & 0 & 0 \\ 0 & 0 & 1 \end{bmatrix} = \begin{bmatrix} 1 & 0 & 0 \\ 0 & 1 & 0 \\ 0 & 0 & 1 \end{bmatrix},$$

$$E_2E_2{}' = \begin{bmatrix} 1 & 0 & 0 \\ 0 & 1 & 0 \\ 0 & 0 & 7 \end{bmatrix}\begin{bmatrix} 1 & 0 & 0 \\ 0 & 1 & 0 \\ 0 & 0 & \frac{1}{7} \end{bmatrix} = \begin{bmatrix} 1 & 0 & 0 \\ 0 & 1 & 0 \\ 0 & 0 & 1 \end{bmatrix},$$

$$E_3E_3{}' = \begin{bmatrix} 1 & 0 & 0 \\ -3 & 1 & 0 \\ 0 & 0 & 1 \end{bmatrix}\begin{bmatrix} 1 & 0 & 0 \\ 3 & 1 & 0 \\ 0 & 0 & 1 \end{bmatrix} = \begin{bmatrix} 1 & 0 & 0 \\ 0 & 1 & 0 \\ 0 & 0 & 1 \end{bmatrix}$$

이다. ■

기본행렬의 응용

정리 3.14 행렬 A가 $n\times n$행렬이라 하자. 다음 명제들은 모두 동치이다.

(1) A는 가역행렬이다.

(2) A는 I_n과 행동치이다.

(3) A는 기본행렬의 곱이다.

(4) A는 n개의 선택성분을 갖는다.

(5) 방정식 $Ax=0$은 자명한 해를 갖는다.

(6) A^T는 가역행렬이다.

증명 (1)$\Rightarrow$ (2) A가 가역적이고 기약사다리꼴 행렬 B와 행 동치라고 하자. 그러면 기본행렬 $E_1, E_2, \dots, E_s$가 존재하여

$$E_s \dots E_2E_1A = B$$

이다. A가 가역적이고 각각의 기본행렬들이 가역적이므로 B도 역시 가역적이다. 만약, $B \neq I$이면 B가 행 표준 정방행렬이므로 모두 0인 행을 포함하게 된다. 그러면 B는 가역적이지 않게 되므로 모순이다. 그러므로 $B=I$이다.

(2)가 성립한다면 기본행렬 $E_1, E_2, \dots, E_s$가 존재하여 $E_s \dots E_2E_1A = I$이다. 그러므로

$$A = (E_s \dots E_2E_1)^{-1} = E_1^{-1}E_2^{-1}\dots E_s^{-1}$$

이다. E_i^{-1}들도 기본행렬이므로 (3)가 성립한다.

(3)가 성립한다고 하자. 위에서 $A = E_1^{-1}E_2^{-1}\dots E_s^{-1}$이고 E_i^{-1}들이 가역적이므로 그들의 곱 A도 가역적이다. 따라서 (1)이 성립한다. 나머지 증명은 각자 한다. ■

정리 3.9의 반대쪽 증명은 정리 3.14 (2)에 의하여 유일한 해를 가지면 I_n과 행동치이므로 가역적이 된다.

보기 3.19 정리 3.14를 이용하여 다음 행렬 A가 가역적임을 보여라.

$$A = \begin{bmatrix} 1 & 0 & -2 \\ 3 & 1 & -2 \\ -5 & -1 & 9 \end{bmatrix}$$

풀이 $A = \begin{bmatrix} 1 & 0 & -2 \\ 3 & 1 & -2 \\ -5 & -1 & 9 \end{bmatrix} \sim \begin{bmatrix} 1 & 0 & -2 \\ 0 & 1 & 4 \\ 0 & -1 & -1 \end{bmatrix} \sim \begin{bmatrix} 1 & 0 & -2 \\ 0 & 1 & 4 \\ 0 & 0 & 3 \end{bmatrix}$이므로 A는 3개의 선택 성분을 가지므로 가역적이다. ■

정리 3.15 $AB = I$라 하자. 그러면 $BA = I$이다. 그러므로 $B = A^{-1}$이다.

증명 A가 가역적이지 않다고 하자. A는 I와 행동치가 아니고 한 행이 모두 0인 행렬과 행동치가 될 것이다. 다른 말로 기본행렬 $E_1, E_2, \ldots, E_s$가 존재하여 $E_s \ldots E_2E_1A$가 한 행이 모두 0인 행렬이 될 것이다. 그러면 $AB = I$이므로 $E_s \ldots E_2E_1AB = E_s \ldots E_2E_1$이고 $E_s \ldots E_2E_1$는 가역적이고 한 행이 모두 0인 행렬이다. 이는 모순이 되므로 A는 가역적이다. 그러면

$$B = IB = (A^{-1}A)B = A^{-1}(AB) = A^{-1}I = A^{-1}, \quad BA = A^{-1}A = I$$

이다. ■

한 행렬이 역 행렬을 가짐을 보일 때 $AB = I$이든지 $BA = I$중 하나만 보여도 충분함을 의미한다.

유제 3.8 다음 행렬들을 기본 행 행렬의 곱으로 나타내어라.

$$(1)\ A = \begin{bmatrix} 1 & -3 \\ -2 & 4 \end{bmatrix} \qquad (2)\ B = \begin{bmatrix} 1 & 2 & 3 \\ 0 & 1 & 4 \\ 0 & 0 & 1 \end{bmatrix} \qquad (3)\ C = \begin{bmatrix} 1 & 1 & 2 \\ 2 & 3 & 8 \\ -3 & -1 & 2 \end{bmatrix}$$

풀이 (1) $A = \begin{bmatrix} 1 & -3 \\ -2 & 4 \end{bmatrix} \sim \begin{bmatrix} 1 & -3 \\ 0 & -2 \end{bmatrix} \sim \begin{bmatrix} 1 & -3 \\ 0 & 1 \end{bmatrix} \sim \begin{bmatrix} 1 & 0 \\ 0 & 1 \end{bmatrix} = \mathrm{I}$

여기서 쓰인 행 연산들은 R_2를 $2R_1 + R_2$로 바꾸기, R_2과 $-\frac{1}{2}R_2$를 교환, R_1를 $3R_2 + R_1$로 바꾸기이다. 이 연산들을 각각 기본행렬

E_1, E_2, E_3이라하면 $E_3E_2E_1A = \mathrm{I}$ 이다. 그러므로

$$A = E_1^{-1}E_2^{-1}E_3^{-1}E_3E_2E_1A = E_1^{-1}E_2^{-1}E_3^{-1}\mathrm{I} = E_1^{-1}E_2^{-1}E_3^{-1}$$

이므로 E_1^{-1}, E_2^{-1}, E_3^{-1} 을 구하여야 한다. 즉, R_2를 $-2R_1 + R_2$로 바꾸기, R_2과 $-2R_2$를 교환, R_1를 $-3R_2 + R_1$로 바꾸기이므로

$$E_1^{-1} = \begin{bmatrix} 1 & 0 \\ -2 & 1 \end{bmatrix},\ E_2^{-1} = \begin{bmatrix} 1 & 0 \\ 0 & -2 \end{bmatrix},\ E_3^{-1} = \begin{bmatrix} 1 & -3 \\ 0 & 1 \end{bmatrix}$$

이다. 따라서

$$A = \begin{bmatrix} 1 & 0 \\ -2 & 1 \end{bmatrix}\begin{bmatrix} 1 & 0 \\ 0 & -2 \end{bmatrix}\begin{bmatrix} 1 & -3 \\ 0 & 1 \end{bmatrix}$$

이다.

(2) $B = \begin{bmatrix} 1 & 2 & 3 \\ 0 & 1 & 4 \\ 0 & 0 & 1 \end{bmatrix} \sim \begin{bmatrix} 1 & 2 & 0 \\ 0 & 1 & 0 \\ 0 & 0 & 1 \end{bmatrix} \sim \begin{bmatrix} 1 & 0 & 0 \\ 0 & 1 & 0 \\ 0 & 0 & 1 \end{bmatrix} = \mathrm{I}$ 이므로 여기서 쓰인 행 연산들은 R_2를 $-4R_3 + R_2$로 바꾸기, R_1과 $-3R_3 + R_1$를 바꾸기, R_1를 $-2R_2 + R_1$로 바꾸기이다. 그러므로 역 연산을 생각하면

$$B = \begin{bmatrix} 1 & 0 & 0 \\ 0 & 1 & 4 \\ 0 & 0 & 1 \end{bmatrix}\begin{bmatrix} 1 & 0 & 3 \\ 0 & 1 & 0 \\ 0 & 0 & 1 \end{bmatrix}\begin{bmatrix} 1 & 2 & 0 \\ 0 & 1 & 0 \\ 0 & 0 & 1 \end{bmatrix}$$

이다.

(3) $C = \begin{bmatrix} 1 & 1 & 2 \\ 2 & 3 & 8 \\ -3 & -1 & 2 \end{bmatrix} \sim \begin{bmatrix} 1 & 1 & 2 \\ 0 & 1 & 4 \\ 0 & 2 & 8 \end{bmatrix} \sim \begin{bmatrix} 1 & 1 & 2 \\ 0 & 1 & 4 \\ 0 & 0 & 0 \end{bmatrix}$ 이므로 단위행렬로 바뀌지가 않으므로 기본 행 행렬의 곱으로 나타낼 수 없다. ■

행 동치도 또한 행렬의 곱으로 나타낼 수 있다.

정리 3.16 B가 A와 행 동치일 필요 충분 조건은 가역행렬 P가 존재하여 $B = PA$인 것이다. B가 A와 행 동치일 필요충분조건은 가역행렬 P가 존재하여 $B = PA$인 것이다.

증명 만약 $B \sim A$이면

$$B = e_s(\ldots(e_2(e_1(A)))\ldots) = E_s \ldots E_2E_1A = PA$$

이다. 여기서 $P = E_s \ldots E_2E_1$는 가역행렬이다. 반대로, $B = PA$, P는 가역행렬이라고 하자. P는 기본행렬들의 곱이므로 B는 A로부터 기본 연산들을 통하여 얻어진다. 즉, $B \sim A$ 이다. ■

여기서는 가우스-조던 소거법을 응용한 역행렬을 찾는 한 방법을 알아보자.

$n \times n$ 행렬의 역행렬 찾기

다음은 행렬의 역행렬을 찾는 알고리듬이다.

알고리듬: 입력은 행렬 A 이다. 출력은 행렬 A의 역행렬 또는 역행렬이 존재하진 않다는 메시지이다.

Step 1. $n \times 2n$ 행렬 $M = [A, I]$을 만든다.

Step 2. M 을 행 연산을 써서 사다리꼴 형태로 만든다. 만약 A의 한 행이 모두 0이 되면 STOP. A 는 역행렬이 없다.

Step 3. M 을 기약사다리꼴 행렬로 바꾸어

$$M \sim [I, B]$$

형태로 만든다.

Step 4. $A^{-1} = B$ 로 놓는다.

알고리듬의 증명

A 를 가역행렬이라 하자. 기본 행연산 $e_1, e_2, ..., e_q$들이 행렬 $M = [A, I]$에 작용하여 $[I, B]$ 형태로 바뀌었다고 하자. E_i들을 e_i에 대응하는 기본행렬이라 하자. 그러면 정리 3.13에 의해

$$E_q \ ... \ E_2 E_1 A = I \quad \text{또는} \quad (E_q \ ... \ E_2 E_1 I)A = I$$

그러므로 $A^{-1} = E_q \ ... \ E_2 E_1 I$ 이다. 즉, A^{-1}는 기본 행 연산 $e_1, e_2, ..., e_q$을 단위행렬에 적용함으로써 얻어질 수 있다. 그러므로 $B = A^{-1}$이 된다.

보기 3.20 행렬 $A = \begin{bmatrix} 1 & 0 & 2 \\ 2 & -1 & 3 \\ 4 & 1 & 8 \end{bmatrix}$ 의 역행렬을 찾아라.

$M = [A, I]$을 사다리꼴로 바꾸면

$$M = \begin{bmatrix} 1 & 0 & 2 & \vdots & 1 & 0 & 0 \\ 2 & -1 & 3 & \vdots & 0 & 1 & 0 \\ 4 & 1 & 8 & \vdots & 0 & 0 & 1 \end{bmatrix} \sim \begin{bmatrix} 1 & 0 & 2 & \vdots & 1 & 0 & 0 \\ 0 & -1 & -1 & \vdots & -2 & 1 & 0 \\ 0 & 1 & 0 & \vdots & -4 & 0 & 1 \end{bmatrix} \sim \begin{bmatrix} 1 & 0 & 2 & \vdots & 1 & 0 & 0 \\ 0 & -1 & -1 & \vdots & -2 & 1 & 0 \\ 0 & 0 & -1 & \vdots & -6 & 1 & 1 \end{bmatrix}$$

이 되어 M의 왼쪽부분이 삼각행렬형태를 이룬다. 그러므로 A 가 역행

렬을 가짐을 알 수 있다. 계속해서 기약사다리꼴 행렬로 바꾼다.

$$M=\left[\begin{array}{ccc:ccc}1&0&0&-11&2&2\\0&-1&0&4&0&-1\\0&0&1&6&-1&-1\end{array}\right]\sim\left[\begin{array}{ccc:ccc}1&0&0&-11&2&2\\0&1&0&-4&0&1\\0&0&1&6&-1&-1\end{array}\right]$$

그러므로

$$A^{-1}=\begin{bmatrix}-11&2&2\\-4&0&1\\6&-1&-1\end{bmatrix}$$

이다. ■

보기 3,20을 MATLAB에 구현했다. rref함수를 사용할 수 있다.

```
>> M=[1 0 2 1 0 0 ; 2 -1 3 0 1 0 ; 4 1 8 0 0 1]

M =

     1     0     2     1     0     0
     2    -1     3     0     1     0
     4     1     8     0     0     1

>> rref(M)

ans =

     1     0     0   -11     2     2
     0     1     0    -4     0     1
     0     0     1     6    -1    -1
```

유제 3.9 다음 행렬들의 역행렬을 구하라.

(1) $A=\begin{bmatrix}1&2&-4\\-1&-1&5\\2&7&-3\end{bmatrix}$ (2) $B=\begin{bmatrix}1&3&-4\\1&5&-1\\3&13&-6\end{bmatrix}$ (3) $C=\begin{bmatrix}0&1&0\\1&0&3\\4&-3&8\end{bmatrix}$

풀이 (1) $M=\left[\begin{array}{ccc|ccc}1&2&-4&1&0&0\\-1&-1&5&0&1&0\\2&7&-3&0&0&1\end{array}\right]\sim\left[\begin{array}{ccc|ccc}1&2&-4&1&0&0\\0&1&1&1&1&0\\0&3&5&-2&0&1\end{array}\right]$

$$\sim\left[\begin{array}{ccc|ccc}1&2&-4&1&0&0\\0&1&1&1&1&0\\0&0&2&-5&-3&1\end{array}\right]\sim\left[\begin{array}{ccc|ccc}1&2&-4&1&0&0\\0&1&1&1&1&0\\0&0&1&-\frac{5}{2}&-\frac{3}{2}&\frac{1}{2}\end{array}\right]$$

$$\sim \left[\begin{array}{ccc|ccc} 1&2&0&-9&-6&2 \\ 0&1&0&\frac{7}{2}&\frac{5}{2}&-\frac{1}{2} \\ 0&0&1&-\frac{5}{2}&-\frac{3}{2}&\frac{1}{2} \end{array}\right] \sim \left[\begin{array}{ccc|ccc} 1&0&0&-16&-11&3 \\ 0&1&0&\frac{7}{2}&\frac{5}{2}&-\frac{1}{2} \\ 0&0&1&-\frac{5}{2}&-\frac{3}{2}&\frac{1}{2} \end{array}\right]$$

그러므로 $A^{-1} = \begin{bmatrix} -16 & -11 & 3 \\ \frac{7}{2} & \frac{5}{2} & -\frac{1}{2} \\ -\frac{5}{2} & -\frac{3}{2} & \frac{1}{2} \end{bmatrix}$

(2)

$$M = \left[\begin{array}{ccc|ccc} 1&3&-4&1&0&0 \\ 1&5&-1&0&1&0 \\ 3&13&-6&0&0&1 \end{array}\right] \sim \left[\begin{array}{ccc|ccc} 1&3&-4&1&0&0 \\ 0&2&3&-1&1&0 \\ 0&4&6&-3&0&1 \end{array}\right] \sim \left[\begin{array}{ccc|ccc} 1&3&-4&1&0&0 \\ 0&2&3&-1&1&0 \\ 0&0&0&-1&-2&1 \end{array}\right]$$

이므로 역행렬이 존재하지 않는다.

(3) $M = [A, I] = \begin{bmatrix} 0&1&0&1&0&0 \\ 1&0&3&0&1&0 \\ 4&-3&8&0&0&1 \end{bmatrix} \sim \begin{bmatrix} 1&0&3&0&1&0 \\ 0&1&0&1&0&0 \\ 4&-3&8&0&0&1 \end{bmatrix}$

$$\sim \begin{bmatrix} 1&0&3&0&1&0 \\ 0&1&0&1&0&0 \\ 0&-3&-4&0&-4&1 \end{bmatrix} \sim \begin{bmatrix} 1&0&3&0&1&0 \\ 0&1&0&1&0&0 \\ 0&0&-4&3&-4&1 \end{bmatrix}$$

$$\sim \begin{bmatrix} 1&0&3&0&1&0 \\ 0&1&0&1&0&0 \\ 0&0&1&-3/4&1&-1/4 \end{bmatrix} \sim \begin{bmatrix} 1&0&0&9/4&-2&3/4 \\ 0&1&0&1&0&0 \\ 0&0&1&-3/4&1&-1/4 \end{bmatrix}$$

이므로 $A^{-1} = \begin{bmatrix} 9/4 & -2 & 3/4 \\ 1 & 0 & 0 \\ -3/4 & 1 & -1/4 \end{bmatrix}$ 이다. ■

유제 3.10 모든 기본 행 행렬은 가역적이고 또한 그 역도 기본 행 행렬임을 증명하라.

증명 E를 기본 연산 e에 대응하는 기본행렬이라 하자. 즉, $e(I) = E$. e'을 e의 역연산이라 하고 E'를 그에 대응하는 기본행렬이라 하자. 즉, $e'(I) = E'$. 그러면 정리 3.13에 의해

$$I = e'(e(I)) = e'(E) = E'E \text{ 이고 } I = e(e'(I)) = e(E') = EE'$$

이므로 E'는 E의 역행렬이다. ■

3.4 LU 분해(LU Decomposition)

행렬 A가 사다리꼴 행렬 U로 교체 행 기본연산 즉, 한 행의 실수배를 그 행의 밑에 있는 다른 행에 더하여 그 행을 교체하는 기본연산만 사용하여 유도될 수 있을 때를 고려하자. 여기서 중요한 것은 다른 행 기본연산은 사용하지 못한다는 것이다. 이 과정에서 하삼각행렬 $E_1, \ldots, E_p$가 존재하여 다음을 만족한다.

$$E_p \cdots E_1 A = U$$

그러면

$$A = (E_p \cdots E_1)^{-1} U = LU$$

이고 여기서 $L = (E_p \cdots E_1)^{-1}$이다.

하삼각행렬들의 역행렬들은 모두 하삼각행렬임을 쉽게 알 수 있다. 그러므로 L은 하삼각행렬이다.

예를 들면, 행렬

$$A = \begin{bmatrix} a_{11} & a_{12} & a_{13} \\ a_{21} & a_{22} & a_{23} \\ a_{31} & a_{32} & a_{33} \end{bmatrix}$$

가 가역행렬이라 하자. $m_{21} = \dfrac{a_{21}}{a_{11}}$이라 하고 R_2를 $R_2 - m_{21}R_1$로 바꾸고

$m_{31} = \dfrac{a_{31}}{a_{11}}$라 하고 R_3를 $R_3 - m_{31}R_1$로 바꾸면

$$A \sim \begin{bmatrix} a_{11} & a_{12} & a_{13} \\ 0 & a'_{22} & a'_{23} \\ 0 & a'_{32} & a'_{33} \end{bmatrix}$$

이 된다. 다시 $m_{32} = \dfrac{a'_{32}}{a'_{22}}$이라 하고 R_3를 $R_3 - m_{32}R_2$로 바꾸면

$$A \sim \begin{bmatrix} a_{11} & a_{12} & a_{13} \\ 0 & a'_{22} & a'_{23} \\ 0 & 0 & a''_{33} \end{bmatrix}$$

이 된다. 여기서 $a'_{22} = a_{22} - a_{12}\dfrac{a_{21}}{a_{11}}$, $a'_{23} = a_{23} - a_{13}\dfrac{a_{21}}{a_{11}}$,

$a'_{32} = a_{32} - a_{12}\dfrac{a_{31}}{a_{11}}$, $a'_{33} = a_{33} - a_{13}\dfrac{a_{31}}{a_{11}}$

이고 $a''_{33} = a'_{33} - a'_{23}\dfrac{a'_{32}}{a'_{22}}$ 이다. 이제 $U = \begin{bmatrix} a_{11} & a_{12} & a_{13} \\ 0 & a'_{22} & a'_{23} \\ 0 & 0 & a''_{33} \end{bmatrix}$ 이고 $L = \begin{bmatrix} 1 & 0 & 0 \\ m_{21} & 1 & 0 \\ m_{31} & m_{32} & 1 \end{bmatrix}$ 라고 하자. 그러면 $A = LU$ 이다. 사실 L 의 각 열들은

$$\begin{bmatrix} 1 \\ m_{21} \\ m_{31} \end{bmatrix} = \frac{1}{a_{11}}\begin{bmatrix} a_{11} \\ a_{21} \\ a_{31} \end{bmatrix},\ \begin{bmatrix} 0 \\ 1 \\ m_{32} \end{bmatrix} = \frac{1}{a'_{22}}\begin{bmatrix} 0 \\ a'_{22} \\ a'_{32} \end{bmatrix},\ \begin{bmatrix} 0 \\ 0 \\ 1 \end{bmatrix} = \frac{1}{a''_{33}}\begin{bmatrix} 0 \\ 0 \\ a''_{33} \end{bmatrix}$$

이다.

보기 3.21 (1) $A = \begin{bmatrix} 1 & 2 & -3 \\ -3 & -4 & 13 \\ 2 & 1 & -5 \end{bmatrix}$ 라고 하자. A 의 LU 분해를 구하라.

(2) $B = \begin{bmatrix} 2 & 4 & -1 & 5 & -2 \\ -4 & -5 & 3 & -8 & 1 \\ 2 & -5 & -4 & 1 & 8 \\ -6 & 0 & 7 & -3 & 1 \end{bmatrix}$ 라고 하자. B 의 LU 분해를 구하라.

풀이 $A = \begin{bmatrix} 1 & 2 & -3 \\ -3 & -4 & 13 \\ 2 & 1 & -5 \end{bmatrix} \sim \begin{bmatrix} 1 & 2 & -3 \\ 0 & 2 & 4 \\ 0 & -3 & 1 \end{bmatrix}$

$(R_2 \leftarrow R_2 - m_{21}R_1,\ m_{21} = -3/1\,;R_3 \leftarrow R_3 - m_{31}R_1,\ m_{31} = 2/1\ )$

$\sim \begin{bmatrix} 1 & 2 & -3 \\ 0 & 2 & 4 \\ 0 & 0 & 7 \end{bmatrix} (R_3 \leftarrow R_3 - m_{32}R_3,\ m_{32} = -3/2)$

이고
$$\begin{bmatrix} 1 \\ -3 \\ 2 \end{bmatrix} \begin{bmatrix} 2 \\ -3 \end{bmatrix} [7]$$
$$\div 1 \quad \div 2 \div 7$$

이므로 $L = \begin{bmatrix} 1 & 0 & 0 \\ -3 & 1 & 0 \\ 2 & -\frac{3}{2} & 1 \end{bmatrix}$ 이고 $U = \begin{bmatrix} 1 & 2 & -3 \\ 0 & 2 & 4 \\ 0 & 0 & 7 \end{bmatrix}$

이다.

(2) B는 행이 4개이므로 L은 4×4이다.

$$B = \begin{bmatrix} 2 & 4 & -1 & 5 & -2 \\ -4 & -5 & 3 & -8 & 1 \\ 2 & -5 & -4 & 1 & 8 \\ -6 & 0 & 7 & -3 & 1 \end{bmatrix} \sim \begin{bmatrix} 2 & 4 & -1 & 5 & -2 \\ 0 & 3 & 1 & 2 & -3 \\ 0 & -9 & -3 & -4 & 10 \\ 0 & 12 & 4 & 12 & -5 \end{bmatrix}$$

$$\sim\begin{bmatrix}2&4&-1&5&-2\\0&3&1&2&-3\\0&0&0&2&1\\0&0&0&4&7\end{bmatrix}\sim\begin{bmatrix}2&4&-1&5&-2\\0&3&1&2&-3\\0&0&0&2&1\\0&0&0&0&5\end{bmatrix}=U$$

$$\begin{bmatrix}2\\-4\\2\\-6\end{bmatrix}\begin{bmatrix}3\\-9\\12\end{bmatrix}\begin{bmatrix}2\\4\end{bmatrix}[5]$$

$$\div 2 \quad \div 3 \div 2 \div 5$$

$$\begin{bmatrix}1&&&\\-2&1&&\\1&-3&1&\\-3&4&2&1\end{bmatrix},\quad L=\begin{bmatrix}1&0&0&0\\-2&1&0&0\\1&-3&1&0\\-3&4&2&1\end{bmatrix}$$

이고, 구한 L과 U는 $LU=A$를 만족한다. ■

선형 연립방정식에의 응용

보기 3.22 $\begin{bmatrix}1&2&-3\\-3&-4&13\\2&1&-5\end{bmatrix}\begin{bmatrix}x_1\\x_2\\x_3\end{bmatrix}=\begin{bmatrix}1\\-2\\3\end{bmatrix}$를 풀어라.

풀이 $A=LU=\begin{bmatrix}1&0&0\\-3&1&0\\2&-\dfrac{3}{2}&1\end{bmatrix}\begin{bmatrix}1&2&-3\\0&2&4\\0&0&7\end{bmatrix}$이므로

$\begin{bmatrix}1&0&0\\-3&1&0\\2&-\dfrac{3}{2}&1\end{bmatrix}\begin{bmatrix}1&2&-3\\0&2&4\\0&0&7\end{bmatrix}\begin{bmatrix}x_1\\x_2\\x_3\end{bmatrix}=\begin{bmatrix}1\\-2\\3\end{bmatrix}$이다.

먼저, $\begin{bmatrix}1&0&0\\-3&1&0\\2&-\dfrac{3}{2}&1\end{bmatrix}\begin{bmatrix}u_1\\u_2\\u_3\end{bmatrix}=\begin{bmatrix}1\\-2\\3\end{bmatrix}$이 되는 $[u_1,u_2,u_3]$를 구하자.

$u_1=1$이고 $-3u_1+u_2=-2$이므로 $u_2=1$이다.

$2u_1-\dfrac{3}{2}u_2+u_3=3$이므로 $u_3=5/2$이다.

$$\begin{bmatrix}1&2&-3\\0&2&4\\0&0&7\end{bmatrix}\begin{bmatrix}x_1\\x_2\\x_3\end{bmatrix}=\begin{bmatrix}u_1\\u_2\\u_3\end{bmatrix}=\begin{bmatrix}1\\1\\5/2\end{bmatrix}$$

이다. $7x_3=5/2$이므로 $x_3=5/14$이다. $2x_2+4x_3=1$이므로 $x_2=-3/14$이다. $x_1+2x_2-3x_3=1$이므로 $x_1=35/14$이다.

즉, $x = [35/14, -3/14, 5/14]$ 이다. ■

유제 3.11 다음 행렬들의 LU 분해를 찾아라.

$$(1)\ A = \begin{bmatrix} 1 & -3 & 5 \\ 1 & -4 & 7 \\ -1 & -2 & 1 \end{bmatrix} \qquad (2)\ B = \begin{bmatrix} 1 & 4 & -3 \\ 2 & 8 & 1 \\ -5 & -9 & 7 \end{bmatrix}$$

풀이 (1) $A = \begin{bmatrix} 1 & -3 & 5 \\ 1 & -4 & 7 \\ -1 & -2 & 1 \end{bmatrix} \sim \begin{bmatrix} 1 & -3 & 5 \\ 0 & -1 & 2 \\ 0 & 0 & -4 \end{bmatrix} = U,\ L = \begin{bmatrix} 1 & 0 & 0 \\ 1 & 1 & 0 \\ -1 & 5 & 1 \end{bmatrix}$

(2) $B = \begin{bmatrix} 1 & 4 & -3 \\ 2 & 8 & 1 \\ -5 & -9 & 7 \end{bmatrix} \sim \begin{bmatrix} 1 & 4 & -3 \\ 0 & 0 & 7 \\ 0 & 11 & -8 \end{bmatrix}$ 이 되어 둘째 행과 셋째 행을 바꾸어야만 삼각형 형태가 된다. 그러므로 이 행렬은 LU 분해를 갖지 않는다. ■

유제 3.11 (1)번을 MATLAB의 [L, U]=lu()명령을 사용하면 다음과 같다.

```
>> A=[1 -3 5; 1 -4 7 ; -1 -2 1]

A =

     1    -3     5
     1    -4     7
    -1    -2     1

>> [L, U]=lu(A)

L =

    1.0000         0         0
    1.0000    0.2000    1.0000
   -1.0000    1.0000         0


U =

    1.0000   -3.0000    5.0000
         0   -5.0000    6.0000
         0         0    0.8000
```

위의 정답과 다른 모양이다. 하지만 이것도 행렬 A 의 LU분해이다. $A = LU$를 계산하여 확인해보아라.

```
>> [L, U]=lu(sym(A))

L =

[  1, 0, 0]
[  1, 1, 0]
[ -1, 5, 1]


U =

[ 1, -3,  5]
[ 0, -1,  2]
[ 0,  0, -4]
```

symbolic 방법을 사용한 [L, U]=lu(sym())명령을 사용하면 위의 정답과 같은 결론을 얻을 수 있다. 이는 LU분해를 구현하는 알고리듬의 차이에서 오는 것이다.

유제 3.11 (2)번을 MATLAB의 [L, U]=lu()명령을 사용하면 다음과 같다. 행렬 L이 하삼각행렬이 아님을 알 수 있다. 따라서 행렬 B는 LU분해가 불가능하다.

```
>> B=[1 4 -3 ; 2 8 1 ; -5 -9 7]

B =

     1     4    -3
     2     8     1
    -5    -9     7

>> [L, U]=lu(B)

L =

   -0.2000    0.5000    1.0000
   -0.4000    1.0000         0
    1.0000         0         0


U =

   -5.0000   -9.0000    7.0000
         0    4.4000    3.8000
         0         0   -3.5000
```

3장 연습문제

1. 방정식 $5x+\pi y+ez=\log 5$는 선형방정식인가?

2. $u=(8,\ 1,\ 2)$는 방정식 $x+2y-3z=4$의 해인가?

3. 방정식 $0x_1+0x_2+\cdots+0x_n=b$에 대하여 다음을 증명하라.

(1) $b\neq 0$이면 이 방정식은 해를 갖지 않는다.

(2) $b=0$이면 이 방정식은 해를 갖는다.

4. 방정식 $4x=-12$를 풀어라.

5. 방정식 $2x-5-x=x+5$를 풀어라.

6. 다음 연립방정식을 풀어라.

(1) $\begin{cases} x-2y=5 \\ -3x+6y=-15 \end{cases}$ (2) $\begin{cases} x-2y=5 \\ -3x+6y=-10 \end{cases}$

7. 방정식 $4y-7z=6$의 해를 구하라.

8. 다음을 풀어라.

(1) $\begin{cases} x-2y+3z=2 \\ 2x-3y+8z=7 \\ 3x-4y+13z=8 \end{cases}$ (2) $\begin{cases} x+2y+3z=3 \\ 2x+3y+8z=4 \\ 5x+8y+19z=11 \end{cases}$

9. 다음 행렬들을 사다리꼴 형태와 기약사다리꼴로 바꾸어라.

(1) $A=\begin{bmatrix} 1 & 2 & 1 & 2 & 1 & 2 \\ 2 & 4 & 3 & 5 & 5 & 7 \\ 3 & 6 & 4 & 9 & 10 & 11 \\ 1 & 2 & 4 & 3 & 6 & 9 \end{bmatrix}$ (2) $B=\begin{bmatrix} 1 & 2 & -1 & 2 & 1 \\ 2 & 4 & 1 & -2 & 5 \\ 3 & 6 & 3 & -7 & 7 \end{bmatrix}$

10. 다음 행렬들을 기본 행 행렬의 곱으로 나타내어라.

(1) $A=\begin{bmatrix} 1 & 2 \\ 3 & 4 \end{bmatrix}$ (2) $B=\begin{bmatrix} 1 & 2 & 0 \\ 0 & 1 & 3 \\ 3 & 8 & 7 \end{bmatrix}$

11. 다음 행렬들의 역행렬을 구하라.

(1) $A = \begin{bmatrix} 1 & 2 & 3 \\ 2 & 6 & 1 \\ 3 & 10 & -1 \end{bmatrix}$ (2) $B = \begin{bmatrix} 2 & 1 & -1 \\ 5 & 2 & -3 \\ 0 & 2 & 1 \end{bmatrix}$

12. 다음 행렬들의 LU 분해를 찾아라.

(1) $A = \begin{bmatrix} 1 & -1 & -1 \\ 3 & -4 & -2 \\ 2 & -3 & -2 \end{bmatrix}$ (2) $B = \begin{bmatrix} 1 & 3 & -1 \\ 2 & 5 & 1 \\ 3 & 4 & 2 \end{bmatrix}$

(3) $C = \begin{bmatrix} 2 & 3 & 6 \\ 4 & 7 & 9 \\ 3 & 5 & 4 \end{bmatrix}$

13. 정리 3.14의 증명을 완성하라.

14. 다음 연립방정식에서 자유변수를 정하라.

$$\begin{aligned} x + 2y - 3z &= 2 \\ 2x - 3y + \ \ z &= 1 \\ 5x - 4y - \ \ z &= 4 \end{aligned}$$

15. 다음 연립방정식의 일반해를 다음과 같은 형태로 각각 나타내어라.

(1) 자유변수형태 (2) 매개변수형태

$$\begin{aligned} 2x - 3y + 6z + 2s - 5t &= 3 \\ y - 4z + \ \ s \qquad &= 1 \\ s - 3t &= 2 \end{aligned}$$

4장

벡터 공간

이 장에서는 벡터들의 집합인 벡터 공간을 추상적 또는 일반적인 개념으로 접근할 것이다. 앞에서 배운 것이 중복되어 나타나지만 일반적 개념으로 정의됨을 조심하자. 벡터 공간은 벡터들의 집합이고 그 집합 위에 덧셈과 스칼라 곱을 정의한 것이다. 이 장에서는 선형 대수학의 기본 대상이 되는 이러한 유한차원의 벡터 공간을 공부한다. 그리고 벡터 공간 사이의 함수에 대해 공부하고 그 함수를 나타내는 방법과 연관된 개념을 공부한다.

4.1 벡터 공간(Vector Space)

공리 4.1 V를 다음 두 가지의 연산을 가진 공집합이 아닌 집합이라 하자:

(1) 벡터 덧셈 : 임의의 벡터 $u, v \in V$에 대하여 그 합 $u+v \in V$로 정의한다.

(2) 스칼라 곱셈 : 임의의 $u \in V$, $k \in \mathbb{R}$에 대하여 그 곱 $ku \in V$로 정의한다.

그러면 임의의 $u, v, w \in V$에 대하여 다음의 공리들을 만족하면 V를 $\mathbb{R}$ 위의 벡터 공간이라 한다.

[A_1] $$(u+v)+w = u+(v+w)$$

[A_2] V 안에 $\mathbf{0}$이라고 쓰고 영 벡터라고 하는 벡터가 존재하여 임의의 벡터 $u \in V$에 대하여 다음을 만족한다.

$$u+\mathbf{0} = \mathbf{0}+u = u$$

[A_3] 임의의 벡터 $u \in V$에 대하여 $-u$라고 쓰고 u의 음(negative)라고 하는 벡터가 존재하여 다음을 만족한다.

$$u+(-u) = (-u)+u = \mathbf{0}$$

[A_4] $u+v = v+u$.

[M_1] 임의의 스칼라 $k \in \mathbb{R}$에 대하여 $k(u+v) = ku+kv$이다.

[M_2] 임의의 스칼라 $a, b \in \mathbb{R}$에 대하여 $(a+b)u = au+bu$이다.

[M_3] 임의의 스칼라 $a, b \in \mathbb{R}$에 대하여 $(ab)u = a(bu)$이다.

[M_4] 단위 스칼라 $1 \in \mathbb{R}$에 대하여 $1u = u$이다.

위의 공리들의 처음 네 개 [A_1]~[A_4]는 모두 덧셈에 관한 것이고, 간단히 덧셈에 대하여 가환군(commutative group under addition)을 이룬다고 한다. 이 말은

(a) 임의의 유한개의 합 $v_1+v_2+\cdots+v_m$은 괄호가 필요 없고 그 결과가 덧셈의 순서에 영향을 받지 않음을 뜻한다.

(b) 영 벡터 $\mathbf{0}$는 유일하고 벡터 u의 음인 $-u$도 유일하다.

(c) (소거 법칙, Cancellation Law) 만약 $u+w=v+w$이면 $u=v$이다.
(공리 $[\mathrm{A}_1]$, $[\mathrm{A}_2]$, $[\mathrm{A}_3]$를 이용하여 증명해 보아라.)

또한 V 위에 뺄셈도 $u-v=u+(-v)$로 정의된다.

정리 4.1 V를 체 $\mathbb{R}$위의 벡터 공간이라 하자.

(1) 임의의 스칼라 $k\in\mathbb{R}$와 $\mathbf{0}\in V$에 대하여 $k\mathbf{0}=\mathbf{0}$이다.

(2) $0\in\mathbb{R}$와 임의의 벡터 $u\in V$에 대하여 $0u=\mathbf{0}$이다.

(3) 만약 $k\in\mathbb{R}$, $u\in V$에 대하여 $ku=\mathbf{0}$이면 $k=0$ 또는 $u=\mathbf{0}$이다.

(4) 임의의 $k\in\mathbb{R}$와 $u\in V$에 대하여 $(-k)u=k(-u)=-ku$이다.

증명 (1) 공리 $[A_2]$에 의하여 $u=\mathbf{0}$이면 $\mathbf{0}+\mathbf{0}=\mathbf{0}$이다. 그러므로 공리 $[M_1]$에 의하여 $k\mathbf{0}=k(\mathbf{0}+\mathbf{0})=k\mathbf{0}+k\mathbf{0} \Rightarrow k\mathbf{0}=\mathbf{0}$ 이다.

(2) $0+0=0$이다. 그러므로 공리 $[M_2]$에 의하여
$0u=(0+0)u=0u+0u$이다. 양변에 $-0u$를 더하면 $0u=0$이다.

(3) $ku=\mathbf{0}$이고 $k\neq 0$이라 하자. 그러면 k의 역원, k^{-1}이 존재하여 $k^{-1}k=1$이 된다. 그러므로 $u=1u=(k^{-1}k)u=k^{-1}(ku)=k^{-1}\mathbf{0}=\mathbf{0}$이다.

(4) $u+(-u)=\mathbf{0}$이고 $k+(-k)=0$이므로
$\mathbf{0}=k\mathbf{0}=k[u+(-u)]=ku+k(-u)$이고
$\mathbf{0}=0u=[k+(-k)]u=ku+(-k)u$이다. $-ku$를 양변에 더하면
$-ku=k(-u)$이고 $-ku=(-k)u$이다. 따라서 $(-k)u=k(-u)=-ku$이다. ■

벡터 공간 $\mathbb{R}^n$

보통 $\mathbb{R}^n$은 $\mathbb{R}$의 원소들로 만들어진 $n-$순서쌍들의 집합을 나타낸다. 여기서 $\mathbb{R}^n$은 다음의 연산들을 사용하는 $\mathbb{R}$위의 벡터 공간이다.

(i) 벡터 합:

$$(a_1, a_2, \ldots, a_n)+(b_1, b_2, \ldots, b_n)=(a_1+b_1, a_2+b_2, \ldots, a_n+b_n)$$

(ii) 스칼라 곱:

$$k(a_1, a_2, \ldots, a_n) = (ka_1, ka_2, \ldots, ka_n)$$

$\mathbb{R}^n$의 영 벡터는 **0**의 $n-$순서쌍이다.

$$\mathbf{0} = (0, 0, \ldots, 0)$$

이고 한 벡터의 음(negative)은

$$-(a_1, a_2, \ldots, a_n) = (-a_1, -a_2, \ldots, -a_n)$$

이다.

다항식 공간 P(t)

다음과 같은 형태의 모든 다항식의 집합을 P(t)라고 나타낸다.

$$p(t) = a_0 + a_1 t + a_2 t^2 + \cdots + a_s t^s \qquad (s = 1, 2, \ldots)$$

여기서 계수들 a_i는 실수이다. 그러면 P(t)는 다음 연산을 쓰는 $\mathbb{R}$ 위의 벡터 공간이다.

(i) 벡터 합: $p(t) + q(t)$은 일반적인 다항식의 합 연산이다.

(ii) 스칼라 곱: $kp(t)$은 일반적인 다항식과 스칼라 k의 곱 연산이다. 영 다항식이 P(t)의 영 벡터이다.

다항식 공간 $\mathrm{P_n}(t)$

$\mathrm{P_n}(t)$를 체 $\mathbb{R}$위의 모든 다항식의 집합이라 하자. 여기서 P(t)의 차수는 n보다 작거나 같다, 즉,

$$p(t) = a_0 + a_1 t + a_2 t^2 + \cdots + a_s t^s$$

$s \le n$이다. 그러면 $\mathrm{P_n}(t)$는 일반적인 다항식 덧셈과 상수에 의한 곱셈을 갖는 체 $\mathbb{R}$ 위의 벡터 공간이다. 차수가 사실 정의되지 않는 **0** 다항식을 $\mathrm{P_n}(t)$에 포함시킨다.

행렬 공간 $\mathrm{M_{m,n}}$

$\mathrm{M_{m,n}}$ 또는 M은 체 $\mathbb{R}$의 원소를 성분으로 갖는 모든 $m \times n$ 행렬의 집합을 나타낸다. $\mathrm{M_{m,n}}$은 행렬 덧셈과 스칼라 곱셈을 갖는 $\mathbb{R}$위의 벡터 공간이다.

함수 공간 $F(X)$

X를 공집합이 아닌 집합이라 하자. $F(X)$를 X로부터 $\mathbb{R}$로 가는 모든 함수들의 집합이라 하자. X를 공집합이 아니기 때문에 $F(X)$도 공집합이 아니다. $F(X)$는 다음의 연산을 갖는 $\mathbb{R}$위의 벡터 공간이다:

(i) 벡터 합 : 두 함수 f와 g의 $F(X)$안에서의 합, $f+g$은 다음과 같이 정의한다.

$$\text{모든 } x \in X\text{에 대하여} \quad (f+g)(x) = f(x) + g(x)$$

(ii) 스칼라 곱 : 상수 $k \in \mathbb{R}$와 $F(X)$의 함수 f의 곱, kf는 다음과 같이 정의한다.

$$\text{모든 } x \in X\text{에 대하여} \quad (kf)(x) = kf(x)$$

$F(X)$안의 영 벡터는 영 함수 **0**이다. 이 함수는 모든 $x \in X$를 $0 \in \mathbb{K}$로 대응시키는 함수이다. 즉,

$$\text{모든 } x \in X\text{에 대하여} \quad \mathbf{0}(x) = 0$$

또한 $F(X)$안의 모든 함수 f에 대해서 $-f$를 다음과 같이 정의한다.

$$\text{모든 } x \in X\text{에 대하여} \quad (-f)(x) = -f(x)$$

이 함수를 함수 f의 음(negative)이라 한다.

정의 4.2 V를 체 $\mathbb{R}$위의 벡터 공간이라 하고 W를 V의 부분집합이라 하자. W가 체 $\mathbb{R}$위에서 V의 벡터 덧셈과 스칼라 곱셈에 대하여 스스로 벡터 공간일 때 W를 V의 **부분공간**(subspace)이라 한다.

정리 4.2 W를 V의 부분집합이라 하자. W가 V의 부분공간이기 위해서는 다음 두 조건만 만족하면 된다.

(1) W는 영벡터 **0**을 포함한다.

(2) 임의의 벡터 $u, v \in W$와 스칼라 $k \in \mathbb{R}$에 대하여 $u+v \in W$, $ku \in W$이다.

증명 (1)에 의하여 W는 공집합이 아니다. (2)에 의하여 벡터 덧셈과 스칼라 곱은 W에서 잘 정의 되어 있다. W가 V의 부분집합이므로 공리 $[A_1]$, $[A_4]$, $[M_1]$, $[M_2]$, $[M_3]$, $[M_4]$는 W에서 성립한다. W는 V의 영벡터 **0**을 포함하므로 $[A_2]$도 성립한다. $v \in W$이면 $(-1)v = -v \in W$이고 $v + (-v) = 0$이므로 $[A_3]$도 성립한다. ■

위의 조건 (2)는 다음과 같은 조건 (2')과 동치이다.

(2') 임의의 벡터 $u, v \in W$와 스칼라 $a, b \in \mathbb{R}$에 대하여 $au + bv \in W$ 이다.

언급 ‖ V를 벡터 공간이라 할 때 V는 영벡터 하나로 이루어진 $\{0\}$ 부분 공간과 V 자신을 부분공간으로 갖는다. 이러한 부분공간을 자명한 부분공간(trivial subspaces)라고 한다.

유제 4.1 $V = \mathrm{P}(t)$는 실가 다항식의 벡터 공간이다. 다음의 W가 V의 부분공간이 되는지 판별하시오. 그리고 그 이유를 쓰시오.

(1) W는 정수 계수를 갖는 모든 다항식의 집합.

(2) W는 6 이상의 지수를 갖는 모든 다항식의 집합과 영다항식의 합집합.

(3) W는 짝수 지수만을 갖는 모든 다항식의 집합.

풀이 (1) 거짓. 스칼라 곱에 대하여 닫혀있지 않다.

(2), (3) 참. W는 0다항식을 포함하고 덧셈과 스칼라 곱에 대하여 닫혀 있다. ■

선형결합과 확장 집합

V를 체 $\mathbb{R}$위의 벡터 공간이라 하자. 적당한 스칼라 $a_1, a_2, \ldots, a_m$이 존재하여

$$v = a_1u_1 + a_2u_2 + \cdots + a_mu_m$$

일 때 한 벡터 $v \in V$가 벡터들 $u_1, u_2, \ldots, u_m \in V$의 선형결합이라고 한다. 다른 말로 하면 미지수인 스칼라 $x_1, x_2, \ldots, x_m \in \mathbb{R}$에 대하여

$$v = x_1u_1 + x_2u_2 + \cdots + x_mu_m$$

의 해가 존재하면 한 벡터 $v \in V$가 벡터들 $u_1, u_2, \ldots, u_m \in V$의 **선형결합**이라고 한다.

보기 4.1 $\mathbb{R}^3$안의 벡터 $v = (3, 7, -4)$를 다음 벡터들의 선형결합으로 나타내보자.

$$u_1 = (1, 2, 3), \quad u_2 = (2, 3, 7), \ u_3 = (3, 5, 6)$$

$v = x_1u_1 + x_2u_2 + x_3u_3$을 만족하는 스칼라 x_1, x_2, x_3를 구하여야 한다.

$$x_1\begin{bmatrix}1\\2\\3\end{bmatrix}+x_2\begin{bmatrix}2\\3\\7\end{bmatrix}+x_3\begin{bmatrix}3\\5\\6\end{bmatrix}=\begin{bmatrix}1&2&3\\2&3&5\\3&7&6\end{bmatrix}\begin{bmatrix}x_1\\x_2\\x_3\end{bmatrix}=\begin{bmatrix}3\\7\\-4\end{bmatrix}$$

이제 사다리꼴 형태로 바꾸면

$$\begin{bmatrix}1&2&3&3\\2&3&5&7\\3&7&6&-4\end{bmatrix}\sim\begin{bmatrix}1&2&3&3\\0&-1&-1&1\\0&1&-3&-13\end{bmatrix}\sim\begin{bmatrix}1&2&3&3\\0&-1&-1&1\\0&0&-4&-12\end{bmatrix}$$

후방대입법을 사용하면 $x_1=2,\ x_2=-4,\ x_3=3$을 얻고

$v=2u_1-4u_2+3u_3$이다. ■

언급 ‖ "$\mathbb{R}^n$의 한 벡터 v가 $\mathbb{R}^n$의 벡터 $u_1, u_2, \dots, u_m$의 선형결합으로 나타내어지는가?"라는 문제는 u_i들이 계수 행렬 A의 열벡터이고 v가 행렬 b의 열일 때의 선형 일차 방정식 $Ax=b$의 해를 찾는 것과 동치이다.

$$Ax=b \Leftrightarrow [u_1\ u_2\ \cdots\ u_n]x=[v]$$

유제 4.2 $\mathbb{R}^3$ 안의 벡터 $v=(1,-2,5)$를 다음 벡터들의 선형결합으로 나타내어라.

$u_1=(1,1,1),\quad u_2=(1,2,3),\ u_3=(2,-1,1)$

풀이 $v=xu_1+yu_2+zu_3$을 만족하는 스칼라 x, y, z를 구하여야 한다.

$$x\begin{bmatrix}1\\1\\1\end{bmatrix}+y\begin{bmatrix}1\\2\\3\end{bmatrix}+z\begin{bmatrix}2\\-1\\1\end{bmatrix}=\begin{bmatrix}1&1&2\\1&2&-1\\1&3&1\end{bmatrix}\begin{bmatrix}x\\y\\z\end{bmatrix}=\begin{bmatrix}1\\-2\\5\end{bmatrix}$$

이제 사다리꼴 형태로 바꾸면

$$\begin{bmatrix}1&1&2&1\\1&2&-1&-2\\1&3&1&5\end{bmatrix}\sim\begin{bmatrix}1&1&2&1\\0&1&-3&-3\\0&2&-1&4\end{bmatrix}\sim\begin{bmatrix}1&1&2&1\\0&1&-3&-3\\0&0&5&10\end{bmatrix}$$

후방대입법을 사용하면 $x=-6,\ y=3,\ z=2$을 얻고 $v=-6u_1+3u_2+2u_3$ 이다. ■

보기 4.2 (P (t)안의 선형결합) 다항식 $v=3t^2+5t-5$를 다음 다항식의 선형결합으로 나타내고자 한다.

$$p_1=t^2+2t+1,\qquad p_2=2t^2+5t+4,\qquad p_3=t^2+3t+6$$

$v=xp_1+yp_2+zp_3$를 만족하는 x, y, z를 찾아보자. 즉,

$$3t^2+5t-5=x(t^2+2t+1)+y(2t^2+5t+4)+z(t^2+3t+6) \qquad (*)$$

오른쪽 항을 정리하여

$$3t^2+5t-5=(x+2y+z)t^2+(2x+5y+3z)t+(x+4y+6z)$$

계수 비교를 하면

$$\begin{cases} x+2y+z=3 \\ 2x+5y+3z=5 \\ x+4y+6z=-5 \end{cases} \quad \text{또는} \quad \begin{bmatrix} 1 & 2 & 1 & 3 \\ 2 & 5 & 3 & 5 \\ 1 & 4 & 6 & -5 \end{bmatrix} \sim \begin{bmatrix} 1 & 2 & 1 & 3 \\ 0 & 1 & 1 & -1 \\ 0 & 2 & 5 & -8 \end{bmatrix} \sim \begin{bmatrix} 1 & 2 & 1 & 3 \\ 0 & 1 & 1 & -1 \\ 0 & 0 & 3 & -6 \end{bmatrix}$$

이므로 $x=3,\ y=1,\ z=-2$를 얻는다. 또 다른 방법은 식 (*)이 모든 t에 관해서 성립해야 하므로 $t=0,\ t=1,\ t=-1$를 각각 식 (*)에 대입하면

$$\begin{cases} x+4y+6z=-5, & t=0 \\ 4x+11y+10z=3, & t=1 \\ y+4z=-7, & t=-1 \end{cases}$$

을 얻고 이 연립방정식을 풀면 $x=3,\ y=1,\ z=-2$를 얻는다. 즉, $v=3p_1+p_2-2p_3$이다. ■

확장 집합(Spanning Sets)

$u_1, u_2, \dots, u_m$ 들을 벡터 공간 V의 임의의 벡터라고 하자. $u_1, u_2, \dots, u_m$ 들의 선형 결합으로 만들어진 벡터들, 즉, a_i들이 스칼라일 때

$$a_1u_1+a_2u_2+\cdots+a_mu_m$$

는 벡터이다. 이러한 벡터들의 전체 집합을

$$span(u_1, u_2, \dots, u_m) \quad \text{또는} \quad span(u_i)$$

라고 하고 $u_1, u_2, \dots, u_m$ 들의 선형 확장(linear span)이라 한다.

$\mathbf{0}=0u_1+0u_2+\cdots+0u_m$이므로 영벡터 $\mathbf{0}$은 $span(u_i)$에 속한다. 또한 $v,\ v' \in span(u_i)$이면, 즉,

$$v=a_1u_1+a_2u_2+\cdots+a_mu_m, \quad v'=b_1u_1+b_2u_2+\cdots+b_mu_m$$

이라 하면

$$v+v'=(a_1+b_1)u_1+(a_2+b_2)u_2+\cdots+(a_m+b_m)u_m$$

이고 임의의 스칼라 $k\in\mathbb{R}$에 대하여,

$$kv=ka_1u_1+ka_2u_2+\cdots+ka_mu_m$$

이다. 그러므로 $v+v',\ kv \in span(u_i)$이다. 따라서 $span(u_i)$는 V의 부분공간이다.

더 일반적으로 V의 임의의 부분집합 S에 대하여 $span(S)$는 S 안의 모든 벡터들의 선형결합으로 이루어진 집합이다($S = \varnothing$이면 $span(S) = \{\mathbf{0}\}$이라 정의하자). 그러므로 S는 $span(S)$의 확장집합이다.

정리 4.3 V의 임의의 부분집합 S에 대하여

(1) $span(S)$는 S를 포함하는 V의 부분공간이다.

(2) W가 S를 포함하는 V의 부분공간이면 $span(S) \subseteq W$이다.

증명 (1) $S = \varnothing$이라 하자. 정의에 의해 $span(S) = \{\mathbf{0}\}$이다. 그러므로 $span(S) = \{\mathbf{0}\}$는 V의 부분공간이고 $S \subseteq span(S)$이다. $S \neq \varnothing$이고 $v \in S$라 하자. 그러면 $v = 1v \in span(S)$이므로 $S \subseteq span(S)$이다. 또한 $\mathbf{0} = 0v \in span(S)$이다. 이제 $u, v \in span(S)$라 하자. 즉, $u_i, w_j \in S$, $a_i, b_j \in \mathbb{R}$에 대하여

$$u = a_1 u_1 + \ldots + a_r u_r = \sum_i a_i u_i, \quad v = b_1 w_1 + \ldots + b_s w_s = \sum_j b_j w_j$$

이라 하자. 그러면

$$u + v = \sum_i a_i u_i + \sum_j b_j w_j \in span(S),$$
$$ku = k\left(\sum_i a_i u_i\right) = \sum_i k a_i u_i \in span(S)$$

이다. 그러므로 $span(S)$는 S를 포함하는 V의 부분공간이다.

(2) $u_1, u_2, \ldots, u_r \in S$이라 하자. 그러면 모든 u_i는 W의 원소이다, 그러므로 $a_1 u_1, a_2 u_2, \ldots, a_r u_r \in W$이다. 또한

$$a_1 u_1 + a_2 u_2 + \ldots + a_r u_r \in W$$

이다. 즉, W는 S의 벡터들의 모든 선형결합을 포함한다. $span(S) \subseteq W$이다. ■

즉, 위의 정리는 $span(S)$가 S를 포함하는 V의 가장 작은 부분공간임을 말하고 있다.

보기 4.3 벡터 공간 $V = \mathbb{R}^3$를 보자.

(1) 임의의 벡터 $u(\neq \mathbf{0}) \in \mathbb{R}^3$에 대하여 $span(u)$는 u의 모든 스칼라 곱으로 구성되어 있다. 기하학적으로는 $span(u)$는 원점을 지나고 끝점이

u인 직선을 포함하는 직선이다.

(2) u와 v가 $\mathbb{R}^3$안의 서로 간의 곱으로 나타낼 수 없는 벡터들이라 할 때 $span(u,v)$는 원점을 포함하고 끝점이 u와 v인 벡터를 포함하는 평면이다.

(3) $e_1 = (1,0,0)$, $e_2 = (0,1,0)$, $e_3 = (0,0,1) \in \mathbb{R}^3$을 보자. $\mathbb{R}^3$안의 모든 벡터들은 e_1, e_2, e_3의 선형결합으로 나타내어진다. 그러므로 e_1, e_2, e_3는 $\mathbb{R}^3$의 확장 집합이고 $span(e_1, e_2, e_3) = \mathbb{R}^3$이다.

(4) 다음의 세 벡터들은 $\mathbb{R}^3$를 확장한다.

$$e_1 = (1,0,0), \quad e_2 = (0,1,0), \quad e_3 = (0,0,1)$$

실제로, $v = (a,b,c)$를 $\mathbb{R}^3$의 임의의 벡터라 하면

$$v = ae_1 + be_2 + ce_3$$

이다. 예를 들면, $v = (5, -6, 2)$이면 $v = 5e_1 - 6e_2 + 2e_3$이다.

(5) 다음의 세 벡터들은 $\mathbb{R}^3$를 확장한다.

$$w_1 = (1,1,1), \quad w_2 = (1,1,0), \quad w_3 = (1,0,0)$$

실제로, $v = (a,b,c)$를 $\mathbb{R}^3$의 임의의 벡터라 하면

$$v = cw_1 + (b-c)w_2 + (a-b)w_3$$

이다. 예를 들면, $v = (5, -6, 2) = 2w_1 - 8w_2 + 11w_3$이다.

(6) $v = (2,7,8)$은 다음의 세 벡터의 선형결합으로 나타낼 수 없다.

$$u_1 = (1,2,3), \quad u_2 = (1,3,5), \quad u_3 = (1,5,9)$$

따라서 u_1, u_2, u_3은 $\mathbb{R}^3$를 확장하지 못한다.

(7) $U = \{(a,b,c) \in \mathbb{R}^3 \mid a = b = c\}$라 하자. 당연히 $\mathbf{0} = (0,0,0) \in U$이고 임의의 벡터 $u = (a,a,a)$, $v = (b,b,b) \in U$와 스칼라 k_1, $k_2 \in \mathbb{R}$에 대하여

$$k_1u + k_2v = (k_1a + k_2b,\ k_1a + k_2b,\ k_1a + k_2b) \in U$$

이다. 그러므로 U는 V의 부분공간이다. 사실 U는 원점과 점 $(1,1,1)$을 지나는 직선과 동일하다. 즉,

$$U = \{t(1,1,1) \mid t \in \mathbb{R}\}$$

이다.

(8) $\mathbb{R}^3$ 안의 원점을 지나는 임의의 평면 W를 살펴보자. $\mathbf{0} = (0,0,0) \in W$이고 W 위의 임의의 벡터 u, v에 대하여 $u+v$는 당연히 W 위의 벡터가 될 것이고, 스칼라 $k \in \mathbb{R}$에 대하여 ku도 당연히 W 위의 벡터가 될 것이다. 그러므로 W는 $\mathbb{R}^3$의 부분공간이다. ■

$span\{v_1, ..., v_p\}$를 $\{v_1, ..., v_p\}$에 의해 생성된 부분공간이라 한다. 벡터 공간 V의 임의의 부분공간 H에 대하여 H의 확장(생성)집합이란 $H = span\{v_1, ..., v_p\}$가 되는 H의 부분집합 $\{v_1, ..., v_p\}$를 말한다.

언급 ‖ 1. 벡터 $u_1, u_2, ..., u_m$ 들이 전체 공간 V를 확장하면 임의의 벡터 w를 추가한 $w, u_1, u_2, ..., u_m$ 도 V를 확장한다.

2. 벡터 $u_1, u_2, ..., u_m$ 들이 전체 공간 V를 확장하고 u_k가 다른 벡터 u_i들에 의해 선형결합으로 나타내어지면 u_k를 뺀 나머지 u_i들로도 V를 확장할 수 있다.

3. 벡터 $u_1, u_2, ..., u_m$ 들이 전체 공간 V를 확장하고 u_i들 중 한 벡터가 영 벡터이면 영 벡터를 뺀 나머지 u_i들로도 V를 확장할 수 있다.

보기 4.4 벡터 공간 $\mathrm{P_n(t)}$를 보자.

(1) $\mathrm{P_n(t)}$안의 모든 다항식들은 다음 $n+1$개의 다항식의 선형결합으로 나타내어진다.

$$1, t, t^2, t^3, \ ... \ , t^n$$

그러므로 $1, t, t^2, t^3, \ ... \ , t^n$들은 $\mathrm{P_n(t)}$의 확장 집합이다.

(2) 또한 임의의 스칼라 c에 대하여 다음의 벡터들도 $\mathrm{P_n(t)}$의 확장 집합임을 쉽게 보일 수 있다.

$$1, t-c, (t-c)^2, (t-c)^3, \ ... \ , (t-c)^n$$

■

보기 4.5 2×2행렬 전체로 이루어진 벡터 공간 $\mathrm{M} = \mathrm{M_{2,2}}$를 보자. 벡터

$$E_{11} = \begin{bmatrix} 1 & 0 \\ 0 & 0 \end{bmatrix}, \quad E_{12} = \begin{bmatrix} 0 & 1 \\ 0 & 0 \end{bmatrix}, \quad E_{21} = \begin{bmatrix} 0 & 0 \\ 1 & 0 \end{bmatrix}, \quad E_{22} = \begin{bmatrix} 0 & 0 \\ 0 & 1 \end{bmatrix}$$

들은 M의 확장집합이다. 예를 들면,

$$A = \begin{bmatrix} 5 & -6 \\ 7 & 8 \end{bmatrix} = 5E_{11} - 6E_{12} + 7E_{21} + 8E_{22}$$

이다.

■

부분공간의 교집합

U와 W를 벡터 공간 V의 부분 공간이라 하자. 그러면 $U \cap W$도 V의 부분 공간이다. 당연히 $0 \in U \cap W$이고 $U \cap W$ 위의 임의의 벡터 u, v는 모두 $u, v \in U$이고 또

한 $u, v \in W$ 이므로 $u+v \in U$ 이고 $u+v \in W$ 이므로 당연히 $u+v \in U \cap W$ 이고 임의의 스칼라 $k \in \mathbb{R}$에 대하여 $ku \in U$ 이고 $ku \in W$ 이므로 $ku \in U \cap W$ 이다.

정리 4.4 벡터 공간 V 의 임의 개수의 부분공간의 교집합은 V 의 부분 공간이다.

증명 $\{W_i \mid i \in I\}$를 V 의 부분공간의 모임이라 하고 $W = \bigcap_{i \in I} W_i$라 하자. W_i는 V 의 부분공간이므로 모든 $i \in I$에 대하여 $0 \in W_i$ 이므로 $0 \in W$이다. $u, v \in W$라 하자. 그러면 모든 $i \in I$에 대하여 $u, v \in W_i$이다. W_i는 부분공간이므로 모든 $i \in I$와 스칼라 $a, b \in \mathbb{R}$에 대하여 $au+bv \in W_i$이다. 그러므로 $au+bv \in W$ 이다. 따라서 W 는 V 의 부분 공간이다. ■

4.2 선형 종속과 독립

V 를 체 $\mathbb{R}$ 위의 벡터 공간이라 하자. 다음 정의에서 선형대수학에서 학생들이 이해하는데 가장 어려움을 겪는 체 $\mathbb{R}$ 위의 선형 종속과 독립이 정의될 것이다.

정의 4.3 $v_1, v_2, \ldots, v_m$ 들은 V 안의 벡터이다. $\mathbb{R}$안에 모두 다 0이 아닌 스칼라 $a_1, a_2, \ldots, a_m$이 존재하여

$$a_1v_1 + a_2v_2 + \cdots + a_mv_m = 0 \qquad (*)$$

을 만족할 때 $v_1, v_2, \ldots, v_m$ 들은 **선형 종속**(linearly dependent)이라고 한다. 모두 다 0이 아닌 스칼라 $a_1, a_2, \ldots, a_m$에 대하여 $a_1v_1 + a_2v_2 + \cdots + a_mv_m \neq 0$이면 $v_1, v_2, \ldots, v_m$ 들은 **선형 독립**(linearly independent)이라고 한다. 즉, $a_1 = 0,\ a_2 = 0,\ \cdots,\ a_m = 0$ 이 $a_1v_1 + a_2v_2 + \cdots + a_mv_m = 0$이기 위한 유일한 해이면 $v_1, v_2, \ldots, v_m$ 들이 선형 독립(linearly independent)인 것이다.

$v_1, v_2, \ldots, v_m$ 이 선형 종속이라는 말은

$$a_1v_1 + a_2v_2 + \cdots + a_mv_m = 0$$

에서 스칼라 $a_1, a_2, \ldots, a_m$들이 모두 다 0이 아니므로, 즉, $a_1 \neq 0$이라 하면

$$v_1 = -\frac{a_2}{a_1}v_2 - \cdots - \frac{a_m}{a_1}v_m$$

라고 쓸 수 있다는 것이다. 즉, v_1을 다른 벡터들의 선형결합으로 나타낼 수 있음을 말한다. $x_1v_1 + x_2v_2 + \cdots + x_mv_m = 0$이라 할 때 $x_1 = 0, x_2 = 0, \cdots, x_m = 0$은 바로 이 방정식의 $\mathbf{0}$근이다. 이 $\mathbf{0}$근이 이 방정식의 유일한 해라고 하면 즉,

$$x_1v_1 + x_2v_2 + \cdots + x_mv_m = \mathbf{0}$$

이면

$$x_1 = 0, x_2 = 0, \cdots, x_m = 0$$

이다. 그러면 벡터 $v_1, v_2, \ldots, v_m$ 들은 선형 독립이라고 한다. 반면, 방정식 (*)가 영이 아닌 해를 가지면 벡터 $v_1, v_2, \ldots, v_m$ 들은 선형 종속이라고 말한다.

유한 집합 $S = \{v_1, v_2, \ldots, v_m\}$이 선형 종속인지 독립인지는 벡터 $v_1, v_2, \ldots, v_m$ 들이 선형 종속인지 독립인지에 의해 결정된다. 또한 무한 집합 S가 선형 종속인지 독립인지는 선형 종속인 벡터 $v_1, v_2, \ldots, v_k$가 S에 존재하는지 안하는지에 의해 결정된다.

언급 || 1. 벡터 $v_1, v_2, \ldots, v_m$는 유한개의 나열된 벡터들을 뜻하며 순서가 있고 또한 반복될 수도 있음을 주의하자.

2. $v_1, v_2, \ldots, v_m$ 중에 $\mathbf{0}$ 벡터가 있다고 하자. 즉, $v_1 = \mathbf{0}$라고 하자. 그러면 벡터들은 분명히 선형 종속이다. 왜냐하면

$$1v_1 + 0v_2 + \cdots + 0v_m = 1 \cdot \mathbf{0} + \mathbf{0} + \cdots + \mathbf{0} = \mathbf{0}$$

이기 때문이다.

3. v가 영이 아닌 벡터라 하자. 그럼 v자신은 선형 독립이다. 즉, $kv = 0, v \neq \mathbf{0}$이면 $k = 0$이다.

4. $v_1, v_2, \ldots, v_m$ 중에 두 개의 벡터가 같거나 또는 하나가 다른 하나의 곱, 즉, $v_1 = kv_2$이라 하자. 그러면 벡터들은 선형 종속이다. 왜냐하면

$$v_1 - kv_2 + 0v_3 + \cdots + 0v_m = \mathbf{0}$$

이기 때문이다.

5. 두 개의 벡터 v_1과 v_2가 선형 종속일 필요충분조건은 하나가 다른 하나의 곱인 것이다.

6. $\{v_1, v_2, \ldots, v_m\}$이 선형 독립이면 이 벡터들의 순서를 바꾸어 놓아도 선형 독립이다.

7. 만약 벡터들의 집합 S가 선형 독립이면 S의 임의의 부분집합도 선형 독립이다. 만약 S가 선형 종속인 부분집합을 포함하면 S도 선형 종속이다.

보기 4.6 (1) $u=(1,1,0)$, $v=(1,3,2)$, $w=(4,9,5)$라고 하자. u, v, w는 선형 종속이다.

$xu+yv+zw=0$이라 하면 $x\begin{bmatrix}1\\1\\0\end{bmatrix}+y\begin{bmatrix}1\\3\\2\end{bmatrix}+z\begin{bmatrix}4\\9\\5\end{bmatrix}=\begin{bmatrix}0\\0\\0\end{bmatrix}$이다. 따라서

$\begin{bmatrix}1&1&4&0\\1&3&9&0\\0&2&5&0\end{bmatrix}\sim\begin{bmatrix}1&1&4&0\\0&2&5&0\\0&2&5&0\end{bmatrix}\sim\begin{bmatrix}1&1&4&0\\0&2&5&0\\0&0&0&0\end{bmatrix}$이므로 $x=-y-4z$, $y=-\dfrac{5z}{2}$이다. 따라서 $z=-2$, $y=5$, $x=3$이다. 즉,

$3u+5v-2w=3(1,1,0)+5(1,3,2)-2(4,9,5)=(0,0,0)=\mathbf{0}$이다.

(2) $u=(1,2,3)$, $v=(2,5,7)$, $w=(1,3,5)$는 선형 독립이다. 사실

$$x\begin{bmatrix}1\\2\\3\end{bmatrix}+y\begin{bmatrix}2\\5\\7\end{bmatrix}+z\begin{bmatrix}1\\3\\5\end{bmatrix}=\begin{bmatrix}0\\0\\0\end{bmatrix}$$

$$\text{또는}\quad\begin{bmatrix}1&2&1&0\\2&5&3&0\\3&7&5&0\end{bmatrix}\sim\begin{bmatrix}1&2&1&0\\0&1&1&0\\0&1&2&0\end{bmatrix}\sim\begin{bmatrix}1&2&1&0\\0&1&1&0\\0&0&1&0\end{bmatrix}\sim\begin{bmatrix}1&0&0&0\\0&1&0&0\\0&0&1&0\end{bmatrix}$$

이므로 $x=0$, $y=0$, $z=0$이다. 따라서 u, v, w는 선형 독립이다.

(3) $\mathbb{R}$에서 $\mathbb{R}$로 가는 모든 함수들의 벡터 공간을 V라 하자. 함수 $f(t)=\sin t$, $g(t)=e^t$, $h(t)=t^2$는 선형 독립이다. 즉,

$$x\sin t+y\,e^t+z\,t^2=0$$

이면 $x=0$, $y=0$, $z=0$이다. 사실 $t=0$이면 $ye^0=0$이므로 $y=0$이다. 또한, $t=\pi$이면 $0e^\pi+z\pi^2=0$이므로 $z=0$이고, $t=\pi/2$이면 $x=0$이다. 따라서 $f(t)$, $g(t)$, $h(t)$는 선형 독립이다.

(4) $p_1(t)=1$, $p_2(t)=t$, $p_3(t)=4-t$이라 하자. $p_3=4p_1-p_2$이므로 $\{p_1,p_2,p_3\}$는 $\mathbb{P}$에서 선형 종속이다.

(5) 집합 $C[0,1]$은 $0\le t\le 1$위에서 연속인 모든 함수의 공간이라 하자. 집합 $\{\sin t,\cos t\}$는 모든 $t\in[0,1]$에 대하여 $\cos t=c\sin t$가 되게 하는 스칼라 c가 존재하지 않기 때문에 $C[0,1]$ 위에서 선형 독립이다. 그러나 모든 t에 대하여 $\sin 2t=2\sin t\cos t$이므로 $\{\sin t\cos t,\sin 2t\}$는 선형 종속이다. ■

유제 4.3 다음의 벡터 u, v가 선형 종속인지 판별하라.

(1) $u = 2t^2 + 4t - 3$, $v = 4t^2 + 8t - 6$

(2) $u = 2t^2 - 3t + 4$, $v = 4t^2 - 3t + 2$

(3) $u = \begin{bmatrix} 1 & 3 & -4 \\ 5 & 0 & -1 \end{bmatrix}$, $v = \begin{bmatrix} -4 & -12 & 16 \\ -20 & 0 & 4 \end{bmatrix}$

(4) $u = \begin{bmatrix} 1 & 1 & 1 \\ 2 & 2 & 2 \end{bmatrix}$, $v = \begin{bmatrix} 2 & 2 & 2 \\ 3 & 3 & 3 \end{bmatrix}$

풀이 (1) $v = 2u$이기 때문에 선형 종속이다.
(2) 선형 종속이 아니다.
(3) $v = -4u$이기 때문에 선형 종속이다.
(4) 선형 종속이 아니다. ■

$\mathbb{R}^3$ 위의 선형 종속

$\mathbb{R}^3$ 위의 선형 종속은 기하학적으로 다음과 같이 말할 수 있다.

(a) $\mathbb{R}^3$안의 임의의 벡터 u, v가 선형 종속일 필요충분조건은 두 벡터가 원점을 지나는 같은 직선 위에 있다는 것이다.

(b) $\mathbb{R}^3$안의 임의의 벡터 u, v, w가 선형 종속일 필요충분조건은 세 벡터가 원점을 포함하는 같은 평면 위에 있다는 것이다.

선형 종속과 선형결합

선형 종속과 선형결합은 그 표시법이 매우 비슷하다. 특히, 한 개 이상의 벡터가 주어졌을 때 즉, $v_1, v_2, \ldots, v_m$들이 선형 종속일 필요충분조건은 한 벡터가 다른 벡터들의 선형결합을 나타내어진다는 것이다. v_i가 다른 벡터들의 선형결합으로 나타내어진다고 하자.

$$v_i = a_1 v_1 + \cdots + a_{i-1} v_{i-1} + a_{i+1} v_{i+1} + \cdots + a_m v_m$$

그러면 $-v_i$를 양변에 더하면

$$a_1 v_1 + \cdots + a_{i-1} v_{i-1} - v_i + a_{i+1} v_{i+1} + \cdots + a_m v_m = 0$$

을 얻는다. 그러므로 이 벡터들은 선형 종속이다(v_i의 계수가 0이 아니다). 반대 방향의 증명은 이미 위에서 언급했다. 이보다 더 강한 정리는 다음과 같다.

정리 4.5 두 개 또는 그 이상의 $\mathbf{0}$이 아닌 벡터 $v_1, v_2, \ldots, v_m$이 선형 종속이라 하자. 그러면 벡터들 중 하나는 앞선 벡터들의 선형결합으로 나타내어진다. 즉, $k>1$이 존재하여

$$v_k = c_1 v_1 + c_2 v_2 + \cdots + c_{k-1} v_{k-1}$$

이다.

선형 종속과 사다리꼴 행렬

사다리꼴 행렬 A를 보자:

$$A = \begin{bmatrix} 0 & \boxed{2} & 3 & 4 & 5 & 6 & 7 \\ 0 & 0 & \boxed{4} & 3 & 2 & 3 & 4 \\ 0 & 0 & 0 & 0 & \boxed{7} & 8 & 9 \\ 0 & 0 & 0 & 0 & 0 & \boxed{6} & 7 \\ 0 & 0 & 0 & 0 & 0 & 0 & 0 \end{bmatrix}$$

여기서 $\boxed{\ }$는 선택 성분(pivot 원소)를 뜻한다. 첫 번째 행 R_1을 보자 두 번째 성분 2 아래로 모두 영이므로 행 R_1은 다른 행들 R_2, R_3, R_4들의 선형결합으로 나타낼 수 없다. 마찬가지로 R_2도 R_3, R_4의 선형결합으로 나타낼 수 없다. 또한 R_3도 마찬가지다. 따라서 그 어떤 벡터도 선행하는 벡터의 선형결합으로 나타낼 수 없으므로 정리 4.5에 의해 R_1, R_2, R_3, R_4들은 선형 독립이다.

정리 4.6 사다리꼴 행렬의 영이 아닌 행들은 선형 독립이다.

유제 4.4 벡터 $u=(1,1,2)$, $v=(2,3,1)$, $w=(4,5,5)$가 선형 종속인지 판별하라.

풀이 3가지 방법으로 풀 것이다. 이 방법들의 유사점과 차이를 유의하여 보자.

방법 1: 스칼라 a, b, c에 대하여

$$au+bv+cw = a(1,1,2)+b(2,3,1)+c(4,5,5) = \mathbf{0}$$

또는 $\begin{cases} a+2b+4c=0 \\ a+3b+5c=0 \\ 2a+b+5c=0 \end{cases}$ 또는 $\begin{cases} a+2b+4c=0 \\ \quad\;\; b+\;\, c=0 \end{cases}$

이므로 0이 아닌 근을 갖는다. 그러므로 선형 종속이다.

방법 2: u, v, w를 열로 갖는 행렬 A를 만들어 사다리꼴 형태로 변환

하면 $A = \begin{bmatrix} 1 & 2 & 4 \\ 1 & 3 & 5 \\ 2 & 1 & 5 \end{bmatrix} \sim \begin{bmatrix} 1 & 2 & 4 \\ 0 & 1 & 1 \\ 0 & -3 & -3 \end{bmatrix} \sim \begin{bmatrix} 1 & 2 & 4 \\ 0 & 1 & 1 \\ 0 & 0 & 0 \end{bmatrix}$ 와 같이 되고 세 번째 열은 선택 원소를 갖지 않으므로 앞선 벡터 u, v의 일차결합으로 나타내어진다. 그러므로 선형 종속이다. 사실 행렬 A는 방법 1에서의 연립방정식의 계수행렬이므로 방법 1과 근본적으로 같다.

방법 3: u, v, w를 행으로 갖는 행렬 B를 만들어 사다리꼴 형태로 변환하면 $B = \begin{bmatrix} 1 & 1 & 2 \\ 2 & 3 & 1 \\ 4 & 5 & 5 \end{bmatrix} \sim \begin{bmatrix} 0 & 1 & 2 \\ 0 & 1 & -3 \\ 0 & 1 & -3 \end{bmatrix} \sim \begin{bmatrix} 1 & 1 & 2 \\ 0 & 1 & -3 \\ 0 & 0 & 0 \end{bmatrix}$ 가 되고 세 번째 행은 모두 0 이다. 그러므로 세 벡터는 선형 종속이다. ■

유제 4.5 다음 $\mathbb{R}^3$안의 벡터들이 선형 종속인지 아닌지 결정하라.

(1) $u_1 = (1, 2, 5)$, $u_2 = (1, 3, 1)$, $u_3 = (2, 5, 7)$, $u_4 = (3, 1, 4)$

(2) $u = (1, 2, 5)$, $v = (2, 5, 1)$, $w = (1, 5, 2)$

(3) $u = (1, 2, 3)$, $v = (0, 0, 0)$, $w = (1, 5, 6)$

풀이 (1) $\mathbb{R}^3$에서 4개의 벡터는 항상 선형 종속이다.

(2) u, v, w를 열로 갖는 행렬 A를 만들어 사다리꼴 형태로 변환하면 $A = \begin{bmatrix} 1 & 2 & 1 \\ 2 & 5 & 5 \\ 5 & 1 & 2 \end{bmatrix} \sim \begin{bmatrix} 1 & 2 & 1 \\ 0 & 1 & 3 \\ 0 & -9 & -3 \end{bmatrix} \sim \begin{bmatrix} 1 & 2 & 1 \\ 0 & 1 & 3 \\ 0 & 0 & 24 \end{bmatrix}$ 이므로 모든 열이 선택성분을 가지므로 어느 벡터도 앞선 벡터의 선형결합으로 나타낼 수 없다.

(3) $v = \mathbf{0} = (0,0,0)$이므로 선형 종속이다. ■

유제 4.6 $\mathbb{R}$에서 $\mathbb{R}$로 가는 함수 $f(t) = \sin t$, $g(t) = \cos t$, $h(t) = t$는 선형 독립임을 보여라.

풀이 임의의 스칼라 x, y, z에 대하여 $xf + yg + zh = \mathbf{0}$와 같이 영함수라고 놓고 $x = 0$, $y = 0$, $z = 0$ 임을 보이자. $xf + yg + zh = \mathbf{0}$ 라는 말은 모든 실수 t에 대하여 $xf(t) + yg(t) + zh(t) = \mathbf{0}$ 라는 것이다. 그러므로 $x\sin t + y\cos t + zt = \mathbf{0}$ 에서 $t = 0$일 때 $x0 + y1 + z0 = \mathbf{0}$ 이므로 $y = 0$ 이다. 이제 $t = \frac{\pi}{2}$라 하면 $x1 + y0 + z\frac{\pi}{2} = \mathbf{0}$ 이므로 $x + \frac{\pi z}{2} = 0$이다. 또한 $t = \pi$라 하면 $x0 + y(-1) + z\pi = \mathbf{0}$ 이므로 $-y + \pi z = 0$이다. 그러므로 $x = 0, y = 0$, $z = 0$ 이고 $f(t) = \sin t$, $g(t) = \cos t$, $h(t) = t$는 선형 독립이다. ■

4.3 기저와 차원

다음의 두 정의는 동치인 벡터 공간 V의 기저에 대한 정의이다.

> 정의 4.4 벡터들의 집합 $S=\{u_1, u_2, \dots, u_n\} \subseteq V$가 선형 독립이고 V를 확장, 즉 $span\{u_1, \dots, u_n\} = V$이면 집합 S를 벡터 공간 V의 **기저**(basis)라고 한다.

> 정의 4.5 벡터들의 집합 $S=\{u_1, u_2, \dots, u_n\} \subseteq V$가 있을 때 임의의 벡터 $v \in V$가 S의 벡터들의 선형결합으로 유일하게 나타낼 수 있으면 S를 벡터 공간 V의 **기저**(basis)라고 한다.

정의 4.4와 정의 4.5는 동치이다.

정리 4.7 $S=\{u_1, u_2, \dots, u_n\}$는 V의 부분집합이다. 다음의 정의 (1)와 (2)가 동치임을 증명하라.

(1) S는 선형 독립이고 V를 확장한다.

(2) 모든 벡터 $v \in V$는 S안의 벡터들의 유일한 선형결합으로 나타내어진다.

증명 (1)⇒(2) : S가 V를 확장하므로 벡터 $v \in V$는 다음과 같이 두 가지의 u_i의 선형결합으로 나타내어진다고 가정하자.

$$v = a_1u_1 + a_2u_2 + \dots + a_nu_n \text{ 이고 } v = b_1u_1 + b_2u_2 + \dots + b_nu_n$$

이 두 결합을 빼주면

$$0 = v - v = (a_1 - b_1)u_1 + (a_2 - b_2)u_2 + \dots + (a_n - b_n)u_n$$

이다. 하지만 S는 선형 독립이므로 $a_i - b_i$들은 모두 0이다. 즉,

$$a_1 = b_1, \dots, \ a_n = b_n$$

이므로 $v \in V$는 S안의 벡터들의 유일한 선형결합으로 나타내어진다.

(2)⇒(1) : (2)는 바로 S가 V를 확장한다는 말이다.

$$0 = c_1u_1 + c_2u_2 + \dots + c_nu_n$$

이라 가정하자. 우리는 또한 $0 = 0u_1 + 0u_2 + \dots + 0u_n$임을 알고 있다. 유일성에 의해 우리는 $c_i = 0$이고 u_i들이 선형 독립임을 알 수 있다. ■

정리 4.7에서 벡터 $v \in V$는 $S=\{u_1, u_2, \ldots, u_n\}$ 안의 벡터들의 유일한 선형결합으로 나타내어진다. 즉,

$$v = a_1u_1 + a_2u_2 + \ldots + a_nu_n$$

이다. 실수로 이루어진 모든 n-순서쌍 $(a_1, a_2, \ldots, a_n)$은 $\mathbb{R}^n$의 벡터이고

$$[v]_S = (a_1, a_2, \ldots, a_n)$$

을 v의 좌표(coordinates), 성분벡터(components), 원소(entries, elements)라고 한다.

정리 4.8 $\{v_1, v_2, \ldots, v_n\}$이 V를 확장한다고 하고 $\{w_1, w_2, \ldots, w_m\}$이 선형 독립이라고 하자. 그러면 $m \le n$이고 V는 다음의 집합으로 확장된다.

$$\{w_1, w_2, \ldots, w_m, v_{i_1}, v_{i_2}, \ldots, v_{i_{n-m}}\}$$

특히, $n+1$개 또는 그 이상의 벡터들은 선형 종속이다.

증명 v_i들 중 영벡터가 있다고 하고 $v_k=0$이라 하자. 그러면 v_k는 다른 v_i들의 선형결합으로 나타내지므로 v_k를 제외한 나머지 벡터들로만 V를 확장한다. 그러므로 정리의 나머지 부분은 v_k를 제외한 나머지 벡터들에 대해서만 증명하면 된다. v_i들이 모두 0이 아닌 벡터라고 가정하자. $span(v_i) = V$이므로 유제 4.8(뒤에 나옴)에서 증명하듯이

$$\{w_1, v_1, \ldots, v_n\} \qquad \cdots (1)$$

은 선형 종속이고 또한 V를 확장한다. 정리 4.5에 의해 집합 $\{w_1, v_1, \ldots, v_n\}$ 안의 한 벡터는 앞선 벡터들의 선형결합으로 나타내어진다. w_1은 앞선 벡터가 없으므로 v_i들 중 하나인 v_j는 앞선 벡터들의 선형결합으로 나타내어진다고 하자. 유제 4.8에 의하여 v_j를 (1)로부터 제거하고 확장 집합

$$\{w_1, v_1, \ldots, v_{j-1}, v_{j+1}, \ldots, v_n\} \qquad \cdots (2)$$

을 얻을 수 있다.

이제 w_2를 첨가하고 똑같은 논리로 적용한다. 즉 집합 (2)가 V를 확장하므로

$$\{w_1, w_2, v_1, \ldots, v_{j-1}, v_{j+1}, \ldots, v_n\} \qquad \cdots (3)$$

은 선형 종속이고 또한 V를 확장한다. 그러므로 다시 정리 4.5에 의해 집합 (3) 안에 한 벡터는 앞선 벡터들의 선형결합으로 나타내어진다. 이 벡터는 $\{w_1, w_2, \ldots, w_m\}$이 선형 독립이므로 w_1, w_2가 될 수 없다. 그러므로 v_i 중 하나이다. 이 벡터를 v_k라 하면 v_k를 집합 (3)으로부터 제거시키고 다음과 같은 확장 집합을 얻을 수 있다.

$$\{w_1,\ w_2,\ v_1,\ \ldots,\ v_{j-1},\ v_{j+1},\ \ldots,\ v_{k-1},\ v_{k+1},\ \ldots,\ v_n\}.$$

이 논리를 w_3에 적용하고 계속 진행시키면 $m \le n$이면 다음과 같은 확장 집합을 얻을 수 있다.

$$\{w_1,\ w_2,\ \ldots,\ w_m,\ v_{i_1},\ v_{i_2},\ \ldots,\ v_{i_{n-m}}\}.$$

마지막으로 $m > n$이라 하면 위와 같은 논리를 n번 반복하면 확장 집합 $\{w_1,\ w_2,\ \ldots,\ w_n\}$을 얻을 수 있다. 이것은 w_{n+1}이 $w_1,\ w_2,\ \ldots,\ w_n$의 선형결합으로 나타내어진다는 것이고, 이것은 $\{w_1,\ w_2,\ \ldots,\ w_m\}$이 선형 독립이라는 것에 모순된다. ■

정리 4.9 V의 한 기저는 m개의 원소를 다른 기저는 n개의 원소를 가진다면 $m = n$이다.

증명 $\{u_1,\ \ldots,\ u_n\}$을 V의 기저라 하고 $\{v_1,\ v_2,\ \ldots\}$가 V의 다른 기저라 하자. $\{u_i\}$가 V를 확장하므로 $\{v_1,\ v_2,\ \ldots\}$는 n 또는 그보다 작은 개수의 벡터를 포함하여야 하거나 선형 종속이어야 한다. 반면 $\{v_1,\ v_2,\ \ldots\}$가 n보다 작은 개수의 벡터를 포함한다면 정리 4.8에 의하여 $\{u_1,\ \ldots,\ u_n\}$은 선형 종속이다. 그러므로 $\{v_1,\ v_2,\ \ldots\}$는 정확히 n개의 벡터를 포함한다. ■

정의 4.6 벡터 공간 V가 n개의 원소를 가진 기저를 가지면 V를 $n-$**차원**이라고 말하고 $\dim V = n$이라고 쓴다.

정리 4.9에 의해 모든 기저들은 같은 원소의 개수를 가지므로 차원은 잘 정의되어 진다. 벡터 공간 $\{0\}$은 차원이 0이다. 벡터 공간 V가 유한 차원이 아닐 때 V를 무한 차원이라고 한다.

기저의 예

중요한 기저의 예를 정리하였다.

(a) 벡터 공간 $\mathbb{R}^n$: 다음의 $\mathbb{R}^n$의 n개의 벡터를 보자.

$$e_1 = (1,0,0,\ldots,0,0),\ e_2 = (0,1,0,\ldots,0,0),\ \ldots,\ e_n = (0,0,0,\ldots,0,1)$$

이 벡터들은 선형 독립이다. 또한 임의의 벡터 $u=(a_1, a_2, \dots, a_n) \in \mathbb{R}^n$은 위의 벡터들의 선형결합으로 쓸 수 있다.

$$u = a_1 e_1 + a_2 e_2 + \dots + a_n e_n$$

따라서 이 벡터들은 $\mathbb{R}^n$의 기저를 이룬다. 이 기저를 $\mathbb{R}^n$의 **기본 기저**(standard basis)라고 한다. 그러므로 $\mathbb{R}^n$는 n-차원이다. 특히, $\mathbb{R}^n$의 다른 기저들도 n개의 벡터로 이루어져 있다.

(b) $r \times s$ 행렬의 벡터 공간 $M = M_{r,s}$: 다음 여섯 개의 행렬이 $\mathbb{R}$ 위의 2×3행렬의 공간 $M_{2,3}$의 기저를 형성한다.

$$\begin{bmatrix} 1 & 0 & 0 \\ 0 & 0 & 0 \end{bmatrix}, \begin{bmatrix} 0 & 1 & 0 \\ 0 & 0 & 0 \end{bmatrix}, \begin{bmatrix} 0 & 0 & 1 \\ 0 & 0 & 0 \end{bmatrix}, \begin{bmatrix} 0 & 0 & 0 \\ 1 & 0 & 0 \end{bmatrix}, \begin{bmatrix} 0 & 0 & 0 \\ 0 & 1 & 0 \end{bmatrix}, \begin{bmatrix} 0 & 0 & 0 \\ 0 & 0 & 1 \end{bmatrix}$$

좀더 일반적으로 $r \times s$행렬의 벡터 공간 $M = M_{r,s}$ 안에서 E_{ij}를 ij-성분이 1이고 나머지는 0인 행렬이라 하자. 그러면 모든 E_{ij} 행렬들은 $M = M_{r,s}$의 기본기저가 된다. 따라서 $\dim M_{r,s} = rs$이다.

(c) 차수가 n보다 작은 모든 다항식의 벡터 공간 $\mathrm{P}_n(t)$: $n+1$개의 다항식의 집합 $S = \{1, t, t^2, t^3, \dots, t^n\}$은 $\mathrm{P}_n(t)$의 기저이다. 특히, 차수가 n보다 작은 임의의 다항식 $f(t)$는 S의 원소들의 선형결합으로 나타낼 수 있다. 또한 이 다항식들은 선형 독립이다. 따라서 $\dim \mathrm{P}_n(t) = n+1$이다.

(d) 모든 다항식의 벡터 공간 $\mathrm{P}(t)$: $\mathrm{P}(t)$안의 임의의 다항식의 유한집합을 $S = \{f_1(t), f_2(t), \dots, f_n(t)\}$라 하고 이 다항식의 차수 중 가장 큰 수를 m이라 하자. 그러면 차수가 m보다 큰 임의의 다항식 $g(t)$는 S의 원소들의 선형결합으로 나타낼 수 없다. 그러므로 S는 $\mathrm{P}(t)$의 기저가 아니다. 이 말은 $\mathrm{P}(t)$의 차원이 무한임을 말한다. 무한집합 $S' = \{1, t, t^2, t^3, \dots\}$는 $\mathrm{P}(t)$를 확장하고 선형 독립이다. 따라서 S'은 $\mathrm{P}(t)$의 무한기저이다.

(e) A를 $n \times n$ 가역행렬 $A = [a_1, \dots, a_n]$이라 하자. 그러면 A는 n개의 선택성분을 가지므로 $Ax = 0$은 자명한 해를 갖는다(정리 3.14). 따라서 A의 n개의 열벡터들은 선형 독립이고 $\mathbb{R}^n$을 확장하므로 $\mathbb{R}^n$의 기저가 된다.

보기 4.7 $v_1 = \begin{bmatrix} 3 \\ 0 \\ -6 \end{bmatrix}, v_2 = \begin{bmatrix} -4 \\ 1 \\ 7 \end{bmatrix}, v_3 = \begin{bmatrix} -2 \\ 1 \\ 5 \end{bmatrix}$일 때 집합 $\{v_1, v_2, v_3\}$가 $\mathbb{R}^3$의 기저임을 보여라.

풀이 $A = \begin{bmatrix} 3 & -4 & -2 \\ 0 & 1 & 1 \\ -6 & 7 & 5 \end{bmatrix} \sim \begin{bmatrix} 3 & -4 & -2 \\ 0 & 1 & 1 \\ 0 & -1 & 1 \end{bmatrix} \sim \begin{bmatrix} 3 & -4 & -2 \\ 0 & 1 & 1 \\ 0 & 0 & 2 \end{bmatrix}$ 이므로 A는 가역적이다.

따라서 v_1, v_2, v_3는 선형 독립이고 확장하는 공간이 3차원이므로 $\{v_1, v_2, v_3\}$는 $\mathbb{R}^3$ 기저이다. ■

유제 4.7 (1,1,1,1), (1,2,3,2), (2,5,6,4), (2,6,8,5)가 $\mathbb{R}^4$의 기저가 되는지 결정하라. 만약 기저가 아니면 이 벡터가 확장하는 부분공간의 차원을 구하라.

풀이 $B = \begin{bmatrix} 1&1&1&1 \\ 1&2&3&2 \\ 2&5&6&4 \\ 2&6&8&5 \end{bmatrix} \sim \begin{bmatrix} 1&1&1&1 \\ 0&1&2&1 \\ 0&3&4&2 \\ 0&4&6&3 \end{bmatrix} \sim \begin{bmatrix} 1&1&1&1 \\ 0&1&2&1 \\ 0&0&-2&-1 \\ 0&0&-2&-1 \end{bmatrix} \sim \begin{bmatrix} 1&1&1&1 \\ 0&1&2&1 \\ 0&0&2&1 \\ 0&0&0&0 \end{bmatrix}$

이므로 선형 종속이다. 또한 벡터가 확장하는 부분공간의 차원은 3이다 (행벡터로 배치했음을 유의하자). 열로 벡터를 배치해도

$$A = \begin{bmatrix} 1&1&2&2 \\ 1&2&5&6 \\ 1&3&6&8 \\ 1&2&4&5 \end{bmatrix} \sim \begin{bmatrix} 1&1&2&2 \\ 0&1&3&4 \\ 0&2&4&6 \\ 0&1&2&3 \end{bmatrix} \sim \begin{bmatrix} 1&1&2&2 \\ 0&1&3&4 \\ 0&0&-2&-2 \\ 0&0&-1&-1 \end{bmatrix} \sim \begin{bmatrix} 1&1&2&2 \\ 0&1&3&4 \\ 0&0&1&1 \\ 0&0&-1&-1 \end{bmatrix} \sim \begin{bmatrix} 1&1&2&2 \\ 0&1&3&4 \\ 0&0&1&1 \\ 0&0&0&0 \end{bmatrix}$$

와 같이 되어 $Ax = \mathbf{0}$은 무한개의 해를 가지게 되어 선형 종속이 된다. ■

기저에 대한 정리

다음의 정리들은 앞으로 자주 쓰일 것이다.

정리 4.10 S가 벡터 공간 V를 확장한다고 하자. 그러면:

(1) S에서 선형 독립인 최대 개수의 벡터들은 V의 한 기저를 형성한다.

(2) S에서 선행하는 벡터들의 선형결합으로 나타내어지는 모든 벡터를 S에서 제거하면 나머지 벡터들은 V의 한 기저를 형성한다.

증명 (1) $\{v_1, v_2, \ldots, v_m\}$을 S의 원소를 가장 많이 가진 선형 독립인 부분집합이라 하고 $w \in S$라 하자. 따라서 $\{v_1, v_2, \ldots, v_m, w\}$는 선형 종속이다. 어떤 v_k도 앞선 벡터들의 선형결합으로 나타낼 수 없으므로 w는 v_i들의 선형결합이다. $w \in span(v_i)$이므로 $S \subseteq span(v_i)$이다. 그러므로

$$V = span(S) \subseteq span(v_i) \subseteq V$$

이다. 따라서 $\{v_i\}$는 V를 확장하고 이들은 선형 독립이므로 V의 기저이다.

(2) 나머지 벡터들은 S의 최대원소를 가진 선형 독립인 부분집합을 이루므로 (1)에 의해 V의 기저가 된다. ■

정리 4.11 V는 n-차원 벡터 공간이라 하자. 그러면

(1) 임의의 $n+1$ 또는 그 이상의 V 안의 벡터들은 선형 종속이다.

(2) 임의의 선형 독립 집합 $S = \{u_1, u_2, \ldots, u_n\}$는 V의 한 기저이다.

(3) 임의의 확장집합 $T = \{v_1, v_2, \ldots, v_n\}$는 V의 한 기저이다.

증명 $B = \{w_1, w_2, \ldots, w_n\}$을 V의 기저라 하자.

(1) B가 V를 생성하기 때문에 정리 4.8에 의해 임의의 $n+1$ 또는 그 이상의 벡터는 선형 종속이다.

(2) 정리 4.8에 의해 B의 원소들을 S에 덧붙여 n개의 원소를 가진 V의 생성 집합을 만들 수 있다. 하지만 S는 이미 n개의 원소를 가지고 있기 때문에 S 자신이 V의 생성 집합이다. 그러므로 S는 기저이다.

(3) T를 선형 종속이라 하자. 어떤 v_i는 앞선 벡터들의 선형결합으로 나타내어진다. 그러므로 뒤에 나오는 유제 4.8에 의해 V는 v_i를 제외한 $n-1$개의 T의 벡터들에 의해 확장된다. 정리 4.8에 의해 독립집합 B는 $n-1$개보다 많은 벡터를 포함하지 못하므로 B가 n개의 원소를 가진다는 것에 모순이다. 따라서 T는 선형 독립이고 T는 V의 기저이다. ■

정리 4.12 V를 유한 차원의 벡터 공간이라 하고 $S = \{u_1, u_2, \ldots, u_r\}$를 V의 선형 독립 벡터들의 집합이라 하자. 그러면 S는 V의 한 기저의 부분이다. 즉, V의 한 기저로 확장(extended)될 수 있다.

증명 $B = \{w_1, w_2, \ldots, w_n\}$을 V의 기저라 하자. 그러면 B는 V를 확장하고 V는

$$S \cup B = \{u_1, u_2, \ldots, u_r, w_1, w_2, \ldots, w_n\}$$

에 의해 생성된다. 정리 4.10에 의해 $S \cup B$로부터 앞선 벡터들의 선형결합인 벡터들을 제거함으로써 V의 기저 B'을 만들 수 있다. S는 선형 독립이므로 u_k들은 앞선 벡터들의 선형결합이 아니다. 그러므로 B'은 S의 모든 벡터들을 포함하고 V를 위한 기저 B'의 일부분이 된다. ■

보기 4.8 (1) $\mathbb{R}^4$의 다음 네 개의 벡터는 삼각 행렬을 형성한다.

$$(1,1,1,1),\ (0,1,1,1),\ (0,0,1,1),\ (0,0,0,1)$$

그러므로 선형 독립이고 $\dim \mathbb{R}^4 = 4$이므로 이 네 개의 벡터는 $\mathbb{R}^4$의 기저이다.

(2) 다음의 $n+1$개의 $\mathrm{P}_n(t)$의 다항식들은 증가하는 차수를 갖는다.

$$1,\ t-1,\ (t-1)^2, \dots, (t-1)^n$$

그러므로 어느 다항식도 앞선 다항식의 선형결합으로 나타내어지지 않는다. 따라서 다항식들은 선형 독립이고 $\dim \mathrm{P}_n(t) = n+1$이므로 $\mathrm{P}_n(t)$의 기저가 된다.

(3) $\mathbb{R}^3$의 임의의 네 개의 벡터를 보자. 예를 들어

$$(257,\ -132,\ 58),\ (43, 0,\ -17),\ (521,\ -317, 94),\ (328,\ -512,\ -731)$$

정리 4.11(1)에 의해 이 벡터들은 3-차원 공간 $\mathbb{R}^3$의 벡터들이므로 선형 종속이다. ■

유제 4.8 $S = \{v_1,\ v_2, \dots, v_m\}$가 V를 확장한다고 하자.

(1) $w \in V$이면 $\{w,\ v_1,\ v_2, \dots, v_m\}$는 선형 종속이고 V를 확장한다.

(2) 만약 v_i가 $v_1,\ v_2, \dots, v_{i-1}$들의 선형결합이면 v_i를 뺀 S는 V를 확장한다.

(3) 만약 $V \neq \{0\}$이면 V의 기저가 되는 S의 부분집합 S'이 존재한다.

풀이 (1) S가 V를 확장하므로 w는 v_i들의 선형결합으로 나타내어진다. 따라서 $\{w,\ v_1,\ v_2, \dots, v_m\}$는 선형 종속이다. 당연히 $\{w,\ v_1,\ v_2, \dots, v_m\}$는 V를 확장한다.

(2) $v_i = k_1 v_1 + \dots + k_{i-1} v_{i-1}$이라 하자. $u \in V$이라 하자. S가 V를 확장하므로 $u = a_1 v_1 + \dots + a_m v_m$라 쓸 수 있다. v_i를 대입하면

$$\begin{aligned} u &= a_1 v_1 + \dots + a_{i-1} v_{i-1} + a_i (k_1 v_1 + \dots + k_{i-1} v_{i-1}) \\ &\quad + a_{i+1} v_{i+1} + \dots + a_m v_m \\ &= (a_1 + a_i k_1) v_1 + \dots + (a_{i-1} + a_i k_{i-1}) v_{i-1} \\ &\quad + a_{i+1} v_{i+1} + \dots + a_m v_m \end{aligned}$$

이다. 그러므로 $\{v_1, \dots, v_{i-1}, v_{i+1}, \dots, v_m\}$은 V를 확장한다.

(3) 만약 원래의 S가 선형 독립이면 S가 V의 기저가 될 것이다. 그렇지 않다면 S안의 어느 한 벡터는 다른 벡터들에 종속될 것이고 (2)에

의해 S에서 제거될 것이다. S안의 벡터의 개수가 2개 또는 그 이상일 때까지 이 과정을 반복하여 계속한다면 선형 독립인 S의 부분집합 S'을 얻을 수 있고 이 집합은 V의 기저가 될 것이다. 만약 한 개의 벡터가 남는다 해도 $V \neq \{0\}$이므로 그 벡터는 영 벡터가 아니므로 증명이 성립한다. ■

차원과 부분공간들

정리 4.13 W를 n-차원공간 V의 한 부분공간이라 하자. 그러면 $\dim W \leq n$이다. 특히, $\dim W = n$이면 $W = V$ 이다.

증명 V는 n차원이기 때문에 임의의 $n+1$ 또는 그보다 많은 벡터는 선형 종속이다. 더 나아가, W의 기저들은 선형 독립인 벡터들로 구성되므로 n개 이상의 벡터는 포함 할 수 없다. 따라서 $\dim W \leq n$이다. 특히, $\{w_1, w_2, \ldots, w_n\}$가 W의 기저이면 이 집합은 n개의 원소를 갖는 선형 독립 집합이므로 V의 기저가 된다. 그러므로 $\dim W = n$이면 $W = V$이다. ■

보기 4.9 W를 실 공간 $\mathbb{R}^3$의 부분공간이라 하자. $\dim \mathbb{R}^3 = 3$이다. 정리 4.13에 의해 W의 차원은 0, 1, 2, 또는 3이다. 다음의 경우들이 있다.

(1) $\dim W = 0$, 그러면 $W = \{0\}$이다, 한 점이다.

(2) $\dim W = 1$, 그러면 W는 $\mathbf{0}$을 지나는 직선이다.

(3) $\dim W = 2$, 그러면 W는 $\mathbf{0}$을 포함하는 평면이다.

(4) $\dim W = 3$, 그러면 W는 $\mathbb{R}^3$ 전체 공간이다.

4.4 비동차연립방정식과 동차연립방정식

이 부분은 3장의 연립방정식 부분이 되어야 하지만 벡터 공간을 같이 설명해야 하기에 4장에서 다룬다.

$Ax = b$를 비동차 선형 연립방정식이라 하자. 그러면 $Ax = 0$를 **동차연립방정식** (homogeneous system)이라 한다. 예를 들어

$$\begin{array}{r} x+2y-4z=7 \\ 3x-5y+6z=8 \end{array} \quad \text{그리고} \quad \begin{array}{r} x+2y-4z=0 \\ 3x-5y+6z=0 \end{array}$$

는 비동차 선형 연립방정식(nonhomogeneous system)과 이 방정식의 동차연립방정식을 나타낸다. 비동차 선형 연립방정식 $Ax=b$의 해 집합 U와 이 방정식의 동차연립방정식 $Ax=\mathbf{0}$의 해 집합 W의 관계가 다음 정리에서 알 수 있다. 이 방정식은 사다리꼴 형태로 변형이 가능하고 미지수의 개수 n과 사다리꼴 형태가 되었을 때의 방정식의 개수 r이 같으면, 즉, $r=n$이면 자명한 해만 존재하고(자명한 해가 유일한 해이다) $r<n$이면 자명하지 않은 해를 갖는다.

> **정의 4.7** $m \times n$ 행렬 A의 **영공간**(Nul A라 쓴다, null space)는 동차연립방정식 $Ax=0$의 해집합 전체의 집합이다.
>
> $$\text{Nul } A=\{x \mid x \in \mathbb{R}^n \text{이고 } Ax=0\}$$

선형 연립방정식 $Ax=b$에서 $b=\mathbf{0}$ 일 때, 즉 모든 상수항들이 영일 때 이 방정식을 동차 선형 연립방정식이라 한다. 당연히 $x=\mathbf{0}=\{0,0, \ldots ,0\}$은 이 방정식의 근이 된다. 이 근을 자명한 근(zero 또는 trivial solution)이라 한다.

동차연립방정식의 해집합

n개의 미지수를 갖는 연립방정식 $Ax=b$를 보자. 모든 해 u는 $\mathbb{R}^n$의 벡터라고 볼 수 있다. 그러므로 해집합은 $\mathbb{R}^n$의 부분집합이라고 할 수 있다. 이제 동차연립방정식 $Ax=0$을 보자. W를 이 연립방정식의 해집합이라 하자. 분명히 $\mathbf{0} \in W$이고 u와 v가 W의 벡터라고 하면, 즉, $Au=\mathbf{0}$, $Av=\mathbf{0}$이면 임의의 스칼라 a와 b에 대하여

$$A(au+bv)=aAu+bAv=a\mathbf{0}+b\mathbf{0}=\mathbf{0}$$

이므로 $au+bv$도 $Ax=0$의 해가 되므로 $au+bv \in W$이다. 그러므로 W는 $\mathbb{R}^n$의 부분공간이다.

$A=[u_1\ u_2 \cdots u_n]$일 때, 동차연립방정식 $Ax=\mathbf{0}$이 자명한 해 $x=\mathbf{0}=(0, 0, \ldots, 0)$만 갖는다는 뜻은 집합 $\{u_1, u_2, \cdots , u_n\}$이 선형 독립이라는 말이다.

> **정리 4.14** n개의 미지수를 갖는 동차연립방정식 $Ax=\mathbf{0}$의 해집합은 $\mathbb{R}^n$의 부분공간이다.

분명히 $Ax=b$의 해집합은 $\mathbb{R}^n$의 부분공간이 아니다. 왜냐하면 **0** 을 포함하지 못하기 때문이다.

보기 4.10 다음 행렬 A의 영공간을 위한 확장 집합(spanning set)을 구하라.

$$A=\begin{bmatrix} -3 & 6 & -1 & 1 & -7 \\ 1 & -2 & 2 & 3 & -1 \\ 2 & -4 & 5 & 8 & -4 \end{bmatrix}$$

동차연립방정식 $Ax=0$의 일반해를 먼저 구하자. 첨가행렬 $[A \quad 0]$을 기약사다리꼴 형태로 바꾸어 자유변수를 써서 해집합을 나타내자.

$$\begin{bmatrix} 1 & -2 & 0 & -1 & 3 & 0 \\ 0 & 0 & 1 & 2 & -2 & 0 \\ 0 & 0 & 0 & 0 & 0 & 0 \end{bmatrix} \qquad \begin{aligned} x_1-2x_2 \quad -x_4+3x_5&=0 \\ x_3+2x_4-2x_5&=0 \\ 0&=0 \end{aligned}$$

일반해는 $x_1=2x_2+x_4-3x_5,\ x_3=-2x_4+2x_5$이고 $x_2,\ x_4,\ x_5$는 자유변수이다. 이제 자유변수가 스칼라가 되도록 이 해집합을 벡터들의 결합으로 나타내면

$$\begin{bmatrix} x_1 \\ x_2 \\ x_3 \\ x_4 \\ x_5 \end{bmatrix}=\begin{bmatrix} 2x_2+x_4-3x_5 \\ x_2 \\ -2x_4+2x_5 \\ x_4 \\ x_5 \end{bmatrix}=x_2\begin{bmatrix} 2 \\ 1 \\ 0 \\ 0 \\ 0 \end{bmatrix}+x_4\begin{bmatrix} 1 \\ 0 \\ -2 \\ 1 \\ 0 \end{bmatrix}+x_5\begin{bmatrix} -3 \\ 0 \\ 2 \\ 0 \\ 1 \end{bmatrix}$$

$$=x_2u+x_4v+x_5w$$

이다. 벡터 $u,\ v,\ w$의 모든 선형결합은 Nul A의 원소이다. 그러므로 $\{u,\ v,\ w\}$가 Nul A의 확장 집합이다. dim(Nul A)$=3$이다.

Nul A가 영이 아닌 벡터를 포함한다면 Nul A를 위한 확장집합 안의 벡터들의 개수는 연립방정식 $Ax=0$의 자유변수의 개수와 같다.

동차연립방정식의 일반해를 위한 기저

동차 선형 연립방정식 $Ax=\mathbf{0}$의 일반해를 W라고 나타내자. **0**이 아닌 방정식의 선형독립인 해 벡터들 $u_1, u_2, \ldots, u_s$가 있다 하자. 해 벡터 $w\in W$가 벡터 $u_1, u_2, \ldots, u_s$의 선형결합으로 유일하게 나타내어질 때, 즉, 유일한 스칼라 $a_1, a_2, \ldots, a_s$에 대하여

$$w=a_1u_1+a_2u_2+\cdots+a_su_s$$

같이 나타내어질 때, 우리는 해 벡터들 $u_1, u_2, \ldots, u_s$를 W의 기저(basis)라 부른다.

기저 벡터들의 숫자 s는 바로 자유변수들의 개수와 일치한다. 이 숫자 s를 W의 차원(dimension)이라고 부르고 $\dim W = s$라고 쓴다. $W = \{\mathbf{0}\}$이면 이 방정식은 오직 $\mathbf{0}$을 해로 갖는다. 그러므로 $\dim W = 0$이다.

보기 4.11 다음 동차방정식의 해집합 W의 기저와 차원을 구하라.

$$\begin{aligned} x_1 + 2x_2 - 3x_3 + 2x_4 - 4x_5 &= 0 \\ 2x_1 + 4x_2 - 5x_3 + x_4 - 6x_5 &= 0 \\ 5x_1 + 10x_2 - 13x_3 + 16x_4 - 4x_5 &= 0 \end{aligned}$$

사다리꼴 형태로 만들자.

$$\begin{bmatrix} 1 & 2 & -3 & 2 & -4 & 0 \\ 2 & 4 & -5 & 1 & -6 & 0 \\ 5 & 10 & -13 & 4 & -16 & 0 \end{bmatrix} \sim \begin{bmatrix} 1 & 2 & -3 & 2 & -4 & 0 \\ 0 & 0 & 1 & -3 & 2 & 0 \\ 0 & 0 & 2 & -6 & 4 & 0 \end{bmatrix} \sim \begin{bmatrix} 1 & 2 & -3 & 2 & -4 & 0 \\ 0 & 0 & 1 & -3 & 2 & 0 \\ 0 & 0 & 0 & 0 & 0 & 0 \end{bmatrix}$$

그러므로 $x_3 = 3x_4 - 2x_5$이고

$$\begin{aligned} x_1 &= -2x_2 + 3(3x_4 - 2x_5) - 2x_4 + 4x_5 \\ &= -2x_2 + 7x_4 - 2x_5 \end{aligned}$$

이 된다. 그러므로 방정식은 x_2, x_4, x_5등 세 개의 자유변수를 갖게 된다.

$$\begin{bmatrix} x_1 \\ x_2 \\ x_3 \\ x_4 \\ x_5 \end{bmatrix} = \begin{bmatrix} -2x_2 + 7x_4 - 2x_5 \\ x_2 \\ 3x_4 - 2x_5 \\ x_4 \\ x_5 \end{bmatrix} = x_2 \begin{bmatrix} -2 \\ 1 \\ 0 \\ 0 \\ 0 \end{bmatrix} + x_4 \begin{bmatrix} 7 \\ 0 \\ 3 \\ 1 \\ 0 \end{bmatrix} + x_5 \begin{bmatrix} -2 \\ 0 \\ -2 \\ 0 \\ 1 \end{bmatrix}$$

$$= x_2 u_1 + x_4 u_2 + x_5 u_3$$

가 되어 $u_1 = (-2,1,0,0,0)$, $u_2 = (7,0,3,1,0)$, $u_3 = (-2,0,-2,0,1)$가 W의 기저를 형성한다. 그러므로 $\dim W = 3$이 된다.

다음은 보기 4.11을 MATLAB으로 구현한 것이다.

```
>> A=[1 2 -3 2 -4 0; 2 4 -5 7 -6 0 ; 5 10 -13 16 -16 0]

A =

     1     2    -3     2    -4     0
     2     4    -5     7    -6     0
     5    10   -13    16   -16     0

>> rref(A)
```

```
ans =

     1     2     0    11     2     0
     0     0     1     3     2     0
     0     0     0     0     0     0
```

언급 ‖ 위의 보기에서 $x_2,\ x_4,\ x_5$의 값을 다르게 취함으로써 다른 형태의 기저도 구할 수 있다. 하지만 근본적으로 같은 것이다. 또한 W의 임의의 근들은 다음과 같이 쓸 수 있다.

$$\begin{aligned} au_1+bu_2+cu_3 &= a(-2,1,0,0,0)+b(7,0,3,1,0)+c(-2,0,-2,0,1) \\ &= (-2a+7b-2c,\ a,\ 3b-2c,\ b,\ c) \end{aligned}$$

또는

$$x_1=-2a+7b-2c,\quad x_2=a,\quad x_3=3b-2c,\quad x_4=b,\quad x_5=c$$

이다. 즉, 이 형태는 $x_2=a,\ x_4=b,\ x_5=c$를 매개변수로 선택한 매개변수 형태의 일반해 표시법에 불과하다.

유제 4.9 다음 동차연립방정식의 해 집합 W의 차원과 한 기저를 구하여라:

$$\begin{aligned} x_1+2x_2+3x_3-2x_4+4x_5&=0 \\ 2x_1+4x_2+8x_3+x_4+9x_5&=0 \\ 3x_1+6x_2+13x_3+4x_4+14x_5&=0 \end{aligned}$$

풀이 동차 방정식일 때는 첨가 행렬을 이용하면

$$\begin{bmatrix} 1 & 2 & 3 & -2 & 4 & 0 \\ 2 & 4 & 8 & 1 & 9 & 0 \\ 3 & 6 & 13 & 4 & 14 & 0 \end{bmatrix} \sim \begin{bmatrix} 1 & 2 & 3 & -2 & 4 & 0 \\ 0 & 0 & 2 & 5 & 1 & 0 \\ 0 & 0 & 4 & 10 & 2 & 0 \end{bmatrix} \sim \begin{bmatrix} \boxed{1} & 2 & 3 & -2 & 4 & 0 \\ 0 & 0 & \boxed{2} & 5 & 1 & 0 \\ 0 & 0 & 0 & 0 & 0 & 0 \end{bmatrix}$$ 이므로 자유변수가 x_2, x_4, x_5이다. 따라서

$$x_1=-2x_2-\frac{19}{2}x_4-\frac{5}{2}x_5,\quad x_3=-\frac{5}{2}x_4-\frac{1}{2}x_5$$

이다. 그러므로 $\dim W=3$이다. 보기 4.11과 다른 방법으로 W의 한 기저는 x_2, x_4, x_5에 적당한 수를 대입함으로써 구할 수도 있다.

(1) $x_2=1,\ x_4=0,\ x_5=0$을 대입하면 $x_3=0,\ x_1=-2$이므로 $u_1=(-2,1,0,0,0)$이다.

(2) $x_2=0,\ x_4=1,\ x_5=0$을 대입하면 $x_3=-\dfrac{5}{2},\ x_1=\dfrac{19}{2}$이므로 $u_2=\left(\dfrac{19}{2},\ 0,\ -\dfrac{5}{2},\ 1,\ 0\right)$이다.

(3) $x_2=0,\ x_4=0,\ x_5=1$을 대입하면 $x_3=-\frac{1}{2},\ x_1=-\frac{5}{2}$이므로 $u_3=(-\frac{5}{2},0,-\frac{1}{2},0,1)$이다. 그러므로 일반해의 매개변수 방정식 형태는 기저 벡터들의 선형결합으로 나타내어진다. 즉,

$$au_1+bu_2+cu_3=(-2a+\frac{19}{2}b-\frac{5}{2}c,\ a,\ -\frac{5}{2}b-\frac{1}{2}c,\ b,\ c),\ \ a,\ b,\ c\in\mathbb{R}$$

이다.

정리 4.15 v_0를 비동차 선형 연립방정식 $Ax=b$의 특수해라 하고 W를 이 방정식의 동차연립방정식 $Ax=\mathbf{0}$의 일반해라고 하자. 그러면 $Ax=b$의 일반해는 다음과 같다.

$$U=v_0+W=\{v_0+w : w\in W\}$$

증명 w를 $Ax=\mathbf{0}$의 한 해라 하자. 그러면

$$A(v_0+w)=Av_0+Aw=b+\mathbf{0}=b$$

이므로 v_0+w은 $Ax=b$의 해이다. 반대로 v가 $Ax=b$의 한 해라 하자. 그러면

$$A(v-v_0)=Av-Av_0=b-b=\mathbf{0}$$

따라서 $v-v_0\in W$이다. $v=v_0+(v-v_0)$이므로 $Ax=b$의 임의의 해는 $Ax=\mathbf{0}$의 한 해에 $Ax=b$의 한 해를 더하여 얻어질 수 있음을 알 수 있다. ■

$AU=A(v_0+W)=Av_0+AW=b+\mathbf{0}=b$이므로 U는 $Ax=b$의 해이다. $\mathbf{0}$이 $Ax=\mathbf{0}$의 해이므로 W는 $\mathbf{0}$을 포함한다. 그러므로 $\mathbb{R}^3$에서 기하학적으로 W는 영점을 지나는 직선이라 가정할 수 있고 U는 이 직선을 v_0만큼 평행이동한 직선이라고 생각할 수 있다. 또한 W가 영점을 지나는 평면이라 하면 U는 이 평면을 v_0만큼 평행이동한 평면이다. 즉, U와 W는 평행하다.

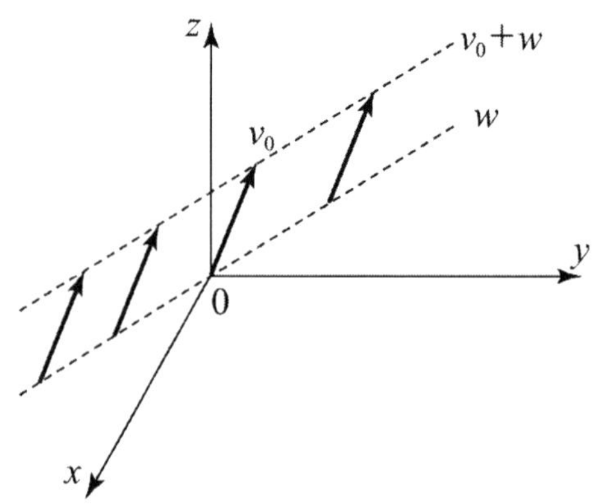

그림 4.1 비동차방정식의 일반해

4.5 행렬의 행공간, 열공간

$A=[a_{ij}]$를 체 $\mathbb{R}$위의 임의의 $m\times n$행렬이라고 하자. A의 행들,

$$R_1=(a_{11},a_{12},\ldots,a_{1n}),\ R_2=(a_{21},a_{22},\ldots,a_{2n}),\ \ldots,\ R_m=(a_{m1},a_{m2},\ldots,a_{mn})$$

들은 $\mathbb{R}^n$의 벡터들로 볼 수 있다. 그러므로 $\mathbb{R}^n$의 한 부분공간을 확장할 수 있다. 이 부분 공간을 행렬 A의 **행공간**(row space)이라 하고 $\mathrm{Row}\,A$라고 나타낸다. 즉,

$$\mathrm{Row}\,A=span(R_1,R_2,\ \ldots\ ,R_m)$$

이다.

> 정의 4.8 $m\times n$ 행렬 A의 **열공간**(column space), Col A, 는 행렬 A의 모든 열들의 선형결합의 집합이다. 만약 $A=[a_1\ a_2\ \cdots\ a_n]$이라 하면
>
> $$\mathrm{Col}\,A=span\{a_1,\ a_2,\ \cdots\ ,a_n\}$$

우리는 쉽게 다음을 알 수 있다.

$$\mathrm{Col}\,A=\mathrm{Row}\,A^T$$

보기 4.12 $A=\begin{bmatrix}-2&-5&8&0&-17\\1&3&-5&1&5\\3&11&-19&7&1\\1&7&-13&5&-3\end{bmatrix}$일 때

$$\begin{aligned}r_1&=(-2,-5,8,0,-17)\\r_2&=(1,3,-5,1,5)\\r_3&=(3,11,-19,7,1)\\r_4&=(1,7,-13,5,-3)\end{aligned}$$

이라 하자. A의 행공간은 $\{r_1,r_2,r_3,r_4\}$에 의해 확장된 $\mathbb{R}^5$의 부분공간이다. 즉, $\mathrm{Row}\,A=span\{r_1,r_2,r_3,r_4\}$이다.

행렬 A와 B가 행동치라고 하자. $A\sim B$라고 쓴다. 행렬 B는 유한개의 기본 행 연산에 의해 행렬 A로부터 얻어진 행렬이다.

이제 B를 다음의 기본 행 연산 중 하나를 A에 적용함으로써 얻어진 행렬이라 하자.

(1) 행 R_i와 R_j를 바꾼다. (2)R_i를 kR_i로 바꾼다. (3)R_j를 kR_i+R_j로 바꾼다.

그러면 B의 행들은 A의 행을 그대로 가져온 것이거나 A의 행들의 선형결합이 된다. 그러므로 B의 행 공간은 A의 행공간에 포함된다. 반면, 반대방향의 기본 연산을 B에 취하므로 A를 얻을 수 있으므로 A의 행공간은 B의 행 공간에 포함된다. 종합하면 A와 B의 행공간은 동일하다. 이 사실은 기본 행 연산을 취하여 행동치 행렬을 만들 때마다 사실로서 적용될 수 있다. 그러므로 다음의 정리를 얻는다.

정리 4.16 행 동치인 행렬들의 행공간은 모두 같다.

$A \sim B$일 때 만약 B가 사다리꼴이면 B의 모두 0이 아닌 행들은 A의 행공간의 기저를 형성하고 또한 B의 행공간의 기저도 된다. 왜냐하면 B의 행들은 A의 행들로부터 기본행연산으로 얻어졌다면 B의 행들은 A의 행들의 선형결합이기 때문이다.

정리 4.17 $A \sim B$이고 A와 B를 기약사다리꼴 행렬이라 하자. A와 B가 같은 행 공간을 가질 필요충분조건은 그들이 같은 개수의 영이 아닌 행을 갖는 것이다. 또한 영이 아닌 행들은 행공간을 확장한다.

따름 정리 4.18 모든 행렬 A는 유일한 기약사다리꼴 행렬과 행 동치이다.

증명 A를 기약사다리꼴 행렬 A_1과 A_2와 행동치라고 하자. $\mathrm{Row}\,A=\mathrm{Row}\,A_1$이고 $\mathrm{Row}\,A=\mathrm{Row}\,A_2$이다. 그러므로 $\mathrm{Row}\,A_1=\mathrm{Row}\,A_2$ 이다. 정리 4.17에 의해 정리가 성립한다. ■

보기 4.13 $\mathbb{R}^4$ 안의 다음 두 개의 집합을 보자.

$$u_1=(1,2,-1,3),\ u_2=(2,4,1,-2),\ u_3=(3,6,3,-7)$$
$$w_1=(1,2,-4,11),\ w_2=(2,4,-5,14)$$

$U=span(u_i)$, $W=span(w_i)$라고 하자. $U=W$임을 보이는 두 가지 방법이 있다.

(1) 각 u_i가 w_i들의 선형결합으로 나타내어지고 반대로 각 w_i가 u_i들의 선형결합으로 나타내어짐을 보이면 된다. 6개의 선형 연립방정식을 풀어야 한다. 각자 풀어보자.

(2) u_1, u_2, u_3를 행으로 갖는 행렬 A를 만들고 행렬 A를 기본 행 연산을 써서 기약사다리꼴 행렬로 만든다. w_1, w_2를 행으로 갖는 행렬 B를 만들고 행렬 B를 기본 행 연산을 써서 기약사다리꼴 행렬로 만든다.

$$A = \begin{bmatrix} 1 & 2 & -1 & 3 \\ 2 & 4 & 1 & -2 \\ 3 & 6 & 3 & -7 \end{bmatrix} \sim \begin{bmatrix} 1 & 2 & -1 & 3 \\ 0 & 0 & 3 & -8 \\ 0 & 0 & 6 & -16 \end{bmatrix} \sim \begin{bmatrix} 1 & 2 & 0 & \frac{1}{3} \\ 0 & 0 & 1 & -\frac{8}{3} \\ 0 & 0 & 0 & 0 \end{bmatrix}$$

$$B = \begin{bmatrix} 1 & 2 & -4 & 11 \\ 2 & 4 & -5 & 14 \end{bmatrix} \sim \begin{bmatrix} 1 & 2 & -4 & 11 \\ 0 & 0 & 3 & -8 \end{bmatrix} \sim \begin{bmatrix} 1 & 2 & 0 & \frac{1}{3} \\ 0 & 0 & 1 & -\frac{8}{3} \end{bmatrix}$$

A와 B의 행 공간이 같으므로 $U = W$이다. ■

이제 열공간에 대하여 연구하자.

정리 4.19 $m \times n$ 행렬 A의 열공간(column space)은 $\mathbb{R}^m$의 부분공간이다. Col A의 벡터들은 적당한 x에 대하여 Ax 라고 쓸 수 있다. 왜냐하면 Ax가 A의 열들의 선형결합을 나타내기 때문이다. 즉,

$$\text{Col}\, A = \{b \mid b = Ax \text{ 적당한 } x \in \mathbb{R}^n\}$$

이다. $m \times n$ 행렬 A의 열공간이 $\mathbb{R}^m$일 필요충분조건은 각각의 $b \in \mathbb{R}^m$에 대하여 연립방정식 $Ax = b$의 해가 존재하는 것이다.

보기 4.14 $A = \begin{bmatrix} 2 & 4 & -2 & 1 \\ -2 & -5 & 7 & 3 \\ 3 & 7 & -8 & 6 \end{bmatrix}$, $u = \begin{bmatrix} 3 \\ -2 \\ -1 \\ 0 \end{bmatrix}$, $v = \begin{bmatrix} 3 \\ -1 \\ 3 \end{bmatrix}$라 하자.

(1) u가 Nul A에 속하는가? u는 Col A의 벡터인가?

(2) v가 Col A벡터인가? v는 Nul A에 속하는가?

풀이 (1) Au를 계산한다.

$$Au = \begin{bmatrix} 2 & 4 & -2 & 1 \\ -2 & -5 & 7 & 3 \\ 3 & 7 & -8 & 6 \end{bmatrix} \begin{bmatrix} 3 \\ -2 \\ -1 \\ 0 \end{bmatrix} = \begin{bmatrix} 0 \\ -3 \\ 3 \end{bmatrix} \neq \begin{bmatrix} 0 \\ 0 \\ 0 \end{bmatrix}$$

따라서 u 는 $Ax = 0$의 해가 아니므로 u는 Nul A의 벡터가 아니다. 또

한 벡터 u의 성분은 4개이고 Col A는 $\mathbb{R}^3$의 부분공간이므로 A의 열공간에 포함될 수 없다.

(2) 기약사다리꼴로 바꾸면

$$[A \quad v] = \begin{bmatrix} 2 & 4 & -2 & 1 & 3 \\ -2 & -5 & 7 & 3 & -1 \\ 3 & 7 & -8 & 6 & 3 \end{bmatrix} \sim \begin{bmatrix} 2 & 4 & -2 & 1 & 3 \\ 0 & 1 & -5 & -4 & -2 \\ 0 & 0 & 0 & 17 & 1 \end{bmatrix}$$

이 되고 $Ax = v$는 해를 갖는다. 따라서 v는 Col A에 속한다. v는 성분이 3개이고 Nul A는 $\mathbb{R}^4$의 부분공간이므로 Nul A에 속하지 못한다. ■

정리 4.20 동차연립방정식 $Ax = 0$가 방정식의 개수보다 미지수의 개수가 많으면 영이 아닌 해를 갖는다.

보기 4.15 다음 동차 선형연립방정식들이 해를 갖는지 판별하시오.

1) $$\begin{aligned} x + y - z &= 0 \\ 2x - 3y + z &= 0 \\ x - 4y + 2z &= 0 \end{aligned}$$

2) $$\begin{aligned} x + y - z &= 0 \\ 2x + 4y - z &= 0 \\ 3x + 2y + 2z &= 0 \end{aligned}$$

3) $$\begin{aligned} x_1 + 2x_2 - 3x_3 + 4x_4 &= 0 \\ 2x_1 - 3x_2 + 5x_3 - 7x_4 &= 0 \\ 5x_1 + 6x_2 - 9x_3 + 9x_4 &= 0 \end{aligned}$$

풀이 1) 사다리꼴로 바꾸면

$$\begin{bmatrix} 1 & 1 & -1 & 0 \\ 2 & -3 & 1 & 0 \\ 1 & -4 & 2 & 0 \end{bmatrix} \sim \begin{bmatrix} 1 & 1 & -1 & 0 \\ 0 & -5 & 3 & 0 \\ 0 & -5 & 3 & 0 \end{bmatrix} \sim \begin{bmatrix} 1 & 1 & -1 & 0 \\ 0 & -5 & 3 & 0 \\ 0 & 0 & 0 & 0 \end{bmatrix}$$

이다. z를 자유변수라고 하면 $y = \frac{3}{5}z$이고 $x = \frac{2}{5}z$가 된다. $z = 5$라고 하면 $y = 3$, $x = 2$가 된다. 그러므로 $u = (2,3,5)$는 특정해(particular solution, 해 중의 한 개)가 된다.

2) $$\begin{bmatrix} 1 & 1 & -1 & 0 \\ 2 & 4 & -1 & 0 \\ 3 & 2 & 2 & 0 \end{bmatrix} \sim \begin{bmatrix} 1 & 1 & -1 & 0 \\ 0 & 2 & 1 & 0 \\ 0 & -1 & 5 & 0 \end{bmatrix} \sim \begin{bmatrix} 1 & 1 & -1 & 0 \\ 0 & 2 & 1 & 0 \\ 0 & 0 & 11/2 & 0 \end{bmatrix}$$

이므로 자명한 해를 갖는다.

3) 이 경우는 미지수의 개수가 방정식의 개수보다 많으므로 자명하지 않은 해가 존재한다. ■

보기 4.16 다음 행렬 B의 열공간의 기저를 찾아라.

$$B = [b_1\ b_2\ \cdots\ b_5] = \begin{bmatrix} 1 & 4 & 0 & 2 & 0 \\ 0 & 0 & 1 & -1 & 0 \\ 0 & 0 & 0 & 0 & 1 \\ 0 & 0 & 0 & 0 & 0 \end{bmatrix}$$

풀이 B의 선택성분을 포함하지 않는 열들은 선택성분이 있는 열(pivot column)들의 선형결합으로 나타내어진다. 실제로 $b_2 = 4b_1$이고 $b_4 = 2b_1 - b_3$이다. 따라서 b_2와 b_4를 제외한 $\{b_1, b_3, b_5\}$가 Col B를 확장한다.

$$S = \{b_1, b_3, b_5\} = \left\{ \begin{bmatrix} 1 \\ 0 \\ 0 \\ 0 \end{bmatrix}, \begin{bmatrix} 0 \\ 1 \\ 0 \\ 0 \end{bmatrix}, \begin{bmatrix} 0 \\ 0 \\ 1 \\ 0 \end{bmatrix} \right\}$$

이라 하면 분명히 S는 선형 독립이다. 그러므로 S는 Col B의 기저가 된다. ■

행렬 A가 기약사다리꼴이 아니라고 하고 행렬 B는 행렬 A의 기약사다리꼴이라고 하자. 그러면 $Ax = 0$과 $Bx = 0$은 정확히 같은 해집합을 가질 것이다. $A = [a_1\ \cdots\ a_n]$이고 $B = [b_1\ \cdots\ b_n]$라고 하면 벡터 방정식 $x_1a_1 + \cdots + x_na_n = 0$과 $x_1b_1 + \cdots + x_nb_n = 0$는 역시 같은 해집합을 가질 것이다. 이것은 A의 열들이 선형 독립이면 B의 열들도 선형 독립이라는 뜻이고, 또한 A의 열들이 선형 종속이면 B의 열들도 선형 종속이라는 뜻이다. 더 일반적으로 말하면 A의 열들 사이의 선형 독립성 여부는 B의 열들 사이의 선형 독립성 여부를 그대로 반영한다. 그 반대도 참이다.

왜냐하면 선형 독립이면 두 벡터 방정식으로부터 모두 $(x_1, \cdots, x_n) = (0, 0, \cdots, 0)$이어야 하기 때문이다.

보기 4.17 행렬 $A = [a_1\ a_2\ \cdots\ a_5] = \begin{bmatrix} 1 & 4 & 0 & 2 & -1 \\ 3 & 12 & 1 & 5 & 5 \\ 2 & 8 & 1 & 3 & 2 \\ 5 & 20 & 2 & 8 & 8 \end{bmatrix}$는 보기 4.16의 행렬

$B = [b_1\ b_2\ \cdots\ b_5] = \begin{bmatrix} 1 & 4 & 0 & 2 & 0 \\ 0 & 0 & 1 & -1 & 0 \\ 0 & 0 & 0 & 0 & 1 \\ 0 & 0 & 0 & 0 & 0 \end{bmatrix}$와 행동치이다. Col A의 기저를 찾아라.

풀이 위 보기에서 $b_2 = 4b_1$이고 $b_4 = 2b_1 - b_3$임을 보았다. 우리는 똑같이 $a_2 = 4a_1$이고 $a_4 = 2a_1 - a_3$임을 확인할 수 있다. $\{a_1, a_3, a_5\}$는 Col A의

확장집합이다. 그리고 $\{b_1, b_3, b_5\}$가 선형 독립이기 때문에 $\{a_1, a_3, a_5\}$도 선형 독립이다. 그러므로 $\{a_1, a_3, a_5\}$는 Col A의 기저이다. 이 기저 속에 포함된 열들은 바로 A의 선택열(pivot columns)들이다. ■

정리 4.21 행렬 A의 선택열(pivot columns)들은 Col A의 기저를 이룬다.

증명 행렬 B가 행렬 A의 기약사다리꼴이라하자. B의 선택열(pivot columns)들은 어떤 열 벡터도 앞선 벡터들의 선형결합으로 나타낼 수 없으므로 선형 독립이다. A는 B와 행 동치이므로 A의 열들 사이의 선형 독립성 여부와 B의 열들 사이의 선형 독립성 여부는 같으므로 행렬 A의 선택열들도 마찬가지로 선형 독립이다. 이러한 이유로 A의 선택열이 아닌 모든 열들은 선택열들의 선형결합으로 나타낼 수 있다. 그러므로 선택열이 아닌 모든 열들은 Col A을 위한 확장집합에서 제거될 수 있다. 따라서 선택열들은 Col A의 기저가 된다. ■

$A \sim B$일 때 기본행 연산들은 행렬들의 열공간을 변경할 수 있다. 따라서 기약사다리꼴 행렬 B의 열공간은 A의 열공간과 다를 수 있으므로 행렬 A의 피봇열을 선택하여야 한다.

행렬의 계수(rank)

A를 $\mathbb{R}$ 위의 $m \times n$행렬이라 하자. A의 행들은 $\mathbb{R}^n$의 벡터로 볼 수 있고 A의 행공간 Row$A$는 A의 행들로 확장된 $\mathbb{R}^n$의 부분공간이다. $Ax = 0$가 k개의 자유변수를 갖는다고 하자. Nul A의 확장집합은 정확히 k개의 선형 독립인 벡터들, u_1, ... , u_k을 갖는 것이다. 따라서 $\{u_1, \ldots, u_k\}$는 Nul A의 기저가 된다. 즉, 자유변수의 개수는 기저 안의 벡터의 개수를 결정한다. 그러므로 Nul A의 차원은 방정식 $Ax = 0$ 안의 자유변수의 개수이고 Col A의 차원은 A의 선택열의 개수이다.

정의 4.9 행렬 A의 **계수**, rank(A)는 A의 선형 독립인 행의 최대 개수와 같다. 즉, A의 행공간의 차원이다.

비슷하게 A 의 열들은 $\mathbb{R}^m$ 의 벡터로 볼 수 있고 A 의 열공간 Col A 는 A 의 열들로 확장된 $\mathbb{R}^m$ 의 부분공간이다.

정리 4.22 임의의 행렬 A 의 선형 독립인 행의 최대 개수는 행렬 A 의 선형 독립인 열의 최대 개수와 같다. 그러므로 A 의 열공간의 차원과 행공간의 차원은 같다.

기저를 찾는 문제

보기 4.18 다음 행렬 A의 행공간, 열공간, 영공간의 기저를 찾아라.

$$A = \begin{bmatrix} -2 & -5 & 8 & 0 & -17 \\ 1 & 3 & -5 & 1 & 5 \\ 3 & 11 & -19 & 7 & 1 \\ 1 & 7 & -13 & 5 & -3 \end{bmatrix}$$

풀이 행공간, 열공간의 각각의 기저를 찾기 위해서 A의 사다리꼴을 다음과 같이 구해야 한다.

$$A \sim B = \begin{bmatrix} 1 & 3 & -5 & 1 & 5 \\ 0 & 1 & -2 & 2 & -7 \\ 0 & 0 & 0 & -4 & 20 \\ 0 & 0 & 0 & 0 & 0 \end{bmatrix}$$

정리 4.22에 의해, B의 처음 3개의 행은 A 의 행공간의 기저를 이룬다. (물론 B의 행공간의 기저도 된다. 그러므로 Row A의 기저는

$$\{(1,3,-5,1,5),\ (0,1,-2,2,-7),\ (0,0,0,-4,20)\}$$

이다. 열공간은 B로부터 선택열(pivot column)을 찾으면 1, 2, 4열이다. 그러므로 행렬 A의 열 1, 2, 4는 Col A의 기저이다.

$$\left\{ \begin{bmatrix} -2 \\ 1 \\ 3 \\ 1 \end{bmatrix}, \begin{bmatrix} -5 \\ 3 \\ 11 \\ 7 \end{bmatrix}, \begin{bmatrix} 0 \\ 1 \\ 7 \\ 5 \end{bmatrix} \right\}$$

Nul A을 위해서는 A의 기약사다리꼴이 필요하다.

$$A \sim B \sim C = \begin{bmatrix} 1 & 0 & 1 & 0 & 1 \\ 0 & 1 & -2 & 0 & 3 \\ 0 & 0 & 0 & 1 & -5 \\ 0 & 0 & 0 & 0 & 0 \end{bmatrix}$$

방정식 $Ax=0$는 $Cx=0$과 동치이다. 즉,

$$\begin{aligned} x_1 + \quad x_3 \quad + \ x_5 &= 0 \\ x_2 - 2x_3 \quad + 3x_5 &= 0 \\ x_4 - 5x_5 &= 0 \end{aligned}$$

이므로 $x_1 = -x_3 - x_5$, $x_2 = 2x_3 - 3x_5$, $x_4 = 5x_5$, 여기서 x_3와 x_5는 자유 변수이다. 따라서

$$\begin{bmatrix} x_1 \\ x_2 \\ x_3 \\ x_4 \\ x_5 \end{bmatrix} = \begin{bmatrix} -x_3 - x_5 \\ 2x_3 - 3x_5 \\ x_3 \\ 5x_5 \\ x_5 \end{bmatrix} = x_3 \begin{bmatrix} -1 \\ 2 \\ 1 \\ 0 \\ 0 \end{bmatrix} + x_5 \begin{bmatrix} -1 \\ -3 \\ 0 \\ 5 \\ 1 \end{bmatrix}$$

$$= x_3 u + x_5 v$$

여기서 $u = \begin{bmatrix} -1 \\ 2 \\ 1 \\ 0 \\ 0 \end{bmatrix}$, $v = \begin{bmatrix} -1 \\ -3 \\ 0 \\ 5 \\ 1 \end{bmatrix}$이고 Nul A의 기저는 $\left\{ \begin{bmatrix} -1 \\ 2 \\ 1 \\ 0 \\ 0 \end{bmatrix}, \begin{bmatrix} -1 \\ -3 \\ 0 \\ 5 \\ 1 \end{bmatrix} \right\}$이다.

■

여기서 주의할 것은 Col A와 다르게 Row A와 Nul A의 기저는 A의 성분들과는 직접적인 관련이 없다는 것이다.

보기 4.19 $A = \begin{bmatrix} 1 & 2 & 1 & 3 & 1 & 2 \\ 2 & 5 & 5 & 6 & 4 & 5 \\ 3 & 7 & 6 & 11 & 6 & 9 \\ 1 & 5 & 10 & 8 & 9 & 9 \\ 2 & 6 & 8 & 11 & 9 & 12 \end{bmatrix}$, $B = \begin{bmatrix} \boxed{1} & 2 & 1 & 3 & 1 & 2 \\ 0 & \boxed{1} & 3 & 0 & 2 & 1 \\ 0 & 0 & 0 & \boxed{2} & 1 & 2 \\ 0 & 0 & 0 & 0 & 1 & 2 \\ 0 & 0 & 0 & 0 & 0 & 0 \end{bmatrix}$ (행렬 A의 사다리꼴 형태이다.)

다음의 행렬 A에 관한 4개의 문제를 풀자. 여기서 $C_1, C_2, \cdots, C_6$는 열을 나타낸다.

(1) A의 행공간의 기저를 구한다.

(2) A의 열 공간의 기저를 찾는다.

(3) A의 계수(rank)를 구한다.

풀이 (1) A와 B는 행동치이다. 그러므로 같은 행 공간을 갖는다. 더구나 B가 사다리꼴 형태이므로 B의 영이 아닌 행들은 선형 독립이고 B의 행 공간의 기저가 된다. 그러므로 이들은 행렬 A의 행공간의 기저가 된다.

즉,

Row A의 기저 : $(1,2,1,3,1,2)$, $(0,1,3,0,2,1)$, $(0,0,0,2,1,2)$, $(0,0,0,0,1,2)$

(2) C_1, C_2, C_4, C_5는 A의 앞선 열들의 선형결합이 아니므로 선형 독립이다. 그러므로 A의 열공간의 기저가 된다. 즉,

Col A의 기저 : $(1,2,3,1,2)^T$, $(2,5,7,5,6)^T$, $(3,6,11,8,11)^T$, $(1,4,6,9,9)^T$

C_1, C_2, C_4는 A의 사다리꼴 형태의 선택 원소를 포함하고 있는 A의 열들을 말한다. B는 A와 열 동치가 아님을 주의하자.

(3) 여기서 A의 계수(rank)의 세 가지의 가능한 정의를 보자.

(i) 행렬 A의 사다리꼴형 행렬 B에 네 개의 선택원소가 있다.

(ii) B의 네 개의 선택원소는 A의 행공간의 기저가 되는 B의 영이 아닌 행에 대응한다.

(iii) B의 네 개의 선택원소는 A의 열공간의 기저가 되는 A의 영이 아닌 열에 대응한다. 그러므로 $\text{rank}(A)=4$이다.

보기 4.20 $\mathbb{R}^5$의 부분공간 W가 다음 벡터들로 확장된다고 하자.

$$u_1=(1,2,1,3,2),\ u_2=(1,3,3,5,3),\ u_3=(3,8,7,13,8),$$
$$u_4=(1,4,6,9,7),\ u_5=(5,13,13,25,19)$$

주어진 벡터로 구성된 W의 기저를 찾고 $\dim W$를 구하라.

주어진 벡터들을 열로 갖는 행렬 M을 만들고 사다리꼴 형태로 만든다.

$$M=\begin{bmatrix}1&1&3&1&5\\2&3&8&4&13\\1&3&7&6&13\\3&5&13&9&25\\2&3&8&7&19\end{bmatrix}\sim\begin{bmatrix}1&1&3&1&5\\0&1&2&2&3\\0&0&0&1&2\\0&0&0&0&0\\0&0&0&0&0\end{bmatrix}$$

선택원소를 갖는 열은 C_1, C_2, C_4이므로 u_3와 u_5를 S에서 제거하면 나머지 u_1, u_2, u_4가 W기저가 된다. 그러므로 $\dim W=3$이다.

유제 4.10 W가 다음의 벡터들로 확장되는 $\mathbb{R}^4$의 부분공간이라 하자.

$$u_1=(1,-2,5,-3),\quad u_2=(2,3,1,-4),\ u_3=(3,8,-3,-5)$$

(1) W의 기저와 차원을 구하라.

(2) W의 기저를 $\mathbb{R}^4$의 기저로 확장하라.

풀이 (1) $$\begin{bmatrix}1&-2&5&-3\\2&3&1&-4\\3&8&-3&-5\end{bmatrix}\sim\begin{bmatrix}1&-2&5&-3\\0&7&-9&2\\0&14&-18&4\end{bmatrix}\sim\begin{bmatrix}1&-2&5&-3\\0&7&-9&2\\0&0&0&0\end{bmatrix}$$

이므로 $(1,-2,5,-3)$, $(0,7,-9,2)$가 W의 기저이다.

그러므로 $\dim W=2$이다.

(2) $(1,-2,5,-3)$, $(0,7,-9,2)$, $(0,0,1,0)$, $(0,0,0,1)$들은 사다리꼴 형태를 만들므로 선형 독립이고 또한 $\mathbb{R}^4$의 기저이다. ■

유제 4.11 V를 2×2행렬 전체의 벡터 공간이라 하자. W를 V의 대칭 행렬전체의 부분공간이라 할 때 W의 기저를 찾아서 $\dim W=3$ 임을 보여라.

풀이 $A\in W$이면 대칭 행렬이므로 $A=\begin{bmatrix} a & b \\ b & d \end{bmatrix}$라 쓸 수 있다. 우리는 다음의 벡터들이 W의 기저라는 것을 보일 것이다.

$$E_1=\begin{bmatrix} 1 & 0 \\ 0 & 0 \end{bmatrix},\ E_2=\begin{bmatrix} 0 & 1 \\ 1 & 0 \end{bmatrix},\ E_3=\begin{bmatrix} 0 & 0 \\ 0 & 1 \end{bmatrix}$$

$S=\{E_1,\ E_2,\ E_3\}$이라 하자.

(1) $A=\begin{bmatrix} a & b \\ b & d \end{bmatrix}=aE_1+bE_2+dE_3$이므로 S는 W를 확장한다.

(2) 스칼라 $x,\ y,\ z$에 대하여 $xE_1+yE_2+zE_3=0$이라 하자. 즉,

$$x\begin{bmatrix} 1 & 0 \\ 0 & 0 \end{bmatrix}+y\begin{bmatrix} 0 & 1 \\ 1 & 0 \end{bmatrix}+z\begin{bmatrix} 0 & 0 \\ 0 & 1 \end{bmatrix}=\begin{bmatrix} 0 & 0 \\ 0 & 0 \end{bmatrix} \text{ 또는 } \begin{bmatrix} x & y \\ y & z \end{bmatrix}=\begin{bmatrix} 0 & 0 \\ 0 & 0 \end{bmatrix}$$

이다. 그러므로 $x=y=z=0$이므로 S는 선형 독립이다. 그러므로 S는 W의 기저이고 $\dim W=3$ 이다. ■

언급 ‖ 보기 4.20에서 C_3가 선택원소가 없다는 것은 벡터 방정식

$$xu_1+yu_2=u_3$$

가 해를 갖는다는 뜻이고 u_3가 벡터 u_1과 u_2의 선형결합으로 나타내어진다는 것이다. 비슷하게 C_5가 선택원소가 없다는 것은 u_5도 앞선 벡터들의 선형결합으로 나타내어진다는 것이다. 벡터들 중 앞선 벡터에 의해 선형결합으로 나타내어지는 벡터들을 제거하면 나머지 벡터들은 선형 독립이고 W의 기저이다.

동차 선형방정식에의 응용

n개의 미지수를 갖는 $\mathbb{R}$위의 동차 선형방정식 $Ax=0$을 보자. 정리 4.14에서 이 연립방정식의 해집합 W는 $\mathbb{R}^n$의 부분공간이므로 차원을 갖는다. 그러므로 다음의 정리가 성립한다.

정리 4.23 n개의 미지수를 갖는 $\mathbb{R}$ 위의 동차 선형방정식 $Ax=\mathbf{0}$의 해집합 W의 차원은 $n-r$이다. 여기서 r은 계수행렬 A의 계수이다. 즉,

$$\operatorname{rank}(A)+\dim \operatorname{Nul} A=n$$

유제 4.12 다음 각 행렬의 행공간의 계수(rank)와 기저를 구하라.

(1) $A=\begin{bmatrix}1&2&0&-1\\2&6&-3&-3\\3&10&-6&-5\end{bmatrix}$　　(2) $B=\begin{bmatrix}1&3&1&-2&-3\\1&4&3&-1&-4\\2&3&-4&-7&-3\\3&8&1&-7&-8\end{bmatrix}$

풀이 (1) $A=\begin{bmatrix}1&2&0&-1\\2&6&-3&-3\\3&10&-6&-5\end{bmatrix}\sim\begin{bmatrix}1&2&0&-1\\0&2&-3&-1\\0&4&-6&-2\end{bmatrix}\sim\begin{bmatrix}1&2&0&-1\\0&2&-3&-1\\0&0&0&0\end{bmatrix}$

$(1,2,0,-1)$, $(0,2,-3,-1)$이 $\operatorname{Row} A$의 기저를 이룬다. 그러므로 $\operatorname{rank}(A)=2$이다.

(2) $B=\begin{bmatrix}1&3&1&-2&-3\\1&4&3&-1&-4\\2&3&-4&-7&-3\\3&8&1&-7&-8\end{bmatrix}\sim\begin{bmatrix}1&3&1&-2&-3\\0&1&2&1&-1\\0&-3&-6&-3&3\\0&-1&-2&-1&1\end{bmatrix}\sim\begin{bmatrix}1&3&1&-2&-3\\0&1&2&1&-1\\0&0&0&0&0\\0&0&0&0&0\end{bmatrix}$

이므로 $(1,3,1,-2,-3)$, $(0,1,2,1,-1)$이 $\operatorname{Row} B$의 기저를 이룬다. 그러므로 $\operatorname{rank}(B)=2$이다. ■

유제 4.13 다음 $\mathbb{R}^3$의 부분공간 U, W에 대하여 $U=W$ 임을 보여라.

$$U=span(u_1,u_2,u_3)=span\{(1,1,-1),(2,3,-1),(3,1,-5)\}$$
$$W=span(w_1,w_2,w_3)=span\{(1,-1,-3),(3,-2,-8),(2,1,-3)\}$$

풀이 u_i를 행으로 갖는 행렬 A의 기약사다리꼴을 구한다.

$$A=\begin{bmatrix}1&1&-1\\2&3&-1\\3&1&-5\end{bmatrix}\sim\begin{bmatrix}1&1&-1\\0&1&1\\0&-2&-2\end{bmatrix}\sim\begin{bmatrix}1&0&-2\\0&1&1\\0&0&0\end{bmatrix}$$

w_i를 행으로 갖는 행렬 B의 기약사다리꼴을 구한다.

$$B=\begin{bmatrix}1&-1&-3\\3&-2&-8\\2&1&-3\end{bmatrix}\sim\begin{bmatrix}1&-1&-3\\0&1&1\\0&3&3\end{bmatrix}\sim\begin{bmatrix}1&0&-2\\0&1&1\\0&0&0\end{bmatrix}$$

A와 B가 같은 기약사다리꼴을 가지므로 $U=W$이다. ■

유제 4.14 $u=(a_1, a_2, \ldots, a_n)$을 행렬 $B=[b_{ij}]$의 행들 $R_1, R_2, \ldots, R_m$의 선형결합, 즉 $u=k_1R_1+k_2R_2+\cdots+k_mR_m$이라 하자. $b_{1i}, b_{2i}, \ldots, b_{mi}$가 B의 i번째 열성분일 때

$$a_i=k_1b_{1i}+k_2b_{2i}+\cdots+k_mb_{mi},\ i=1,2,\cdots,n$$

임을 증명하라.

풀이 $u=k_1R_1+k_2R_2+\cdots+k_mR_m$ 이므로

$$\begin{aligned} u=(a_1, a_2, \ldots, a_n) &= k_1(b_{11}, \cdots, b_{1n})+\ldots+k_m(b_{m1}, \cdots, b_{mn}) \\ &= (k_1b_{11}+\cdots+k_mb_{m1}, \ldots, k_1b_{1n}+\ldots+k_mb_{mn}) \end{aligned}$$

이다. 각 성분끼리 같으므로

$$a_i=k_1b_{1i}+k_2b_{2i}+\cdots+k_mb_{mi},\ i=1,2,\ldots,n$$

이다. ■

유제 4.15 A를 $n-$정방행렬이라 하자. A가 가역적일 필요충분조건은 $\text{rank}(A)=n$임을 증명하라.

풀이 $n-$정방 단위 행렬 I_n은 기약사다리꼴이므로 그 행들은 선형 독립이고 $\text{rank}(I_n)=n$이다. 이제 A가 가역적이라 하면 A는 I_n와 행 동치이므로 $\text{rank}(A)=n$이다. 반대로 A가 가역적이지 않다고 하면 A는 한 행이 모두 영인 행을 갖는 행렬과 행동치이다. 그러므로 $\text{rank}(A)<n$이다. ■

유제 4.16 다음 동차연립방정식의 해공간 W의 기저와 차원을 구하라.

$$(1)\ \begin{cases} x+2y+z-2w=0 \\ 2x+4y+4z-3w=0 \\ 3x+6y+7z-4w=0 \end{cases} \qquad (2)\ \begin{cases} x+y+2z=0 \\ 2x+3y+3z=0 \\ x+3y+5z=0 \end{cases}$$

풀이 (1) 계수 행렬 A를 사다리꼴 형태로 변환하면

$$A=\begin{bmatrix} 1 & 2 & 1 & -2 \\ 2 & 4 & 4 & -3 \\ 3 & 6 & 7 & -4 \end{bmatrix} \sim \begin{bmatrix} 1 & 2 & 1 & -2 \\ 0 & 0 & 2 & 1 \\ 0 & 0 & 4 & 2 \end{bmatrix} \sim \begin{bmatrix} 1 & 2 & 1 & -2 \\ 0 & 0 & 2 & 1 \\ 0 & 0 & 0 & 0 \end{bmatrix}$$

이고 다음 연립방정식과 같다.

$$\begin{cases} x+2y+z-2w=0 \\ 2z+w=0 \end{cases}$$

$$\begin{bmatrix} x \\ y \\ z \\ w \end{bmatrix} = \begin{bmatrix} -2y + \frac{5w}{2} \\ y \\ -\frac{w}{2} \\ w \end{bmatrix} = y \begin{bmatrix} -2 \\ 1 \\ 0 \\ 0 \end{bmatrix} + w \begin{bmatrix} \frac{5}{2} \\ 0 \\ -\frac{1}{2} \\ 1 \end{bmatrix}$$

$$= y_3 u + w_5 v$$

두 개의 자유변수 y, w를 갖고 $\dim W = 2$이다. $y=1$, $w=0$이라 하면 $u_1 = (-2,1,0,0)$이고 $y=0$, $w=2$이라 하면 $u_2 = (5, 0, -1, 2)$이다. $\{u_1, u_2\}$가 W의 기저이다.

(2) 계수 행렬 A를 사다리꼴 형태로 변환하면

$$A = \begin{bmatrix} 1 & 1 & 2 \\ 2 & 3 & 3 \\ 1 & 3 & 5 \end{bmatrix} \sim \begin{bmatrix} 1 & 1 & 2 \\ 0 & 1 & -1 \\ 0 & 2 & 3 \end{bmatrix} \sim \begin{bmatrix} 1 & 1 & 2 \\ 0 & 1 & -1 \\ 0 & 0 & 5 \end{bmatrix}$$

이므로 $\mathbf{0}$이 유일한 해이다. 즉, $W = \{\mathbf{0}\}$이다. 그러므로 $\dim W = 0$이다. ■

유제 4.17 벡터들의 유한수열 $S = \{u_1, u_2, \ldots, u_n\}$이 있다. S'을 다음 기본 연산들을 사용하여 S로부터 얻어진 벡터수열이라 하자.

(1) 두 벡터를 교환한다.

(2) 한 벡터에 영이 아닌 스칼라를 곱한다.

(3) 한 벡터에 영이 아닌 스칼라를 곱하여 다른 벡터에 더한다.

S와 S'이 같은 부분공간 W를 확장함을 보여라. 또한 S'이 선형 독립이기 위한 필요충분조건은 S가 선형 독립임을 보여라.

풀이 각각의 기본 연산을 통하여 S'의 벡터들은 S의 벡터들의 선형결합으로 나타내어진다는 것을 알 수 있다. 또한 각각의 연산들은 같은 형태의 역연산이 존재하므로 S의 벡터들은 S'의 벡터들의 선형결합으로 나타내어진다는 것을 알 수 있다. 따라서 S와 S'이 같은 부분공간 W를 확장함을 알 수 있다. 더 나아가 S'이 선형 독립이기 위한 필요충분조건은 $\dim W = n$이고 이것이 성립하기 위한 필요충분조건은 S가 선형 독립인 것이다. ■

유제 4.18 $A = [a_{ij}]$와 $B = [b_{ij}]$가 체 $\mathbb{R}$ 위의 서로 동치인 $m \times n$ 행렬이라 하자. 그

리고 $v_1,\ v_2,\ \ldots,\ v_n$을 벡터 공간 V의 임의의 벡터라고 하자. 각각의 $i=1,\ 2,\ \ldots,\ m$에 대하여 u_i와 w_i를 다음과 같이 정의하자.

$$u_i = a_{i1}v_1 + a_{i2}v_2 + \cdots + a_{in}v_n$$
$$w_i = b_{i1}v_1 + b_{i2}v_2 + \cdots + b_{in}v_n$$

$\{u_i\}$와 $\{w_i\}$가 V의 같은 부분공간을 확장함을 보여라.

풀이 $\{u_i\}$와 $\{w_i\}$는 다음과 같을 것이다.

$$[u_1,\ u_2,\ \ldots,\ u_m]^T = A\,[v_1,\ v_2,\ \ldots,\ v_n]^T$$
$$[w_1,\ w_2,\ \ldots,\ w_m]^T = B\,[v_1,\ v_2,\ \ldots,\ v_n]^T$$

그러므로 세 가지 기본 연산을 $\{u_i\}$와 $\{w_i\}$에 적용하는 것은 각각 행렬 A와 B에 적용하는 것과 같다. 또한 A와 B는 동치이므로 유한개의 기본 연산을 A에 적용하면 B를 구할 수 있다. 따라서 $\{u_i\}$에 유한개의 기본 연산을 적용하여 $\{w_i\}$를 만들 수 있으므로 $\{u_i\}$와 $\{w_i\}$는 동치인 벡터들의 집합이다. 그러므로 유제 4.17에 의해 둘은 같은 V의 부분공간을 확장한다. ■

유제 4.19 $u_1,\ u_2,\ \ldots,\ u_n$들을 체 $\mathbb{R}$ 위의 벡터 공간 V 안의 벡터들이라 하고 $P=[a_{ij}]$를 $\mathbb{R}$ 위의 n 정방행렬이라 하자. $i=1,\ 2,\ \ldots,\ n$에 대하여 $v_i = a_{i1}u_1 + a_{i2}u_2 + \cdots + a_{in}u_n$이라 하자.

(1) P가 가역적이라 하자. $\{u_i\}$와 $\{v_i\}$가 V의 같은 부분공간을 확장함을 증명하라. 따라서 $\{u_i\}$가 선형 독립일 필요충분조건은 $\{v_i\}$가 선형 독립인 것이다.

(2) P가 비가역적이라 하자. $\{v_i\}$는 선형 종속이다.

(3) $\{v_i\}$가 선형 독립이라 하자. P가 가역적이다.

풀이 (1) P가 가역적이므로 항등행렬 I와 행 동치이다. 따라서 유제 4.18에 의해 $\{u_i\}$와 $\{v_i\}$가 V의 같은 부분공간을 확장한다. 그러므로 $\{u_i\}$가 선형 독립일 필요충분조건은 $\{v_i\}$가 선형 독립인 것이다.

(2) P가 비가역적이므로 성분이 모두 영인 한 행을 가진 행렬과 행 동치이다. 이 말은 $\{v_i\}$가 차원이 n보다 작은 부분공간을 확장하므로 $\{v_i\}$는 선형 종속이다.

(3) (2)의 대우이다. 그러므로 사실이다. ■

4.6 합과 직합

U 와 W 를 벡터 공간 V 의 부분집합이라 하자. U 와 W 의 합, $U+W$, 는 모든 합 $u+w$, $u \in U$, $w \in W$ 를 포함한다. 즉,

$$U+W=\{v : v=u+w,\ u\in U,\ w\in W\}$$

이제 U 와 W 를 벡터 공간 V 의 부분공간이라 하자. 그러면 $U+W$ 가 V 의 부분공간임을 쉽게 보일 수 있다. $U\cap W$ 도 V 의 부분 공간임을 기억하자. 다음 정리는 이러한 부분공간들의 차원에 관한 정리이다.

정리 4.24 U 와 W 를 벡터 공간 V 의 유한 차원 부분공간이라 하자. 그러면 $U+W$ 는 유한 차원이고

$$\dim(U+W)=\dim U+\dim W-\dim(U\cap W)$$

증명 $\dim U=m$, $\dim W=n$, $\dim(U\cap W)=r$ 이라고 하자.

$\{v_1, v_2, \dots, v_r\}$ 은 $U\cap W$ 의 기저라고 하자. 정리 4.8에 의해 v_i 들을 U 의 기저로 확대할 수 있고 W 의 기저로도 확대할 수 있다. 즉,

$$\{v_1, v_2, \dots, v_r, u_1, \dots, u_{m-r}\}, \quad \{v_1, v_2, \dots, v_r, w_1, \dots, w_{n-r}\}$$

은 각각 U 와 W 의 기저이다.

$$B=\{v_1, v_2, \dots, v_r, u_1, \dots, u_{m-r}, w_1, \dots, w_{n-r}\}$$

이라 하자. B 는 정확히 $m+n-r$ 개의 원소를 갖는다. 그러므로 B 가 $U+W$ 의 기저라는 것을 보이면 증명이 완성된다. $\{v_i, u_j\}$ 가 U 를 확장하고 $\{v_i, w_k\}$ 가 W 를 확장하므로 B 는 $U+W$ 를 확장한다. 그러므로 B 가 선형 독립이라는 것만 보이면 된다.

$$a_1v_1+\cdots+a_rv_r+b_1u_1+\cdots+b_{m-r}u_{m-r}+c_1w_1+\cdots+c_{n-r}w_{n-r}=0 \quad \cdots (4)$$

이라 하자. a_i, b_j, c_k 는 스칼라이다.

$$v=a_1v_1+\cdots+a_rv_r+b_1u_1+\cdots+b_{m-r}u_{m-r} \quad \cdots (5)$$

라 하자. (4)에 의하여

$$v=-c_1w_1-\cdots-c_{n-r}w_{n-r} \quad \cdots (6)$$

이라고 할 수 있다. $\{v_i, u_j\}\subseteq U$ 이므로 (5)에 의해 $v\in U$ 이다. 그리고 $\{w_k\}\subseteq W$ 이므로 (6)에 의해 $v\in W$ 이다. 따라서 $v\in U\cap W$ 이다. 이제 $\{v_i\}$ 를 $U\cap W$ 의 기저이므로 스칼라 $d_1, \dots d_r$ 이 존재하여 $v=d_1v_1+\dots+d_rv_r$ 이다.

(6)에 의해

$$d_1v_1 + \cdots + d_r v_r + c_1w_1 + \cdots + c_{n-r}w_{n-r} = 0$$

그러나 $\{v_i,\ w_k\}$가 W의 기저이므로 선형 독립이다. 따라서 위의 방정식은 $c_1 = 0, \ldots, c_{n-r} = 0$이어야 함을 뜻한다. 이것을 (4)에 대입하면

$$a_1v_1 + \ldots + a_r v_r + b_1 u_1 + \cdots + b_{m-r}u_{m-r} = 0$$

이다. $\{v_i,\ u_j\}$가 U의 기저이므로 선형 독립이다. 따라서 위의 방정식은 $a_1 = 0, \ldots,\ a_r = 0, b_1 = 0,\ \ldots,\ b_{m-r} = 0$이어야 함을 뜻한다. 이것은 (4)에서 $a_i,\ b_j,\ c_k$ 모두 0이어야 함을 의미한다. 그러므로 B는 선형 독립이다. ■

보기 4.21 $V = M_{2,2}$이라고 하자. U는 두 번째 행이 모두 영인 모든 행렬로 된 부분공간이라고 하고 W는 두 번째 열이 모두 영인 행렬들의 부분공간이라 하자.

$$U = \left\{\begin{bmatrix} a & b \\ 0 & 0 \end{bmatrix}\right\},\ W = \left\{\begin{bmatrix} a & 0 \\ c & 0 \end{bmatrix}\right\} \text{ 이고 } U + W = \left\{\begin{bmatrix} a & b \\ c & 0 \end{bmatrix}\right\},\ U \cap W = \left\{\begin{bmatrix} a & 0 \\ 0 & 0 \end{bmatrix}\right\}$$

이다. $\dim U = 2$, $\dim W = 2$, $\dim(U \cap W) = 1$이므로 정리 4.24에 의해 $\dim(U + W) = 3$이다. ■

유제 4.20 U와 W를 벡터 공간 V의 부분공간이라 하자. 다음을 보여라.

(1) $U + W$는 V의 부분공간이다.

(2) U와 W는 $U + W$에 속한다.

(3) $U + W$는 U와 W를 포함하는 가장 작은 부분공간이다. 즉,

$$U + W = span(U,\ W).$$

(4) $W + W = W$

풀이 (1) U와 W가 부분공간이므로 $0 \in U$이고 $0 \in W$이다.

그러므로 $0 = 0 + 0 \in U + W$이다. 이제 $v,\ v' \in U + W$이라 하면 적당한 $u,\ u' \in U$와 $w,\ w' \in W$가 존재하여 $v = u + w,\ \ v' = u' + w'$이다. 그러면 정당한 스칼라 $a,\ b$에 대하여

$$av + bv' = (au + bu') + (aw + bw') \in U + W$$

이다. 그러므로 $U + W$는 V의 부분공간이다.

(2) $u \in U$이라 하자. W가 부분공간이므로 $0 \in W$이다. 그러므로 $u = u + 0 \in U + W$이다. 따라서 $U \subseteq U + W$이다. 비슷하게 $W \subseteq U + W$

이다.

(3) $U+W$는 U와 W를 포함하는 부분공간이므로 U와 W의 선형확장을 포함하여야 한다. 그러므로 $span(U, W) \subseteq U+W$이다.

반대로 $v \in U+W$이라 하자. 적당한 $u \in U$와 $w \in W$가 존재하여 $v=u+w=1u+1w$이다. 그러므로 v는 $U+W$의 원소의 선형결합으로 나타내어졌다. 그러므로 $v \in span(U, W)$이다. 따라서 $U+W \subseteq span(U, W)$이다.

(4) W가 V의 부분공간이므로 W는 벡터덧셈에 닫혀있다 그러므로 $W+W \subseteq W$이다. 분명히 $W \subseteq W+W$이므로 $W+W=W$이다. ■

유제 4.21 U와 W를 $\dim V=6$인 벡터 공간 V의 서로 다른 4차원 부분공간이라 하자. 부분공간 $U \cap W$의 가능한 차원은 무엇인가?

풀이 U와 W가 서로 다르고 $U, W \subseteq U+W$이므로 $\dim(U+W) > 4$이다. 또한 $\dim V=6$이므로 $\dim(U+W) \le 6$이다. 그러므로 $\dim(U+W)=5$이거나 $\dim(U+W)=6$이다. 정리 4.24에 의해

$$\begin{aligned}\dim(U \cap W) &= \dim U + \dim W - \dim(U+W)\\ &= 8 - \dim(U+W)\end{aligned}$$

이므로 $\dim(U \cap W)=3$이거나 $\dim(U \cap W)=2$이다. ■

직합

모든 벡터 $v \in V$를 오직 한 가지 방법 $v=u+w$, $u \in U$이고 $w \in W$으로 나타낼 수 있을 때 벡터 공간 V를 부분공간 U와 W의 직합이라고 하고

$$V = U \oplus W$$

라고 쓴다.

정리 4.25 벡터 공간 V를 부분공간 U와 W의 직합일 필요충분조건은 (i) $V=U+W$, (ii) $U \cap W=\{0\}$인 것이다.

증명 $V=U \oplus W$이라고 하자. 임의의 $v \in V$는 $v=u+w$, $u \in U$, $w \in W$라고 유일하게 쓸 수 있다. 특히 $V=U+W$이다. 이제 $v \in U \cap W$라고 하자. 그러면

(1) $v = v + \mathbf{0}$, $v \in U$, $\mathbf{0} \in W$,

(2) $v = \mathbf{0} + v$, $\mathbf{0} \in U$, $v \in W$

이다. 그러므로 $v = \mathbf{0} + \mathbf{0} = \mathbf{0}$ 이고 $U \cap W = \{\mathbf{0}\}$ 이다.

반면에 $V = U + W$ 이고 $U \cap W = \{\mathbf{0}\}$ 라고 하자. $v \in V$ 라고 하자. $V = U + W$ 이므로 $u \in U$, $w \in W$ 가 존재하여 $v = u + w$ 이다. 우리는 이 합이 유일함을 보여야 한다. $v = u' + w'$, $u' \in U$, $w' \in W$ 라 하자.

$$u + w = u' + w', \qquad u - u' = w' - w$$

이다. $u - u' \in U$ 이고 $w' - w \in W$ 이므로 $U \cap W = \{\mathbf{0}\}$ 에 의해

$$u - u' = \mathbf{0},\ w' - w = \mathbf{0}, \qquad u = u',\ w = w'$$

이다. ■

보기 4.22 $V = \mathbb{R}^3$ 을 보자.

(1) U 를 xy-평면이라 하고 W 를 yz-평면이라고 하자. 즉,

$$U = \{(a,b,0) : a, b \in \mathbb{R}\} \text{ 이고 } W = \{(0,b,c) : b, c \in \mathbb{R}\}$$

그러면 $\mathbb{R}^3 = U + W$ 이다. 왜냐하면 $\mathbb{R}^3$ 의 모든 벡터들은 U 의 한 벡터와 W 의 한 벡터의 합으로 표시되기 때문이다. 이러한 합이 유일하지는 않기 때문에 U 와 W 의 직합은 아니다. 예를 들면

$$(3,5,7) = (3,1,0) + (0,4,7) \quad \text{또는} \quad (3,5,7) = (3,-4,0) + (0,9,7)$$

(2) U 를 xy-평면이라 하고 W 를 z-축이라고 하자. 즉,

$$U = \{(a,b,0) : a, b \in \mathbb{R}\} \text{ 이고 } W = \{(0,0,c) : c \in \mathbb{R}\}$$

그러면 $\mathbb{R}^3 = U \oplus W$ 이다. 왜냐하면 $\mathbb{R}^3$ 의 모든 벡터들은 U 의 한 벡터와 W 의 한 벡터로 유일하게 나타내어진다.

$$(a,b,c) = (a,b,0) + (0,0,c)$$ ■

유제 4.22 U 와 W 를 다음의 $\mathbb{R}^3$ 의 부분공간이라 하자.

$$U = \{(a,b,c) \mid a = b = c\}, \quad W = \{(0,b,c) \mid b, c \in \mathbb{R}\}$$

$\mathbb{R}^3 = U \oplus W$ 임을 보여라.

풀이 $U \cap W = \{0\}$ 을 보이자. $v = (a,b,c) \in U \cap W$ 이라 하자. 그러면 $a = b = c$ 이고 $a = 0$ 이다. 따라서 $a = 0$, $b = 0$, $c = 0$. 그러므로 $v = (0,0,0) = \mathbf{0}$ 이다. 다음은 $\mathbb{R}^3 = U + W$ 임을 보이자. $v = (a,b,c) \in \mathbb{R}^3$ 이라 하자. 그러면 $(a,a,a) \in U$, $(0, b-a, c-a) \in W$ 일 때

$$v = (a,a,a) + (0, b-a, c-a)$$

이다. 따라서 $\mathbb{R}^3 = U \oplus W$이다. ■

일반적 직합

V를 부분공간 $W_1, W_2, \ldots, W_r$의 직합이라고 하고

$$V = W_1 \oplus W_2 \oplus \ldots \oplus W_r$$

라고 쓴다. 이때 $v \in V$의 모든 벡터들은 유일한 방법

$$v = w_1 + w_2 + \ldots + w_r,\ w_1 \in W_1,\ w_2 \in W_2, \ldots,\ w_r \in W_r$$

으로 나타내어진다.

정리 4.26 $V = W_1 \oplus W_2 \oplus \ldots \oplus W_k$이라 하자. 또한 각각의 k에 대하여 S_k를 W_k의 선형 독립인 부분집합이라 하자. 그러면

(1) $S = \cup_k S_k$는 V에서 선형 독립이다.

(2) 만약 각각의 S_k가 W_k의 기저이면 $S = \cup_k S_k$는 V의 기저이다.

(3) $\dim V = \dim W_1 + \dim W_2 + \ldots + \dim W_r$.

풀이 $k = 2$일 때만 증명한다. $W_1 = U$, $W_2 = W$라 하자.

(1) a_i, b_j가 스칼라일 때, $a_1u_1 + \ldots + a_m u_m + b_1 w_1 + \ldots + b_n w_n = \mathbf{0}$이라 하자. 그러면

$$\mathbf{0},\ a_1u_1 + \ldots + a_m u_m \in W_1 \text{ 이고 } \mathbf{0},\ b_1w_1 + \ldots + b_n w_n \in W_2$$

일 때

$$(a_1u_1 + \ldots + a_m u_m) + (b_1 w_1 + \ldots + b_n w_n) = \mathbf{0} = \mathbf{0} + \mathbf{0}$$

이다. $\mathbf{0}$벡터를 위한 이러한 합은 유일하기 때문에

$$a_1u_1 + \ldots + a_m u_m = \mathbf{0} \text{ 이고 } \quad b_1w_1 + \ldots + b_n w_n = \mathbf{0}$$

이다. S_1이 선형 독립이기 때문에 모든 i에 대해 $a_i = 0$이고 S_2가 선형 독립이기 때문에 각각의 $b_j = 0$이다. 그러므로 $S = S_1 \cup S_2$는 선형 독립이다.

(2) (1)에 의해 $S = S_1 \cup S_2$는 선형 독립이므로 유제 4.20에 의해 $S = S_1 \cup S_2$는 $V = U + W$를 확장한다. 그러므로 $S = S_1 \cup S_2$는 V의 기

저이다.

(3) (2)에 의해 분명하다. ■

정리 4.27 $V = W_1 + W_2 + \ldots + W_r$이고 $\dim V = \sum_k \dim W_k$라 하자. 그러면 $V = W_1 \oplus W_2 \oplus \ldots \oplus W_r$이다.

4.7 좌표

V를 기저 $S = \{u_1, u_2, \ldots, u_n\}$를 갖는 $\mathbb{R}$위의 n-차원 벡터 공간이라고 하자. 그러면 임의의 벡터 $v \in V$는 S의 기저 벡터의 선형결합으로서 유일하게 나타낼 수 있다. 즉,

$$v = a_1 u_1 + a_2 u_2 + \ldots + a_n u_n$$

이다. 여기서 n개의 스칼라들 $a_1, a_2, \ldots, a_n$을 벡터 v의 기저 S에 대한 **좌표**(coordinates)라고 하고 $\mathbb{R}^n$의 한 벡터 $(a_1, a_2, \ldots, a_n)$이 된다. 이 벡터를 벡터 v의 기저 S에 대한 **좌표벡터**(coordinates vector)라고 부른다. 이 벡터를 $[v]_S$, 또는 $[v]$라고 나타낸다. 그러므로

$$[v]_S = (a_1, a_2, \ldots, a_n) = \begin{bmatrix} a_1 \\ a_2 \\ \vdots \\ a_n \end{bmatrix}$$

언급‖ 위의 n개의 스칼라들 $a_1, a_2, \ldots, a_n$은 또한 벡터 v의 기저 S에 대한 **좌표 열벡터** $(a_1, a_2, \ldots, a_n)^T$이 되기도 한다. 문맥에 따라 필요한 행벡터 또는 열벡터를 쓴다.

보기 4.23 차수가 2차 이하인 다항식들의 벡터 공간 $P_2(t)$를 보자. 다항식

$$p_1 = t+1,\ \ p_2 = t-1,\ \ p_3 = (t-1)^2 = t^2 - 2t + 1$$

는 $P_2(t)$의 기저이다. $v = 2t^2 - 5t + 9$의 S에 대한 좌표벡터 $[v]$를 구해보자.

$v = xp_1 + yp_2 + zp_3$라고 하고 미지수 x, y, z 를 구해보자.

$$\begin{aligned} 2t^2 - 5t + 9 &= x(t+1) + y(t-1) + z(t^2 - 2t + 1) \\ &= xt + x + yt - y + zt^2 - 2zt + z \\ &= zt^2 + (x+y-2z)t + (x-y+z) \end{aligned}$$

이므로 $z = 2,\ x + y - 2z = -5,\ x - y + z = 9$이다. 그러므로 $x = 3,\ y = -4,\ z = 2$ 이다. 따라서 $v = 3p_1 - 4p_2 + 2p_3$이고 $[v] = [3, -4, 2]$이다. ■

보기 4.24 다음 벡터들은 $\mathbb{R}^3$의 한 기저 S를 이룬다.

$$u_1 = (1, -1, 0),\ u_2 = (1, 1, 0),\ u_3 = (0,1,1)$$

기저 S에 대한 벡터 $v = (5, 3, 4)$의 좌표는 다음과 같다.

$v = xu_1 + yu_2 + zu_3$라고 하면

$$x\begin{bmatrix} 1 \\ -1 \\ 0 \end{bmatrix} + y\begin{bmatrix} 1 \\ 1 \\ 0 \end{bmatrix} + z\begin{bmatrix} 0 \\ 1 \\ 1 \end{bmatrix} = \begin{bmatrix} 5 \\ 3 \\ 4 \end{bmatrix} \quad \text{또는} \quad \begin{bmatrix} 1 & 1 & 0 \\ -1 & 1 & 1 \\ 0 & 0 & 1 \end{bmatrix}\begin{bmatrix} x \\ y \\ z \end{bmatrix} = \begin{bmatrix} 5 \\ 3 \\ 4 \end{bmatrix}$$

$$\begin{bmatrix} 1 & 1 & 0 & 5 \\ -1 & 1 & 1 & 3 \\ 0 & 0 & 1 & 4 \end{bmatrix} \sim \begin{bmatrix} 1 & 1 & 0 & 5 \\ 0 & 2 & 1 & 8 \\ 0 & 0 & 1 & 4 \end{bmatrix}$$

이고 $x + y = 5,\ 2y + z = 8,\ z = 4$이므로 $x = 3, y = 2, z = 4$이다.

그러므로 $v = 3u_1 + 2u_2 + 4u_3$이고 $[v]_S = \begin{bmatrix} 3 \\ 2 \\ 4 \end{bmatrix}$ 이다. ■

언급 ‖ 기저 S에 대한 벡터 v의 좌표의 기하학적 의미를 살펴보자. 보기 4.24를 사용하자. 먼저 x, y, z 축을 갖는 일반적인 실공간 $\mathbb{R}^3$를 생각하자. 기저 벡터들은 $\mathbb{R}^3$의 새로운 좌표계를 결정한다. 즉, x', y', z' 좌표축을 갖는다.

(1) x'-축은 단위 크기가 $\|u_1\|$을 갖는 u_1벡터 방향의 축이다.

(2) y'-축은 단위 크기가 $\|u_2\|$을 갖는 u_2벡터 방향의 축이다.

(3) z'-축은 단위 크기가 $\|u_3\|$을 갖는 u_3벡터 방향의 축이다.

$\mathbb{R}^3$ 안의 각 벡터 $v = (a,b,c)$, 또는 점 $P(a,b,c)$는 x', y', z' 좌표축에 관하여 새로운 좌표를 갖는다. 이 새로운 좌표는 정확히 $[v]_S$이다. 그러므로 점 $P(5,3,4)$의 새로운 축에 대한 좌표는 $[3,2,4]$이다.

언급 ‖ $\mathbb{R}^n$의 기본기저 $E = \{e_1, e_2, \dots, e_n\}$가 다음과 같이 정의되어 있다.

$e_1 = (1, 0, 0, \ldots, 0, 0),\ e_2 = (0, 1, 0, \ldots, 0, 0), \ldots,\ e_n = (0, 0, 0, \ldots, 0, 1)$

$v = (a_1, a_2, \ldots, a_n)$를 $\mathbb{R}^n$의 임의의 벡터라 하자. 그러면

$$v = a_1 e_1 + a_2 e_2 + \ldots + a_n e_n$$

이고 $[v]_E = (a_1, a_2, \ldots, a_n)$이다. $\mathbb{R}^n$의 일반적 기저 $E = \{e_1, e_2, \ldots, e_n\}$에 대한 벡터 v의 좌표 $[v]_E$는 원래 벡터 v와 같음을 알 수 있다.

유제 4.23 $\mathbb{R}^2$의 기저 $S = \{u_1, u_2\} = \{(1,1), (2,3)\}$에 대한 벡터 v의 좌표벡터를 찾아라.

(1) $v = (4, -3)$ (2) $v = (a, b)$

풀이 (1) $\begin{bmatrix} 4 \\ -3 \end{bmatrix} = x\begin{bmatrix} 1 \\ 1 \end{bmatrix} + y\begin{bmatrix} 2 \\ 3 \end{bmatrix} = \begin{bmatrix} 1 & 2 \\ 1 & 3 \end{bmatrix}\begin{bmatrix} x \\ y \end{bmatrix} \Rightarrow \begin{bmatrix} 1 & 2 & 4 \\ 1 & 3 & -3 \end{bmatrix} \sim \begin{bmatrix} 1 & 2 & 4 \\ 0 & 1 & -7 \end{bmatrix}$ 이므로

$x + 2y = 4,\ y = -7$이다. 따라서 $x = 18,\ y = -7$이다. 그러므로 $[v] = [18, -7]$이다.

(2) $\begin{bmatrix} a \\ b \end{bmatrix} = x\begin{bmatrix} 1 \\ 1 \end{bmatrix} + y\begin{bmatrix} 2 \\ 3 \end{bmatrix} = \begin{bmatrix} 1 & 2 \\ 1 & 3 \end{bmatrix}\begin{bmatrix} x \\ y \end{bmatrix} \Rightarrow \begin{bmatrix} 1 & 2 & a \\ 1 & 3 & b \end{bmatrix} \sim \begin{bmatrix} 1 & 2 & a \\ 0 & 1 & b-a \end{bmatrix}$ 이므로

$x + 2y = a,\ y = b - a$이다. 따라서 $x = 3a - 2b,\ y = b - a$이다. 그러므로

$[v] = \begin{bmatrix} 3a - 2b \\ b - a \end{bmatrix}$이다. ■

유제 4.24 차수 3이하인 다항식의 벡터 공간 $\mathrm{P}_3(t)$에 대하여 다음을 보여라.

(1) $S = \{(t-1)^3, (t-1)^2, t-1, 1\}$은 $\mathrm{P}_3(t)$의 기저이다.

(2) 기저 S에 대한 $v = 3t^3 + 4t^2 + 2t - 5$의 좌표벡터 $[v]$를 구하라.

풀이 (1) S의 다항식 $1, t-1, (t-1)^2, (t-1)^3$ 들은 이 순서로 앞선 다항식의 선형결합으로 나타낼 수 없다. 그러므로 이 다항식들은 선형 독립이다. 그러므로 $\dim \mathrm{P}_3(t) = 4$이고 $\mathrm{P}_3(t)$의 기저이다.

(2) $v = 3t^3 + 4t^2 + 2t - 5 = a(t-1)^3 + b(t-1)^2 + c(t-1) + d$

$= at^3 + (-3a + b)t^2 + (3a - 2b + c)t + (-a + b - c + d)$

이므로 $a = 3,\ -3a + b = 4,\ 3a - 2b + c = 2,\ -a + b - c + d = -5$이므로 $a = 3,\ b = 13,\ c = 19,\ d = 4$이다. 그러므로 $[v] = (3, 13, 19, 4)$이다. ■

유제 4.25 $S = \left\{\begin{bmatrix} 1 & 1 \\ 1 & 1 \end{bmatrix}, \begin{bmatrix} 1 & -1 \\ 1 & 0 \end{bmatrix}, \begin{bmatrix} 1 & -1 \\ 0 & 0 \end{bmatrix}, \begin{bmatrix} 1 & 0 \\ 0 & 0 \end{bmatrix}\right\}$는 벡터 공간 $\mathrm{M} = \mathrm{M}_{2,2}$의 기저이다.

이 기저에 대한 행렬 $A=\begin{bmatrix}2 & 3\\4 & -7\end{bmatrix}$의 좌표벡터를 찾아라.

풀이 $A=\begin{bmatrix}2 & 3\\4 & -7\end{bmatrix}$

$=a\begin{bmatrix}1 & 1\\1 & 1\end{bmatrix}+b\begin{bmatrix}1 & -1\\1 & 0\end{bmatrix}+c\begin{bmatrix}1 & -1\\0 & 0\end{bmatrix}+d\begin{bmatrix}1 & 0\\0 & 0\end{bmatrix}=\begin{bmatrix}a+b+c+d & a-b-c\\a+b & a\end{bmatrix}$

이므로 $a+b+c+d=2$, $a-b-c=3$, $a+b=4$, $a=-7$이다.

그러므로 $a=-7$, $b=11$, $c=-21$, $d=19$이다.

그러므로 $[A]_S=(-7,11,-21,19)$이다. ■

V와 $\mathbb{R}^n$ 사이의 동형사상

V를 기저 $S=\{u_1,\ u_2,\ \dots,\ u_n\}$을 갖는 $\mathbb{R}$위의 n차원 벡터 공간이라고 하자. 그러면 각 벡터 $v\in V$는 $\mathbb{R}^n$안의 n순서쌍 $[v]_S$에 대응한다. 반면에 각 n순서쌍 $[c_1,\ c_2,\ \dots,\ c_n]\in\mathbb{R}^n$은 V 안의 유일한 벡터 $c_1u_1+c_2u_2+\cdots+c_nu_n$에 대응한다. 더 나아가

$$v=a_1u_1+a_2u_2+\cdots+a_nu_n \text{이고 } w=b_1u_1+b_2u_2+\cdots+b_nu_n$$

이라고 하자. 그러면

$$v+w=(a_1+b_1)u_1+(a_2+b_2)u_2+\cdots+(a_n+b_n)u_n,$$
$$kv=(ka_1)u_1+(ka_2)u_2+\cdots+(ka_n)u_n,\ k\in\mathbb{R}$$

이다. 따라서

$$[v+w]_S=(a_1+b_1,\ \dots,\ a_n+b_n)=(a_1,\ \dots,\ a_n)+(b_1,\ \dots,\ b_n)$$
$$=[v]_S+[w]_S$$
$$[kv]_S=(ka_1,\ ka_2,\ \dots,\ ka_n)=k(a_1,\ a_2,\ \dots,\ a_n)=k[v]_S$$

이므로 위의 V와 $\mathbb{R}^n$사이의 일대일 대응은 벡터 덧셈과 스칼라 곱셈의 두 벡터연산을 보존한다. 그러므로 V와 $\mathbb{R}^n$은 **동형**이고

$$V\cong\mathbb{R}^n$$

이라고 쓴다.(5장에서 자세히 다룬다.)

정리 4.28 V를 $\mathbb{R}$ 위의 n차원 벡터 공간이라고 하자. 그러면 V와 $\mathbb{R}^n$은 동형이다.

보기 4.25 다음의 $V = \mathrm{M}_{2,3}$ 안의 3개의 행렬이 선형 종속인가?

$$A = \begin{bmatrix} 1 & 2 & -3 \\ 4 & 0 & 1 \end{bmatrix}, \ B = \begin{bmatrix} 1 & 3 & -4 \\ 6 & 5 & 4 \end{bmatrix}, \ C = \begin{bmatrix} 3 & 8 & -11 \\ 16 & 10 & 9 \end{bmatrix}$$

풀이 $\mathrm{M}_{2,3}$의 기본기저에 대하여 행렬들의 좌표는 다음과 같다.

$$[A] = [1,\ 2,\ -3,\ 4,\ 0,\ 1],$$
$$[B] = [1,\ 3,\ -4,\ 6,\ 5,\ 4],$$
$$[C] = [3,\ 8,\ -11,\ 16,\ 10,\ 9].$$

위의 벡터들을 행으로 갖는 행렬 M을 만들어 사다리꼴로 유도한다.

$$M = \begin{bmatrix} 1 & 2 & -3 & 4 & 0 & 1 \\ 1 & 3 & -4 & 6 & 5 & 4 \\ 3 & 8 & -11 & 16 & 10 & 9 \end{bmatrix} \sim \begin{bmatrix} 1 & 2 & -3 & 4 & 0 & 1 \\ 0 & 1 & -1 & 2 & 5 & 3 \\ 0 & 2 & -2 & 4 & 10 & 6 \end{bmatrix}$$
$$\sim \begin{bmatrix} 1 & 2 & -3 & 4 & 0 & 1 \\ 0 & 1 & -1 & 2 & 5 & 3 \\ 0 & 0 & 0 & 0 & 0 & 0 \end{bmatrix}.$$

사다리꼴 행렬이 오직 2개의 0이 아닌 행을 가지므로 $[A]$, $[B]$, $[C]$의 좌표벡터들은 2차원의 부분공간을 확장한다. 그러므로 선형 종속이다. 따라서 원래의 행렬 A, B, C는 선형 종속이다. ■

4장 연습문제

1. $V=\mathbb{R}^2$에 다음과 같이 연산을 정의하였을 때 실수 위의 벡터 공간이 아님을 보여라. 공리 4.1의 조건 중 하나가 성립하지 않음을 보이면 된다.

$$(a,\ b)+(c,\ d)=(a+c,\ b+d),\quad k(a,\ b)=(k^2a,\ k^2b)$$

2. $W=\{(a,\ b,\ c)\,|\,a\geq 0\}\subseteq\mathbb{R}^3$은 $\mathbb{R}^3$의 부분공간이 아님을 보여라.

3. 판별식이 0인 모든 2×2행렬들의 집합 W는 모든 2×2행렬들의 집합 V의 부분공간이 아님을 보여라.

4. V를 체 $\mathbb{R}$ 안의 무한 수열 $(a_1,\ a_2,\ \ldots)$의 집합이라 할 때 V가 다음의 연산에 대하여 체 $\mathbb{R}$ 위의 벡터 공간임을 증명하라.

$$(a_1,\ a_2,\ \ldots)+(b_1,\ b_2,\ \ldots)=(a_1+b_1,\ a_2+b_2,\ \ldots),$$
$$k(a_1,\ a_2,\ \ldots)=(ka_1,\ ka_2,\ \ldots)$$

5. U와 W는 $U\cup W$가 부분공간이 되는 V의 부분공간이다. $U\subseteq W$ 또는 $W\subseteq U$임을 증명하라.

6. $\mathbb{R}^3$ 안의 벡터 $u=(1,\ 2,\ 3)$, $v=(2,\ 3,\ 1)$에 대하여 다음을 구하라.

(1) $w=(1,\ 3,\ 8)$을 $u,\ v$의 선형결합으로 나타내어라.

(2) $w=(a,\ b,\ c)$가 $u,\ v$의 선형결합으로 나타내어질 수 있도록 하는 $a,\ b,\ c$의 조건을 찾아라.

7. 벡터 $u=(1,\ -2,\ k)$가 벡터 $v=(3,\ 0,\ -2)$, $w=(2,\ -1,\ -5)$의 선형결합으로 나타내어질 수 있도록 하는 k의 값을 구하라.

8. $u=(2,\ 1,\ 0)$, $v=(1,\ -1,\ 2)$, $w=(0,\ 3,\ -4)$라 할 때 $(a,\ b,\ c)\in\mathbb{R}^3$이 $span\{u,\ v,\ w\}$에 속할 조건을 구하라.

9. W_1, W_2, ... 가 $W_1 \subseteq W_2 \subseteq \cdots$ 를 만족하는 벡터 공간 V 의 부분공간들이라 하자. $W = W_1 \cup W_2 \cup \cdots$ 라 할 때 W는 V 의 부분공간임을 보여라.

10. $A = \begin{bmatrix} 1 & 1 & 5 \\ 2 & 3 & 13 \end{bmatrix}$, $B = \begin{bmatrix} 1 & -1 & -2 \\ 3 & -2 & -3 \end{bmatrix}$, $C = \begin{bmatrix} 1 & -1 & -1 \\ 4 & -3 & -1 \\ 3 & -1 & 3 \end{bmatrix}$ 라 할 때 이 행렬들의 행공간 중 어떤 것이 일치하는가?

11. $u_1 = (1,\ 1,\ -1)$, $u_2 = (2,\ 3,\ -1)$, $u_3 = (3,\ 1,\ -5)$,
$v_1 = (1,\ -1,\ -3)$, $v_2 = (3,\ -2,\ -8)$, $v_3 = (2,1,\ -3)$일 때
$U = span\{u_1,\ u_2,\ u_3\}$, $V = span\{v_1,\ v_2,\ v_3\}$라 하자. $U = W$임을 보여라.

12. U가 xy평면일 때, 즉 $U = \{(a,\ b,\ 0)\}$이고 W는 벡터 $(1,\ 1,\ 1)$과 $(1,\ 2,\ 3)$으로 확장되는 공간일 때, $U \cap W$를 확장하는 벡터를 찾아라.

13. u, v, w는 선형 독립인 벡터이다. 다음의 집합 S가 선형 독립임을 보여라.

$$S = \{u+v-2w,\ u-v-w,\ u+w\}$$

14. $U = \{(a,\ b,\ c,\ d) : b-2c+d=0\}$과 $W = \{(a,\ b,\ c,\ d) : a=d,\ b=2c\}$가 $\mathbb{R}^4$의 부분공간이라고 하자. 다음 부분공간의 기저와 차원을 구하라.

(1) U (2) W (3) $U \cap W$

15. 다음의 세 벡터에 의해 확장된 해 공간을 갖는 동차연립방정식을 구하라.

$$\begin{cases} x+2y-2z+2s-t=0 \\ x+2y-z+3s-2t=0 \\ 2x+4y-7z+s+t=0 \end{cases}$$

16. 다음 행렬의 계수를 구하라.

(1) $\begin{bmatrix} 1 & 3 & -2 & 5 & 4 \\ 1 & 4 & 1 & 3 & 5 \\ 1 & 4 & 2 & 4 & 3 \\ 2 & 7 & -3 & 6 & 13 \end{bmatrix}$ (2) $A = \begin{bmatrix} 1 & 2 & -3 & -2 \\ 1 & 3 & -2 & 0 \\ 3 & 8 & -7 & -2 \\ 2 & 1 & -9 & -10 \end{bmatrix}$

17. U와 W가 $\mathbb{R}^3$ 안의 2차원 공간이라 할 때 $U \cap W \neq \{0\}$임을 보여라.

18. $V = U \oplus W$라 하자. $\dim V = \dim U + \dim W$임을 보여라.

19. $W_1,\ W_2,\ \ldots,\ W_r$이 벡터 공간 V의 부분공간이라 할 때 다음을 증명하라.

(1) $span(W_1,\ W_2,\ \ldots,\ W_r) = W_1 + W_2 + \cdots + W_r$

(2) S_i가 $W_i (i = 1,\ 2,\ \ldots,\ r)$를 각각 확장할 때 $S_1 \cup S_2 \cup \cdots \cup S_r$은 $W_1 + W_2 + \cdots + W_r$을 확장한다.

20. 벡터 $u_1 = (1,\ 2,\ 0)$, $u_2 = (1,\ 3,\ 2)$, $u_3 = (0,\ 1,\ 3)$은 $\mathbb{R}^3$의 한 기저 S를 이룬다. 다음 벡터들의 S에 관한 계수 벡터 $[v]$를 구하라.

(1) $v = (2,\ 7,\ -4)$ (2) $v = (a,\ b,\ c)$

21. 다음 명제의 참과 거짓을 판별하라.

(1) $u_1,\ u_2,\ u_3$가 V를 확장하면 $\dim V = 3$이다.

(2) A가 4×8 행렬이면 임의의 6개의 열은 선형 종속이다.

(3) $u_1,\ u_2,\ u_3$가 선형 독립이면 $u_1,\ u_2,\ u_3,\ w$는 선형 종속이다.

(4) $u_1,\ u_2,\ u_3,\ u_4$가 선형 독립이면 $\dim V > 4$이다.

(5) $u_1,\ u_2,\ u_3$가 V를 확장하면 $w,\ u_1,\ u_2,\ u_3$도 V를 확장한다.

(6) $u_1,\ u_2,\ u_3,\ u_4$가 선형 독립이면 $u_1,\ u_2,\ u_3$도 선형 독립이다.

(7) 사다리꼴 행렬에서 한 열이 지워져도 나머지 행렬은 사다리꼴 행렬이다.

(8) 한 기약사다리꼴 행렬에서 한 열이 지워져도 나머지 행렬은 기약사다리꼴 행렬이다.

22. $\mathbb{R}^3$에서 $U = \{(a,\ b,\ 0) \mid a,\ b \in \mathbb{R}\}$이고 $W = \{(0,\ 0,\ c) \mid c \in \mathbb{R}\}$라고 할 때 $\mathbb{R}^3 = U \oplus W$ 임을 보여라.

23. $A = \begin{bmatrix} 1 & 2 \\ 3 & 1 \end{bmatrix}$, $B = \begin{bmatrix} 3 & -1 \\ 2 & 2 \end{bmatrix}$, $C = \begin{bmatrix} 1 & -5 \\ -4 & 0 \end{bmatrix}$라 할 때, 행렬 $A,\ B,\ C$가 선형 종속임을 보여라.

24. 집합 $\{v_1, v_2, \ldots, v_m\}$가 벡터 공간 V를 확장하고 $w \in V$라 할 때, 집합 $\{w, v_1, v_2, \ldots, v_m\}$는 선형 종속이고 V를 확장함을 보여라.

25. V를 차수가 n보다 작은 t에 관한 다항식들의 벡터 공간이라고 하자. 다음을 보여라.

(1) $\{1, t, t^2, \ldots, t^n\}$은 V의 기저이다. 따라서 $\dim V = n+1$이다.

(2) $\{1, t-1, (t-1)^2, \ldots, (t-1)^n\}$은 V의 기저이다.

26. $U = span\{(1, 3, -2, 2, 3), (1, 4, -3, 4, 2), (2, 3, -1, -2, 9)\}$

$W = span\{(1, 3, 0, 2, 1), (1, 5, -6, 6, 3), (2, 5, 3, 2, 1)\}$는 $\mathbb{R}^5$의 부분공간이다. $U \cap W$의 기저와 차원을 구하라.

5장

선형변환과 행렬

선형대수학의 중요한 주제는 함수와 행렬을 이용하여 선형변환을 나타내는 방법에 대하여 공부하는 것이다. 집합 위에 연산을 정의하여 새로운 수학의 대상을 만드는 것은 대수학의 기본이다. 앞장에서 집합 위에 덧셈과 스칼라 곱을 정의하고 벡터 공간이라는 새로운 수학적 대상을 만들었다. 5장에서는 이 벡터 공간 사이의 관계를 연구하기 위해 함수를 정의할 것이다. 이 함수는 벡터 공간의 특성을 반영하기 위하여 정의구역의 연산을 치역에서도 보존시켜야 한다. 이러한 함수를 선형변환이라 부른다.

5.1 선형변환

정의 5.1 V와 U를 체 $\mathbb{R}$ 위의 벡터 공간이라 하자. 한 함수 $F : V \to U$가 다음의 두 조건을 만족시키면 **선형변환**(Linear mappings 또는 Linear transformations)이라 한다(간단히 선형이라고도 한다).

(i) 모든 벡터 v, $w \in V$에 대해 $F(v+w) = F(v) + F(w)$이다.

(ii) 모든 스칼라 k와 벡터 $v \in V$에 대해 $F(kv) = kF(v)$이다.

$F : V \to U$를 선형이라 부르는 것은 이 함수가 벡터 공간 위의 2개의 연산(operations)인 덧셈과 스칼라 곱셈을 '보존(preserve)'시켜주기 때문이다.

조건 (ii)에 $k=0$을 대입하면 $F(\mathbf{0}) = \mathbf{0}$이 된다. 이 말은 모든 선형변환이 영벡터를 영벡터로 보낸다는 것을 알 수 있다.

모든 스칼라 a, $b \in \mathbb{R}$와 모든 벡터 v, $w \in V$에 대해

$$F(av+bw) = F(av) + F(bw) = aF(v) + bF(w)$$

임을 알 수 있다. 더욱 일반적으로 모든 스칼라 $a_i \in K$와 모든 벡터 $v_i \in V$에 대해

$$F(a_1v_1 + \cdots + a_mv_m) = a_1F(v_1) + \cdots + a_mF(v_m)$$

임을 알 수 있다.

언급 ‖ 1. 한 선형변환 $F : V \to U$는 다음 조건으로 규정될 수 있다.

$$F(av+bw) = aF(v) + bF(w)$$

그래서 이 조건이 종종 정의로서 사용된다.

2. 관례상 선형함수(linear mappings, linear operators)보다 선형변환이라는 말이 $F : \mathbb{R}^n \to \mathbb{R}^m$ 형태에서는 더 많이 쓰인다.

보기 5.1 (1) 함수 $F:\mathbb{R}^3 \to \mathbb{R}^3$, $F(x,\ y,\ z)=(x,\ y,\ 0)$을 xy평면 위로의 **정사영**(projection)이라 한다. F는 선형이다. $v=(a,\ b,\ c)$, $w=(a',\ b',\ c')$이라 하자. 그러면

$$\begin{aligned} F(v+w) &= F(a+a',\ b+b',c+c')=(a+a',\ b+b',\ 0) \\ &=(a,\ b,\ 0)+(a',\ b',\ 0)=F(v)+F(w) \end{aligned}$$

이고, 또한 모든 스칼라 k에 대하여

$$\begin{aligned} F(kv) &= F(ka,\ kb,\ kc)=(ka,\ kb,\ 0) \\ &=k(a,\ b,\ 0)=kF(v) \end{aligned}$$

이다. 그러므로 F는 선형이다.

(2) 함수 $G:\mathbb{R}^2 \to \mathbb{R}^2$, $G(x,\ y)=(x+1,\ y+2)$를 '이행(translation)'함수라 하자. 즉 임의의 벡터 $v=(x,\ y)\in R$에 벡터 (1, 2)를 더하는 것이다. 즉

$$G(\mathbf{0})=G(0,\ 0)=(1,\ 2)\neq \mathbf{0}$$

이다. 따라서 영벡터가 영벡터로 대응되지 못하므로 G는 선형이 아니다. ■

보기 5.2 (미분과 적분함수) 체 $\mathbb{R}$ 위의 다항식의 벡터 공간을 $V=\mathrm{P}(t)$라 하자. $u(t)$와 $v(t)$를 V 안의 임의의 다항식이라 하고 k를 임의의 스칼라라 하자.

(1) $D:V\to V$를 미분함수라 하자. 미적분학에서 배웠듯이

$$\frac{d(u+v)}{dt}=\frac{du}{dt}+\frac{dv}{dt} \text{이고} \quad \frac{d(ku)}{dt}=k\frac{du}{dt}$$

임을 알고 있다. 이 말은, 즉 $D(u+v)=D(u)+D(v)$이고 $D(ku)=kD(u)$이다. 그러므로 미분함수(derivative mapping)는 선형이다.

(2) 적분함수(integral mapping) $J:V\to R$이 있다 하자. 즉

$$J(f(t))=\int_0^1 f(t)dt$$

이다. 또한

$$\int_0^1 [u(t)+v(t)]dt=\int_0^1 u(t)dt+\int_0^1 v(t)dt,$$

$$\int_0^1 ku(t)dt = k\int_0^1 u(t)dt.$$

즉 $J(u+v) = J(u)+J(v)$이고 $J(ku) = kJ(u)$이다. 그러므로 적분함수도 선형이다. ■

보기 5.3 (영함수와 항등함수)

(1) 함수 $F : V \to U$는 모든 벡터 $v \in V$를 영벡터 $0 \in U$에 대응시키는 함수라 하자. 그러면 모든 벡터 $v,\ w \in V$와 모든 스칼라 $k \in \mathbb{R}$에 대해

$$F(v+w) = \mathbf{0} = \mathbf{0}+\mathbf{0} = F(v)+F(w),$$
$$F(kv) = \mathbf{0} = k\mathbf{0} = kF(v)$$

이므로 F는 선형이다. F를 영함수(zero mapping)라 부르고 $\mathbf{0}$이라고 쓴다.

(2) 모든 $v \in V$를 자기 자신에 대응시키는 항등함수 $I : V \to V$를 보자. 모든 벡터 $v,\ w \in V$와 모든 스칼라 $a,\ b \in K$에 대해

$$I(av+bw) = av+bw = aI(v)+bI(w)$$

이다. 그러므로 I는 선형이다. ■

유제 5.1 $F : \mathbb{R}^2 \to \mathbb{R}^2,\ F(x,\ y) = (x+y,\ x)$라고 정의된 함수 F가 선형함수임을 보여라.

풀이 임의의 벡터 $v,\ w \in \mathbb{R}^2$와 스칼라 k에 대해 $F(v+w) = F(v)+F(w)$이고 $F(kv) = kF(v)$임을 보여야 한다. $v = (a,\ b),\ w = (a',b')$이라고 하자. 그러면

$$v+w = (a+a',\ b+b'),\ kv = (ka,\ kb)$$

이다.

$$F(v+w) = F(a+a',\ b+b') = (a+a'+b+b',\ a+a')$$
$$= (a+b,\ a)+(a'+b',\ a') = F(v)+F(w)$$

이고

$$F(kv) = F(ka,\ kb) = (ka+kb,\ ka) = k(a+b,\ a) = kF(v)$$

이므로 F가 선형함수이다. ■

유제 5.2 다음 함수들은 선형함수가 아님을 보여라.

(1) $F: \mathbb{R}^2 \to \mathbb{R}^2,\ F(x,\ y) = (xy,\ x)$

(2) $F: \mathbb{R}^2 \to \mathbb{R}^3,\ F(x,\ y) = (x+3,\ 2y,\ x+y)$

(3) $F: \mathbb{R}^3 \to \mathbb{R}^2,\ F(x,\ y,\ z) = (|x|,\ y+z)$

풀이 (1) $v = (1,\ 2)$이고 $w = (3,\ 4)$라고 하면 $v + w = (4,\ 6)$이다. 또한

$$F(v) = (2,\ 1),\ F(w) = (12,\ 3)$$

이다. 그러므로

$$F(v+w) = (24,\ 4) \neq F(v) + F(w)$$

이다.

(2) $F(0,\ 0) = (3,\ 0,\ 0) \neq (0,\ 0,\ 0)$이므로 F는 선형이 아니다.

(3) $v = (1,\ 2,\ 3)$이고 $k = -3$이라 하면 $kv = (-3,\ -6,\ -9)$이다.

$$F(v) = (1,\ 5),\ kF(v) = -3(1,\ 5) = (-3,\ -15)$$

이므로

$$F(kv) = F(-3,\ -6,\ -9) = (3,\ -15) \neq kF(v)$$

이다. F는 선형이 아니다. ■

유제 5.3 선형함수 $F: V \to U$는 전단사이다. 역함수 F^{-1}도 선형임을 보여라.

풀이 $u,\ u' \in U$이라 하자. $F: V \to U$는 전단사이므로 $v,\ v' \in V$이 존재하여 $F(v) = u$이고 $F(v') = u'$이다. F가 선형이므로

$$F(v+v') = F(v) + F(v') = u + u',\ F(kv) = kF(v) = ku$$

이다. 역함수의 정의로부터

$$F^{-1}(u) = v,$$
$$F^{-1}(u') = v',$$
$$F^{-1}(u+u') = v+v',$$
$$F^{-1}(ku) = kF^{-1}(u) = kv$$

이다. 따라서

$$F^{-1}(u+u') = v+v' = F^{-1}(u) + F^{-1}(u'),$$
$$F^{-1}(ku) = kv = kF^{-1}(u)$$

이다. 그러므로 F^{-1}는 선형이다. ■

다음 정리는 선형변환의 예가 아주 많음을 암시하는 정리이다. 특히 이 정리는 선형변환은 한 기저(basis)의 성분원소들에 주어지는 함숫값에 의해 완전히 결정됨을 보여준다.

정리 5.1 V와 U를 체 $\mathbb{R}$ 위의 벡터 공간이라 하자. $\{v_1, v_2, ..., v_n\}$을 V의 기저라 하고 $u_1, u_2, ..., u_n$을 U에 속한 벡터라고 하자. 그러면 $F(v_1)=u_1$, $F(v_2)=u_2$, ..., $F(v_n)=u_n$을 만족하는 오직 하나의 선형변환 $F : V \to U$가 존재한다.

증명 $v \in V$라 하자. $\{v_1, v_2, ..., v_n\}$이 V의 기저이기 때문에 스칼라 $a_1, ..., a_n \in \mathbb{R}$이 유일하게 존재하여 $v = a_1v_1 + a_2v_2 + \cdots + a_nv_n$을 만족시킨다. 함수 $F : V \to U$를 다음과 같이 정의하자.

$$F(v) = a_1u_1 + a_2u_2 + \cdots + a_nu_n$$

그러면 $a_1, ..., a_n \in \mathbb{R}$이 유일하기 때문에 F는 잘 정의된 함수이다. 이제 모든 $i = 1, ..., n$에 대하여 $v_i = 0v_1 + \cdots + 1v_i + \cdots + 0v_n$이므로

$$F(v_i) = 0u_1 + \cdots + 1u_i + \cdots + 0u_n = u_i$$

이다. 그러면 F가 선형임을 증명하자.

$v = a_1v_1 + a_2v_2 + \cdots + a_nv_n$이고 $w = b_1v_1 + b_2v_2 + \cdots + b_nv_n$이라 하자. 그러면

$$v + w = (a_1+b_1)v_1 + (a_2+b_2)v_2 + \cdots + (a_n+b_n)v_n$$

이고 모든 $k \in \mathbb{R}$에 대하여 $kv = ka_1v_1 + ka_2v_2 + \cdots + ka_nv_n$이다. 함수 F의 정의에 의해

$$F(v) = a_1u_1 + a_2u_2 + \cdots + a_nu_n,$$
$$F(w) = b_1u_1 + b_2u_2 + \cdots + b_nu_n$$

이므로

$$\begin{aligned} F(v+w) &= (a_1+b_1)u_1 + (a_2+b_2)u_2 + \cdots + (a_n+b_n)u_n \\ &= (a_1u_1 + a_2u_2 + \cdots + a_nu_n) + (b_1u_1 + b_2u_2 + \cdots + b_nu_n) \\ &= F(v) + F(w), \end{aligned}$$

$$F(kv) = k(a_1u_1 + a_2u_2 + \cdots + a_nu_n) = kF(v)$$

이다. 따라서 F는 선형이다.

F의 유일성을 증명하자.

$G : V \to U$가 선형이고 $G(v_i) = u_i$, $i = 1, ..., n$이라 하자. 그리고

$$v = a_1 v_1 + a_2 v_2 + \cdots + a_n v_n$$

이라 하면

$$\begin{aligned} G(v) &= G(a_1 v_1 + a_2 v_2 + \cdots + a_n v_n) \\ &= a_1 G(v_1) + a_2 G(v_2) + \cdots + a_n G(v_n) \\ &= a_1 u_1 + a_2 u_2 + \cdots + a_n u_n = F(v). \end{aligned}$$

모든 $v \in V$에 대하여 $G(v) = F(v)$이므로 $G = F$이다. 따라서 F는 유일하다. ■

여기서 강조하고 싶은 것은 정리 5.1에서의 벡터 $u_1, u_2, \ldots, u_n$은 완전히 임의로 선택할 수 있고, 그들은 선형 독립이 아니거나 같은 벡터가 중복되어 나타날 수도 있다는 것이다.

행렬과 선형변환

A를 $\mathbb{R}$ 위의 $m \times n$ 행렬이라 하자. A는 함수 $F_A : \mathbb{R}^n \to \mathbb{R}^m$, $F_A(u) = Au$를 규정한다(순서에 조심). F_A는 선형임을 다음과 같이 보일 수 있다. 행렬 곱셈연산에 의해

$$F_A(v+w) = A(v+w) = Av + Aw = F_A(v) + F_A(w),$$
$$F_A(kv) = A(kv) = k(Av) = kF_A(v)$$

이다. 행렬 A를 함수라고 생각하여 다르게 표현하면

$$A(v+w) = Av + Aw, \quad A(kv) = k(Av)$$

이다. 그러므로 행렬함수 A는 선형이다.

보기 5.4 $A = \begin{bmatrix} 1 & -3 \\ 3 & -10 \\ -2 & 7 \end{bmatrix}, u = \begin{bmatrix} 2 \\ -1 \end{bmatrix}, b = \begin{bmatrix} 3 \\ 2 \\ 1 \end{bmatrix}, c = \begin{bmatrix} 3 \\ 2 \\ -1 \end{bmatrix}$일 때, $T : \mathbb{R}^2 \to \mathbb{R}^3$가 $T(x) = Ax$로 다음과 같이 정의된다.

$$T(x) = Ax = \begin{bmatrix} 1 & -3 \\ 3 & -10 \\ -2 & 7 \end{bmatrix} \begin{bmatrix} x_1 \\ x_2 \end{bmatrix} = \begin{bmatrix} x_1 - 3x_2 \\ 3x_1 - 10x_2 \\ -2x_1 + 7x_2 \end{bmatrix}$$

(1) $T(u)$를 찾아라.

(2) $T(x) = b$가 되는 x를 찾아라.

(3) c가 T의 치역에 포함되는지 확인하라.

풀이 (1) $T(u) = Au = \begin{bmatrix} 1 & -3 \\ 3 & -10 \\ -2 & 7 \end{bmatrix}\begin{bmatrix} 2 \\ -1 \end{bmatrix} = \begin{bmatrix} 5 \\ 1 \\ -9 \end{bmatrix}$

(2) $T(x) = b$가 되는 x를 찾는 것은 $Ax = b$와 같은 것이다. 즉,

$$\begin{bmatrix} 1 & -3 \\ 3 & -10 \\ -2 & 7 \end{bmatrix}\begin{bmatrix} x_1 \\ x_2 \end{bmatrix} = \begin{bmatrix} 3 \\ 2 \\ 1 \end{bmatrix}$$

이므로

$$\begin{bmatrix} 1 & -3 & 3 \\ 3 & -10 & 2 \\ -2 & 7 & 1 \end{bmatrix} \sim \begin{bmatrix} 1 & -3 & 3 \\ 0 & -1 & -7 \\ 0 & 1 & 7 \end{bmatrix} \sim \begin{bmatrix} 1 & -3 & 3 \\ 0 & 1 & 7 \\ 0 & 1 & 7 \end{bmatrix} \sim \begin{bmatrix} 1 & -3 & 3 \\ 0 & 1 & 7 \\ 0 & 0 & 0 \end{bmatrix}$$

이다. 그러므로 $x_1 - 3x_2 = 3$이고 $x_2 = 7$이다. 따라서 $x = (24, 7)$이다.

(3) c가 T의 치역에 포함되는지 아는 것은 $Ax = c$가 해를 갖느냐를 확인하는 것이다. 따라서

$$\begin{bmatrix} 1 & -3 & 3 \\ 3 & -10 & 2 \\ -2 & 7 & -1 \end{bmatrix} \sim \begin{bmatrix} 1 & -3 & 3 \\ 0 & -1 & -7 \\ 0 & 1 & 5 \end{bmatrix} \sim \begin{bmatrix} 1 & -3 & 3 \\ 0 & 1 & 7 \\ 0 & 1 & 5 \end{bmatrix} \sim \begin{bmatrix} 1 & -3 & 3 \\ 0 & 1 & 7 \\ 0 & 0 & -2 \end{bmatrix}$$

이 되어 $0 = -2$이므로 이는 모순이다. 따라서 해가 존재하지 않는다. 치역에 포함되지 않는다. ■

선형변환 $T : \mathbb{R}^n \to \mathbb{R}^m$, $x \mapsto Ax$를 위한 행렬 표현 A를 구해보자. 행렬 A를 찾는 방법의 핵심은 $n \times n$ 항등행렬 I_n의 열들에 행해진 연산이 무엇이냐에 의해 정해진다. 다음의 보기를 보자.

보기 5.5 $I_2 = \begin{bmatrix} 1 & 0 \\ 0 & 1 \end{bmatrix}$의 열은 $e_1 = \begin{bmatrix} 1 \\ 0 \end{bmatrix}$과 $e_2 = \begin{bmatrix} 0 \\ 1 \end{bmatrix}$이다. $\mathbb{R}^2$부터 $\mathbb{R}^3$로의 선형변환 T가 다음을 만족한다고 하자.

$$T(e_1) = \begin{bmatrix} 6 \\ -7 \\ 3 \end{bmatrix}, \quad T(e_2) = \begin{bmatrix} -3 \\ 5 \\ 0 \end{bmatrix}$$

이를 이용하여 $\mathbb{R}^2$안의 x의 상을 구현하는 식을 찾아라.

풀이 $x = \begin{bmatrix} x_1 \\ x_2 \end{bmatrix} = x_1\begin{bmatrix} 1 \\ 0 \end{bmatrix} + x_2\begin{bmatrix} 0 \\ 1 \end{bmatrix} = x_1 e_1 + x_2 e_2$라고 쓸 수 있다.

T는 선형변환이기 때문에

$$T(x) = x_1 T(e_1) + x_2 T(e_2) \qquad \cdots \ (1)$$

$$= x_1 \begin{bmatrix} 6 \\ -7 \\ 3 \end{bmatrix} + x_2 \begin{bmatrix} -3 \\ 5 \\ 0 \end{bmatrix} = \begin{bmatrix} 6x_1 - 3x_2 \\ -7x_1 + 5x_2 \\ 3x_1 + 0 \end{bmatrix}$$

$T(x)$는 벡터들의 선형결합으로 표현되어 있으므로 이 벡터들을 행렬 A의 열벡터로 사용할 수 있다. 따라서 식 (1)을 다시 쓰면

$$T(x) = [\,T(e_1)T(e_2)\,]\begin{bmatrix} x_1 \\ x_2 \end{bmatrix} = Ax$$

이다. 따라서 $A = \begin{bmatrix} 6 & -3 \\ -7 & 5 \\ 3 & 0 \end{bmatrix}$이다. ■

정리 5.2 $T : \mathbb{R}^n \to \mathbb{R}^m$를 선형변환이라 하자. 모든 $x \in \mathbb{R}^n$에 대하여 $T(x) = Ax$를 만족하는 유일한 행렬 A가 존재한다. 즉, A는 $m \times n$행렬이고 A의 j번째 열은 벡터 $T(e_j)$이다. 여기서 e_i는 항등행렬 I_n의 j번째 열이다:

$$A = [\,T(e_1) \ \cdots \ T(e_n)\,]$$

증명 임의의 벡터 x는 $x = I_n x = [e_1 \ \cdots \ e_n]x = x_1 e_1 + \cdots + x_n e_n$라고 쓸 수 있다. 그리고 T의 선형성을 사용하면

$$T(x) = T(x_1 e_1 + \cdots + x_n e_n) = x_1 T(e_1) + \cdots + x_n T(e_n)$$

$$= [\,T(e_1) \ \cdots \ T(e_n)\,]\begin{bmatrix} x_1 \\ \vdots \\ x_n \end{bmatrix} = Ax$$

이다. 행렬 A의 열은 $T(e_1), \cdots, T(e_n)$이기 때문에 당연히 A는 유일하다. ■

행렬 A를 선형변환 T를 나타내는 기본행렬(standard matrix)이라고 한다. $\mathbb{R}^n$에서 $\mathbb{R}^m$으로의 모든 선형 변환은 행렬로 나타낼 수 있고 그 반대도 역시 성립한다. 따라서 $\mathbb{R}^n$에서 $\mathbb{R}^m$로의 모든 선형변환에 대한 이론은 행렬 변환 $A : \mathbb{R}^n \to \mathbb{R}^m$에 적용시킬 수 있고 그 반대도 역시 성립한다.

보기 5.6 선형변환 $T(x) = 3x, \ x \in \mathbb{R}^2$의 기본행렬 A를 찾아라.

풀이 $T(e_1) = 3e_1 = \begin{bmatrix} 3 \\ 0 \end{bmatrix}$ 이고 $T(e_2) = \begin{bmatrix} 0 \\ 3 \end{bmatrix}$이므로

$$A = \begin{bmatrix} 3 & 0 \\ 0 & 3 \end{bmatrix}$$

이다. ■

보기 5.7 $v=(x,\ y)$라 하고 v를 θ만큼 회전시켜 얻어지는 벡터를 $u=(x',\ y')$이라 하자. v와 u의 원점으로부터의 거리를 r이라 하고 v와 x축과의 각을 ϕ라 하자. 그러면

$$x = r\cos\phi,\ y = r\sin\phi,$$
$$x' = r\cos(\theta+\phi),\ y' = r\sin(\theta+\phi)$$

이므로

$$\begin{bmatrix} x' \\ y' \end{bmatrix} = \begin{bmatrix} r\cos(\theta+\phi) \\ r\sin(\theta+\phi) \end{bmatrix} = \begin{bmatrix} r\cos\theta\cos\phi - r\sin\theta\sin\phi \\ r\sin\theta\cos\phi + r\cos\theta\sin\phi \end{bmatrix}$$
$$= \begin{bmatrix} x\cos\theta - y\sin\theta \\ x\sin\theta + y\cos\theta \end{bmatrix} = \begin{bmatrix} \cos\theta & -\sin\theta \\ \sin\theta & \cos\theta \end{bmatrix} \begin{bmatrix} x \\ y \end{bmatrix}$$

이다. 여기서

$$\begin{bmatrix} \cos\theta & -\sin\theta \\ \sin\theta & \cos\theta \end{bmatrix}$$

는 회전행렬(rotation matrix)이 된다. 또한 정리 5.2를 이용하면 다음과 같이 구할 수도 있다. $\mathbb{R}^2$위의 각각의 점이 시계바늘 반대방향으로 θ만큼 회전한 것이므로

$$T(e_1) = \begin{bmatrix} \cos\theta \\ \sin\theta \end{bmatrix} \text{이고 } T(e_2) = \begin{bmatrix} -\sin\theta \\ \cos\theta \end{bmatrix}$$

이므로 $A = \begin{bmatrix} \cos\theta & -\sin\theta \\ \sin\theta & \cos\theta \end{bmatrix}$이다. ■

벡터 공간의 동형

> 정의 5.2 $\mathbb{R}$위의 2개의 벡터 공간 V와 U가 동형($V \cong U$라 쓴다)이라 함은 선형 전단사함수 $F : V \to U$가 존재한다는 것이다. 함수 F를 V와 U 사이의 동형사상(isomorphism)이라 한다.

임의의 n차원 벡터 공간 V와 V의 임의의 기저 S가 있다고 하자. 그러면 임의의

벡터 $v \in V$를 이 벡터의 성분벡터에 대응시키는 함수

$$v \mapsto [v]_S$$

는 V와 $\mathbb{R}^n$ 사이의 동형사상이다.

5.2 선형변환의 핵과 상

정의 5.3 $F : V \to U$를 선형변환이라 하자. F의 **핵**(kernel, $\mathrm{Ker}\, F$ 라 쓴다)이라 함은 U의 영벡터에 대응되는 모든 벡터들의 집합을 일컫는다. 즉

$$\mathrm{Ker}\, F = \{v \in V : F(v) = 0\}.$$

F의 **상**(치역, image 혹은 range, $\mathrm{Im}\, F$ 라 쓴다)이라 함은 U 안의 F의 출력이 되는 점들의 집합이다. 즉

$$\mathrm{Im}\, F = \{u \in U : \text{적당한 } v \in V\text{가 존재하여 } F(v) = u\text{를 만족한다}\}.$$

정리 5.3 $F : V \to U$를 선형변환이라 하자. 그러면 F의 핵은 V의 부분공간이고 F의 상은 U의 부분공간이다.

증명 먼저, $F(0_V) = \mathbf{0}_U$ 이므로 $\mathbf{0}_V \in \mathrm{Ker}\, F$이고 $\mathbf{0}_U \in \mathrm{Im}\, F$ 이다.

Re : $\mathrm{Ker}\, F$는 V의 부분공간이다. 이제 v, $w \in \mathrm{Ker}\, F$라 하고 a, $b \in \mathbb{R}$라 하자. 그러면 $F(v) = \mathbf{0}$ 이고 $F(w) = \mathbf{0}$ 이다. 따라서

$$F(av + bw) = aF(v) + bF(w) = a0 + b0 = \mathbf{0} + \mathbf{0} = \mathbf{0}$$

이므로 $av + bw \in \mathrm{Ker}\, F$이다. 그러므로 $\mathrm{Ker}\, F$는 V의 부분공간이다.

Re : $\mathrm{Im}\, F$는 U의 부분공간이다. u, $u' \in \mathrm{Im}\, F$이라 하고 a, $b \in \mathbb{R}$라 하자. 그러면 적당한 v, $v' \in V$이 존재하여 $F(v) = u$, $F(v') = u'$을 만족한다. 따라서

$$F(av + bv') = aF(v) + bF(v') = au + bu' \in \mathrm{Im}\, F$$

이므로 $\mathrm{Im}\, F$는 U의 부분공간이다. ■

행렬 A에 대하여 $T(x) = Ax$라 하면 T의 핵은 A의 영공간(null space)이고 T의 치역은 A의 열공간(column space)이다.

벡터 v_1, v_2, ..., v_m들이 벡터 공간 V를 확장(span)한다고 하고 $F : V \to U$를 선형변환이라 하자. 이제 $F(v_1)$, $F(v_2)$, ..., $F(v_m)$이 $\mathrm{Im}\, F$를 확장함을 보이자. $u \in \mathrm{Im}\, F$

라 하자. 그러면 $v \in V$가 하나 존재하여 $F(v)=u$일 것이다. v_i들이 V를 확장하고 $v \in V$이므로 $a_1, a_2, \ldots, a_m$이 존재하여

$$v = a_1v_1 + a_2v_2 + \cdots + a_mv_m$$

이 될 것이다. 따라서

$$\begin{aligned} u = F(v) &= F(a_1v_1 + a_2v_2 + \cdots + a_mv_m) \\ &= a_1F(v_1) + a_2F(v_2) + \cdots + a_mF(v_m) \end{aligned}$$

이므로 $F(v_1), F(v_2), \ldots, F(v_m)$이 Im F를 확장한다. 이를 정확히 다음 정리로 서술한다.

정리 5.4 벡터 $v_1, v_2, \ldots, v_m$들이 벡터 공간 V를 확장(span)한다 하고 $F : V \rightarrow U$를 선형변환이라 하면 $F(v_1), F(v_2), \ldots, F(v_m)$이 Im F를 확장한다. 즉, Im F는 유한차원이라는 것이다.

보기 5.8 (1) 함수 $F : \mathbb{R}^3 \rightarrow \mathbb{R}^3$을 xy평면 위로의 정사영이라 하자. 즉

$$F(x, y, z) = (x, y, 0)$$

분명히 F의 상은 전체 xy평면이다. 다시 말해 $(x, y, 0)$의 형태를 취한다. 더 나아가 F의 핵은 z축이 되므로 $(0, 0, c)$의 형태를 갖는다. 즉

$$\text{Im } F = \{(a, b, c) : c = 0\} = xy\text{평면}$$
$$\text{Ker } F = \{(a, b, c) : a = 0, b = 0\} = z\text{축}$$

이다. 이 변환의 기본행렬은 $A = \begin{bmatrix} 1 & 0 & 0 \\ 0 & 1 & 0 \\ 0 & 0 & 0 \end{bmatrix}$이다.

(2) 함수 $G : \mathbb{R}^3 \rightarrow \mathbb{R}^3$을 한 벡터를 z축을 축으로 각도 θ만큼 회전시키는 선형변환이라 하자. 즉

$$G(x, y, z) = (x\cos\theta - y\sin\theta, x\sin\theta + y\cos\theta, z)$$

한 벡터 v의 원점 O로부터의 거리는 회전으로 인하여 변하지 않는다. 따라서 영벡터는 영벡터로만 대응이 되므로 Ker $G = \{\mathbf{0}\}$이다. 반면 $\mathbb{R}^3$ 안의 모든 벡터 u는 각 θ만큼을 되돌려 회전시켜서 얻어지는 $\mathbb{R}^3$ 안의 한 벡터 v의 상이 된다. 그러므로 Im $G = \mathbb{R}^3$이다. 이 변환의 기본행렬은 $A = \begin{bmatrix} \cos\theta & -\sin\theta & 0 \\ \sin\theta & \cos\theta & 0 \\ 0 & 0 & 1 \end{bmatrix}$이다. ■

보기 5.9 실수체 $\mathbb{R}$ 위의 다항식들의 벡터 공간을 $V = \mathrm{P}(t)$라 하고 $H : V \to V$를 3번 미분하는 연산이라 하자. 즉 $H[f(t)] = d^3 f/dt^3$이며, 종종 D^3라고 나타내기도 한다. 그러면

$$\mathrm{Ker}\, H = \{\text{최고차 항이 2 이하의 다항식}\} = \mathrm{P}_2(t),\ \mathrm{Im}\, H = V$$

이다. 왜냐하면 $H(at^2 + bt + c) = 0$이지만 $H(t^n) \neq 0,\ n \geq 3$ 이기 때문이다. 또한 V 안의 모든 다항식 $g(t)$는 어떤 다항식 $f(t)$를 3번 미분하여 얻어질 수 있다($g(t)$의 역도함수를 3번 구하면 된다). ■

행렬함수의 핵과 상

3×4 행렬 A와 $\mathbb{R}^4$의 기본기저 $\{e_1, e_2, e_3, e_4\}$가 있다고 하자.

$$A = \begin{bmatrix} a_1 & a_2 & a_3 & a_4 \\ b_1 & b_2 & b_3 & b_4 \\ c_1 & c_2 & c_3 & c_4 \end{bmatrix},\ e_1 = \begin{bmatrix} 1 \\ 0 \\ 0 \\ 0 \end{bmatrix},\ e_2 = \begin{bmatrix} 0 \\ 1 \\ 0 \\ 0 \end{bmatrix},\ e_3 = \begin{bmatrix} 0 \\ 0 \\ 1 \\ 0 \end{bmatrix},\ e_4 = \begin{bmatrix} 0 \\ 0 \\ 0 \\ 1 \end{bmatrix}$$

그러면 행렬 A는 선형변환 $A : \mathbb{R}^4 \to \mathbb{R}^3$이라고 볼 수 있다. 기본기저벡터들이 $\mathbb{R}^4$를 확장하므로 그들의 상 Ae_1, Ae_2, Ae_3, Ae_4는 A의 상을 확장한다. 그런데 Ae_1, Ae_2, Ae_3, Ae_4는 A의 열들과 일치한다.

$$Ae_1 = (a_1, b_1, c_1)^T,\ Ae_2 = (a_2, b_2, c_2)^T$$

$$Ae_3 = (a_3, b_3, c_3)^T,\ Ae_4 = (a_4, b_4, c_4)^T$$

그러므로 A의 상은 정확히 A의 열 공간과 일치한다. 즉, u_i가 A의 열벡터일 때 $A = [u_1\ u_2\ u_3]$, $x = (x_1, x_2, x_3)$이면 열공간은 $Ax = x_1u_1 + x_2u_2 + x_3u_3$이다. 반면 A의 핵은 $Av = 0$이 되는 모든 벡터 v로 구성된다. 이 말은 A의 핵은 동차방정식 $Ax = 0$의 해 공간임을 뜻한다. 이를 영(null)공간이라고 한다.

> 정의 5.4 A를 체 $\mathbb{R}$ 위의 $m \times n$ 행렬, 즉 선형변환 $A : \mathbb{R}^n \to \mathbb{R}^m$이라고 하자. 그러면
>
> $$\mathrm{Ker}\, A = \mathrm{Nul}\ A,\ \mathrm{Im}\, A = \mathrm{Col}\ A$$
>
> 이다. 여기서 Col A는 A의 열 공간을, Nul A는 영공간을 각각 뜻한다.

$Ax=b$형태로 선형방정식이 주어졌다면 Col A는 해를 갖는 b들의 집합이다. 즉, 함수 A에 의한 치역, Im A이다. $A=[u_1\, u_2\, \cdots\, u_n]$, $u_i \in \mathbb{R}^m$이라 하면 Col A는 $span\{u_1, \ldots, u_n\}$과 같다. 따라서 $A=[u_1\, u_2\, \cdots\, u_n]$, $u_i \in \mathbb{R}^m$일 때, Im A = Col A= $span\{u_1, \ldots, u_n\}$이다.

보기 5.10 $A=\begin{bmatrix} 1 & -3 & -4 \\ -4 & 6 & -2 \\ -3 & 7 & 6 \end{bmatrix}$이고 $b=\begin{bmatrix} 3 \\ 3 \\ -4 \end{bmatrix}$라 하자. b가 A의 열공간에 속해 있는가?

풀이 벡터 b가 A의 열벡터들의 선형결합으로 표현될 필요충분조건은 b가 어떤 x에 대해 Ax로 표현되는가이다. 즉, 이것은 또한 $Ax=b$가 해를 갖는냐와 동치이다. 따라서

$$\begin{bmatrix} 1 & -3 & -4 & 3 \\ -4 & 6 & -2 & 3 \\ -3 & 7 & 6 & -4 \end{bmatrix} \sim \begin{bmatrix} 1 & -3 & -4 & 3 \\ 0 & -6 & -18 & 15 \\ 0 & -2 & -6 & 5 \end{bmatrix} \sim \begin{bmatrix} 1 & -3 & -4 & 3 \\ 0 & -6 & -18 & 15 \\ 0 & 0 & 0 & 0 \end{bmatrix}$$

이므로 $Ax=b$는 해를 갖고 이것은 b가 Col$A$에 속한다는 것이다. ■

선형변환의 계수(rank)와 영공간차원(nullity)

$F: V \to U$를 선형변환이라 하자. F의 상의 차원을 F의 계수라 하고 F의 핵의 차원을 영공간차원(nullity)이라고 한다. 즉

$$\text{rank}\, F = \dim(\text{Im}\, F), \ \text{nullity}(F) = \dim(\text{Ker}\, F).$$

정리 5.5 V를 유한 차원 벡터 공간이라 하고 $F: V \to U$를 선형변환이라 하자. 그럼

$$\dim V = \dim(\text{Ker}\, F) + \dim(\text{Im}\, F) = \text{nullity}(F) + \text{rank}\,(F)$$

이다.

증명 $\dim(\text{Ker}\, F)=r$이고 $\{w_1, \ldots, w_r\}$을 Ker F의 기저라 하고, $\dim(\text{Im}\, F)=s$이고 $\{u_1, \ldots, u_s\}$를 Im F의 기저라 하자. 정리 5.4에 의하여 Im F는 유한 차원이다. 모든 j에 대하여 $u_j \in \text{Im}\, F$이므로 $v_1, \ldots, v_s$가 V에 존재하여 $F(v_1)=u_1, \ldots, F(v_s)=u_s$이다. 이제 집합

$$B=\{w_1, \ldots, w_r, v_1, \ldots, v_s\}$$

가 V의 기저가 됨을 증명할 것이다. 그러면 증명이 완성된다.

첫째, B는 V를 확장한다. $v \in V$라 하자. $F(v) \in \operatorname{Im} F$이다. $\{u_1, \ldots, u_s\}$가 $\operatorname{Im} F$를 확장하므로 적당한 $a_1, \ldots, a_s$가 존재하여 $F(v) = a_1u_1 + \cdots + a_su_s$가 된다. $\hat{v} = a_1v_1 + \cdots + a_sv_s - v$라 하자. 그러면

$$F(\hat{v}) = F(a_1v_1 + \cdots + a_sv_s - v) = a_1F(v_1) + \cdots + a_sF(v_s) - F(v)$$
$$= a_1u_1 + \cdots + a_su_s - F(v) = 0$$

이므로 $\hat{v} \in \operatorname{Ker} F$이다. $\{w_1, \ldots, w_r\}$이 $\operatorname{Ker} F$를 확장하므로 적당한 $b_1, \ldots, b_r$이 존재하여

$$\hat{v} = b_1w_1 + \cdots + b_rw_r = a_1v_1 + \cdots + a_sv_s - v$$

이다. 따라서

$$v = a_1v_1 + \cdots + a_sv_s - b_1w_1 - \cdots - b_rw_r$$

이다. 그러므로 B는 V를 확장한다.

둘째, B는 선형 독립이다. $x_i, y_j \in \mathbb{R}$에 대하여

$$x_1w_1 + \cdots + x_rw_r + y_1v_1 + \cdots + y_sv_s = 0 \qquad \cdots (2)$$

이라 하자. 그러면

$$0 = F(0) = F(x_1w_1 + \cdots + x_rw_r + y_1v_1 + \cdots + y_sv_s)$$
$$= x_1F(w_1) + \cdots + x_rF(w_r) + y_1F(v_1) + \cdots + y_sF(v_s) \qquad \cdots (3)$$

$w_i \in \operatorname{Ker} F$이므로 $F(w_i) = 0$이다. 또한 $F(v_j) = u_j$이다. 식 (3)에 대입하면 $y_1u_1 + \cdots + y_su_s = 0$을 얻는다. u_j가 선형 독립이므로 각각의 $y_j = 0$이다. 식 (2)에 이 결과를 대입하면 $x_1w_1 + \cdots + x_rw_r = 0$이다. w_i가 선형 독립이므로 각각의 $x_i = 0$이다. 그러므로 B는 선형 독립이다. ■

행렬 A의 계수는 이 행렬의 열 공간과 행 공간으로 정의될 수 있음을 상기하자(정리 4.9, 정리 4.21). 이제 A를 선형변환이라고 생각하면 A의 상이 정확히 열 공간이기 때문에 이 두 가지 정의가 일치함을 알 수 있다.

보기 5.11 $F : \mathbb{R}^4 \to \mathbb{R}^3$이 다음과 같은 선형함수라고 하자.

$$F(x, y, z, t) = (x - y + z + t,\ 2x - 2y + 3z + 4t,\ 3x - 3y + 4z + 5t)$$

(1) F의 상의 차수와 기저를 찾아라.

(2) 함수 F의 핵의 차수와 기저를 찾아라.

풀이 (1) $\mathbb{R}^4$의 기본기저의 상을 살펴보자.

$$F(1,\ 0,\ 0,\ 0)=(1,\ 2,\ 3),\ F(0,\ 1,\ 0,\ 0)=(-1,\ -2,\ -3),$$

$$F(0,\ 0,\ 1,\ 0)=(1,\ 3,\ 4),\ F(0,\ 0,\ 0,\ 1)=(1,\ 4,\ 5)$$

이다. 선형변환 F의 기본행렬은 $A=\begin{bmatrix}1&-1&1&1\\2&-2&3&4\\3&-3&4&5\end{bmatrix}$이고

$$A=\begin{bmatrix}1&-1&1&1\\2&-2&3&4\\3&-3&4&5\end{bmatrix}\sim\begin{bmatrix}1&-1&1&1\\0&0&1&2\\0&0&1&2\end{bmatrix}\sim\begin{bmatrix}1&-1&1&1\\0&0&1&2\\0&0&0&0\end{bmatrix}$$ 이므로 선택성분은 2개이고 1열과 3열의 벡터가 Im F를 확장한다. 즉, $(1,\ 2,\ 3)$과 $(1,\ 3,\ 4)$은 Im F의 기저를 형성한다. 따라서 $\mathrm{rank}(F)=\dim(\mathrm{Im}\ F)=2$이다. (별해 : 정리 5.4에 의해 위의 벡터들은 위의 기본 벡터의 상이 되는 벡터들로 행이 이루어진 행렬 M을 만들고 사다리꼴 형태로 만들면

$$M=\begin{bmatrix}1&2&3\\-1&-2&-3\\1&3&4\\1&4&5\end{bmatrix}\sim\begin{bmatrix}1&2&3\\0&0&0\\0&1&1\\0&2&2\end{bmatrix}\sim\begin{bmatrix}1&2&3\\0&1&1\\0&0&0\\0&0&0\end{bmatrix}$$

이다. 그러므로 $(1,\ 2,\ 3)$과 $(0,\ 1,\ 1)$은 Im F의 기저를 형성한다. 따라서 $\mathrm{rank}(F)=\dim(\mathrm{Im}\ F)=2$이다.)

(2) 선형변환 F의 기본행렬은 $A=\begin{bmatrix}1&-1&1&1\\2&-2&3&4\\3&-3&4&5\end{bmatrix}$이고, $v=(x,\ y,\ z,\ t)$일 때 $Av=0$이라 하면

$$\begin{bmatrix}1&-1&1&1&0\\2&-2&3&4&0\\3&-3&4&5&0\end{bmatrix}\sim\begin{bmatrix}1&-1&1&1&0\\0&0&1&2&0\\0&0&1&2&0\end{bmatrix}\sim\begin{bmatrix}1&-1&1&1&0\\0&0&1&2&0\\0&0&0&0&0\end{bmatrix}$$

이므로 $x-y+z+t=0,\ z+2t=0$이므로 $y,\ t$가 자유변수가 되어 $z=-2t,\ x=y+t$이다. 따라서

$$v=\begin{bmatrix}x\\y\\z\\t\end{bmatrix}=\begin{bmatrix}y+t\\y\\-2t\\t\end{bmatrix}=y\begin{bmatrix}1\\1\\0\\0\end{bmatrix}+t\begin{bmatrix}1\\0\\-2\\1\end{bmatrix}$$

이다. 그러므로 $\mathrm{nullity}(F)=\dim(\mathrm{Ker}\ F)=2$이다. 또한 Nul A = Ker F의 기저는 $\{(1,\ 1,\ 0,\ 0),(1,\ 0,\ -2,\ 1)\}$이다. 정리 5.5에서 알 수 있듯이 $\dim(\mathrm{Ker}\ F)+\dim(\mathrm{Im}\ F)=4$이다. ■

유제 5.4 $F : \mathbb{R}^4 \to \mathbb{R}^3$이 다음과 같다.

$$F(x,\ y,\ z,\ t) = (x - y + z + t,\ x + 2z - t,\ x + y + 3z - 3t)$$

(1) Im F의 기저와 차원을 구하라.

(2) Ker F의 기저와 차원을 구하라.

풀이 (1) $F(1,\ 0,\ 0,\ 0) = (1,\ 1,\ 1)$, $F(0,\ 1,\ 0,\ 0) = (-1,\ 0,\ 1)$,
$F(0,\ 0,\ 1,\ 0) = (1,\ 2,\ 3)$, $F(0,\ 0,\ 0,\ 1) = (1,\ -1,\ -3)$

이다. 선형변환 F의 기본행렬은 $A = \begin{bmatrix} 1 & -1 & 1 & 1 \\ 1 & 0 & 2 & -1 \\ 1 & 1 & 3 & -3 \end{bmatrix}$이고

$A = \begin{bmatrix} 1 & -1 & 1 & 1 \\ 1 & 0 & 2 & -1 \\ 1 & 1 & 3 & -3 \end{bmatrix} \sim \begin{bmatrix} 1 & -1 & 1 & 1 \\ 0 & 1 & 1 & -2 \\ 0 & 2 & 2 & -4 \end{bmatrix} \sim \begin{bmatrix} 1 & -1 & 1 & 1 \\ 0 & 1 & 1 & -2 \\ 0 & 0 & 0 & 0 \end{bmatrix}$이므로 선택성분은 2개이고 1열과 2열의 벡터가 Im F를 확장한다. 즉, $(1,\ 1,\ 1)$과 $(-1,\ 0,\ 1)$은 Im F의 기저를 형성한다. 따라서 $\mathrm{rank}(F) = \dim(\mathrm{Im}\ F) = 2$이다.

별해 :

$$\begin{bmatrix} 1 & 1 & 1 \\ -1 & 0 & 1 \\ 1 & 2 & 3 \\ 1 & -1 & -3 \end{bmatrix} \sim \begin{bmatrix} 1 & 1 & 1 \\ 0 & 1 & 2 \\ 0 & 1 & 2 \\ 0 & -2 & -4 \end{bmatrix} \sim \begin{bmatrix} 1 & 1 & 1 \\ 0 & 1 & 2 \\ 0 & 0 & 0 \\ 0 & 0 & 0 \end{bmatrix}$$

이다. $(1,\ 1,\ 1)$과 $(0,\ 1,\ 2)$가 Im F의 기저이고 $\dim(\mathrm{Im}\ F) = 2$이다.

(2) 선형변환 F의 기본행렬은 $A = \begin{bmatrix} 1 & -1 & 1 & 1 \\ 1 & 0 & 2 & -1 \\ 1 & 1 & 3 & -3 \end{bmatrix}$이고,

$v = (x,\ y,\ z,\ t)$일 때 $Av = 0$이라 하면 $\begin{bmatrix} 1 & -1 & 1 & 1 \\ 0 & 1 & 1 & -2 \\ 0 & 0 & 0 & 0 \end{bmatrix}$이므로

$x - y + z + t = 0$, $y + z - 2t = 0$이므로 z, t가 자유변수가 되어
$x = z + 2t - z - t = t$, $y = z + 2t$이다. 따라서

$$v = \begin{bmatrix} x \\ y \\ z \\ t \end{bmatrix} = \begin{bmatrix} t \\ z + 2t \\ z \\ t \end{bmatrix} = t\begin{bmatrix} 1 \\ 2 \\ 0 \\ 1 \end{bmatrix} + z\begin{bmatrix} 0 \\ 1 \\ 1 \\ 0 \end{bmatrix}$$

이다. 그러므로 $\mathrm{nullity}(F) = \dim(\mathrm{Ker}\ F) = 2$이다. 또한 Nul A=Ker F의 기저는 $\{(1, 2, 0, 1), (0, 1, 1, 0)\}$이다. ■

유제 5.5 $A=\begin{bmatrix}1 & 2 & 3 & 1\\ 1 & 3 & 5 & -2\\ 3 & 8 & 13 & -3\end{bmatrix}$일 때 $A:\mathbb{R}^4\to\mathbb{R}^3$을 행렬 선형함수라고 한다.

(1) Im A의 기저와 차원을 구하라.

(2) Ker A의 기저와 차원을 구하라.

풀이 (1) $A=\begin{bmatrix}1 & 2 & 3 & 1\\ 1 & 3 & 5 & -2\\ 3 & 8 & 13 & -3\end{bmatrix}\sim\begin{bmatrix}1 & 2 & 3 & 1\\ 0 & 1 & 2 & -3\\ 0 & 2 & 4 & -6\end{bmatrix}\sim\begin{bmatrix}1 & 2 & 3 & 1\\ 0 & 1 & 2 & -3\\ 0 & 0 & 0 & 0\end{bmatrix}$이므로 선택성분은 2개이고 1열과 2열의 벡터가 Im A를 확장한다. 즉, $(1,\ 1,\ 3)$과 $(2,\ 3,\ 8)$은 Im A의 기저를 형성한다. 따라서 $\text{rank}(A)=2$이다.

(2) $v=(x,\ y,\ z,\ t)\in\text{Ker}\ A$일 때 $Av=0$이고

$A=\begin{bmatrix}1 & 2 & 3 & 1\\ 0 & 1 & 2 & -3\\ 0 & 2 & 4 & -6\end{bmatrix}\sim\begin{bmatrix}1 & 2 & 3 & 1\\ 0 & 1 & 2 & -3\\ 0 & 0 & 0 & 0\end{bmatrix}$이므로 z와 t가 자유변수가 되어

$x=-2(-2z+3t)-3z-t=z-7t,\ y=-2z+3t$이다. 따라서

$$v=\begin{bmatrix}x\\ y\\ z\\ t\end{bmatrix}=\begin{bmatrix}z-7t\\ -2z+3t\\ z\\ t\end{bmatrix}=z\begin{bmatrix}1\\ -2\\ 1\\ 0\end{bmatrix}+t\begin{bmatrix}-7\\ 3\\ 0\\ 1\end{bmatrix}$$

이다. 그러므로 $\text{nullity}(A)=\dim(\text{Ker}\ A)=2$이다. 또한 Nul A의 기저는 $\{(1,\ -2,1,0),(-7,3,0,1)\}$이다. ■

유제 5.6 $F:V\to U$가 선형이고 $\text{Ker}\,F=W$, $F(v)=u$라고 하자. 잉여집합(coset) $v+W=\{v+w\mid w\in W\}$는 u의 원상(preimage), 즉 $F^{-1}(u)=v+W$임을 보여라.

풀이 $F^{-1}(u)\subseteq v+W$임을 보이자. $v'\in F^{-1}(u)$이라 하자. 즉 $F(v')=u$이므로 $F(v'-v)=F(v')-F(v)=u-u=\mathbf{0}$이다. 다시 말해 $v'-v\in W$이므로 $v'=v+(v'-v)\in v+W$이다. 따라서 $F^{-1}(u)\subseteq v+W$이다. $F^{-1}(u)\supseteq v+W$임을 보이자. $v'\in v+W$이라 하자. 그러면 적당한 $w\in W$가 있어서 $v'=v+w$가 된다. W는 F의 핵이므로 $F(w)=\mathbf{0}$이다. 따라서 $F(v')=F(v+w)=F(v)+F(w)=F(v)+\mathbf{0}=F(v)=u$이므로 $v'\in F^{-1}(u)$이고 $F^{-1}(u)\supseteq v+W$이다. ■

5.3 특이, 정칙 선형변환, 동형

$F : V \to U$를 선형변환이라 하자. $F(0) = 0$임을 상기하자. 어떤 0이 아닌 벡터 v의 상이 0이면 F는 **특이**(singular)라고 부른다. 즉 $F(v) = 0$이 되는 벡터 $v \neq 0$가 존재한다는 것이다. 반대로 $F(v) = 0$이 되는 벡터가 영벡터뿐이면, 즉 $\mathrm{Ker}\,F = \{0\}$이면 $F : V \to U$를 **정칙**(nonsingular)이라고 한다.

보기 5.12 정사영 함수 $F : \mathbb{R}^3 \to \mathbb{R}^3$과 회전 함수 $G : \mathbb{R}^3 \to \mathbb{R}^3$을 생각하자(보기 5.8). $\mathrm{Ker}\,F$는 z축이므로 F는 특이함수이다. 반면 G의 핵은 영벡터 하나뿐이므로 G는 정칙이다. ■

정칙 선형변환은 선형 독립인 집합을 선형 독립인 집합으로 대응시키는 함수라고 특징지을 수 있다.

정리 5.6 $F : V \to U$를 정칙 선형변환이라 하자. $\{v_1, v_2, ..., v_n\}$이 선형 독립이면 $\{F(v_1), F(v_2), ..., F(v_n)\}$은 선형 독립이다.

증명 $v_1, v_2, ..., v_n$을 선형 독립인 V의 벡터들이라고 하자. $a_i \in \mathbb{R}$일 때

$$a_1F(v_1) + a_2F(v_2) + \cdots + a_nF(v_n) = 0$$

이라 하자. F가 선형이므로 $F(a_1v_1 + a_2v_2 + \cdots + a_nv_n) = 0$이다. 그러므로

$$a_1v_1 + a_2v_2 + \cdots + a_nv_n \in \mathrm{Ker}\,F$$

이다. 그런데 F가 정칙이므로, 다시 말해 $\mathrm{Ker}F = \{0\}$이므로 $a_1v_1 + a_2v_2 + \cdots + a_nv_n = 0$이다. v_i들이 선형 독립이므로 모든 a_i가 0이다. 따라서 $F(v_i)$들은 선형 독립이다. ■

동형사상

전사함수와 단사함수에 대해서 다시 논하자. 선형변환 $F: \mathbb{R}^n \to \mathbb{R}^m$가 **단사**(one-to-one)라는 것은 각각의 $b \in \mathbb{R}^m$가 많아야 하나인 $x \in \mathbb{R}^n$의 상이 된다는 것이다.

다시 말해, $F(v_1)=F(v_2)$이면 $v_1=v_2$이다. 마찬가지로 각각의 $b\in\mathbb{R}^m$에 대하여 방정식 $F(x)=b$가 유일한 해를 갖거나 해가 없으면 F가 단사라 한다. 각각의 $b\in\mathbb{R}^m$가 적어도 한 개의 $x\in\mathbb{R}^n$의 상이라면, 선형변환 $F:\mathbb{R}^n\to\mathbb{R}^m$를 **전사**라 한다. 즉, $F(\mathbb{R}^n)=\mathbb{R}^m$이다.

보기 5.13 선형변환 F의 기본행렬이 $A=\begin{bmatrix}2&-4&8&1\\0&3&-1&3\\0&0&0&6\end{bmatrix}$이라고 하자. 선형변환 F는 $\mathbb{R}^4$로부터 $\mathbb{R}^3$ 위로(onto)의 함수인가(전사함수)? 또한 F는 단사인가?

풀이 A는 사다리꼴 행렬이므로 각 행에 선택성분을 갖는다. 따라서 각각의 $b\in\mathbb{R}^3$에 대하여 $Ax=b$는 해를 갖는다(consistent). 다른 말로 하면 선형변환 F는 $\mathbb{R}^4$에서 $\mathbb{R}^3$위로의 함수이다. 그러나 $Ax=b$는 자유변수를 가지므로 각각의 b는 한 개 이상의 x의 상이다. 즉, F는 단사가 아니다. ■

$F:V\to U$를 단사 선형변환이라 하자. 그러면 오직 영벡터만이 영벡터에 대응될 것이므로 F는 정칙이다. 이 역도 또한 참이다. 왜냐하면 F가 정칙이고 $F(v)=F(w)$이면 $F(v-w)=F(v)-F(w)=0$이다. 그러므로 $v-w=0$ 또는 $v=w$이다. 따라서 $F(v)=F(w)$가 $v=w$를 뜻하므로 F는 단사함수이다.

정리 5.7 한 선형변환 $F:V\to U$가 단사이기 위한 필요충분조건은 F가 정칙인 것이다.

한 함수 $F:V\to U$가 동형사상이기 위한 조건은 F가 선형이고 전단사인 것이다. 또한 벡터 공간 V가 벡터 공간 U와 동형($V\cong U$)이기 위한 조건은 $F:V\to U$가 동형함수인 것이다. 그러므로 다음과 같은 결과를 유추할 수 있다.

정리 5.8 V가 유한 차원이고 $\dim V=\dim U$라고 하자. 또한 $F:V\to U$가 선형이다. 그러면 F가 동형사상일 필요충분조건은 F가 정칙인 것이다.

증명 $F:V\to U$가 정칙 선형변환이라고 하자. F가 정칙이므로 F는 단사이다.

$\dim(\operatorname{Ker} F)=0$이므로 정리 5.5에 의하여 $\dim V = \dim U = \dim(\operatorname{Im} F)$이다. U가 유한 차원이므로 $\operatorname{Im} F = U$이다. 이 말은 F가 전사함수임을 의미한다. 그러므로 F는 전단사 선형이므로 동형사상이다. 반대로 F가 동형사상이면 F는 오직 $\mathbf{0}$을 $\mathbf{0}$으로만 대응시키므로 $\operatorname{Ker} F = \{\mathbf{0}\}$이다. 즉 F는 정칙이다. ■

정리 5.9 선형변환 $F:\mathbb{R}^n \to \mathbb{R}^m$의 기본행렬이 A라고 하자.

(1) F가 전사일 필요충분조건은 A의 열들이 $\mathbb{R}^m$의 확장집합이다.

(2) F가 단사일 필요충분조건은 A의 열들이 선형 독립인 것이다.

증명 (1) 정리 4.19에 의해 A의 열들이 $\mathbb{R}^m$의 확장집합일 필요충분조건은 각각의 $b \in \mathbb{R}^m$에 대하여 방정식 $Ax=b$가 해를 갖는 것이다(consistent). 각각의 b에 대하여 방정식 $F(v)=b$가 적어도 한 해를 갖는 것이다. 이 말은 F가 전사라는 것이다.

(2) $A=[a_1\, a_2\, \ldots\, a_n]$이라 하자. 방정식 $F(x)=0$과 $Ax=0$은 같은 것이다. 그러므로 정리 5.7에 의해 F가 단사일 필요충분조건은 $Ax=0$이 오직 자명한 해만을 갖는 것이다. $Ax=0$은 $x_1 a_1 + x_2 a_2 + \cdots + x_n a_n = 0$과 동치이므로, $Ax=0$이 오직 자명한 해만을 갖는다와 A의 열들이 선형 독립이라는 말은 동치이다. ■

다음 보기에서와 같이 열벡터를 $x=(x_1, x_2)$와 같이 행으로 쓸 때도 있다.

보기 5.14 $T(x_1, x_2) = (3x_1 + x_2,\ 5x_1 + 7x_2,\ x_1 + 3x_2)$라 하자. T는 단사 선형변환이다. T는 $\mathbb{R}^2$에서 $\mathbb{R}^3$위로의 함수인가?

풀이 $T(x) = \begin{bmatrix} 3x_1 + x_2 \\ 5x_1 + 7x_2 \\ x_1 + 3x_2 \end{bmatrix} = \begin{bmatrix} 3 & 1 \\ 5 & 7 \\ 1 & 3 \end{bmatrix} \begin{bmatrix} x_1 \\ x_2 \end{bmatrix}$. 한 열이 다른 열의 곱이 아니므로 A의 열들은 선형 독립이다. 정리 5.9에 의해 T는 단사이다. A는 3×2이므로 A의 열들이 $\mathbb{R}^3$을 확장할 필요충분조건은 A가 3개의 선택위치를 갖는 것이다. A가 2개의 열만 가지므로 이것은 불가능하다. 따라서 A의 열들은 $\mathbb{R}^3$을 확장하지 못한다. 따라서 T는 전사가 아니다. ■

유제 5.7 $G: \mathbb{R}^2 \to \mathbb{R}^3$, $G(x, y) = (x+y, x-2y, 3x+y)$라 할 때 G가 정칙임을 보이고 G^{-1}를 찾아라.

풀이 $\mathrm{Ker}\, G$를 찾기 위해 $G(x, y) = (0, 0, 0)$이라 하면

$$(x+y, x-2y, 3x+y) = (0, 0, 0)$$

또는

$$x+y=0, x-2y=0, 3x+y=0$$

이고 $x=0$, $y=0$이 유일한 해이므로 G는 정칙이다. 하지만 $\mathbb{R}^2$과 $\mathbb{R}^3$이 차원이 다르기 때문에 G^{-1}는 존재하지 않는다. ■

$F: V \to V$가 선형변환이라 하자. 만약 F가 역변환을 가지면, 즉 $FF^{-1} = F^{-1}F = id_V$, id_V는 항등변환, 만족하는 F^{-1}를 가지면 F를 **가역적**(invertible)이라 부른다. 반면 F가 전단사함수이면 F가 함수로서 가역적이라고 한다. 이 경우 F^{-1}는 선형변환으로서의 F의 역변환이다.

정리 5.10 $F: V \to V$를 유한 차원 벡터 공간 V 위의 선형변환이라 하자. 그러면 다음 조건들은 모두 동치이다.

(1) F는 정칙이다($\mathrm{Ker}\, F = \{\mathbf{0}\}$).

(2) F는 단사함수이다.

(3) F는 전사함수이다.

(4) F는 가역적이다.

증명 이 정리의 증명은 주로 정리 5.5에서, 즉

$$\dim V = \dim(\mathrm{Ker}\, F) + \dim(\mathrm{Im}\, F)$$

란 사실에서 바로 유도될 수 있다. 정리 5.8과 5.9에 의하여 성립한다. ■

언급|| A를 $\mathbb{R}$ 위의 $n \times n$ 행렬이라 하자. 그러면 A는 $\mathbb{R}^n$ 위의 선형변환이라 볼 수 있다. $\mathbb{R}^n$은 유한 차원이기 때문에 정리 5.10이 정방행렬 A에 대하여 성립한다. 바로 이것이 '정칙(nonsingular)'과 '가역적(invertible)'이라는 용어가 같이 쓰이는 이유이다. 따라서 다음과 같이 쓸 수 있다.

정리 5.11 A를 $\mathbb{R}$ 위의 $n \times n$ 행렬변환이라 하자. 그러면 다음 조건들은 모두 동치이다.

(1) Nul $A = \{\mathbf{0}\}$

(2) A는 단사함수이다.

(3) A는 전사함수이다.

(4) A는 가역적이다.

더 나아가

(5) A의 열공간은 $\mathbb{R}^n$의 기저를 이룬다.

(6) Col $A = \mathbb{R}^n$

(7) rank $A = n$

(8) dim Nul $A = 0$

보기 5.15 F는 $F(x, y) = (2x + y, 3x + 2y)$라고 정의된 $\mathbb{R}^2$위의 선형변환이라 하자.

(1) F가 가역적이라는 것을 보이기 위해 우리는 F가 정칙이라는 것을 보여야 한다. $F(x, y) = (0, 0)$이라 놓으면 동차 연립방정식

$$2x + y = 0, \ 3x + 2y = 0$$

을 얻는다. x와 y에 대하여 풀면 $x = 0$이고 $y = 0$이다. 그러므로 F는 정칙이고 가역적이다.

(2) F^{-1}의 식을 얻기 위해서는 $F(x, y) = (s, t)$이므로 $F^{-1}(s, t) = (x, y)$이다. 그러므로

$$(2x + y, 3x + 2y) = (s, t) \ \text{또는} \ \begin{cases} 2x + \ \ y = s \\ 3x + 2y = t \end{cases}$$

x와 y에 대하여 풀면 $x = 2s - t$, $y = -3s + 2t$이다. 그러므로

$$F^{-1}(s, t) = (2s - t, \ -3s + 2t)$$

또는

$$F^{-1}(x, y) = (2x - y, \ -3x + 2y)$$

이다. ■

유제 5.8 $T(x, y, z) = (2x, 4x - y, 2x + 3y - z)$라고 정의된 $\mathbb{R}^3$ 위의 선형변환 T가 있다.

(1) T가 가역적임을 보여라.

(2) T^{-1}의 식을 찾아라.

(3) T^2의 식을 찾아라.

(4) T^{-2}의 식을 찾아라.

풀이 (1) $W = \mathrm{Ker}\, T$라 하자. $W = \{\mathbf{0}\}$임을 보이면 된다. $T(x, y, z) = (0, 0, 0)$이라 하면

$$T(x, y, z) = (2x, 4x - y, 2x + 3y - z) = (0, 0, 0)$$

이므로 W는 다음 동차연립방정식의 근이다.

$$2x = 0, \ 4x - y = 0, \ 2x + 3y - z = 0.$$

이 동차연립방정식의 근은 오직 $(0, 0, 0)$뿐이다. 따라서 $W = \{\mathbf{0}\}$이므로 T는 정칙이고 가역적이다. 각자 행렬로 풀어보라.

(2) $T(x, y, z) = (r, s, t)$라 하자. 즉 $T^{-1}(r, s, t) = (x, y, z)$이다.

$$(2x, 4x - y, 2x + 3y - z) = (r, s, t)$$

또는

$$2x = r, \ 4x - y = s, \ 2x + 3y - z = t$$

이므로 $x = \frac{1}{2}r, \ y = 2r - s, \ z = 7r - 3s - t$이다. 따라서

$$T^{-1}(r, s, t) = \left(\frac{1}{2}r, \ 2r - s, \ 7r - 3s - t\right)$$

또는

$$T^{-1}(x, y, z) = \left(\frac{1}{2}x, \ 2x - y, \ 7x - 3y - z\right)$$

이다.

(3) T를 2번 연속 적용하면

$$\begin{aligned} T^2(x, y, z) &= T(2x, 4x - y, 2x + 3y - z) \\ &= [4x, \ 4(2x) - (4x - y), \ 2(2x) + 3(4x - y) - (2x + 3y - z)] \\ &= [4x, \ 4x + y, \ 14x - 6y + z] \end{aligned}$$

(4) T^{-1}를 2번 연속 적용하면

$$\begin{aligned} T^{-2}(x, y, z) &= T^{-1}\left(\frac{1}{2}x, \ 2x - y, \ 7x - 3y - z\right) \\ &= \left[\frac{1}{4}x, \ 2\left(\frac{1}{2}x\right) - (2x - y), \ 7\left(\frac{1}{2}x\right) - 3(2x - y) - (7x - 3y - z)\right] \end{aligned}$$

$$= \left[\frac{1}{4}x,\ -x+y,\ -\frac{19}{2}x+6y+z \right]$$ ■

유제 5.9 V 위의 선형변환 E가 $E^2=E$를 만족한다고 하자(이런 연산을 정사영이라고 한다). U를 E의 상이라 하고 W를 E의 핵이라 할 때 다음을 증명하라.

(1) $u \in U$라 하면 $E(u)=u$이다. 즉 E는 U 위의 항등함수이다.

(2) $E \neq I$라 하면 E는 특이이다. 즉 어떤 $v \neq \mathbf{0}$에 대해 $E(v)=\mathbf{0}$이다.

(3) $V=U \oplus W$이다.

풀이 (1) $u \in U$라 하면 적당한 $v \in V$가 존재하여 $E(v)=u$이다. $E^2=E$를 이용하면

$$u=E(v)=E^2(v)=E(E(v))=E(u)$$

이다.

(2) $E \neq I$라 하면 적당한 $v(\neq u) \in V$가 존재하여 $E(v)=u$이다. $E(u)=u$이므로

$$E(v-u)=E(v)-E(u)=u-u=\mathbf{0},\ v-u \neq \mathbf{0}$$

이다.

(3) 먼저 $V=U+W$임을 보이자. $v \in V$라 하고 $u=E(v)$, $w=v-E(v)$라고 하자. 그러면

$$v=E(v)+v-E(v)=u+w$$

이다. 정의에 의해 $u=E(v) \in U=\mathrm{Im}\,(E)$이므로 $w \in W=\mathrm{Ker}\,E$임을 보이자.

$$\begin{aligned} E(w) &= E(v-E(v))=E(v)-E^2(v) \\ &= E(v)-E(v)=\mathbf{0} \end{aligned}$$

이므로 $w \in W=\mathrm{Ker}E$이다. 그러므로 $V=U+W$이다. 이제 $U \cap W=\{\mathbf{0}\}$임을 보이자. $v \in U \cap W$라 하자. $v \in U$이므로 $E(v)=v$이다. 또한 $v \in W$이므로 $E(v)=\mathbf{0}$이다. 그러므로 $v=E(v)=\mathbf{0}$이므로 $U \cap W=\{\mathbf{0}\}$이다. 따라서 $V=U \oplus W$이다. ■

5.4 선형변환의 행렬 표현

체 $\mathbb{R}$ 위의 벡터 공간 V의 기저 $S=\{u_1,\ u_2,\ \ldots,\ u_n\}$을 생각하자. 임의의 벡터

$v \in V$에 대하여

$$v = a_1 u_1 + a_2 u_2 + \cdots + a_n u_n$$

이라 가정하자. 그러면 기저 S에 의한 v의 좌표벡터는 열벡터이고 다음과 같이 나타낼 수 있다.

$$[v]_S = (a_1,\ a_2,\ \ldots,\ a_n)^T.$$

기저 S에 의해 결정되는 함수 $v \mapsto [v]_S$는 V로부터 $\mathbb{R}^n$으로 가는 동형사상임을 상기하자.

모든 선형변환 $T : V \to V$ 들은 기저 S에 의해 결정되는 n 정방행렬 $[T]_S$에 대응한다. 또한 우리는 또 다른 기저를 선택했을 때 행렬이 어떻게 바뀌어 나타나는지 공부한다.

$T : V \to V$ 를 선형변환이라 하고 $S = \{u_1,\ u_2,\ \ldots,\ u_n\}$을 벡터 공간 V의 기저라 가정하자. $T(u_1),\ T(u_2),\ \ldots,\ T(u_n)$은 V의 벡터이므로 각각은 기저 S의 벡터들의 일차결합으로 나타낸다.

$$\begin{aligned} T(u_1) &= a_{11}u_1 + a_{12}u_2 + \ldots + a_{1n}u_n \\ T(u_2) &= a_{21}u_1 + a_{22}u_2 + \ldots + a_{2n}u_n \\ &\vdots \\ T(u_n) &= a_{n1}u_1 + a_{n2}u_2 + \ldots + a_{nn}u_n \end{aligned}$$

정의 5.5 위의 계수행렬의 전치행렬 $[T]_S$를 기저 S에 의한 T의 **행렬 표현**이라 한다. 또는 간단히 기저 S의 행렬 T 라고 한다(혼동되지 않을 때 첨자 S를 생략한다).

열 좌표벡터 표시법을 사용하여 T의 행렬 표현은

$$[T]_S = \big[[T(u_1)]_S\ [T(u_2)]_S \ldots [T(u_n)]_S\big]$$

와 같이 나타낼 수 있다. 즉 $[T]_S$의 열들은 각각 $T(u_1),\ T(u_2),\ \ldots,\ T(u_n)$의 좌표벡터이다.

보기 5.16 선형변환 $F : \mathbb{R}^2 \to \mathbb{R}^2$을 $F(x,\ y) = (2x + 3y,\ 4x - 5y)$라 정의하자.

(1) 기저 $S = \{u_1,\ u_2\} = \{(1,\ 2),\ (2,\ 5)\}$에 의한 F의 행렬 표현을 찾아라.

풀이 ① 먼저 $F(u_1)$을 찾아보자. 그리고 기저벡터 u_1과 u_2의 일차결합으로 쓰자. 쓰기 편하게 열벡터로 쓰자.

$$F(u_1) = F\left(\begin{bmatrix}1\\2\end{bmatrix}\right) = \begin{bmatrix}8\\-6\end{bmatrix} = x\begin{bmatrix}1\\2\end{bmatrix}+y\begin{bmatrix}2\\5\end{bmatrix}$$

또는

$$\begin{bmatrix}1 & 2 & 8\\2 & 5 & -6\end{bmatrix}$$

이다. $\begin{bmatrix}1 & 2 & 8\\2 & 5 & -6\end{bmatrix} \sim \begin{bmatrix}1 & 2 & 8\\0 & 1 & -22\end{bmatrix} \sim \begin{bmatrix}1 & 0 & 52\\0 & 1 & -22\end{bmatrix}$이므로 $x=52,\ y=-22$이다.
따라서 $F(u_1)=52u_1-22u_2$이다.

② $F(u_2)$를 찾아보자. 그리고 기저벡터 u_1과 u_2의 일차결합으로 쓰자. 쓰기 편하게 열벡터로 쓰자.

$$F(u_2) = F\left(\begin{bmatrix}2\\5\end{bmatrix}\right) = \begin{bmatrix}19\\-17\end{bmatrix} = x\begin{bmatrix}1\\2\end{bmatrix}+y\begin{bmatrix}2\\5\end{bmatrix}$$

그리고

$$\begin{bmatrix}1 & 2 & 19\\2 & 5 & -17\end{bmatrix}$$

이다. $\begin{bmatrix}1 & 2 & 19\\2 & 5 & -17\end{bmatrix} \sim \begin{bmatrix}1 & 2 & 19\\0 & 1 & -55\end{bmatrix} \sim \begin{bmatrix}1 & 0 & 129\\0 & 1 & -55\end{bmatrix}$이므로 $x=129,\ y=-55$이다. 따라서 $F(u_2)=129u_1-55u_2$이다. 그러므로 $[F]_S=\begin{bmatrix}52 & 129\\-22 & -55\end{bmatrix}$를 얻는다.

(2) 기본기저 $E=\{e_1,\ e_2\}=\{(1,\ 0),\ (0,\ 1)\}$을 사용한 F의 행렬 표현을 찾아라.

풀이 $F(e_1)=F(1,\ 0)=(2,\ 4)=2e_1+4e_2$,
$F(e_2)=F(0,\ 1)=(3,\ -5)=3e_1-5e_2$.

그러므로 $[F]_E=\begin{bmatrix}2 & 3\\4 & -5\end{bmatrix}$이다. ■

보기 5.17 기저 $S=\{\sin t,\ \cos t,\ e^{3t}\}$를 가진 함수들의 벡터 공간 V에 대해 $D : V \rightarrow V$를 미분연산 $D(f(t))=d(f(t))/dt$라 정의하자. 기저 S에 대한 D의 행렬 표현을 구하자.

$$D(\sin t)=\cos t = 0(\sin t)+1(\cos t)+0(e^{3t}),$$
$$D(\cos t)=-\sin t = -1(\sin t)+0(\cos t)+0(e^{3t}),$$
$$D(e^{3t})=3e^{3t} = 0(\sin t)+0(\cos t)+3(e^{3t}).$$

그러므로

$$[D]=\begin{bmatrix}0&-1&0\\1&0&0\\0&0&3\end{bmatrix}$$

이다. ■

유제 5.10 선형변환 $F:\mathbb{R}^2\to\mathbb{R}^2$, $F(x,\ y)=(3x+4y,\ 2x-5y)$와 $\mathbb{R}^2$의 두 기저 $E=\{e_1,\ e_2\}=\{(1,\ 0),\ (0,\ 1)\}$과 $S=\{u_1,\ u_2\}=\{(1,\ 2),(2,\ 3)\}$이 있다.

(1) 기저 E에 관한 F의 행렬 A를 구하라.

(2) 기저 S에 관한 F의 행렬 B를 구하라.

풀이 (1) $F(e_1)=F(1,\ 0)=(3,\ 2)=3e_1+2e_2$,

$F(e_2)=F(0,\ 1)=(4,\ -5)=4e_1-5e_2$이므로 $A=\begin{bmatrix}3&4\\2&-5\end{bmatrix}$이다.

(2) $F(u_1)=F(1,\ 2)=(11,\ -8)=x(1,\ 2)+y(2,\ 3)$이므로 $x=-49$, $y=30$이고, $F(u_2)=F(2,\ 3)=(18,\ -11)=x'(1,\ 2)+y'(2,\ 3)$이므로 $x'=-76$, $y'=47$이다. 따라서 $B=\begin{bmatrix}-49&-76\\30&47\end{bmatrix}$이다. ■

행렬함수와 그들의 행렬 표현

다음의 행렬 A를 $\mathbb{R}^2$ 안의 기저 S를 포함하는 $\mathbb{R}^2$ 위의 선형변환이라 하자.

$$A=\begin{bmatrix}3&-2\\4&-5\end{bmatrix},\ S=[u_1,\ u_2]=\left\{\begin{bmatrix}1\\2\end{bmatrix},\ \begin{bmatrix}2\\5\end{bmatrix}\right\}$$

행렬 A의 기저 S에 대한 행렬 표현을 찾자.

(1) 먼저 u_1와 u_2의 일차결합으로 $A(u_1)$을 나타내보자.

$$A(u_1)=\begin{bmatrix}3&-2\\4&-5\end{bmatrix}\begin{bmatrix}1\\2\end{bmatrix}=\begin{bmatrix}-1\\-6\end{bmatrix}=x\begin{bmatrix}1\\2\end{bmatrix}+y\begin{bmatrix}2\\5\end{bmatrix}$$

이므로

$$\begin{cases}x+2y=-1\\2x+5y=-6\end{cases}$$

이다. 이 연립방정식을 풀면 $x=7$, $y=-4$를 얻으므로, 따라서 $A(u_1)=7u_1-4u_2$이다.

(2) 다음에 u_1과 u_2의 일차결합으로 $A(u_2)$를 나타내보자.

$$A(u_2) = \begin{bmatrix} 3 & -2 \\ 4 & -5 \end{bmatrix}\begin{bmatrix} 2 \\ 5 \end{bmatrix} = \begin{bmatrix} -4 \\ -17 \end{bmatrix} = x\begin{bmatrix} 1 \\ 2 \end{bmatrix} + y\begin{bmatrix} 2 \\ 5 \end{bmatrix}$$

이므로

$$\begin{cases} x + 2y = -4 \\ 2x + 5y = -17 \end{cases}$$

이다. 이 연립방정식을 풀면 $x = 14$, $y = -9$를 얻으므로 $A(u_2) = 14u_1 - 9u_2$이다. 따라서 $[A]_S = \begin{bmatrix} 7 & 14 \\ -4 & -9 \end{bmatrix}$를 얻는다.

언급 ‖ 1. 기본기저 $E = \{e_1, e_2\} = \{(1, 0), (0, 1)\}$을 사용한 A의 행렬 표현을 찾아보자.

$$A(e_1) = \begin{bmatrix} 3 & -2 \\ 4 & -5 \end{bmatrix}\begin{bmatrix} 1 \\ 0 \end{bmatrix} = \begin{bmatrix} 3 \\ 4 \end{bmatrix} = 3e_1 + 4e_2,$$

$$A(e_2) = \begin{bmatrix} 3 & -2 \\ 4 & -5 \end{bmatrix}\begin{bmatrix} 0 \\ 1 \end{bmatrix} = \begin{bmatrix} -2 \\ -5 \end{bmatrix} = -2e_1 - 5e_2$$

이므로

$$[A]_E = \begin{bmatrix} 3 & -2 \\ 4 & -5 \end{bmatrix}$$

이다. $[A]_E$가 원래 행렬 A와 같음을 주의하자.

2. 기본기저 E에 대한 체 $\mathbb{R}$위의 n 정방행렬 A의 행렬 표현은 원래 행렬 A와 일치한다. 즉

$$[A]_E = A$$

이다.

보기 5.18 선형변환 $F : \mathbb{R}^2 \to \mathbb{R}^2$을 $F(x, y) = (2x + 3y, 4x - 5y)$라 정의하자. 기저 $S = \{u_1, u_2\} = \{(1, -2), (2, -5)\}$에 의한 F의 행렬 표현 $[F]_S$를 찾아라.

풀이 먼저, 기저 S에 대한 $(a, b) \in \mathbb{R}^2$의 계수를 찾는다.

$$\begin{bmatrix} a \\ b \end{bmatrix} = x\begin{bmatrix} 1 \\ -2 \end{bmatrix} + y\begin{bmatrix} 2 \\ -5 \end{bmatrix}$$

또는

$$\begin{cases} x + 2y = a \\ -2x - 5y = b \end{cases}$$

또는

$$\begin{cases} x+2y=a \\ \quad -y=2a+b \end{cases}$$

이다. 이 연립방정식을 풀면 $x=5a+2b,\ y=-2a-b$ 이므로

$$(a,\ b)=(5a+2b)u_1+(-2a-b)u_2.$$

이제 먼저 $F(u_1)$을 찾아 $(a,\ b)$를 위한 위의 공식을 사용하여 기저벡터 u_1과 u_2의 일차결합으로 쓰자. $F(u_2)$에 대해 반복한다.

$$F(u_1)=F(1,\ -2)=(-4,\ 14)=8u_1-6u_2,$$
$$F(u_2)=F(2,\ -5)=(-11,\ 33)=11u_1-11u_2.$$

다음 $F(u_1)$과 $F(u_2)$의 계수를 사용하여 $[F]_S$를 구한다. 따라서

$$[F]_S=\begin{bmatrix} 8 & 11 \\ -6 & -11 \end{bmatrix}$$

이다. ■

유제 5.11 선형변환 $G:\mathbb{R}^2 \to \mathbb{R}^2$을 $G(x,\ y)=(2x-7y,\ 4x+3y)$라 정의하고 기저 $S=\{u_1,\ u_2\}=\{(1,\ 3),\ (2,\ 5)\}$가 주어졌다고 하자.

(1) G의 S에 대한 행렬 표현 $[G]_S$를 찾아라.

(2) 벡터 $v=(4,\ -3)\in\mathbb{R}^2$에 대하여 $[G]_S[v]_S=[G(v)]_S$가 성립함을 보여라.

풀이 (1) 기저 S에 대한 $v=(a,\ b)\in\mathbb{R}^2$의 계수를 찾는다.

$$\begin{bmatrix} a \\ b \end{bmatrix}=x\begin{bmatrix} 1 \\ 3 \end{bmatrix}+y\begin{bmatrix} 2 \\ 5 \end{bmatrix} \text{ 또는 } \begin{cases} x+2y=a \\ 3x+5y=b \end{cases}$$

이다. 이 연립방정식을 풀면 $x=-5a+2b,\ y=3a-b$이므로

$$(a,\ b)=(-5a+2b)u_1+(3a-b)u_2$$

이고

$$[v]=[-5a+2b \quad 3a-b]^T$$

이다. 먼저 $G(u_1)$을 찾아 $(a,\ b)$를 위한 위의 공식을 사용하여 기저벡터 u_1과 u_2의 일차결합으로 쓰자. $G(u_2)$에 대해 반복한다.

$$G(u_1)=G(1,\ 3)=(-19,\ 13)=121u_1-70u_2,$$
$$G(u_2)=G(2,\ 5)=(-31,\ 23)=201u_1-116u_2.$$

$G(u_1)$과 $G(u_2)$의 계수를 사용하여 $[G]_S$를 구한다.

$$[G]_S = \begin{bmatrix} 121 & 201 \\ -70 & -116 \end{bmatrix}.$$

(2) $(a,\ b) = (-5a+2b)u_1 + (3a-b)u_2$ 를 사용하여

$$v = (4,\ -3) = -26u_1 + 15u_2,$$

$$G(v) = G(4,\ -3) = (29,\ 7) = -131u_1 + 80u_2.$$

그러므로

$$[v]_S = [-26\ \ 15]^T,\ [G(v)]_S = [-131\ \ 80]^T$$

이다. 따라서

$$[G]_S[v]_S = \begin{bmatrix} 121 & 201 \\ -70 & -116 \end{bmatrix}\begin{bmatrix} -26 \\ 15 \end{bmatrix} = \begin{bmatrix} -131 \\ 80 \end{bmatrix} = [G(v)]_S$$

이다. ■

행렬 표현의 성질들

이제 벡터 공간 V 위의 선형변환 T의 행렬 표현의 주요 성질에 대해서 논하자. 항상 주어진 기저 S가 있음을 명심하자.

정리 5.12 $T : V \to V$를 선형변환이라 하고 S를 벡터 공간 V의 기저라 가정하자. 그러면 임의의 벡터 $v \in V$에 대하여 $[T]_S[v]_S = [T(v)]_S$이다.

$$V \xrightarrow{\quad T \quad} V$$

$$\mathbb{R}^n \ni [v]_S \xrightarrow{\quad [T]_S \quad} [T(v)]_S \in \mathbb{R}^n$$

증명 $S = \{u_1,\ u_2,\ \dots,\ u_n\}$ 이고

$$\begin{aligned} T(u_1) &= a_{11}u_1 + a_{12}u_2 + \cdots + a_{1n}u_n \\ T(u_2) &= a_{21}u_1 + a_{22}u_2 + \cdots + a_{2n}u_n \\ &\ \ \vdots \qquad\qquad \vdots \\ T(u_n) &= a_{n1}u_1 + a_{n2}u_2 + \cdots + a_{nn}u_n \end{aligned}$$

이라 하자. 그러면 $[T]_S$는 j째 행이

$$(a_{1j},\ a_{2j},\ \dots,\ a_{nj}) \qquad \cdots (4)$$

인 n 정방행렬이다. 이제

$$v = k_1 u_1 + k_2 u_2 + \cdots + k_n u_n = \sum_{i=1}^{n} k_i u_i$$

라고 하면

$$[v]_S = [k_1 \ k_2 \ \ldots \ k_n]^T \qquad \cdots (5)$$

이고, T의 선형성에 의해

$$\begin{aligned} T(v) &= T\left(\sum_{i=1}^{n} k_i u_i\right) = \sum_{i=1}^{n} k_i T(u_i) = \sum_{i=1}^{n} k_i \left(\sum_{j=1}^{n} a_{ij} u_j\right) \\ &= \sum_{j=1}^{n}\left(\sum_{i=1}^{n} a_{ij} k_i\right) u_j = \sum_{j=1}^{n} (a_{1j} k_1 + a_{2j} k_2 + \cdots + a_{nj} k_n) u_j \end{aligned}$$

이다. 그러므로 $[T(v)]_S$는 j째 행이

$$a_{1j} k_1 + a_{2j} k_2 + \cdots + a_{nj} k_n \qquad \cdots (6)$$

인 열벡터이다. 반면 $[T]_S [v]_S$의 j째 행은 $[T]_S$의 j째 행을 $[v]_S$와 곱한 것이다. 즉 (4)와 (5)를 곱한 것이다. 그 결과는 바로 (6)과 같으므로 $[T]_S [v]_S$와 $[T(v)]_S$는 같은 행을 갖게 된다. 그러므로 $[T]_S [v]_S = [T(v)]_S$이다. ■

보기 5.19 보기 5.18의 선형변환 $F : \mathbb{R}^2 \to \mathbb{R}^2$, $F(x, y) = (2x + 3y, \ 4x - 5y)$와 기저 $S = \{u_1, u_2\} = \{(1, -2), (2, -5)\}$를 보자. $v = (5, -7)$이라 하면 $F(v) = (-11, 55)$이다. 그러므로 $(a, b) = (5a + 2b)u_1 + (-2a - b)u_2$를 사용하면

$$(5, -7) = (5 \cdot 5 + 2 \cdot (-7))u_1 + (-2 \cdot 5 - (-7))u_2$$

이므로

$$[v] = [11, \ -3]^T$$

이고, $F(5, -7) = (-11, 55) = 55u_1 - 33u_2$이므로

$$[F(v)] = [55, \ -33]^T$$

이다. 벡터 $v = (5, -7)$에 대해 정리 5.12는 다음과 같이 성립한다.

$$[F][v] = \begin{bmatrix} 8 & 11 \\ -6 & -11 \end{bmatrix} \begin{bmatrix} 11 \\ -3 \end{bmatrix} = \begin{bmatrix} 55 \\ -33 \end{bmatrix} = [F(v)].$$ ■

유제 5.12 다음 조건을 만족시키는 $\mathbb{R}^3$ 위의 기본기저 $E = \{e_1, e_2, e_3\}$에 관한 선형변환 F의 행렬 표현을 찾아라.

(1) $F(x,\ y,\ z) = (x+2y-3z,\ 4x-5y-6z,\ 7x+8y+9z)$로 정의된 F

(2) $A = \begin{bmatrix} 1 & 1 & 1 \\ 2 & 3 & 4 \\ 5 & 5 & 5 \end{bmatrix}$로 정의된 F

(3) $F(e_1) = (1,\ 3,\ 5)$, $F(e_2) = (2,\ 4,\ 6)$, $F(e_3) = (7,\ 7,\ 7)$로 정의된 F

풀이 (1) E가 기본기저이므로 F의 계수를 행으로 쓰면

$$[F] = \begin{bmatrix} 1 & 2 & -3 \\ 4 & -5 & -6 \\ 7 & 8 & 9 \end{bmatrix}.$$

(2) E가 기본기저이므로 $[F] = A$이다.

(3) $F(e_1) = (1,\ 3,\ 5) = e_1 + 3e_2 + 5e_3$,

$F(e_2) = (2,\ 4,\ 6) = 2e_1 + 4e_2 + 6e_3$,

$F(e_3) = (7,\ 7,\ 7) = 7e_1 + 7e_2 + 7e_3$

이므로 $[F] = \begin{bmatrix} 1 & 2 & 7 \\ 3 & 4 & 7 \\ 5 & 6 & 7 \end{bmatrix}$이다. ■

5.5 기저의 변환

V를 체 $\mathbb{R}$ 위의 n차원 벡터 공간이라 하자. 한 번 V의 기저 S를 선택하면 V의 모든 벡터 v는 $\mathbb{R}^n$에서 n 순서쌍 $[v]_S$로 나타내어진다는 것을 배웠다. 그리고 V위의 모든 선형변환 T는 $\mathbb{R}$ 위의 n 정방행렬로 표현됨을 배웠다. **만약 우리가 다른 기저를 선택한다면 그 표현은 어떻게 바뀔 것인가?** 이 질문에 대한 대답을 위하여 다음과 같은 정의가 필요하다.

임의의 n차원 벡터 공간 V와 V의 임의의 기저 S가 있다고 하자. 그러면 임의의 벡터 $x \in V$를 이 벡터의 성분벡터에 대응시키는 함수

$$x \mapsto [x]_S$$

는 V와 $\mathbb{R}^n$ 사이의 동형사상이다($[\ ]_s : V \to \mathbb{R}^n$라고도 한다). $S = \{v_1,\ v_2,\ \dots,\ v_n\}$ 하면 $x = c_1v_1 + \cdots + c_nv_n$이다. 이것은

$$x = P_S[x]_S$$

와 동치이다. 여기서 $P_S = [v_1\ v_2\ \dots\ v_n]$이다. 이 행렬을 기저변환행렬 P_S라고 한다.

뒤에서 정의하는 기저변환 행렬로 나타내면 $P_S = P_{\epsilon \leftarrow S}$이다.

> **정의 5.6** $S = \{u_1, u_2, \dots, u_n\}$을 벡터 공간 V의 기저라 하고 $S' = \{v_1, v_2, \dots, v_n\}$을 또 다른 기저라고 가정하자. S가 기저이기 때문에 기저 S'의 모든 벡터들은 기저 S의 벡터들의 일차결합으로 유일하게 나타내어진다. 즉
>
> $$\begin{aligned} v_1 &= a_{11}u_1 + a_{12}u_2 + \cdots + a_{1n}u_n \\ v_2 &= a_{21}u_1 + a_{22}u_2 + \cdots + a_{2n}u_n \\ &\vdots \qquad\qquad \vdots \\ v_n &= a_{n1}u_1 + a_{n2}u_2 + \cdots + a_{nn}u_n \end{aligned}$$
>
> 위의 계수들의 행렬의 전치행렬을 $P_{S \leftarrow S'} : V_{S'} \to V_S$라 하자. 즉 $P = [p_{ij}]$, 여기서 $p_{ij} = a_{ji}$이다. 그러면 $P_{S \leftarrow S'}$를 기저 S로부터 기저 S'으로의 **기저변환행렬**(change of basis matrix from S to S') 또는 S'에서 S로의 **성분변환행렬**(change of coordinates matrix from S' to S)이라고 한다. 두 가지 이름이 같이 쓰이기도 하는데 관점을 어디에 두느냐에 따라 다르다. $P_{S \leftarrow S'}$를 기저 S로부터 기저 S'으로의 기저변환행렬로 볼 때는 기저 S의 벡터를 기저 S'의 벡터로 전환해주기 때문이고 즉
>
> $$[u_1\, u_2 \cdots u_n] P_{S \leftarrow S'} = [v_1\, v_2 \cdots v_n]$$
>
> 이기 때문이다. 관점을 S'에서 S으로의 성분변환행렬으로 볼 때는 벡터 공간 V의 임의의 벡터 x에 두면 이 벡터의 성분(좌표) $[x]_S$와 $[x]_{S'}$에 대하여
>
> $$P_{S \leftarrow S'} [x]_{S'} = [x]_S$$
>
> 이기 때문이다(정리 5.14의 아래에 있는 논의와 아래 언급 4와 정리 5.15를 참고).

언급 || 1. 위의 기저변환행렬 $P_{S \leftarrow S'}$는 각각의 열이 기저 S'에 의한 기저벡터 v_i의 열 좌표벡터로 볼 수 있다. 즉

$$P_{S \leftarrow S'} = \left[[v_1]_S \ [v_2]_S \ \dots \ [v_n]_S \right]$$

2. 비슷하게 기저 S'으로부터 기저 S로의 기저변환행렬 $Q_{S' \leftarrow S}$가 존재한다. 비슷하게 $P_{S \leftarrow S'}$의 각각의 열이 기저 S에 의한 기저벡터 u_i의 열 좌표벡터로 볼 수 있다. 즉

$$Q_{S' \leftarrow S} = \left[[u_1]_{S'} \ [u_2]_{S'} \ \dots \ [u_n]_{S'} \right].$$

3. 기저 S'의 벡터들 $v_1, v_2, \dots, v_n$이 선형 독립이기 때문에 행렬 $P_{S \leftarrow S'}$는 가

역적이다. 마찬가지로 $Q_{S' \leftarrow S}$도 가역적이다(유제 5.16).

4. 기저변환행렬 $P_{S \leftarrow S'}$는 $[x]_S = P_{S \leftarrow S'}[x]_{S'}$ $x \in V$ 를 만족하는 유일한 행렬이다($P_{S \leftarrow S'} : (\mathbb{R}^n, S') \to (\mathbb{R}^n, S)$ 임을 유의하자. (그림 5.1).

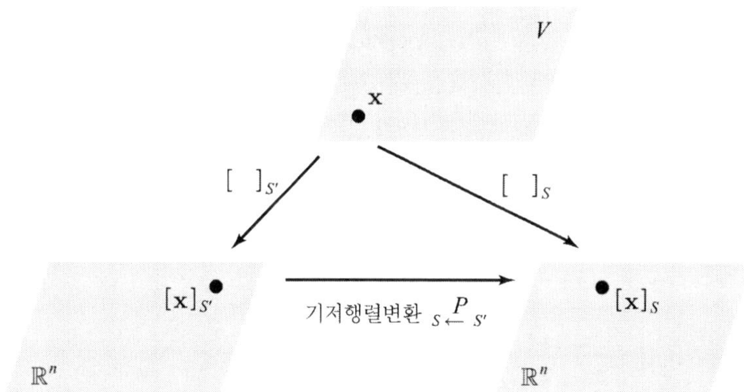

그림 5.1

정리 5.13 $P_{S \leftarrow S'}$와 $Q_{S' \leftarrow S}$가 위의 기저변환행렬일 때 $Q_{S' \leftarrow S} = P^{-1}_{S \leftarrow S'}$ 이다.

이제 $S = \{u_1, u_2, ..., u_n\}$을 벡터 공간 V의 기저라 하고 $P = [p_{ij}]$를 임의의 가역(nonsingular)행렬이라 하자. 그러면 n개의 벡터들

$$v_i = p_{1i}u_1 + p_{2i}u_2 + \cdots + p_{ni}u_n, \ i = 1, 2, ..., n$$

은 선형 독립이다. 왜냐하면

$$A = [v_1 \, v_2 \, \cdots \, v_n], \ B = [u_1 \, u_2 \, \cdots \, u_n], \ P_{S \leftarrow S'} = [p_1 \, p_2 \, \cdots \, p_n]$$

라 하면 $A = BP$ 가 된다. 행렬 B, P가 가역적이므로 A도 가역적이고 그러므로 A의 모든 열들은 선형 독립이다. 그러므로 그들은 또 다른 V의 기저 S를 이룬다. 더구나 P는 기저 S로부터 기저 S'으로의 기저변환행렬이 된다.

보기 5.20 다음의 $\mathbb{R}^2$의 두 기저 S와 S'을 보자.

$$S = \{u_1, u_2\} = \{(1, 2), (3, 5)\}$$

$$S' = \{v_1, v_2\} = \{(1, -1), (1, -2)\}$$

(1) 기저 S로부터 기저 S'으로의 기저변환행렬 $P_{S \leftarrow S'}$를 구하라.

(2) 기저 S'으로부터 기저 S로의 기저변환행렬 $Q_{S' \leftarrow S}$를 구하라.

풀이 (1) 기저 S의 벡터들을 기저 S'의 벡터들의 일차결합으로 나타내자.

$$\begin{bmatrix} 1 \\ -1 \end{bmatrix} = x_1 \begin{bmatrix} 1 \\ 2 \end{bmatrix} + y_1 \begin{bmatrix} 3 \\ 5 \end{bmatrix} = \begin{bmatrix} 1 & 3 \\ 2 & 5 \end{bmatrix} \begin{bmatrix} x_1 \\ y_1 \end{bmatrix}_{S'}, \quad \begin{bmatrix} x_1 \\ y_1 \end{bmatrix}_{S'} = [v_1]_{S'}$$

그러므로 $x_1 = -8$, $y_1 = 3$이다.

$$\begin{bmatrix} 1 \\ -2 \end{bmatrix} = x_2 \begin{bmatrix} 1 \\ 2 \end{bmatrix} + y_2 \begin{bmatrix} 3 \\ 5 \end{bmatrix} = \begin{bmatrix} 1 & 3 \\ 2 & 5 \end{bmatrix} \begin{bmatrix} x \\ y \end{bmatrix}_{S'}, \quad \begin{bmatrix} x_2 \\ y_2 \end{bmatrix}_{S'} = [v_2]_{S'}$$

그러므로 $x_2 = -11$, $y_2 = 4$ 이다.

따라서 $\begin{cases} v_1 = -8u_1 + 3u_2 \\ v_2 = -11u_1 + 4u_2 \end{cases}$ 이므로 $P_{S \leftarrow S'} = \begin{bmatrix} -8 & -11 \\ 3 & 4 \end{bmatrix}$이다.

$[u_1, u_2]\begin{bmatrix} -8 & -11 \\ 3 & 4 \end{bmatrix} = [v_1, v_2]$임을 주의하자.

(2) 위와 비슷하게 계산하면 $\begin{cases} u_1 = 4v_1 - 3v_2 \\ u_2 = 11v_1 - 8v_2 \end{cases}$ 이므로 $Q = \begin{bmatrix} 4 & 11 \\ -3 & -8 \end{bmatrix}$

또한 $Q_{S' \leftarrow S} = P^{-1}_{S \leftarrow S'}$ 임을 알 수 있다. ■

위와 같은 문제를 다음과 같이 풀 수도 있다.

보기 5.21 $b_1 = \begin{bmatrix} -9 \\ 1 \end{bmatrix}$, $b_2 = \begin{bmatrix} -5 \\ -1 \end{bmatrix}$, $c_1 = \begin{bmatrix} 1 \\ -4 \end{bmatrix}$, $c_2 = \begin{bmatrix} 3 \\ -5 \end{bmatrix}$일 때,

$S = \{c_1, c_2\}$와 $S' = \{b_1, b_2\}$가 $\mathbb{R}^2$의 기저라 하자. 기저 S로부터 기저 S'으로의 기저변환행렬 $P_{S \leftarrow S'}$를 구하라.

풀이 행렬 $P_{S \leftarrow S'}$을 구하기 위해서는 b_1과 b_2의 S'기저에 대한 좌표벡터를 알아야 한다. $[b_1]_S = \begin{bmatrix} x_1 \\ x_2 \end{bmatrix}$, $[b_2]_S = \begin{bmatrix} y_1 \\ y_2 \end{bmatrix}$이라 하면 정의에 의해

$$[c_1 \ c_2]\begin{bmatrix} x_1 \\ x_2 \end{bmatrix} = b_1 \text{ 과 } \quad [c_1 \ c_2]\begin{bmatrix} y_1 \\ y_2 \end{bmatrix} = b_2$$

이다. 이 연립방정식을 동시에 풀기 위해서 $[c_1 \ c_2]\begin{bmatrix} x_1 & y_1 \\ x_2 & y_2 \end{bmatrix} = [b_1 \ b_2]$이므로 b_1과 b_2의 계수 행렬을 붙이고 기약사다리꼴을 구한다.

$$[c_1 \ c_2 \ \vdots \ b_1 \ b_2] = \begin{bmatrix} 1 & 3 & \vdots & -9 & -5 \\ -4 & -5 & \vdots & 1 & -1 \end{bmatrix} \sim \begin{bmatrix} 1 & 0 & \vdots & 6 & 4 \\ 0 & 1 & \vdots & -5 & -3 \end{bmatrix} \qquad \cdots (7)$$

따라서

$$[b_1]_S = \begin{bmatrix} 6 \\ -5 \end{bmatrix} \text{이고 } [b_2]_S = \begin{bmatrix} 4 \\ -3 \end{bmatrix}$$

기저변환행렬은

$$P_{S \leftarrow S'} = \left[[b_1]_S \ \ [b_2]_S \right] = \begin{bmatrix} 6 & 4 \\ -5 & -3 \end{bmatrix}$$

이다. ■

보기 5.22 다음 $\mathbb{R}^3$의 두 기저 E와 S를 보자.

$$S = \{u_1, u_2, u_3\} = \{(1, 0, 1), (2, 1, 2), (1, 2, 2)\}$$
$$E = \{e_1, e_2, e_3\} = \{(1, 0, 0), (0, 1, 0), (0, 0, 1)\}$$

(1) 기저 E로부터 S로의 기저변환행렬 $P_{E \leftarrow S}$를 찾아라.

(2) 기저 S로부터 E로의 기저변환행렬 $P_{S \leftarrow E}$를 찾아라.

풀이 (1)

$$\begin{aligned} u_1 &= (1, 0, 1) = e_1 \qquad + \quad e_3 \\ u_2 &= (2, 1, 2) = 2e_1 + e_2 + 2e_3 \\ u_3 &= (1, 2, 2) = e_1 + 2e_2 + 2e_3 \end{aligned}$$

그러므로

$$P_{E \leftarrow S} = \begin{bmatrix} 1 & 2 & 1 \\ 0 & 1 & 2 \\ 1 & 2 & 2 \end{bmatrix}$$

여기서 $P_{E \leftarrow S}$는 그 열이 단지 S의 기저벡터로 이루어졌음을 알 수 있다. 이는 E가 기본기저이기 때문이다.

(2) 기저변환행렬 $P_{S \leftarrow E}$의 정의로부터 E의 각각의 기저벡터를 S의 벡터들의 일차결합으로 나타내면 된다.

$[e_1]_S = \begin{bmatrix} x_1 \\ x_2 \\ x_3 \end{bmatrix}$, $[e_2]_S = \begin{bmatrix} y_1 \\ y_2 \\ y_3 \end{bmatrix}$, $[e_3]_S = \begin{bmatrix} z_1 \\ z_2 \\ z_3 \end{bmatrix}$이라 하자. 정의에 의해서

$[u_1, u_2, u_3]\begin{bmatrix} x_1 \\ x_2 \\ x_3 \end{bmatrix} = e_1$, $[u_1, u_2, u_3]\begin{bmatrix} y_1 \\ y_2 \\ y_3 \end{bmatrix} = e_2$, $[u_1, u_2, u_3]\begin{bmatrix} z_1 \\ z_2 \\ z_3 \end{bmatrix} = e_3$가 되므로

$[u_1, u_2, u_3]\begin{bmatrix} x_1 & y_1 & z_1 \\ x_2 & y_2 & z_2 \\ x_3 & y_3 & z_3 \end{bmatrix} = [e_1 e_2 e_3]$을 풀면 된다. 따라서

$$[u_1\, u_2\, u_3 \ \vdots\ e_1\, e_2\, e_3] = \begin{bmatrix} 1\,2\,1 & 1\,0\,0 \\ 0\,1\,2 \ \vdots & 0\,1\,0 \\ 1\,2\,2 & 0\,0\,1 \end{bmatrix} \sim \begin{bmatrix} 1\,2\,1 & 1\,0\,0 \\ 0\,1\,2 \ \vdots & 0\,1\,0 \\ 0\,0\,1 & -1\,0\,1 \end{bmatrix}$$

$$\sim \begin{bmatrix} 1\,2\,0 & 2\,0\,-1 \\ 0\,1\,0 \ \vdots & 2\,1\,-2 \\ 0\,0\,1 & -1\,0\ \ 1 \end{bmatrix} \sim \begin{bmatrix} 1\,0\,0 & -2\,-2\ \ 3 \\ 0\,1\,0 \ \vdots & 2\ \ 1\,-2 \\ 0\,0\,1 & -1\ \ 0\ \ 1 \end{bmatrix}$$

이다.

$$[e_1]_S = \begin{bmatrix} x_1 \\ x_2 \\ x_3 \end{bmatrix} = \begin{bmatrix} -2 \\ 2 \\ -1 \end{bmatrix},\ [e_2]_S = \begin{bmatrix} y_1 \\ y_2 \\ y_3 \end{bmatrix} = \begin{bmatrix} -2 \\ 1 \\ 0 \end{bmatrix},\ [e_3]_S = \begin{bmatrix} z_1 \\ z_2 \\ z_3 \end{bmatrix} = \begin{bmatrix} 3 \\ -2 \\ 1 \end{bmatrix}$$

가 되므로

$$P_{S \leftarrow E} = \begin{bmatrix} -2 & -2 & 3 \\ 2 & 1 & -2 \\ -1 & 0 & 1 \end{bmatrix}$$

또 다른 방법은 $P_{S \leftarrow E} = P_{E \leftarrow S}^{-1}$를 구하는 것이다.

$$\left[\begin{array}{ccc|ccc} 1 & 2 & 1 & 1 & 0 & 0 \\ 0 & 1 & 2 & 0 & 1 & 0 \\ 1 & 2 & 2 & 0 & 0 & 1 \end{array}\right] \sim \left[\begin{array}{ccc|ccc} 1 & 0 & 0 & -2 & -2 & 3 \\ 0 & 1 & 0 & 2 & 1 & -2 \\ 0 & 0 & 1 & -1 & 0 & 1 \end{array}\right] = [I,\ P_{E \leftarrow S}^{-1}]$$

그러므로

$$P_{S \leftarrow E} = P_{E \leftarrow S}^{-1} = \begin{bmatrix} -2 & -2 & 3 \\ 2 & 1 & -2 \\ -1 & 0 & 1 \end{bmatrix}. \qquad ■$$

보기 5.22 (1)로부터 다음의 결과를 얻는다.

정리 5.14 $\mathbb{R}^n$의 기본기저 E로부터 $\mathbb{R}^n$의 임의의 기저 S로의 기저변환행렬은 그의 각 열이 S의 좌표벡터이다.

유제 5.13 $\mathbb{R}^2$의 두 기저 E와 S를 보자.

$$E = \{e_1,\ e_2\} = \{(1,\ 0),\ (0,\ 1)\}$$
$$S = \{u_1,\ u_2\} = \{(1,\ 3),\ (1,\ 4)\}$$

(1) 기저 S에서 E로의 기저변환행렬 $P_{S \leftarrow E}$를 구하라.

(2) 기저 E에서 S로의 기저변환행렬 $P_{E \leftarrow S}$를 구하라.

(3) 기저 S에 관한 $v = (5,\ -3)$의 좌표벡터를 구하라.

풀이 (1) $\begin{bmatrix} a \\ b \end{bmatrix} = x\begin{bmatrix} 1 \\ 3 \end{bmatrix} + y\begin{bmatrix} 1 \\ 4 \end{bmatrix} = \begin{bmatrix} x+y \\ 3x+4y \end{bmatrix}$ 이므로

$e_1 = (1,\ 0) = (x+y,\ 3x+4y)$를 풀면 $x = 4,\ y = -3$이고

$e_2 = (0,\ 1) = (x+y,\ 3x+4y)$를 풀면 $x = -1,\ y = 1$이다.

그러므로 $P_{S \leftarrow E} = \begin{bmatrix} 4 & -1 \\ -3 & 1 \end{bmatrix}$ 이다.

(2) E가 기본기저이므로 S의 벡터들을 열로 쓰면 된다. 따라서

$P_{E \leftarrow S} = \begin{bmatrix} 1 & 1 \\ 3 & 4 \end{bmatrix}$ 이다. 또는 $P_{S \leftarrow E}^{-1}$를 바로 구한다.

(3) $v = (5,\ -3) = (x+y,\ 3x+4y)$를 풀면 $x = 23,\ y = -18$이므로

$[v]_S = (23,\ -18)$이다. ■

기저변환행렬의 응용

먼저 기저의 변환이 벡터 공간 V의 계수에 미치는 영향을 관찰하자.

정리 5.15 한 벡터 공간 V의 기저 S로부터 기저 S'으로의 기저변환행렬을 $P_{S \leftarrow S'}$라 하면 임의의 $v \in V$에 대하여

$$P_{S \leftarrow S'}[v]_{S'} = [v]_S \text{이므로 } P_{S \leftarrow S'}^{-1}[v]_S = [v]_{S'}$$

이다. 즉 기저 S'에 대한 벡터 v의 좌표벡터를 $P_{S \leftarrow S'}$로 곱하는 것은 기저 S의 v의 좌표벡터를 얻는 것이다.

$$\mathbb{R}^n \ni [v]_{S'} \xrightarrow{\quad P \quad} [v]_S \in \mathbb{R}^n$$

증명 $S = \{u_1,\ u_2,\ \ldots,\ u_n\}$, $S' = \{w_1,\ w_2,\ \ldots,\ w_n\}$이라 하자. 모든 $i = 1, 2,\ \ldots,\ n$에 대하여

$$w_i = a_{i1}u_1 + a_{i2}u_2 + \cdots + a_{in}u_n = \sum_{j=1}^{n} a_{ij}u_j$$

라 하자. P의 j째 행은

$$(a_{1j},\ a_{2j},\ \ldots,\ a_{nj}) \qquad \cdots (8)$$

이고 n 정방행렬이다. 또한 $v = k_1w_1 + k_2w_2 + \cdots + k_nw_n = \sum_{i=1}^{n} k_iw_i$라 하면

$$[v]_S = (k_1,\ k_2,\ \ldots,\ k_n)^T \qquad \cdots (9)$$

이다. v에 w_i를 대입하면

$$v = \sum_{i=1}^{n} k_i w_i = \sum_{i=1}^{n} k_i \left(\sum_{j=1}^{n} a_{ij} u_j \right) = \sum_{j=1}^{n} \left(\sum_{i=1}^{n} a_{ij} k_i \right) u_j$$

$$= \sum_{j=1}^{n} (a_{1j}k_1 + a_{2j}k_2 + \cdots + a_{nj}k_n) u_j .$$

따라서 $[v]_S$은 j째 성분으로

$$a_{1j}k_1 + a_{2j}k_2 + \cdots + a_{nj}k_n \qquad \cdots (10)$$

을 갖는 열벡터이다. 반면에 $P[v]_{S'}$의 j째 성분은 $[v]_{S'}$(식 (9))와 P의 j째 행(식 (8))의 곱으로 얻어진다. 즉 식 (10)이 얻어진다. 그러므로 $P[v]_{S'}$와 $[v]_S$은 같은 성분을 가짐을 알 수 있다. 즉 $P_{S \leftarrow S'}[v]_{S'} = [v]_S$이다. 더 나아가 P^{-1}로 양변을 곱하면 $P_{S \leftarrow S'}^{-1}[v]_S = P_{S \leftarrow S'}^{-1} P_{S \leftarrow S'}[v]_{S'}$ $= [v]_{S'}$를 얻는다. ■

이해를 돕기 위하여 정리 5.15을 $\dim V = 3$일 경우에 대해 증명해보자. $P_{S \leftarrow S'}$를 기저 $S = \{u_1, u_2, u_3\}$에서 기저 $S' = \{v_1, v_2, v_3\}$로의 기저변환행렬이라 하자. 즉

$$\begin{cases} v_1 = a_1u_1 + a_2u_2 + a_3u_3 \\ v_2 = b_1u_1 + b_2u_2 + b_3u_3 \\ v_3 = c_1u_1 + c_2u_2 + c_3u_3 \end{cases} \text{이므로 } P_{S \leftarrow S'} = \begin{bmatrix} a_1 & b_1 & c_1 \\ a_2 & b_2 & c_2 \\ a_3 & b_3 & c_3 \end{bmatrix}$$

이제 $v \in V$라 하고 $v = k_1v_1 + k_2v_2 + k_3v_3$라 하자. 그러고 나서 위의 식에 v_1, v_2, v_3를 대입하면

$$v = k_1(a_1u_1 + a_2u_2 + a_3u_3) + k_2(b_1u_1 + b_2u_2 + b_3u_3) + k_3(c_1u_1 + c_2u_2 + c_3u_3)$$
$$= (a_1k_1 + b_1k_1 + c_1k_1)u_1 + (a_2k_1 + b_2k_2 + c_2k_3)u_2 + (a_3k_1 + b_3k_2 + c_3k_3)u_3$$

이다. 그러므로

$$[v]_{S'} = \begin{bmatrix} k_1 \\ k_2 \\ k_3 \end{bmatrix}, \ [v]_S = \begin{bmatrix} a_1k_1 + b_1k_2 + c_1k_3 \\ a_2k_1 + b_2k_2 + c_2k_3 \\ a_3k_1 + b_3k_2 + c_3k_3 \end{bmatrix}$$

이다. 따라서

$$P_{S \leftarrow S'}[v]_{S'} = \begin{bmatrix} a_1 & b_1 & c_1 \\ a_2 & b_2 & c_2 \\ a_3 & b_3 & c_3 \end{bmatrix} \begin{bmatrix} k_1 \\ k_2 \\ k_3 \end{bmatrix} = \begin{bmatrix} a_1k_1 + b_1k_2 + c_1k_3 \\ a_2k_1 + b_2k_2 + c_2k_3 \\ a_3k_1 + b_3k_2 + c_3k_3 \end{bmatrix} = [v]_S$$

이므로

$$P_{S \leftarrow S'}^{-1}[v]_S = P_{S \leftarrow S'}^{-1} P_{S \leftarrow S'}[v]_{S'} = I[v]_{S'} = [v]_{S'}$$

를 얻는다.

정리 5.16 $P_{S\leftarrow S'}$를 기저 S에서 기저 S'으로의 기저변환행렬이라 하자. 그러면 V 위의 임의의 선형변환 T에 대하여

$$[T]_{S'} = P_{S\leftarrow S'}^{-1}[T]_S P_{S\leftarrow S'}$$

이다. 즉 A와 B가 각각 S와 S'에 관한 T의 행렬 표시라 하면

$$B = P_{S\leftarrow S'}{}^{-1} A P_{S\leftarrow S'}$$

이다.

증명 정리 5.15에 의해 임의의 $v \in V$에 대하여 $P_{S\leftarrow S'}[v]_{S'} = [v]_S$이므로

$$\begin{aligned} P_{S\leftarrow S'}^{-1}[T]_S P_{S\leftarrow S'}[v]_{S'} &= P_{S\leftarrow S'}^{-1}[T]_S[v]_S = P_{S\leftarrow S'}^{-1}[T(v)]_S \\ &= [T(v)]_{S'} = [T]_{S'}[v]_{S'} \end{aligned}$$

이다. $v \mapsto [v]_S$는 $\mathbb{R}^n$으로의 전사함수이므로 모든 $x \in \mathbb{R}^n$에 대하여 $[T]_{S'}x = P_{S\leftarrow S'}^{-1}[T]_S P_{S\leftarrow S'}x$

$$\begin{array}{ccc} \mathbb{R}^n \ni [v]_S & \xleftarrow{\quad P_{S\leftarrow S'} \quad} & [v]_{S'} \in \mathbb{R}^n \\ [T]_S \big\downarrow & & \big\downarrow [T]_{S'} = B \\ \mathbb{R}^n \ni [T(v)]_S & \xrightarrow{\quad P_{S\leftarrow S'}^{-1} = Q \quad} & [T(v)]_{S'} \in \mathbb{R}^n \end{array}$$

$$[T]_{S'} = P_{S\leftarrow S'}^{-1}[T]_S P_{S\leftarrow S'}$$

그림 5.2

이다. 그러므로 $B = [T]_{S'} = P_{S\leftarrow S'}^{-1}[T]_S P_{S\leftarrow S'}$이다(그림 5.2). ■

보기 5.23 다음 $\mathbb{R}^3$의 두 기저 E와 S를 보자.

$$S = \{u_1, u_2, u_3\} = \{(1, 0, 1), (2, 1, 2), (1, 2, 2)\}$$

$$E = \{e_1, e_2, e_3\} = \{(1, 0, 0), (0, 1, 0), (0, 0, 1)\}$$

보기 5.22에서 구한 기저변환행렬 $P_{S\leftarrow E}$와 그의 역행렬 $P_{E\leftarrow S}$를 이용한다.

(1) $v = (1, 3, 5)$를 u_1, u_2, u_3의 일차결합으로 나타내어라. 즉 $[v]_S$를 찾아라.

(2) $A = \begin{bmatrix} 1 & 3 & -2 \\ 2 & -4 & 1 \\ 3 & -1 & 2 \end{bmatrix}$라 하자. 그러면 A를 $\mathbb{R}^3$의 선형변환이라 볼 수 있다. 기저 S에 관한 A의 행렬 표현(또는 변환 행렬) B를 찾아라.

풀이 (1) 직접 $v = xu_1 + yu_2 + z\,u_3$를 풀어 찾으면, 즉

$$\begin{bmatrix} 1 \\ 3 \\ 5 \end{bmatrix} = x\begin{bmatrix} 1 \\ 0 \\ 1 \end{bmatrix} + y\begin{bmatrix} 2 \\ 1 \\ 2 \end{bmatrix} + z\begin{bmatrix} 1 \\ 2 \\ 2 \end{bmatrix} \quad \text{또는} \quad \begin{cases} x + 2y + z = 1 \\ y + 2z = 3 \\ x + 2y + 2z = 5 \end{cases}$$

이므로 해는 $x = 7,\ y = -5,\ z = 4$이다. 따라서 $v = 7u_1 - 5\,u_2 + 4\,u_3$이다. 반면에 우리는 $[v]_E = [1,\ 3,\ 5]^T$임을 안다. 또한 E는 기본기저이므로 $P_{E\leftarrow S}$를 알고 있다. 따라서 정리 5.15에 의해

$$[v]_S = P_{E\leftarrow S}^{-1}\ [v]_E = \begin{bmatrix} -2 & -2 & 3 \\ 2 & 1 & -2 \\ -1 & 0 & 1 \end{bmatrix}\begin{bmatrix} 1 \\ 3 \\ 5 \end{bmatrix} = \begin{bmatrix} 7 \\ -5 \\ 4 \end{bmatrix}$$

이므로 $v = 7u_1 - 5\,u_2 + 4\,u_3$를 얻는다.

(2) 기저 S에 관한 A의 행렬 표현 B라는 정의는 $A(u_1),\ A(u_2), A(u_3)$를 S의 벡터 $u_1,\ u_2,\ u_3$의 일차결합으로 나타내라는 의미이므로

$$\begin{cases} A(u_1) = (-1,\ 3,\ 5) = 11u_1 - 9u_2 + 6u_3 \\ A(u_2) = (1,\ 2,\ 9) = 21u_1 - 14u_2 + 8u_3 \\ A(u_3) = (3,\ -4,\ 5) = 17u_1 - 8u_2 + 2u_3 \end{cases}$$

이다. 따라서

$$B = \begin{bmatrix} 11 & 21 & 17 \\ -9 & -14 & -8 \\ 6 & 8 & 2 \end{bmatrix}$$

이다. 위의 계산은 3개의 3×3 연립방정식을 풀어야 함을 기억하자. 반면 우리는 P와 P^{-1}를 알고 있으므로 정리 5.16을 이용한다.

$$A = P_{E\leftarrow S}BP_{E\leftarrow S}^{-1} = \begin{bmatrix} 1 & 2 & 1 \\ 0 & 1 & 2 \\ 1 & 2 & 2 \end{bmatrix}\begin{bmatrix} 11 & 21 & 17 \\ -9 & -14 & -8 \\ 6 & 8 & 2 \end{bmatrix}\begin{bmatrix} -2 & -2 & 3 \\ 2 & 1 & -2 \\ -1 & 0 & 1 \end{bmatrix} = \begin{bmatrix} 1 & 3 & -2 \\ 2 & -4 & 1 \\ 3 & -1 & 2 \end{bmatrix}.$$

■

$$V \xrightarrow{\quad A \quad} V$$

$$\mathbb{R}^n \ni [v]_S \xrightarrow{\quad B = [A]_S \quad} [A(v)]_S \in \mathbb{R}^n$$

그림 5.3

$$
\begin{array}{ccc}
\mathbb{R}^n \ni [v]_S & \xleftarrow{\;P_{E\leftarrow S}^{-1}\;} & [v]_E \in \mathbb{R}^n \\
B = [A]_S \big\downarrow & & \big\downarrow A = [A]_E \\
\mathbb{R}^n \ni [A(v)]_S & \xrightarrow{\;P_{E\leftarrow S}\;} & [A(v)]_E \in \mathbb{R}^n
\end{array}
$$

$$A = P_{E\leftarrow S} B P_{E\leftarrow S}^{-1} \quad \text{또는} \quad B = P_{E\leftarrow S}^{-1} A P_{E\leftarrow S}$$

그림 5.4

유제 5.14 $\mathbb{R}^3$의 기저 $S = \{u_1,\ u_2,\ u_3\} = \{(1,\ 2,\ 0),\ (1,\ 3,\ 2),\ (0,\ 1,\ 3)\}$이 있다.

(1) 기본기저 S에서 E로의 기저변환행렬 $P_{S\leftarrow E}$를 구하라.

(2) 기저 E에서 기본기저 S로의 기저변환행렬 $P_{S\leftarrow E}^{-1}$를 구하라.

풀이 (1) $\begin{bmatrix} a \\ b \\ c \end{bmatrix} = x\begin{bmatrix} 1 \\ 2 \\ 0 \end{bmatrix} + y\begin{bmatrix} 1 \\ 3 \\ 2 \end{bmatrix} + z\begin{bmatrix} 0 \\ 1 \\ 2 \end{bmatrix} = \begin{bmatrix} x+y \\ 2x+3y+z \\ 2y+3z \end{bmatrix}$이므로

$e_1 = (1,\ 0,\ 0) = (x+y,\ 2x+3y+z,\ 2y+3z)$를 풀면

$x = 7,\ y = -6,\ z = 4$이고,

$e_2 = (0,\ 1,\ 0) = (x+y,\ 2x+3y+z,\ 2y+3z)$를 풀면

$x = -3,\ y = 3,\ z = -2$이고,

$e_3 = (0,\ 0,\ 1) = (x+y,\ 2x+3y+z,\ 2y+3z)$를 풀면

$x = 1,\ y = -1,\ z = 1$이다.

그러므로 $P_{S\leftarrow E} = \begin{bmatrix} 7 & -3 & 1 \\ -6 & 3 & -1 \\ 4 & -2 & 1 \end{bmatrix}$이다.

(2) E가 기본기저이므로 S의 벡터들을 열로 쓰면 된다. 따라서

$P_{S\leftarrow E}^{-1} = \begin{bmatrix} 1 & 1 & 0 \\ 2 & 3 & 1 \\ 0 & 2 & 3 \end{bmatrix}$이다. 또는 $P_{S\leftarrow E}^{-1}$를 바로 구한다. ■

유제 5.15 $\mathbb{R}^2$의 x축과 y축을 반시계 방향으로 45° 회전시켜 새로운 x'축과 y'축이 각각 $y = x$와 $y = -x$가 되도록 하였다.

(1) 기저변환행렬 P를 구하라.

(2) 이 주어진 회전에 의한 점 $A(5,\ 6)$의 좌표를 구하라.

풀이 (1) x'축과 y'축 위의 기본단위벡터는

$u_1 = \left(\frac{1}{2}\sqrt{2},\ \frac{1}{2}\sqrt{2}\right)$, $u_2 = \left(-\frac{1}{2}\sqrt{2},\ \frac{1}{2}\sqrt{2}\right)$

이다. $\begin{bmatrix} a \\ b \end{bmatrix} = x\begin{bmatrix} \frac{1}{2}\sqrt{2} \\ \frac{1}{2}\sqrt{2} \end{bmatrix} + y\begin{bmatrix} -\frac{1}{2}\sqrt{2} \\ \frac{1}{2}\sqrt{2} \end{bmatrix} = \begin{bmatrix} (x-y)\frac{1}{2}\sqrt{2} \\ (x+y)\frac{1}{2}\sqrt{2} \end{bmatrix}$이므로

$e_1 = (1,\ 0) = \left((x-y)\frac{1}{2}\sqrt{2},\ (x+y)\frac{1}{2}\sqrt{2}\right)$를 풀면

$x = \frac{1}{2}\sqrt{2},\ y = -\frac{1}{2}\sqrt{2}$ 이고,

$e_2 = (0,\ 1) = \left((x-y)\frac{1}{2}\sqrt{2},\ (x+y)\frac{1}{2}\sqrt{2}\right)$를 풀면

$x = \frac{1}{2}\sqrt{2},\ y = \frac{1}{2}\sqrt{2}$ 이다. 그러므로

$$P_{S\leftarrow E} = \begin{bmatrix} \frac{1}{2}\sqrt{2} & \frac{1}{2}\sqrt{2} \\ -\frac{1}{2}\sqrt{2} & \frac{1}{2}\sqrt{2} \end{bmatrix},\ s = \{u_1,\ u_2\}$$

(2) $P\begin{bmatrix} 5 \\ 6 \end{bmatrix} = \begin{bmatrix} \frac{1}{2}\sqrt{2} & \frac{1}{2}\sqrt{2} \\ -\frac{1}{2}\sqrt{2} & \frac{1}{2}\sqrt{2} \end{bmatrix}\begin{bmatrix} 5 \\ 6 \end{bmatrix} = \begin{bmatrix} \frac{11}{2}\sqrt{2} \\ \frac{1}{2}\sqrt{2} \end{bmatrix}$ ■

유제 5.16 P를 기저 $\{u_i\}$로부터 기저 $\{w_i\}$로의 기저변환행렬이라 하고 Q를 기저 $\{w_i\}$로부터 $\{u_i\}$로의 기저변환행렬이라 하자. P가 가역적이고 $Q = P^{-1}$임을 증명하라.

풀이 $i = 1,\ 2,\ \dots,\ n$에 대하여

$$w_i = a_{i1}u_1 + a_{i2}u_2 + \cdots + a_{\in}u_n = \sum_{j=1}^{n} a_{ij}u_j \quad \cdots (11)$$

이고 $j = 1,\ 2,\ \dots,\ n$에 대하여

$$u_j = b_{j1}w_1 + b_{j2}w_2 + \cdots + b_{jn}w_n = \sum_{k=1}^{n} b_{jk}w_k \quad \cdots (12)$$

이며, $A = [a_{ij}]$, $B = [b_{jk}]$라 하자. 그러면 $P = A^T$이고 $Q = B^T$이다. 식 (12)을 (11)에 대입하면

$$w_i = \sum_{j=1}^{n} a_{ij} \sum_{k=1}^{n} b_{jk} w_k = \sum_{k=1}^{n} \sum_{j=1}^{n} a_{ij} b_{jk} w_k \qquad \cdots (13)$$

이다. $\{w_i\}$가 기저이고 식 (13)에서 양쪽에 w_i가 있으므로 $\sum_{j=1}^{n} a_{ij} b_{jk}$ $= \delta_{ik}$가 된다. 여기서 δ_{ik}는 크로네커 델타(Kronecker delta), 즉

$$\delta_{ik} = \begin{cases} 1, & i = k \\ 0, & i \neq k \end{cases}$$

이다. $AB = [c_{ik}]$라 하면 $c_{ik} = \delta_{ik}$이므로 $AB = I$이고

$QP = B^T A^T = (AB)^T = I^T = I$이다. 따라서 $Q = P^{-1}$이다. ■

유제 5.17 다음의 $\mathbb{R}^2$의 기저 E, S와 선형변환 F를 보자.

$$F(x,\ y) = (5x - y,\ 2x + y)$$
$$E = \{e_1,\ e_2\} = \{(1,\ 0),\ (0,\ 1)\}$$
$$S = \{u_1,\ u_2\} = \{(1,\ 4),\ (2,\ 7)\}$$

(1) E로부터 S로의 기저변환행렬 $Q_{E \leftarrow S}$와 S로부터 E로의 기저변환행렬 $P_{S \leftarrow E}$를 구하라.

(2) 기저 E에 대한 F의 행렬 표현 A를 구하라.

(3) 기저 S에 대한 F의 행렬 표현 B를 구하라.

풀이 (1) E가 기본기저이므로

$$Q_{E \leftarrow S} = \begin{bmatrix} 1 & 2 \\ 4 & 7 \end{bmatrix},\ P_{S \leftarrow E} = Q_{E \leftarrow S}^{-1} = \begin{bmatrix} -7 & 2 \\ 4 & -1 \end{bmatrix}$$

이다.

(2) $F(x,\ y) = (5x - y,\ 2x + y)$로부터 바로

$$A = \begin{bmatrix} 5 & -1 \\ 2 & 1 \end{bmatrix}$$

을 얻는다.

(3) 기저 S에 대한 $v = (a,\ b) \in \mathbb{R}^2$의 계수를 찾는다.

$$\begin{bmatrix} a \\ b \end{bmatrix} = x \begin{bmatrix} 1 \\ 4 \end{bmatrix} + y \begin{bmatrix} 2 \\ 7 \end{bmatrix} \quad \text{또는} \quad \begin{cases} x + 2y = a \\ 4x + 7y = b \end{cases}$$

이고 이 연립방정식을 풀면 $x = -7a + 2b$, $y = 4a - b$이므로

$$(a,\ b) = (-7a + 2b)u_1 + (4a - b)u_2,$$

$$[v] = [-7a+2b,\ 4a-b]^T$$

이다. $(a,\ b)$를 위한 위의 공식을 사용하여

$$F(u_1) = F(1,\ 4) = (1,\ 6) = 5u_1 - 2u_2,$$
$$F(u_2) = F(2,\ 7) = (3,\ 11) = u_1 + u_2$$

이므로

$$B = [F]_S = \begin{bmatrix} 5 & 1 \\ -2 & 1 \end{bmatrix}$$

이다. 또는 $A = P_{S \leftarrow E}^{-1} B P_{S \leftarrow E}$ 또는 $B = P_{S \leftarrow E} A P_{S \leftarrow E}^{-1}$이므로

$$B = PAP^{-1} = \begin{bmatrix} -7 & 2 \\ 4 & -1 \end{bmatrix} \begin{bmatrix} 5 & -1 \\ 2 & 1 \end{bmatrix} \begin{bmatrix} 1 & 2 \\ 4 & 7 \end{bmatrix} = \begin{bmatrix} 5 & 1 \\ -2 & 1 \end{bmatrix}$$

로도 구할 수 있다. ■

유사성

A와 B를 적당한 가역행렬 P가 존재하여 $A = P^{-1}BP$를 만족하는 정방행렬이라 하자. 그러면 B는 A와 **유사**(similar)하다. 또는 B는 A로부터 **유사변환**(similar transformation)으로 얻어진다고 하고 B와 A는 유사행렬, A와 B는 **유사행렬**(similar matrix)이라고 한다. 행렬의 유사성은 동치관계이다(각자 해보라). 정리 5.16과 위의 토론에 의해 다음의 결과를 얻게 된다.

정리 5.17 2개의 행렬이 동일한 선형변환을 나타낼 필요충분조건은 2개의 행렬이 유사행렬인 것이다.

즉 한 선형변환 T의 모든 행렬 표현은 유사행렬의 동치류(equivalence class)를 형성한다.

V의 한 기저 S가 있어 한 선형변환 T를 대각행렬로 나타낼 수 있다면 이 T를 **대각화 가능**(diagonalizable)하다고 말한다. 그러므로 S가 T를 대각화했다고 말한다.

정리 5.18 A를 한 선형변환 T의 행렬 표현이라 하자. T가 대각화 가능할 필요충분조건은 적당한 가역행렬 P가 존재하여 $P^{-1}AP$가 대각행렬인 것이다.

즉 T가 대각화 가능할 필요충분조건은 T의 행렬 표현이 유사변환에 의해 대각화될 수 있음을 뜻한다.

보기 5.24 다음의 $\mathbb{R}^2$의 기저 E, S와 선형변환 F를 보자.

$$F(x,\ y) = (2x+3y,\ 4x-5y)$$
$$E = \{(1,\ 0),\ (0,\ 1)\}$$
$$S = \{(1,\ 2),\ (2,\ 5)\}$$

보기 5.16에서 구했다시피 기저 E와 S에 관한 F의 행렬 표현들은

$$A = \begin{bmatrix} 2 & 3 \\ 4 & -5 \end{bmatrix},\ B = \begin{bmatrix} 52 & 129 \\ -22 & -55 \end{bmatrix}$$

이다. 행렬 A를 이용하여

(i) F의 행렬식 $= \det(A) = -10-12 = -22$

(ii) F의 트레이스 $= tr(A) = 2-5 = -3$

이다. 반면 행렬 B를 이용하면

(i) F의 행렬식 $= \det(B) = -2860+2838 = -22$

(ii) F의 트레이스 $= tr(B) = 52-55 = -3$

이다. ■

유제 5.18 $A = \begin{bmatrix} 4 & -2 \\ 3 & 6 \end{bmatrix}$이고 $P = \begin{bmatrix} 1 & 2 \\ 3 & 4 \end{bmatrix}$라 하자.

(1) $B = PAP^{-1}$를 찾아라.

(2) $tr(B) = tr(A)$임을 보여라.

(3) $\det(B) = \det(A)$임을 보여라.

풀이 (1) $P^{-1} = \begin{bmatrix} -2 & 1 \\ \frac{3}{2} & -\frac{1}{2} \end{bmatrix}$이므로

$$B = PAP^{-1} = \begin{bmatrix} 1 & 2 \\ 3 & 4 \end{bmatrix}\begin{bmatrix} 4 & -2 \\ 3 & 6 \end{bmatrix}\begin{bmatrix} -2 & 1 \\ \frac{3}{2} & -\frac{1}{2} \end{bmatrix}$$
$$= \begin{bmatrix} -5 & 5 \\ -21 & 15 \end{bmatrix}$$

이다.

(2) $tr(B) = -5+15 = 10,\quad tr(A) = 4+6 = 10$이다.

(3) $\det(B) = -75-(-105) = 30,\ \det(A) = 24-(-6) = 30$이다. ■

다음은 MATLAB으로 행렬 A와 B의 행렬식을 계산한 것이다.

```
>> A=[4 -2 3 6]
A =
        4              -2
        3               6
det(A)
ans =
        30
>> B=[-5 5 ; -21 15]

B =

       -5               5
      -21              15

>> det(B)

ans =

       30
```

5장 연습문제

1. 함수의 정의를 쓰라.

2. 상수 함수의 정의를 쓰라.

3. $f(x)=x^2$일 때 다음을 찾아라.

(1) $f(x+2)$ (2) $f(x+h)$

4. $f(x)=1/(x-2)$의 정의구역을 찾아라.

5. $F: V \to U$가 선형이면 $F(0)=0$임을 보여라.

6. 다음 함수들이 선형함수가 아님을 보여라.

(1) $F : \mathbb{R}^2 \to \mathbb{R}^2,\ F(x,\ y)=(x^2,\ y^2)$

(2) $F : \mathbb{R}^3 \to \mathbb{R}^2,\ F(x,\ y,\ z)=(x+1,\ y+z)$

(3) $F : \mathbb{R}^3 \to \mathbb{R}^2,\ F(x,\ y,\ z)=(|x|,\ y+z)$

7. $(1,\ 3)^T$와 $(1,\ 4)^T$를 각각 $(-2,\ 5)^T$와 $(3,\ -1)^T$로 보내는 2×2 행렬 A를 구하라.

8. 다음에 주어진 선형함수 F에 대하여 F의 핵과 상의 기저와 차원을 구하라.

(1) $F : \mathbb{R}^3 \to \mathbb{R}^3,\ F(x,\ y,\ z)=(x+2y-3z,\ 2x+5y-4z,\ x+4y+z)$

(2) $F : \mathbb{R}^4 \to \mathbb{R}^3$,

$F(x,\ y,\ z,\ t)=(x+2y+3z+2t,\ 2x+4y+7z+5t,\ x+2y+6z+5t)$

9. $F:\mathbb{R}^2 \to \mathbb{R}^2$, $F(x,y)=(2x-y,x)$이라 할 때 F가 선형함수임을 보여라

10. $F:\mathbb{R}^2 \to \mathbb{R}^2$ 는 $F(3,1)=(2,-4)$, $F(1,1)=(0,2)$을 만족하는 유일한 선형함수임을 증명하라.

11. 10번의 선형변환의 식을 찾고 $F^{-1}(5,\ -3)$을 구하라.

12. $F(x,\ y,\ s,\ t) = (x-y+s+t,\ x+2s-t,\ x+y+3s-3t)$라고 정의된 $F: \mathbb{R}^4 \to \mathbb{R}^3$가 선형함수라 하자.

(1) F의 상 U의 기저와 차원을 구하라.

(2) F의 핵 W의 기저와 차원을 구하라.

13. 선형함수 F의 상이 $\{(1,\ 2,\ 3),\ (4,\ 5,\ 6)\}$에 의해 확장된다고 하자. 이 조건을 만족하는 한 선형함수 $F: \mathbb{R}^3 \to \mathbb{R}^3$을 구하라.

14. $F: V \to U$와 $G: U \to V$가 선형함수라고 하자. F와 G가 정칙이면 $G \circ F$도 정칙임을 증명하라.

15. 다음에 주어진 $\mathbb{R}^3$ 위의 선형연산 T가 정칙임을 보이고 T^{-1}의 식을 찾아라.

(1) $T(x,\ y,\ z) = (x-3y-2z,\ y-4z,\ z)$

(2) $T(x,\ y,\ z) = (x+z,\ x-y,\ y)$

16. $F: V \to U$가 선형함수이고 k가 스칼라라 할 때 F와 kF가 같은 핵과 같은 상을 가짐을 증명하라.

17. $S = \{(1,\ 0),\ (1,\ 1)\}$라 하고 $F: \mathbb{R}^4 \to \mathbb{R}^3$가 $F(1,\ 0) = (6,\ 4)$, $F(1,\ 1) = (1,\ 5)$ 라고 정의될 때 기저 S에 관한 함수 F의 행렬 표현을 구하라.

18. 선형연산 $F: \mathbb{R}^2 \to \mathbb{R}^2$, $F(x,\ y) = (4x+5y,\ 2x-y)$와 $\mathbb{R}^2$의 두 기저

$E = \{e_1,\ e_2\} = \{(1,\ 0),\ (0,\ 1)\}$, $S = \{u_1,\ u_2\} = \{(1,\ 4),\ (2,\ 9)\}$가 있다.

(1) 기저 E에 관한 F의 행렬 A를 구하라.

(2) 기저 S에 관한 F의 행렬 B를 구하라.

(3) $B = P^{-1}AP$를 만족하는 P를 찾아라.

(4) $v = (a,\ b)$에 대하여 $[v]_S$와 $[F(v)]_S$를 찾아라. $[F]_S[v]_S = [F(v)]_S$임을 보여라.

19. $A=\begin{bmatrix}5 & -1\\ 2 & 4\end{bmatrix}$로 선형연산 $A : \mathbb{R}^2 \to \mathbb{R}^2$을 정의하자.

(1) 기저 $S=\{u_1,\ u_2\}=\{(1,\ 3),\ (2,\ 8)\}$을 쓰는 행렬 B를 구하라.

(2) $v=(a,\ b)$에 대하여 $[v]_S$와 $[A(v)]_S$를 찾아라.

20. D를 미분연산, 즉 $\mathrm{D}(f(t))=df/dt$라 하자. 함수들의 벡터 공간 V의 다음의 각 기저에 대하여 D의 행렬 표현을 찾아라.

(1) $\{e^t,\ e^{2t},\ te^{2t}\}$ (2) $\{1,\ t,\ \sin 3t,\ \cos 3t\}$

(3) $\{e^{5t},\ te^{5t},\ t^2e^{5t}\}$

21. $\mathbb{R}^2$의 기저 $S=\{(1,\ 2),\ (2,\ 3)\}$, $S'=\{(1,\ 3),\ (1,\ 4)\}$가 있다.

(1) S로부터 기저 S'으로의 기저변환행렬 P를 구하라.

(2) S'으로부터 기저 S로의 기저변환행렬 Q를 구하라.

22. $S_1,\ S_2,\ S_3$가 V의 기저라 하자. P와 Q는 각각 S_1으로부터 기저 S_2로, S_2로부터 기저 S_3로의 기저변환행렬이다. QP는 S_1으로부터 기저 S_3로의 기저변환행렬임을 보여라.

23. 선형연산 $F : \mathbb{R}^2 \to \mathbb{R}^2$, $F(x,\ y)=(5x+y,\ 3x-2y)$와 $\mathbb{R}^2$의 두 기저

$$S=\{(1,\ 2),\ (2,\ 3)\},\ S'=\{(1,\ 3),\ (1,\ 4)\}$$

가 있다.

(1) 기저 S에 관한 F의 행렬 A를 구하라.

(2) 기저 S'에 관한 F의 행렬 B를 구하라.

(3) S로부터 기저 S'으로의 기저변환행렬 P를 구하라.

24. $A=\begin{bmatrix}1 & 1\\ 2 & -3\end{bmatrix}$이고 $P=\begin{bmatrix}1 & -2\\ 3 & -5\end{bmatrix}$라 하자.

(1) $B=P^{-1}AP$를 찾아라.

(2) $tr(A)=tr(B)$를 보여라.

(3) $\det(A)=\det(B)$를 보여라.

25. A가 자기 자신과 유사행렬인 2×2 행렬일 때 A가 스칼라 행렬임을 보여라. 즉 $A=\begin{bmatrix} a & 0 \\ 0 & a \end{bmatrix}$이다.

26. 선형연산 $H:\mathbb{R}^2\to\mathbb{R}^2$, $H(x,\ y)=(2x+7y,\ x-3y)$와 $\mathbb{R}^2$의 두 기저

$$S=\{(1,\ 1),\ (1,\ 2)\},\ S'=\{(1,\ 4),\ (1,\ 5)\}$$

가 있다.

(1) 기저 S와 S'에 관한 H의 행렬 A를 구하라.

(2) 기저 S'과 S에 관한 H의 행렬 B를 구하라.

27. 가역적인 행렬과 유사한 모든 행렬은 가역적임을 증명하라. 더 나아가 유사한 행렬들은 같은 계수(rank)를 가짐을 보여라.

28. $A=\begin{bmatrix} 2 & 5 & -3 \\ 1 & -4 & 7 \end{bmatrix}$라 하자. 행렬 A는 선형변환 $F:\mathbb{R}^3\to\mathbb{R}^2$, $F(v)=Av$를 정의한다.

$$B_1=\{u_1=(1,\ 1,\ 1),\ u_2=(1,\ 1,\ 0),\ u_3=(1,\ 0,\ 0)\}\text{이고}$$
$$B_2=\{v_1=(1,\ 3),\ v_2=(2,\ 5)\}$$

라 하자.

(1) F의 기본기저에 대한 행렬 표현은 바로 A임을 보여라. 즉 $[F]=A$이다.

(2) $F(u_1)$, $F(u_2)$, $F(u_3)$을 v_1과 v_2의 선형결합으로 나타내어라.

(3) 기저 B_1과 B_2에 관한 행렬 표현을 찾아라.

6장

내적공간과 직교성

벡터 공간 V의 정의 안에는 임의의 체 $\mathbb{K}$가 항상 동반한다. 이제 $\mathbb{K}$를 실수체 $\mathbb{R}$로 한정하면 V는 실벡터 공간(real vector space)이 된다. 이 장에서 벡터 공간 V는 특별한 언급이 없는 한 유한 차원 공간이다. 이 벡터 공간에 또 하나의 연산인 내적을 정의할 것이다. 하지만 벡터 공간은 이 내적 연산에 닫혀있지 않다. 이렇게 덧셈과 스칼라 곱, 내적을 정의하여 만든 벡터 공간을 내적공간이라 한다.

6.1 내적공간

정의 6.1 V를 벡터 공간이라 하자. 벡터 쌍 $u,\ v \in V$에 실수 $\langle u,\ v\rangle$를 대응시키자. 이 함수가 다음의 공리를 만족할 때 V 위의 **내적**(inner product)이라 한다.

[I_1] (선형성 Linear Property)

$$\langle au_1 + bu_2,\ v\rangle = a\langle u_1,\ v\rangle + b\langle u_2,\ v\rangle$$

[I_2] (대칭성 Symmetric Property) $\langle u,\ v\rangle = \langle v,\ u\rangle$

[I_3] (양수한정성 Positive Definite Property)

$$\langle u,\ u\rangle \geq 0,\ \langle u,\ u\rangle = 0\text{의 필요충분조건은 } u = 0$$

내적을 정의한 벡터 공간 V를 **내적공간**(inner product space)이라 한다. $u,\ v$가 $\mathbb{R}^n$의 벡터들일 때는 종종 $\langle u,\ v\rangle$ 대신 $u \cdot v$를 내적의 기호로 사용한다.

공리 [I_1]은 내적함수가 첫 번째 위치에서 선형임을 뜻한다. 또한 [I_1]과 [I_2]를 이용하면

$$\begin{aligned}\langle u,\ cv_1 + dv_2\rangle &= \langle cv_1 + dv_2,\ u\rangle \\ &= c\langle v_1,\ u\rangle + d\langle v_2,\ u\rangle = c\langle u,\ v_1\rangle + d\langle u,\ v_2\rangle\end{aligned}$$

이다. 즉 두 번째 위치에서도 내적함수가 선형임을 뜻한다. 이 두 가지 성질과 귀납법을 적용하면 일반적인 식

$$\left\langle \sum_i a_i u_i,\ \sum_j b_j v_j \right\rangle = \sum_i \sum_j a_i b_j \langle u_i,\ v_j\rangle$$

로 나타내어진다. 이 식은 벡터들의 일차결합의 내적은 벡터들의 내적의 일차결합임을 나타낸다.

보기 6.1 V를 내적공간이라 하자. 그러면 선형성에 의해

$$\langle 3u_1 - 4u_2,\ 2v_1 - 5v_2 + 6v_3 \rangle = 6\langle u_1,\ v_1 \rangle - 15\langle u_1,\ v_2 \rangle + 18\langle u_1,\ v_3 \rangle$$
$$- 8\langle u_2,\ v_1 \rangle + 20\langle u_2,\ v_2 \rangle - 24\langle u_2,\ v_3 \rangle,$$
$$\langle 2u - 5v,\ 4u + 6v \rangle = 8\langle u,\ u \rangle + 12\langle u,\ v \rangle - 20\langle v,\ u \rangle - 30\langle v,\ v \rangle$$
$$= 8\langle u,\ u \rangle - 8\langle v,\ u \rangle - 30\langle v,\ v \rangle$$

마지막 식에서 우리는 대칭성 $\langle u,\ v \rangle = \langle v,\ u \rangle$를 사용하였다. ■

언급 ‖ 공리 $[\mathrm{I}_1]$으로부터 $\langle 0,\ 0 \rangle = \langle 0v,\ 0 \rangle = 0\langle v,\ 0 \rangle = 0$을 얻는다. 그러므로 $[\mathrm{I}_1]$, $[\mathrm{I}_2]$, $[\mathrm{I}_3]$는 $[\mathrm{I}_1]$, $[\mathrm{I}_2]$, 그리고 다음 공리와 동치이다.

$[\mathrm{I}_3]'$ 만약 $u \neq 0$이면 $\langle u,\ u \rangle$는 양수이다.

즉 $[\mathrm{I}_1]$, $[\mathrm{I}_2]$, $[\mathrm{I}_3]'$을 만족하는 함수는 내적이다.

벡터의 놈(Norm of a Vector)

내적의 세 번째 공리 $[\mathrm{I}_3]$에 의해 모든 벡터 u에 대하여 $\langle u,\ u \rangle$는 양수이다. 그러므로 이것의 양의 제곱근이 존재한다. 우리는 다음의 표현

$$\|u\| = \sqrt{\langle u,\ u \rangle}$$

를 사용한다. 이 양수를 벡터 u의 **놈**(norm) 또는 **길이**(length)라고 부른다. 관계 $\|u\|^2 = \langle u,\ u \rangle$를 우리는 자주 쓸 것이다.

언급 ‖ $\|u\| = 1$ 또는 $\langle u,\ u \rangle = 1$이면 u를 **단위벡터**(unit vector)라 부르고 **정규화**(normalized)되었다고 말한다. V의 모든 0이 아닌 벡터 v에 그것의 놈의 역을 곱하면 단위벡터를 얻을 수 있다.

$$\hat{v} = \frac{1}{\|v\|}v$$

벡터 v에 양의 스칼라를 곱하는 것이다. 이 과정을 v를 **정규화한다**라고 부른다.

유제 6.1 다음 내적을 전개하라.

(1) $\langle 5u_1 + 8u_2,\ 6v_1 - 7v_2 \rangle$

(2) $\langle 5u - 2v,\ 8u - 3v \rangle$

(3) $\|3u - 5v\|^2$

풀이 (1) $\langle 5u_1+8u_2,\ 6v_1-7v_2\rangle$

$=\langle 5u_1,\ 6v_1\rangle+\langle 5u_1,\ -7v_2\rangle+\langle 8u_2,\ 6v_1\rangle+\langle 8u_2,\ -7v_2\rangle$

$=30\langle u_1,\ v_1\rangle-35\langle u_1,\ v_2\rangle+48\langle u_2,\ v_1\rangle-56\langle u_2,\ v_2\rangle$

(2) $\langle 5u-2v,\ 8u-3v\rangle$

$=\langle 5u,\ 8u\rangle+\langle 5u,\ -3v\rangle+\langle -2v,\ 8u\rangle+\langle -2v,\ -3v\rangle$

$=40\langle u,\ u\rangle-15\langle u,\ v\rangle-16\langle v,\ u\rangle+6\langle v,\ v\rangle$

(3) $\|3u-5v\|^2=\langle 3u-5v,\ 3u-5v\rangle$

$=9\langle u,\ u\rangle-15\langle u,\ v\rangle-15\langle v,\ u\rangle+25\langle v,\ v\rangle$

$=9\|u\|^2-30\langle u,\ v\rangle+25\|v\|^2$ ■

유제 6.2 $u=(1,\ 5)$, $v=(3,\ 4)$라 할 때 다음을 구하라.

(1) $\mathbb{R}^2$ 위의 일반 내적을 이용하여 $\langle u,\ v\rangle$를 구하라.

(2) $\mathbb{R}^2$ 위의 내적 $\langle u,\ v\rangle=x_1y_1-x_1y_2-x_2y_1+3x_2y_2$, $u=(x_1,\ x_2)$, $v=(y_1,\ y_2)$를 이용하여 $\langle u, v\rangle$를 구하라.

(3) $\mathbb{R}^2$ 위의 일반 내적을 이용하여 $\|v\|$를 구하라.

(4) $\mathbb{R}^2$ 위의 내적 $\langle u,\ v\rangle=x_1y_1-x_1y_2-x_2y_1+3x_2y_2$, $u=(x_1,\ x_2)$, $v=(y_1,\ y_2)$를 이용하여 $\|v\|$를 구하라.

풀이 (1) $\langle u,\ v\rangle=3+20=23$

(2) $\langle u,\ v\rangle=3-4-15+60=44$

(3) $\|v\|^2=\langle v,\ v\rangle=\langle(3,\ 4),\ (3,\ 4)\rangle=9+16=25,\ \|v\|=5$

(4) $\|v\|^2=\langle v,\ v\rangle=\langle(3,\ 4),\ (3,\ 4)\rangle=9-12-12+48=33,$

$\|v\|=\sqrt{33}$ ■

내적공간의 예

이 책에서 자주 쓰이는 내적공간들을 나열해 보자.

유클리드 n차원 공간 $\mathbb{R}^n$

벡터 공간 $\mathbb{R}^n$을 보자. $\mathbb{R}^n$ 안의 한 내적을 다음과 같이 정의할 수 있다.

$$u\cdot v=a_1b_1+a_2b_2+\cdots+a_nb_n$$

여기서 $u=(a_i)$, $v=(b_i)$이다. 이 함수는 $\mathbb{R}^n$ 위에 내적을 정의한다. 이 공간에서 벡터 $u=(a_i)$의 놈 $\|u\|$는 다음과 같다.

$$\|u\|=\sqrt{u\cdot u}=\sqrt{a_1^2+a_2^2+\cdots+a_n^2}$$

반면 피타고라스 정리에 의해 $\mathbb{R}^3$에서 원점 O에서 점 $P(a, b, c)$까지의 거리는 $\sqrt{a^2+b^2+c^2}$이고 이것은 정확히 위의 정의된 벡터 $v=(a, b, c)$의 놈과 일치한다. 피타고라스 정리는 유클리드 기하학의 공리의 결과이므로 벡터 공간 $\mathbb{R}^n$을 위의 내적과 놈 정의와 함께 유클리드 n 공간이라고 부른다. $\mathbb{R}^n$ 위에 내적을 정의하는 방법은 여러 가지가 있으나 우리는 특별히 언급되지 않는 한 이 내적을 쓸 것이다. 그래서 이 내적을 $\mathbb{R}^n$의 기본(standard 또는 usual)내적이라 부른다.

언급 Ⅱ 종종 $\mathbb{R}^n$의 벡터들은 열벡터로 나타내어진다. 즉 $n\times 1$ 열 행렬로 표시된다. 이 경우 내적

$$\langle u, v\rangle = u^T v$$

는 $\mathbb{R}^n$ 위의 기본 내적을 정의한다.

보기6.2 $\mathbb{R}^4$에서 $u=(1, 3, -4, 2)$, $v=(4, -2, 2, 1)$, $w=(5,-1, -2, 6)$이라 하자.

(1) $\langle 3u-2v, w\rangle=3\langle u, w\rangle-2\langle v, w\rangle$임을 보여라.

(2) u와 v를 정규화하라.

풀이 (1) 정의에 의해 $\langle u, w\rangle=5-3+8+12=22$이고 $\langle v, w\rangle=20+2-4+6=24$이다. $3u-2v=(-5, 13, -16, 4)$이므로

$\langle 3u-2v, w\rangle=-25-13+32+24=18$이고

$3\langle u, w\rangle-2\langle v, w\rangle=3(22)-2(24)=18=\langle 3u-2v, w\rangle$이다.

(2) $\|u\|=\sqrt{1+9+16+4}=\sqrt{30}$, $\|v\|=\sqrt{16+4+4+1}=5$이므로 u와 v를 정규화하면 u와 v 방향의 단위벡터를 각각 구할 수 있다.

$$\hat{u}=\frac{1}{\|u\|}u=\left(\frac{1}{\sqrt{30}}, \frac{3}{\sqrt{30}}, \frac{-4}{\sqrt{30}}, \frac{2}{\sqrt{30}}\right),$$

$$\hat{v}=\frac{1}{\|v\|}v=\left(\frac{4}{5}, \frac{-2}{5}, \frac{2}{5}, \frac{1}{5}\right)$$

■

함수 공간 C $[a, b]$와 다항식 공간 P(t)

C $[a, b]$라는 표시법은 폐구간 $[a, b]$, 즉 $a \le t \le b$ 위의 모든 연속함수들의 벡터 공간을 뜻한다. 다음 정의는 C $[a, b]$ 위의 내적을 정의한다.

$$\langle f, g \rangle = \int_a^b f(t)g(t)\,dt$$

여기서 $f(t)$와 $g(t)$는 C $[a, b]$ 안의 함수이다. 벡터 공간 P(t)는 C $[a, b]$의 부분공간이므로 위의 내적 정의는 P(t) 위에서 똑같이 정의된다.

보기 6.3 $f(t) = 3t - 5$와 $g(t) = t^2$을 보자. $f(t)$, $g(t) \in$ C $[0, 1]$이라 하자.

(1) $\langle f, g \rangle$를 구하라.

(2) $\|f\|$와 $\|g\|$를 구하라.

풀이 (1) $f(t)g(t) = 3t^3 - 5t^2$ 이므로

$$\langle f, g \rangle = \int_0^1 (3t^3 - 5t^2)\,dt = \frac{3}{4}t^4 - \frac{5}{3}t^3 \Big|_0^1$$

$$= \frac{3}{4} - \frac{5}{3} = -\frac{11}{12}.$$

(2) $[f(t)]^2 = f(t)f(t) = 9t^2 - 30t + 25$이고 $[g(t)]^2 = t^4$이다.

$$\|f\|^2 = \langle f, f \rangle = \int_0^1 (9t^2 - 30t + 25)dt = 3t^3 - 15t^2 + 25t|_0^1 = 13,$$

$$\|g\|^2 = \langle g, g \rangle = \int_0^1 t^4\,dt = \frac{1}{5}t^5|_0^1 = \frac{1}{5}$$

이므로 $\|f\| = \sqrt{13}$이고 $\|g\| = \sqrt{\frac{1}{5}} = \frac{1}{5}\sqrt{5}$이다. ■

유제 6.3 내적 $\langle f, g \rangle = \int_0^1 f(t)g(t)dt$와 다음 다항식이 주어져 있다.

$$f(t) = t + 2,\ (t) = 3t - 2,\ h(t) = t^2 - 2t - 3$$

(1) $\langle f, g \rangle$와 $\langle f, h \rangle$를 구하라.

(2) $\|f\|$와 $\|g\|$를 구하라.

(3) f와 g를 정규화하라.

풀이 (1) $\langle f, g \rangle = \int_0^1 (t+2)(3t-2)dt$

$$= \int_0^1 (3t^2+4t-4)dt = (t^3+2t^2-4t)\Big|_0^1 = -1$$

$$\langle f, h \rangle = \int_0^1 (t+2)(t^2-2t-3)dt = \int_0^1 (t^3-7t-6)dt$$

$$= \left(\frac{t^4}{4} - \frac{7t^2}{2} - 6t\right)\Big|_0^1 = -\frac{37}{4}$$

(2) $\langle f, f \rangle = \int_0^1 (t+2)^2 dt = \frac{19}{3}$, $\|f\| = \sqrt{\frac{19}{3}}$

$\langle g, g \rangle = \int_0^1 (3t-2)^2 dt = 1$, $\|g\| = 1$

(3) $\frac{f}{\|f\|} = \frac{\sqrt{3}}{\sqrt{19}}(t+2)$, $\frac{g}{\|g\|} = (3t-2)$ ■

행렬 공간 $\mathrm{M} = \mathrm{M}_{m,n}$

$\mathrm{M} = \mathrm{M}_{m,n}$을 모든 $m \times n$ 실수행렬의 벡터 공간이라 하고 M 위의 한 내적을 다음과 같이 정의하자.

$$\langle A, B \rangle = tr(B^T A)$$

여기서 $tr(\ \ )$는 트레이스를 뜻한다. 즉 주대각성분의 합을 뜻한다. 만약 $A = [a_{ij}]$이고 $B = [b_{ij}]$라고 하면

$$\langle A, B \rangle = tr(B^T A) = \sum_{i=1}^{m}\sum_{j=1}^{n} a_{ij}b_{ij} \text{이고 } \|A\|^2 = \langle A, A \rangle = \sum_{i=1}^{m}\sum_{j=1}^{n} a_{ij}^2$$

이다. 즉 $\langle A, B \rangle$는 A와 B 안의 각각의 성분의 곱의 합이고, 특히 $\langle A, A \rangle$는 A의 모든 성분의 제곱의 합이다.

힐베르트(Hilbert) 공간

V를 다음을 만족하는 실가의 무한수열 $(a_1, a_2, a_3, \dots)$의 벡터 공간이라 하자.

$$\sum_{i=1}^{\infty} a_i^2 = a_1^2 + a_2^2 + \cdots < \infty$$

이다. 즉 각 성분의 제곱의 합이 수렴한다. 덧셈과 스칼라 곱이 V 위에 다음과 같이 정의된다.

$$u = (a_1, a_2, \dots), \ v = (b_1, b_2, \dots)$$

그러면

$$u+v=(a_1+b_1,\ a_2+b_2,\ \ldots),\ ku=(ka_1,\ ka_2,\ \ldots)$$

이고 V 안의 내적은

$$\langle u,\ v\rangle = a_1b_1 + a_2b_2 + \cdots$$

라고 정의된다. V 안에서 모든 점들의 쌍에 대하여 위의 합은 절대수렴한다. 그러므로 내적은 잘 정의되어 있다. 이 내적공간을 l_2 공간 또는 힐베르트 공간이라 한다.

6.2 코시 슈바르츠 부등식과 응용

다음 부등식을 코시 슈바르츠(Cauchy-Schwarz) 부등식이라고 한다.

정리 6.1 **(코시 슈바르츠)**

내적공간 V의 임의의 벡터 u와 v에 대하여

$$\langle u,\ v\rangle^2 \le \langle u,\ u\rangle\langle v,\ v\rangle \quad \text{또는} \quad |\langle u,\ v\rangle| \le \|u\|\|v\|$$

가 성립한다.

증명 임의의 실수 t에 대하여

$$\begin{aligned}\langle tu+v,\ tu+v\rangle &= t^2\langle u,\ u\rangle + 2t\langle u,\ v\rangle + \langle v,\ v\rangle \\ &= t^2\|u\|^2 + 2t\langle u,\ v\rangle + \|v\|^2\end{aligned}$$

이다. $a=\|u\|^2$, $b=2\langle u,\ v\rangle$, $c=\|v\|^2$이라고 하자.

$\langle tu+v,\ tu+v\rangle = \|tu+v\|^2 \ge 0$이기 때문에 모든 t에 대하여

$$t^2\|u\|^2 + 2t\langle u,\ v\rangle + \|v\|^2 = at^2+bt+c \ge 0$$

이다. 이것은 위의 이차방정식이 2개의 근을 가질 수 없다는 뜻이고, 판별식에 의해 $b^2-4ac \le 0$ 또는 $b^2 \le 4ac$이다. 그러므로

$$4\langle u,\ v\rangle^2 \le 4\|u\|^2\|v\|^2$$

이므로 양변을 4로 나누면 바라던 결과를 얻는다. ■

보기 6.4 (1) 실수 $a_1,\ a_2,\ \ldots,\ a_n,\ b_1,\ b_2,\ \ldots,\ b_n$을 보자. 코시 슈바르츠 부등식에 의해

$$(a_1b_1 + a_2b_2 + \cdots + a_nb_n)^2 \le (a_1^2 + \cdots + a_n^2)(b_1^2 + \cdots + b_n^2)$$

이다. 즉 $(u \cdot v)^2 \le \|u\|^2 \|v\|^2$이다. 여기서 $u = (a_i)$이고 $v = (b_i)$이다.

(2) 함수 f, g가 구간 $[0, 1]$에서 연속이라고 하자. 그러면 코시 슈바르츠 부등식에 의해

$$\left[\int_0^1 f(t)g(t)dt\right]^2 \le \int_0^1 f^2(t)dt \int_0^1 g^2(t)dt$$

이다. 즉 $\langle f, g\rangle^2 \le \|f\|^2 \|g\|^2$이다. 여기서 V는 내적공간 C$[0, 1]$이다.

■

다음 정리는 크기의 기본적인 성질을 정리한 것이다. 세 번째 성질의 증명은 코시 슈바르츠 부등식이 사용된다.

정리 6.2 V를 내적공간이라 하자. 그러면 V 안의 크기(norm)는 다음과 같은 성질을 만족한다.

$[\mathrm{N}_1]$ $\|v\| \ge 0$ 이고 $\|v\| = 0$의 필요충분조건은 $v = 0$이다.

$[\mathrm{N}_2]$ $\|kv\| = |k|\|v\|$

$[\mathrm{N}_3]$ $\|u+v\| \le \|u\| + \|v\|$

증명 Re$[\mathrm{N}_1]$: 만약 $v \ne 0$이면 $\langle v, v\rangle > 0$이므로 $\|v\| = \sqrt{\langle v, v\rangle} > 0$이다. 만약 $v = 0$이면 $\langle v, v\rangle = 0$이다. 결과적으로 $\|0\| = \sqrt{0} = 0$이므로 $[\mathrm{N}_1]$은 사실이다.

Re$[\mathrm{N}_2]$: $\|kv\|^2 = \langle kv, kv\rangle = k^2\langle v, v\rangle = k^2\|v\|^2$이다. 양변에 제곱근을 적용하면 $[\mathrm{N}_2]$를 얻는다.

Re$[\mathrm{N}_3]$: 코시 슈바르츠 부등식을 이용하면

$$\begin{aligned}\|u+v\|^2 &= \langle u+v, u+v\rangle = \langle u, u\rangle + \langle u, v\rangle + \langle u, v\rangle + \langle v, v\rangle \\ &\le \|u\|^2 + 2\|u\|\|v\| + \|v\|^2 = (\|u\| + \|v\|)^2\end{aligned}$$

이다. 양변에 제곱근을 적용하면 $[\mathrm{N}_3]$를 얻는다. ■

세 번째 성질 $[\mathrm{N}_3]$를 **삼각부등식**이라고 부른다. $u+v$를 u와 v를 변으로 하는 삼각형의 빗변이라고 하면 빗변의 길이가 다른 두 변의 합보다 길 수 없기 때문이다.

두 벡터 사이의 각

내적공간 V 안의 $\mathbf{0}$이 아닌 임의의 벡터 u, v에 대하여 u, v 사이의 각 θ는 다음과 같이 정의된다.

$$\cos\theta = \frac{\langle u,\ v\rangle}{\|u\|\|v\|},\ 0 \le \theta \le \pi$$

코시 슈바르츠 부등식에 의해 $-1 \le \cos\theta \le 1$이고 이 각은 유일하게 존재한다.

보기 6.5 (1) $\mathbb{R}^3$ 안의 벡터 $u=(2,\ 3,\ 5)$, $v=(1,\ -4,\ 3)$을 보자.

$$\langle v,\ v\rangle = 2-12+15=5,$$

$$\|u\| = \sqrt{4+9+25} = \sqrt{38},$$

$$\|v\| = \sqrt{1+16+9} = \sqrt{26}$$

이므로 u, v 사이의 각 θ는

$$\cos\theta = \frac{5}{\sqrt{38}\sqrt{26}}$$

이다. 이 경우 $\cos\theta$가 양수이므로 θ는 예각이다.

(2) 다항식 공간 $\mathrm{P}(t)$ 안의 $f(t)=3t-5$, $g(t)=t^2$, $\langle f,\ g\rangle = \int_0^1 f(t)g(t)dt$ 를 보자. 보기 6.3에서 얻은 결과로부터

$$\langle f,\ g\rangle = -\frac{11}{12},\ \|f\| = \sqrt{13},\ \|g\| = \frac{1}{5}\sqrt{5}$$

이다. 함수 f, g 사이의 각 θ는 다음과 같이 주어진다.

$$\cos\theta = \frac{-\frac{11}{12}}{\sqrt{13}\,\frac{1}{5}\sqrt{5}} = -\frac{55}{12\sqrt{13}\sqrt{5}}$$

이 경우 $\cos\theta$가 음수이므로 θ는 둔각이다. ■

6.3 직교성

V를 내적공간이라 하자. 다음을 만족시키면 벡터 u, $v \in V$가 직교라고 한다. 또는 u가 v에 **'직교한다'**고 말한다.

$$\langle u,\ v\rangle = 0$$

이 관계는 당연히 대칭적이다. 즉 u가 v에 직교하므로 $\langle u,\ v\rangle = 0$이다. 그러므로 v가 u에 직교한다.

$$\langle 0,\ v\rangle = \langle 0v,\ v\rangle = 0\langle v,\ v\rangle = 0$$

이므로 $0 \in V$은 모든 벡터와 직교한다.

반대로 u는 모든 벡터 $v \in V$와 직교하면 $\langle u,\ u\rangle = 0$이므로 $[\mathrm{I}_3]$에 의해 $u = 0$이다. u와 v가 직교일 필요충분조건은 u와 v의 끼인각 θ에 대하여 $\cos\theta = 0$이다. 또한 이 말은 u와 v가 **수직**(perpendicular)이라는 말이다. 즉 $\theta = \pi/2\,(\theta = 90°)$이다.

보기 6.6 (1) $\mathbb{R}^3$ 안의 벡터

$u = (1,\ 1,\ 1)$, $v = (1,\ 2,\ -3)$, $w = (1,\ -4,\ 3)$을 보자.

$$\langle u,\ v\rangle = 1 + 2 - 3 = 0,$$
$$\langle u,\ w\rangle = 1 - 4 + 3 = 0,$$
$$\langle v,\ w\rangle = 1 - 8 - 9 = -16$$

이므로 u는 v, w와 직교하고 v와 w는 직교하지 않는다.

(2) 벡터 공간 $C[-\pi,\ \pi]$ 안의 함수 $\sin t$와 $\cos t$를 보자.

$$\langle \sin t,\ \cos t\rangle = \int_{-\pi}^{\pi} \sin t \cos t\, dt = \frac{1}{2}\sin^2 t \,\Big|_{-\pi}^{\pi} = 0 - 0 = 0$$

이므로 $\sin t$와 $\cos t$는 $C[-\pi,\ \pi]$ 안에서 직교한다. ■

언급 ‖ 다음을 만족시키면 한 벡터 $w = (x_1,\ x_2,\ \ldots,\ x_n)$이 $u = (a_1,\ a_2,\ \ldots,\ a_n)$과 $\mathbb{R}^n$에서 직교한다고 한다.

$$\langle u,\ w\rangle = a_1x_1 + a_2x_2 + \cdots + a_nx_n = 0$$

즉 w가 u의 원소들로 이루어진 계수를 갖는 동차방정식을 만족하면 w는 u에 직교한다고 한다.

보기 6.7 $\mathbb{R}^3$ 안의 벡터 $u_1 = (1,\ 2,\ 1)$, $u_2 = (2,\ 5,\ 4)$에 직교하는 $\mathbf{0}$이 아닌 벡터 w를 찾아라.

풀이 $w = (x,\ y,\ z)$라고 하자. 그러면 우리는 $\langle u_1,\ w\rangle = \langle u_2,\ w\rangle = 0$이 되길 원한다. 이것은 다음의 동차연립방정식을 유도한다.

$$\begin{cases} x + 2y + z = 0 \\ 2x + 5y + 4z = 0 \end{cases} \quad \text{또는} \quad \begin{cases} x + 2y + z = 0 \\ y + 2z = 0 \end{cases}$$

여기서 z는 대각시스템의 자유변수이다. $z=1$로 놓으면 $y=-2$와 $x=3$을 얻는다. 그러므로 $w=(3,\ -2,\ 1)$은 u_1과 u_2에 수직인 0이 아닌 벡터이다. w의 임의의 배수들은 모두 u_1과 u_2에 수직인 벡터가 될 것이다. w를 정규화하면 다음과 같은 단위벡터를 얻는다.

$$\hat{w} = \frac{w}{\|w\|} = \left(\frac{3}{\sqrt{14}},\ -\frac{2}{\sqrt{14}},\ \frac{1}{\sqrt{14}}\right) \qquad \blacksquare$$

직교벡터집합

S를 내적공간 V의 한 부분집합이라 하자. S의 **직교벡터집합**(Orthogonal Complements, 직교여공간) $S^{\perp}$(S perp라고 읽는다)는 모든 벡터 $u \in S$에 수직인 V 안의 벡터들의 집합을 뜻한다. 즉

$$S^{\perp} = \{v \in V : \text{모든 벡터 } u \in S\text{에 대하여 } \langle v,\ u\rangle = 0\}$$

특히 V 안의 주어진 벡터 u에 대하여

$$u^{\perp} = \{v \in V : \langle v,\ u\rangle = 0\}$$

이다. 즉 $u^{\perp}$는 주어진 벡터 u와 V 안에서 직교인 모든 벡터들로 만들어진다.

이제 $S^{\perp}$가 V의 부분공간임을 보이자. 분명 0은 모든 벡터들과 직교하기 때문에 $0 \in S^{\perp}$이다. 이제 $v,\ w \in S^{\perp}$라 하자. 임의의 스칼라 $a,\ b$와 모든 벡터 $u \in S$에 대하여

$$\langle av+bw,\ u\rangle = a\langle v,\ u\rangle + b\langle w,\ u\rangle = a \cdot 0 + b \cdot 0 = 0$$

이므로 $av+bw \in S^{\perp}$이다. 따라서 $S^{\perp}$가 V의 부분공간이다. 이 결과를 정식으로 쓰면 다음과 같다.

정리 6.3 S를 내적공간 V의 한 부분집합이라 하자. 그러면 $S^{\perp}$가 V의 부분공간이다.

언급 ‖ 1. u를 $\mathbb{R}^3$ 안의 $\mathbf{0}$이 아닌 벡터라 하자. 그러면 $u^{\perp}$에 관한 기하학적 의미를 발견할 수 있다. 정확히 $u^{\perp}$는 $\mathbf{0}$를 지나고 u에 직교하는 $\mathbb{R}^3$ 안의 평면이다(그림 6.1).

2. $A=[a_{ij}]$, $x=[x_i]$일 때 W를 $m \times n$ 동차연립방정식 $Ax=\mathbf{0}$의 해 공간이라 하자. W는 선형함수 $A : \mathbb{R}^n \to \mathbb{R}^m$의 핵임을 상기하자. 그러면 W를 직교성을 사용하여 다른 식으로 해석할 수가 있다. 구체적으로 각각의 해 벡터 $w=\{x_1,\ x_2,\ \ldots,\ x_n\}$은 A의 각각의 행과 직교한다. 그러므로 W는 A의 행

공간의 직교벡터집합이다.

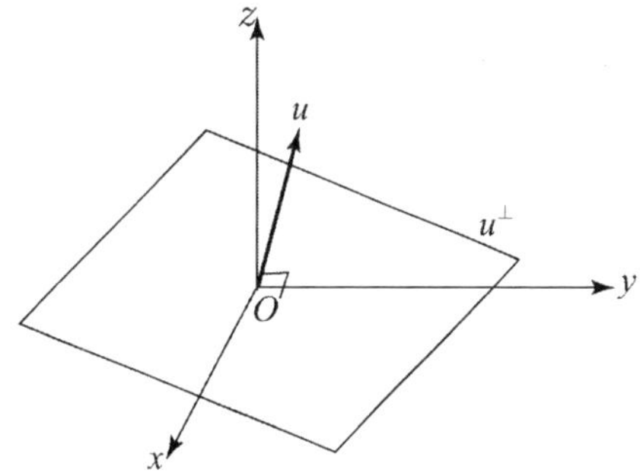

그림 6.1

보기 6.8 $u=(1,\ 3,\ -4)$일 때 $\mathbb{R}^3$의 부분공간 $u^\perp$의 기저를 찾아라.

풀이 $u^\perp$는 $\langle u,\ w\rangle=0$ 또는 $x+3y-4z=0$을 만족시키는 모든 벡터 $w=(x,\ y,\ z)$들이다. y와 z를 자유변수라 하자.

(1) $y=1,\ z=0$이라 하면 $w_1=(-3,\ 1,\ 0)$을 얻는다.

(2) $y=0,\ z=1$이라 하면 $w_2=(4,\ 0,\ 1)$을 얻는다.

$w_1,\ w_2$는 방정식의 해 공간의 기저가 되므로 부분공간 $u^\perp$의 기저가 된다. ■

유제 6.4 W를 $u=(1,\ 2,\ 3,\ -1,\ 2)$와 $v=(2,\ 4,\ 7,\ 2,\ -1)$에 의해 생성되는 $\mathbb{R}^5$의 부분공간이라 하자. W의 직교여공간 $W^\perp$의 기저를 찾아라.

풀이 $u,\ v$와 동시에 수직인 벡터 $w=(x,\ y,\ z,\ s,\ t)$를 구하자.

$$\langle w,\ u\rangle = x+2y+3z-s+2t=0$$
$$\langle w,\ v\rangle = 2x+4y+7z+2s-t=0$$

두 번째 식에서 x를 소거하면

$$\begin{aligned} x+2y+3z-\ \ s+2t&=0 \\ z+\ 4s-5t&=0 \end{aligned}$$

이 된다. $y,\ s,\ t$를 자유변수라고 하면

$$y=-1,\ s=0,\ t=0\text{이면 } w_1=(2,\ -1,\ 0,\ 0,\ 0)$$
$$y=0,\ s=1,\ t=0\text{이면 } w_2=(13,\ 0,\ -4,\ 1,\ 0)$$
$$y=0,\ s=0,\ t=1\text{이면 } w_3=(-17,\ 0,\ 5,\ 0,\ 1)$$

이 되어 $\{w_1,\ w_2,\ w_3\}$가 $W^\perp$의 기저이다. ■

W를 V의 부분공간이라 하자. 그러면 W와 $W^\perp$ 모두 V의 부분공간이 된다. 다음 정리는 선형대수학의 기본이 되는 결과이고 다음에 나오는 절들의 결과를 이용하여 증명된다.

정리 6.4 W를 V의 부분공간이라 하자. 그러면 V는 W와 $W^{\perp}$의 직적으로 나타내어진다. 즉 $V = W \oplus W^{\perp}$이다.

증명 정리 6.10에 의하여(뒤에 나옴) W의 직교기저 $\{u_1, \ldots, u_r\}$이 존재한다. 그리고 정리 6.11에 의하여 이 기저를 V를 위한 직교기저 $\{u_1, \ldots, u_n\}$으로 생성할 수 있다. 그러므로 $u_{r+1}, \ldots, u_n \in W^{\perp}$이다. 만약 $v \in V$이면 $a_1u_1 + \cdots + a_ru_r \in W$이고 $a_{r+1}u_{r+1} + \cdots + a_nu_n \in W^{\perp}$에 대하여 $v = a_1u_1 + \cdots + a_nu_n$이므로 $V = W + W^{\perp}$이다. 또한 $w \in W \cap W^{\perp}$이면 $\langle w, w \rangle = 0$이다. 즉 $w = \mathbf{0}$이므로 $W \cap W^{\perp} = \{\mathbf{0}\}$이다. 따라서 $V = W + W^{\perp}$이고 $W \cap W^{\perp} = \{\mathbf{0}\}$이므로 $V = W \oplus W^{\perp}$이다. ■

정리 6.4는 $v \in V$가 $v_1 \in W$와 $v_2 \in W^{\perp}$의 합으로 분해됨을 뜻한다. 사실 $v = v_1 + v_2$로 유일하게 표현된다. 왜냐하면 $v = w_1 + w_2$, $w_1 \in W$, $w_2 \in W^{\perp}$라 하자. 그러면

$$v = v_1 + v_2 = w_1 + w_2 \text{이고}$$

$$v_1 - w_1 = w_2 - v_2$$

인데 $y = v_1 - w_1 \in W$, $y = w_2 - v_2 \in W^{\perp}$이므로 $y \cdot y = 0$이 되어 $v_1 = w_1$, $v_2 = w_2$가 된다.

6.4 직교집합과 기저

내적공간 V 안의 0이 아닌 벡터들의 집합 $S = \{u_1, u_2, \ldots, u_r\}$을 보자. S 안의 각각의 벡터들의 쌍이 직교하면 S를 **직교집합**(orthogonal set)이라고 부른다. 그리고 S가 직교집합이고 S 안의 각 벡터들이 단위벡터이면 S를 **직교정규집합**(또는 단위직교집합, orthonormal set)이라고 부른다. 즉

(1) 직교(orthogonal) : $\langle u_i, u_j \rangle = 0 \ (i \neq j)$

(2) 단위직교(orthonormal) : $\langle u_i, u_j \rangle = \begin{cases} 0, & i \neq j \\ 1, & i = j \end{cases}$

직교집합 S를 S 안의 각 벡터들의 크기로 그 벡터를 나누어서 단위직교집합을 만드는 과정을 **정규화**(normalizing)라 부른다.

정리 6.5 S를 0이 아닌 벡터들의 직교집합이라 하자. 그러면 S는 선형 독립이다.

증명 $S = \{u_1, u_2, \ldots, u_r\}$이라 하고

$$a_1u_1 + a_2u_2 + \cdots + a_ru_r = 0 \qquad \cdots (1)$$

이라 하자. 식 (1)과 u_1의 내적을 계산하면

$$\begin{aligned} 0 = \langle 0, u_1 \rangle &= \langle a_1u_1 + a_2u_2 + \cdots + a_ru_r, u_1 \rangle \\ &= a_1\langle u_1, u_1 \rangle + a_2\langle u_2, u_1 \rangle \cdots + a_r\langle u_r, u_1 \rangle \\ &= a_1\langle u_1, u_1 \rangle + a_2 \cdot 0 + \cdots + a_r \cdot 0 \end{aligned}$$

이다. $u_1 \neq 0$이면 $\langle u_1, u_1 \rangle \neq 0$이다. 그러므로 $a_1 = 0$이 된다. 비슷하게 $i = 2, \ldots, r$에 대하여 식 (1)과 u_i의 내적을 구하면

$$\begin{aligned} 0 = \langle 0, u_i \rangle &= \langle a_1u_1 + a_2u_2 + \cdots + a_ru_r, u_i \rangle \\ &= a_1\langle u_1, u_i \rangle + a_2\langle u_2, u_i \rangle \cdots + a_r\langle u_r, u_i \rangle \\ &= a_i\langle u_i, u_i \rangle \end{aligned}$$

이다. $\langle u_i, u_i \rangle \neq 0$이므로 모든 i에 대해 $a_i = 0$이다. 그러므로 S는 선형 독립이다. ■

정리 6.6 **(피타고라스 정리)**

$S = \{u_1, u_2, \ldots, u_r\}$을 벡터들의 직교집합이라 하자. 그러면

$$\|u_1 + u_2 + \cdots + u_r\|^2 = \|u_1\|^2 + \|u_2\|^2 + \cdots + \|u_r\|^2$$

이 성립한다.

증명 내적을 전개하면

$$\begin{aligned} \|u_1 + u_2 + \cdots + u_r\|^2 &= \langle u_1 + u_2 + \cdots + u_r, u_1 + u_2 + \cdots + u_r \rangle \\ &= \langle u_1, u_1 \rangle + \langle u_2, u_2 \rangle + \cdots \langle u_r, u_r \rangle + \sum_{i \neq j} \langle u_i, u_j \rangle \end{aligned}$$

이다. $\langle u_i, u_i \rangle = \|u_i\|^2$과 $\langle u_i, u_j \rangle = 0\,(i \neq j)$이라는 사실을 이용하면 정리의 결과를 얻는다. ■

보기 6.9 (1) $E = \{e_1, e_2, e_3\} = \{(1, 0, 0), (0, 1, 0), (0, 0, 1)\}$은 유클리드 공간 $\mathbb{R}^3$의 기본기저이므로 분명히

$$\langle e_1, e_2 \rangle = \langle e_1, e_3 \rangle = \langle e_2, e_3 \rangle = 0$$

이고

$$\langle e_1, e_1 \rangle = \langle e_2, e_2 \rangle = \langle e_3, e_3 \rangle = 1$$

이다. E를 $\mathbb{R}^3$의 단위직교기저(orthonormal basis)라고 한다. 보다 일반적으로 $\mathbb{R}^n$의 기본기저는 모든 n에 대하여 단위직교집합이다.

(2) 내적이 $\langle f, g \rangle = \int_{-\pi}^{\pi} f(t)g(t)\,dt$라고 정의된 구간 $-\pi \le t \le \pi$ 위에서 연속인 함수들의 벡터 공간 $V = \mathrm{C}[-\pi, \pi]$를 보자. 다음은 전통적인 V 안의 직교집합의 예이다.

$$\{1, \cos t, \cos 2t, \cos 3t, \ ..., \sin t, \sin 2t, \sin 3t, \ ...\}$$

이 직교집합은 푸리에 급수(Fourier series) 이론에서 기본적인 역할을 담당한다. ■

직교기저와 일차결합, 푸리에 계수

$\mathbb{R}^3$의 다음 3개의 벡터들의 집합 S를 보자.

$$u_1 = (1, 2, 1), \ u_2 = (2, 1, -4), \ u_3 = (3, -2, 1)$$

이 벡터들이 직교함을 쉽게 증명할 수 있고 또한 선형 독립임을 알 수 있다. 그러므로 S는 $\mathbb{R}^3$의 직교기저이다. $v = (7, 1, 9)$를 u_1, u_2, u_3의 일차결합으로 나타내보자. 먼저 미지수 x_1, x_2, x_3를 사용하여 u_1, u_2, u_3의 일차결합으로 v를 나타내면,

$$v = x_1u_1 + x_2u_2 + x_3u_3 \qquad \cdots (2)$$

또는

$$(7, 1, 9) = x_1(1, 2, 1) + x_2(2, 1, -4) + x_3(3, -2, 1)$$

이다. 이제 두 가지 방법이 있다.

방법 1. 식 (2)을 전개하여 연립방정식을 구한다.

$$x_1 + 2x_2 + 3x_3 = 7, \ 2x_1 + x_2 - 2x_3 = 1, \ x_1 - 4x_2 + x_3 = 7$$

가우스 소거법을 사용하여 $x_1 = 3, \ x_2 = -1, \ x_3 = 2$를 얻는다. 그러므로 $v = 3u_1 - u_2 + 2u_3$이다.

방법 2. 이 방법은 기저벡터들이 직교함을 이용하는 것이므로 훨씬 더 간단하다. 식 (2)의 각 변을 u_i에 관하여 내적을 취하면 다음을 얻는다.

$$\langle v, u_i \rangle = \langle x_1u_1 + x_2u_2 + x_3u_3, u_i \rangle$$

또는

$$\langle v, u_i \rangle = x_i \langle u_i, u_i \rangle$$

$$(\text{예 : } \langle v, u_1 \rangle = x_1 \langle u_1, u_1 \rangle + x_2 \langle u_2, u_1 \rangle + x_3 \langle u_3, u_1 \rangle)$$

또는

$$x_i = \frac{\langle v, u_i \rangle}{\langle u_i, u_i \rangle}$$

u_1, u_2, u_3가 직교하므로 여기서 2개의 변수들이 없어진다. 따라서

$$x_1 = \frac{\langle v, u_1 \rangle}{\langle u_1, u_1 \rangle} = \frac{7+2+9}{1+4+1} = \frac{18}{6} = 3,$$

$$x_2 = \frac{\langle v, u_2 \rangle}{\langle u_2, u_2 \rangle} = \frac{14+1-36}{4+1+16} = \frac{-21}{21} = -1,$$

$$x_1 = \frac{\langle v, u_3 \rangle}{\langle u_3, u_3 \rangle} = \frac{21-2+9}{9+4+1} = \frac{28}{14} = 2$$

이므로 $v = 3u_1 - u_2 + 2u_3$이다.

두 번째 방법은 일반적으로 성립한다. 다음 정리를 얻는다.

정리 6.7 $\{u_1, u_2, \ldots, u_n\}$을 V의 직교기저라 하자. 그러면 임의의 $v \in V$에 대하여

$$v = \frac{\langle v, u_1 \rangle}{\langle u_1, u_1 \rangle} u_1 + \frac{\langle v, u_2 \rangle}{\langle u_2, u_2 \rangle} u_2 + \cdots + \frac{\langle v, u_n \rangle}{\langle u_n, u_n \rangle} u_n$$

이다.

증명 $v = k_1 u_1 + k_2 u_2 + \cdots + k_n u_n$이라 하자. 양쪽 변에 u_1으로 내적을 취하면

$$\begin{aligned}\langle v, u_1 \rangle &= \langle k_1 u_1 + k_2 u_2 + \cdots + k_n u_n, u_1 \rangle \\ &= k_1 \langle u_1, u_1 \rangle + k_2 \langle u_2, u_1 \rangle + \cdots + k_n \langle u_n, u_1 \rangle \\ &= k_1 \langle u_1, u_1 \rangle + k_2 0 + \cdots + k_n 0 = k_1 \langle u_1, u_1 \rangle\end{aligned}$$

이다. 그러므로 $k_1 = \dfrac{\langle v, u_1 \rangle}{\langle u_1, u_1 \rangle}$이다. 비슷하게 $i = 2, \ldots, n$에 대하여

$$\begin{aligned}\langle v, u_i \rangle &= \langle k_1 u_1 + k_2 u_2 + \cdots + k_n u_n, u_i \rangle \\ &= k_1 \langle u_1, u_i \rangle + k_2 \langle u_2, u_i \rangle + \cdots + k_n \langle u_n, u_i \rangle \\ &= k_1 0 + k_2 0 + \cdots + k_i \langle u_i, u_i \rangle + k_n 0 = k_i \langle u_i, u_i \rangle\end{aligned}$$

이다. 그러므로 $k_i = \dfrac{\langle v, u_i \rangle}{\langle u_i, u_i \rangle}$이다. k_i들을 $v = k_1 u_1 + k_2 u_2 + \cdots + k_n u_n$에 대

입하면 증명된다. ■

정리 6.8 $\{u_1, u_2, \cdots, u_p\}$이 $\mathbb{R}^n$의 부분공간 W의 단위직교기저라 하면

$$\text{proj}_W y = (y \cdot u_1)u_1 + (y \cdot u_2)u_2 + \cdots + (y \cdot u_p)u_p$$

이다. 만약 $U = [u_1\ u_2\ \cdots\ u_p]$이면 모든 $y \in \mathbb{R}^n$에 대하여

$$\text{proj}_W y = UU^T y$$

이다.

증명 $\text{proj}_W y = (y \cdot u_1)u_1 + (y \cdot u_2)u_2 + \cdots + (y \cdot u_p)u_p$는 정리 6.7로부터 바로 유도된다. $\text{proj}_W y$는 $y \cdot u_1, \ldots, y \cdot u_p$를 계수로 사용한 U의 열들의 선형결합이다. 이 계수들은 $u_1^T y, \ldots, u_p^T y$이라고 쓸 수 있고 아래에서 보는 것과 같이 바로 $U^T y$의 성분이 된다.

$$UU^T y = \begin{bmatrix} u_{11} & u_{21} & \cdots & u_{p1} \\ u_{12} & u_{22} & \cdots & u_{p2} \\ \vdots & \vdots & \vdots & \vdots \\ u_{1n} & u_{2n} & \cdots & u_{pn} \end{bmatrix} \begin{bmatrix} u_{11} & u_{12} & \cdots & u_{1n} \\ u_{21} & u_{22} & \cdots & u_{2n} \\ \vdots & \vdots & \vdots & \vdots \\ u_{p1} & u_{p2} & \cdots & u_{pn} \end{bmatrix} \begin{bmatrix} y_1 \\ y_2 \\ \vdots \\ y_n \end{bmatrix}$$ ■

언급 ‖ 푸리에 급수의 계수들과 비슷하기 때문에 스칼라 $k_i = \dfrac{\langle v, u_i \rangle}{\langle u_i, u_i \rangle}$들을 u_i에 관한 v의 **푸리에 계수**(Fourier coefficient)라고 한다.

보기 6.10 $u_1 = \begin{bmatrix} 3 \\ 1 \\ 1 \end{bmatrix}$, $u_2 = \begin{bmatrix} -1 \\ 2 \\ 1 \end{bmatrix}$, $u_3 = \begin{bmatrix} -1/2 \\ -2 \\ 7/2 \end{bmatrix}$일 때, $S = \{u_1, u_2, u_3\}$는 $\mathbb{R}^3$의 직교기저이다. 벡터 $y = \begin{bmatrix} 6 \\ 1 \\ -8 \end{bmatrix}$를 기저 S의 벡터들의 선형결합으로 나타내어라.

풀이 $y \cdot u_1 = 11, \quad y \cdot u_2 = -12, \quad y \cdot u_3 = -33$

$u_1 \cdot u_1 = 11, \ u_2 \cdot u_2 = 6, \ u_3 \cdot u_3 = 33/2$

이므로 정리 6.7에 의하여

$$\begin{aligned} y &= \frac{y \cdot u_1}{u_1 \cdot u_1} u_1 + \frac{y \cdot u_2}{u_2 \cdot u_2} u_2 + \frac{y \cdot u_3}{u_3 \cdot u_3} u_3 \\ &= \frac{11}{11} u_1 + \frac{-12}{6} u_2 + \frac{-33}{33/2} u_3 \\ &= u_1 - 2u_2 - 2u_3 \end{aligned}$$

이다. ■

유제 6.5 $u_1=(1,\ 1,\ 0,\ -1)$, $u_2=(1,\ 2,\ 1,\ 3)$, $u_3=(1,\ 1,\ -9,\ 2)$, $u_4=(16,\ -13,\ 1,\ 3)$일 때 $S=\{u_1,\ u_2,\ u_3,\ u_4\}$라 하자.

(1) S가 직교집합이고 $\mathbb{R}^4$의 기저가 됨을 보여라.

(2) $\mathbb{R}^4$의 임의의 벡터 $v=(a,\ b,\ c,\ d)$의 S에 대한 계수를 구하라.

풀이 (1) $u_1\cdot u_2=1+2+0-3=0$, $u_1\cdot u_3=1+1+0-2=0$,

$u_1\cdot u_4=16-13+0-3=0$, $u_2\cdot u_3=1+2-9+6=0$,

$u_2\cdot u_4=16-26+1+9=0$, $u_3\cdot u_4=16-13-9+6=0$

이므로 S는 직교집합이고 선형 독립이다. 따라서 $\mathbb{R}^4$의 기저가 된다.

(2) S가 직교집합이므로 정리 6.7에 의하여 푸리에 계수를 찾으면 된다.

$$k_1=\frac{\langle v,\ u_1\rangle}{\langle u_1,\ u_1\rangle}=\frac{a+b-d}{3},$$

$$k_2=\frac{\langle v,\ u_2\rangle}{\langle u_2,\ u_2\rangle}=\frac{a+2b+c+3d}{15},$$

$$k_3=\frac{\langle v,\ u_3\rangle}{\langle u_3,\ u_3\rangle}=\frac{a+b-9c+2d}{87},$$

$$k_4=\frac{\langle v,\ u_4\rangle}{\langle u_4,\ u_4\rangle}=\frac{16a-13b+c+3d}{435}$$

가 S에 대한 임의의 벡터 v의 계수이다. ■

유제 6.6 $E=\{e_1,\ e_2,\ \dots,\ e_n\}$을 V의 단위직교기저라 하자. 다음을 증명하라.

(1) 임의의 $u\in V$에 대하여

$$u=\langle u,\ e_1\rangle e_1+\langle u,\ e_2\rangle e_2+\cdots+\langle u,\ e_n\rangle e_n$$

(2) $\langle a_1e_1+\cdots+a_ne_n,\ b_1e_1+\cdots+b_ne_n\rangle=a_1b_1+a_2b_2+\cdots+a_nb_n$

(3) 임의의 $u,\ v\in V$에 대하여

$$\langle u,\ v\rangle=\langle u,\ e_1\rangle\langle v,\ e_1\rangle+\cdots+\langle u,\ e_n\rangle\langle v,\ e_n\rangle$$

풀이 (1) $u=k_1e_1+k_2e_2+\cdots+k_ne_n$이라 하자. u와 e_1으로 내적을 취하면

$$\begin{aligned}\langle u,\ e_1\rangle&=\langle k_1e_1+k_2e_2+\cdots+k_ne_n,\ e_1\rangle\\&=k_1\langle e_1,\ e_1\rangle+k_2\langle e_2,\ e_1\rangle+\cdots+k_n\langle e_n,\ e_1\rangle\end{aligned}$$

$$= k_1 1 + k_2 0 + \cdots + k_n 0 = k_1$$

이다. 비슷하게 $i = 2, \ldots, n$에 대하여

$$\begin{aligned}\langle u, e_i \rangle &= \langle k_1 e_1 + k_2 e_2 + \cdots + k_n e_n, e_i \rangle \\ &= k_1 \langle e_1, e_i \rangle + \cdots + k_i \langle e_i, e_i \rangle + \cdots + k_n \langle e_n, e_i \rangle \\ &= k_1 0 + \cdots + k_i 1 + \cdots + k_n 0 = k_i\end{aligned}$$

이므로 $u = k_1 e_1 + k_2 e_2 + \cdots + k_n e_n$에서 k_i에 $\langle u, e_i \rangle$를 대입하면 증명된다.

(2) $$\left\langle \sum_{i=1}^{n} a_i e_i, \sum_{j=1}^{n} b_j e_j \right\rangle = \sum_{i,j=1}^{n} a_i b_j \langle e_i, e_j \rangle = \sum_{i=1}^{n} a_i b_i \langle e_i, e_i \rangle + \sum_{i \neq j} a_i b_j \langle e_i, e_j \rangle$$

이다. $\langle e_i, e_j \rangle = 0\,(i \neq j)$이고 $\langle e_i, e_j \rangle = 1\,(i = j)$이므로

$$\left\langle \sum_{i=1}^{n} a_i e_i, \sum_{j=1}^{n} b_j e_j \right\rangle = \sum_{i=1}^{n} a_i b_i \langle e_i, e_i \rangle = a_1 b_1 + a_2 b_2 + \cdots + a_n b_n$$

이다.

(3) (1)에 의하여

$$u = \langle u, e_1 \rangle e_1 + \langle u, e_2 \rangle e_2 + \cdots + \langle u, e_n \rangle e_n$$

이고

$$v = \langle v, e_1 \rangle e_1 + \langle v, e_2 \rangle e_2 + \cdots + \langle v, e_n \rangle e_n$$

이다. 따라서 (2)에 의하여

$$\langle u, v \rangle = \langle u, e_1 \rangle \langle v, e_1 \rangle + \cdots + \langle u, e_n \rangle \langle v, e_n \rangle$$

이다. ■

정사영

V를 내적공간이라 하자. w를 V 안의 주어진 $\mathbf{0}$이 아닌 벡터라 하고 v를 또 다른 벡터라고 하자. 그림 6.2(a)에서 보듯이 w 방향의 v의 정사영을 찾고자 한다. 정사영은 $v' = v - cw$에 직교하는 w의 배수 cw이다. 이 말은

$$\langle v - cw, w \rangle = 0 \text{ 또는 } \langle v, w \rangle - c \langle w, w \rangle = 0 \text{ 또는 } c = \frac{\langle v, w \rangle}{\langle w, w \rangle}$$

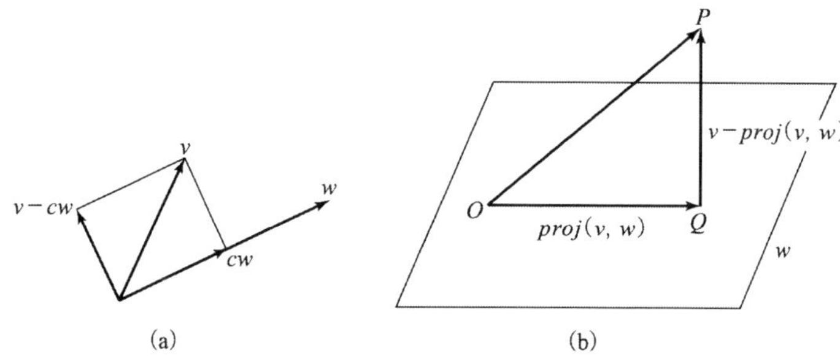

그림 6.2

이다. 따라서 w 방향의 v의 정사영은 다음과 같이 정의된다.

$$proj(v,\ w) = cw = \frac{\langle v,\ w \rangle}{\langle w,\ w \rangle} w$$

스칼라 c는 유일하고 v의 w에 대한 푸리에 계수 또는 w 방향의 v 성분이라고 부른다. 위의 설명을 일반화하면 다음과 같다.

정리 6.9 $\{w_1,\ w_2,\ \ldots,\ w_r\}$을 V의 $\mathbf{0}$이 아닌 벡터들의 직교집합이라 하자. v는 V의 임의의 벡터이다.

$$c_1 = \frac{\langle v,\ w_1 \rangle}{\langle w_1,\ w_1 \rangle},\ c_2 = \frac{\langle v,\ w_2 \rangle}{\langle w_2,\ w_2 \rangle},\ \ldots,\ c_r = \frac{\langle v,\ w_r \rangle}{\langle w_r,\ w_r \rangle}$$

일 때

$$v' = v - (c_1 w_1 + c_2 w_2 + \cdots + c_r w_r)$$

이라고 정의하자. 그러면 v'은 $w_1,\ w_2,\ \ldots,\ w_r$에 직교한다.

증명 $i = 1,\ 2,\ \ldots,\ r$에 대하여

$$\begin{aligned}
\langle v',\ w_i \rangle &= \langle v - c_1 w_1 - c_2 w_2 - \cdots - c_r w_r,\ w_i \rangle \\
&= \langle v,\ w_i \rangle - c_1 \langle w_1,\ w_i \rangle - \cdots - c_i \langle w_i,\ w_i \rangle - \cdots - c_r \langle w_r,\ w_i \rangle \\
&= \langle v,\ w_i \rangle - c_1 0 - \cdots - c_i \langle w_i,\ w_i \rangle - \ldots - c_r 0 \\
&= \langle v,\ w_i \rangle - c_i \langle w_i,\ w_i \rangle \\
&= \langle v,\ w_i \rangle - \frac{\langle v,\ w_i \rangle}{\langle w_i,\ w_i \rangle} \langle w_i,\ w_i \rangle \\
&= 0
\end{aligned}$$

이므로 v'은 $w_1,\ w_2,\ \ldots,\ w_r$에 직교한다. ■

위의 정리에서 각각의 c_i는 주어진 w_i 방향의 v 성분이다.

언급 ‖ V의 부분공간 W 방향의 $v \in V$의 정사영은 다음과 같이 정의된다. 정리 6.4에 의해 $V = W \oplus W^{\perp}$이다. 그러므로 v는 다음과 같은 형태로 유일하게 나타내어진다.

$$v = w + w'.$$

여기서 $w \in W$이고 $w' \in W^{\perp}$이다. w는 **W 방향의 v의 정사영**으로 정의되고 $proj(v, W)$라고 쓴다(그림 6.2(b)). 특히 w_i가 직교집합을 이룰 때 $W = span(w_1, w_2, \ldots, w_r)$이라면

$$proj(v, W) = c_1 w_1 + c_2 w_2 + \cdots + c_r w_r$$

이다. 여기서 c_i는 w_i 방향의 v 성분이다.

6.5 그램 슈미트의 단위직교화

$\{v_1, v_2, \ldots, v_n\}$을 내적공간 V의 기저라고 하자. 이 기저를 사용하여 직교기저 $\{w_1, w_2, \ldots, w_n\}$을 다음과 같이 만들 수 있다.

$$\begin{aligned}
w_1 &= v_1 \\
w_2 &= v_2 - \frac{\langle v_2, w_1 \rangle}{\langle w_1, w_1 \rangle} w_1 \\
w_3 &= v_3 - \frac{\langle v_3, w_1 \rangle}{\langle w_1, w_1 \rangle} w_1 - \frac{\langle v_3, w_2 \rangle}{\langle w_2, w_2 \rangle} w_2 \\
&\vdots \\
w_n &= v_n - \frac{\langle v_n, w_1 \rangle}{\langle w_1, w_1 \rangle} w_1 - \frac{\langle v_n, w_2 \rangle}{\langle w_2, w_2 \rangle} w_2 - \cdots - \frac{\langle v_n, w_{n-1} \rangle}{\langle w_{n-1}, w_{n-1} \rangle} w_{n-1}
\end{aligned}$$

다른 말로 $k = 2, 3, \ldots, n$에 대해 다음과 같이 정의된다.

$$w_k = v_k - c_{k1} w_1 - c_{k2} w_2 - \cdots - c_{k, k-1} w_{k-1}$$

여기서 $c_{ki} = \langle v_k, w_i \rangle / \langle w_i, w_i \rangle$는 w_i 방향의 v_k 성분이다. 정리 6.9에 의해 각각의 w_k는 앞선 다른 $w_i's$에 직교하므로 $w_1, w_2, \ldots, w_n$은 V의 직교기저를 이룬다. 각각의 w_k를 정규화하면 V의 단위직교기저를 만들 수 있다. 위의 과정을 그램 슈미트(Gram-Schmidt)의 단위직교화 과정이라 부른다.

언급 ‖ 1. 각각의 벡터 w_k는 v_k와 앞선 다른 $w_i's$의 일차결합으로 나타내어진다. 그러므로 누구나 쉽게 귀납법을 사용하여 w_k는 $v_1, v_2, \ldots, v_n$의 일차결합임을

보일 수 있다.

2. 벡터에 스칼라를 곱하는 것은 직교성에 아무런 영향을 주지 못하므로 다음 w_{k+1}을 구하기 전에 적당한 스칼라를 w_k에 곱하여 w_k를 단순화시키는 것이 계산을 더욱 쉽게 만든다.

3. $u_1, u_2, \ldots, u_r$이 선형 독립이라고 가정하자. 그러면 이들은 $U = span(u_i)$의 기저가 된다. 그램 슈미트의 단위직교화 과정을 $u_i's$에 적용하면 U의 직교기저를 만들 수 있다.

다음의 정리들은 위의 알고리듬과 언급(Remarks)들을 이용한다.

정리 6.10 $\{v_1, v_2, \ldots, v_n\}$을 내적공간 V의 기저라고 하자. 그러면 단위직교기저 $\{u_1, u_2, \ldots, u_n\}$이 존재하여 $\{v_i\}$로부터 $\{u_i\}$로의 기저변환행렬이 존재한다. 즉 $k=1, 2, \ldots, n$에 대하여

$$u_k = a_{k1}v_1 + a_{k2}v_2 + \cdots + a_{kk}v_k$$

이다.

증명 이 증명은 그램 슈미트 알고리듬과 위의 세 가지 언급을 이용한다. v_i에 알고리듬을 적용하여 직교기저 $\{w_1, \ldots, w_n\}$을 얻은 후 $\{w_i\}$를 정규화하여 단위직교기저 $\{u_i\}$를 얻는다. 이 알고리듬은 w_k들이 $v_1, \ldots, v_k$들의 선형결합으로 나타내어지고, 그러므로 각 u_k들이 $v_1, \ldots, v_k$들의 선형결합으로 나타내어짐을 보증한다. ■

정리 6.11 $S = \{w_1, w_2, \ldots, w_r\}$을 벡터 공간 V의 부분공간 W의 직교기저라 하자. S를 V의 단위직교기저로 생성할 수 있다. 즉 $\{w_{r+1}, \ldots, w_n\}$을 찾아서 V의 단위직교기저 $\{w_1, w_2, \ldots, w_n\}$으로 만들 수 있다.

증명 S를 V를 위한 기저 $S' = \{w_1, \ldots, w_r, v_{r+1}, \ldots, v_n\}$으로 생성한다. 그램 슈미트 알고리듬을 S'에 적용하여 S가 직교기저이므로 $w_1, w_2, \ldots, w_r$을 먼저 얻고, 그 다음 $w_{r+1}, \ldots, w_n$을 얻어 $\{w_1, \ldots, w_r, w_{r+1}, \ldots, w_n\}$이 V를 위한 직교기저가 되도록 한다. ■

보기 6.11 그램 슈미트의 단위직교화 과정을 적용하여 다음 벡터들로 생성되는 $\mathbb{R}^4$의 부분공간 U의 직교기저를 찾고 단위직교기저를 찾아라.

$$v_1 = (1,\ 1,\ 1,\ 1),\ v_2 = (1,\ 2,\ 4,\ 5),\ v_3 = (1,\ -3,\ -4,\ -2)$$

풀이 (1) 먼저 $w_1 = v_1 = (1,\ 1,\ 1,\ 1)$이라 놓는다.

(2) $w_2 = v_2 - \dfrac{\langle v_2,\ w_1 \rangle}{\langle w_1,\ w_1 \rangle} w_1 = v_2 - \dfrac{12}{4} w_1 = (-2,\ -1,\ 1,\ 2)$이므로

$w_2 = (-2,\ -1,\ 1,\ 2)$이다.

(3) $v_3 - \dfrac{\langle v_3,\ w_1 \rangle}{\langle w_1,\ w_1 \rangle} w_1 - \dfrac{\langle v_3,\ w_2 \rangle}{\langle w_2,\ w_2 \rangle} w_2 = v_3 - \dfrac{(-8)}{4} w_1 - \dfrac{(-7)}{10} w_2$

$$= \left(\frac{16}{10},\ -\frac{17}{10},\ -\frac{13}{10},\ \frac{14}{10} \right)$$

이므로 통분하여 $w_3 = (16,\ -17,\ -13,\ 14)$를 얻는다. 그러므로 $w_1,\ w_2,\ w_3$는 U의 직교기저를 형성한다. 이 벡터들의 정규화 과정을 거쳐 U의 단위직교기저 $\{u_1,\ u_2,\ u_3\}$를 얻자.

$$\| w_1 \|^2 = 4,\ \| w_2 \|^2 = 10,\ \| w_3 \|^2 = 910$$

이므로

$$u_1 = \frac{1}{2}(1,\ 1,\ 1,\ 1),$$

$$u_2 = \frac{1}{\sqrt{10}}(-2,\ -1,\ 1,\ 2),$$

$$u_3 = \frac{1}{\sqrt{910}}(16,\ -17,\ -13,\ 14).$$ ■

보기 6.12 내적이 $\langle f,\ g \rangle = \int_{-1}^{1} f(t)g(t)\,dt$라고 정의된 벡터 공간을 V라 하자. 그램 슈미트의 단위직교화 과정을 $\{1,\ t,\ t^2,\ t^3\}$에 적용하여 $\mathrm{P}_3(t)$를 위한 정수계수의 직교기저 $\{f_0,\ f_1,\ f_2,\ f_3\}$를 구하라.

풀이 여기서 $r + s = n$에 대해 다음 사실을 이용한다.

$$\langle t^r,\ t^s \rangle = \int_{-1}^{1} t^n\,dt = \left. \frac{t^{n+1}}{n+1} \right|_{-1}^{1} = \begin{cases} 2/(n+1), & n = \text{짝수} \\ 0, & n = \text{홀수} \end{cases}$$

(1) $f_0 = 1$

(2) $t = \frac{\langle t, 1 \rangle}{\langle 1, 1 \rangle}(1) = t - 0 = t$이므로 $f_1 = t$이다.

(3) $t^2 - \frac{\langle t^2, 1 \rangle}{\langle 1, 1 \rangle}(1) - \frac{\langle t^2, t \rangle}{\langle t, t \rangle}(t) = t^2 - \frac{2/3}{2}(1) + 0(t) = t^2 - \frac{1}{3}$이므로

$f_2 = 3t^2 - 1$이다.

(4) $t^3 - \frac{\langle t^3, 1 \rangle}{\langle 1, 1 \rangle}(1) - \frac{\langle t^3, t \rangle}{\langle t, t \rangle}(t) - \frac{\langle t^3, 3t^2 - 1 \rangle}{\langle 3t^2 - 1, 3t^2 - 1 \rangle}(3t^2 - 1)$

$$= t^3 - 0(1) - \frac{2/5}{2/3}(t) - 0(3t^2 - 1) = t^3 - \frac{3}{5}t$$

이므로 $f_3 = 5t^3 - 3t$이다. 그러므로 $\{1, t, 3t^2 - 1, 5t^3 - 3t\}$는 우리가 원하던 직교기저이다. ■

언급 ‖ 보기 6.12의 다항식들을 $p(1) = 1$이 되도록 정규화하면(여기서 정규화는 단위벡터를 만든다는 뜻이 아니다)

$$1, \ t, \ \frac{1}{2}(3t^2 - 1), \ \frac{1}{2}(5t^3 - 3t)$$

를 얻는다. 이 다항식들을 미분방정식에 나타나는 르장드르 다항식(Legendre polynomial)이라 한다.

유제 6.7 $v_1 = (1, 1, 1, 1)$, $v_2 = (1, 1, 2, 4)$, $v_3 = (1, 2, -4, -3)$으로 생성되는 $\mathbb{R}^4$의 부분공간을 U라 하자.

(1) U의 직교기저를 구하라.

(2) U의 단위직교기저를 구하라.

풀이 (1) 그램 슈미트 알고리듬을 사용하자. $w_1 = (1, 1, 1, 1)$이라고 놓는다.

$$w_2 = v_2 - \frac{\langle v_2, w_1 \rangle}{\langle w_1, w_1 \rangle}w_1 = (1, 1, 2, 4) - \frac{8}{4}(1, 1, 1, 1)$$
$$= (-1, -1, 0, 2)$$

이고

$$v_3 - \frac{\langle v_3, w_1 \rangle}{\langle w_1, w_1 \rangle}w_1 - \frac{\langle v_3, w_2 \rangle}{\langle w_2, w_2 \rangle}w_2$$
$$= (1, 2, -4, -3) - \frac{-4}{4}(1, 1, 1, 1) - \frac{-9}{6}(-1, -1, 0, 2)$$
$$= \left(\frac{1}{2}, \frac{3}{2}, -3, 1\right)$$

이 된다. v_3를 정수화시키면 $w_3=(1,\ 3,\ -6,\ 2)$를 얻는다. 그러므로 $w_1,\ w_2,\ w_3$이 U의 직교기저이다.

(b) $\|w_1\|^2=4,\ \|w_2\|^2=6,\ \|w_3\|^2=50$이므로 U의 단위직교기저는

$$\widehat{w_1}=\frac{w_1}{\|w_1\|}=\frac{1}{2}(1,\ 1,\ 1,\ 1),$$

$$\widehat{w_2}=\frac{w_2}{\|w_2\|}=\frac{1}{\sqrt{6}}(-1,\ -1,\ 0,\ 2),$$

$$\widehat{w_3}=\frac{w_3}{\|w_3\|}=\frac{1}{5\sqrt{2}}(1,\ 3,\ -6,\ 2)$$

이다. ■

유제 6.8 내적 $\langle f,\ g\rangle=\int_0^1 f(t)g(t)dt$가 주어진 벡터 공간 $\mathrm{P}(t)$가 있다. 그램 슈미트 알고리듬을 $\{1,\ t,\ t^2\}$에 적용하여 정수계수를 갖는 직교집합 $\{f_0,\ f_1,\ f_2\}$를 구하라.

풀이 $f_0=1$이라 하면

$$t-\frac{\langle t,\ 1\rangle}{\langle 1,\ 1\rangle}1=t-\frac{1}{2}$$

이고 분수를 없애면 $f_1=2t-1$이 된다.

$$t^2-\frac{\langle t^2,\ 1\rangle}{\langle 1,\ 1\rangle}-\frac{\langle t^2,\ 2t-1\rangle}{\langle 2t-1,\ 2t-1\rangle}(2t-1)=t^2-\frac{1}{3}-\frac{1/6}{1/3}(2t-1)$$
$$=t^2-t+\frac{1}{6}$$

이므로 $f_2=6t^2-6t+1$이다. 따라서 $\{1,\ 2t-1, 6t^2-6t+1\}$이 직교집합이다. ■

유제 6.9 $v=(1,\ 3,\ 5,\ 7)$이라 하자. W가 다음 벡터들에 의해 생성된 $\mathbb{R}^4$의 부분공간일 때 W 위로의 v의 정사영을 구하라. 즉 $\|v-w\|$가 가장 작게 되는 W 위의 벡터 w를 구하라.

(1) $u_1=(1,\ 1,\ 1,\ 1),\ u_2=(1,\ -3,\ 4,\ -2)$

(2) $v_1=(1,\ 1,\ 1,\ 1),\ v_2=(1,\ 2,\ 3,\ 2)$

풀이 (1) u_1과 u_2가 직교하므로 푸리에 계수를 계산하면 된다.

$$c_1 = \frac{\langle v,\ u_1 \rangle}{\langle u_1,\ u_1 \rangle} = \frac{1+3+5+7}{1+1+1+1} = 4,$$

$$c_2 = \frac{\langle v,\ u_2 \rangle}{\langle u_2,\ u_2 \rangle} = \frac{1-9+20-14}{1+9+16+4} = \frac{-2}{30} = -\frac{1}{15}$$

이므로

$$\begin{aligned} w = \operatorname{proj}_W v &= c_1 u_1 + c_2 u_2 \\ &= 4(1,\ 1,\ 1,\ 1) - \frac{1}{15}(1,\ -3,\ 4,\ -2) \\ &= \left(\frac{59}{15},\ \frac{63}{5},\ \frac{56}{15},\ \frac{62}{15}\right) \end{aligned}$$

이다.

(2) v_1과 v_2가 직교가 아니므로 먼저 그램 슈미트 알고리듬을 적용하여 W의 직교기저를 구한다. $w_1 = v_1 = (1,\ 1,\ 1,\ 1)$이라 놓는다.

$$\begin{aligned} v_2 - \frac{\langle v_2,\ w_1 \rangle}{\langle w_1,\ w_1 \rangle} w_1 &= (1,\ 2,\ 3,\ 2) - \frac{8}{4}(1,\ 1,\ 1,\ 1) \\ &= (-1,\ 0,\ 1,\ 0) \end{aligned}$$

이므로 $w_2 = (-1,\ 0,\ 1,\ 0)$이다. 이제

$$c_1 = \frac{\langle v,\ w_1 \rangle}{\langle w_1,\ w_1 \rangle} = \frac{1+3+5+7}{1+1+1+1} = 4,$$

$$c_2 = \frac{\langle v,\ w_2 \rangle}{\langle w_2,\ w_2 \rangle} = \frac{-1+0+5+0}{1+0+1+0} = \frac{-6}{2} = -3$$

이므로

$$\begin{aligned} w = \operatorname{proj}_W v &= c_1 w_1 + c_2 w_2 \\ &= 4(1,\ 1,\ 1,\ 1) - 3(-1,\ 0,\ 1,\ 0) = (7,\ 4,\ 1,\ 4) \end{aligned}$$

이다. ■

행렬의 QR분해

정리 6.12 행렬의 QR분해(QR Factorization of Matrices)

A가 선형 독립인 열들을 가진 $m \times n$ 행렬이라고 하면 $\operatorname{Col} A$의 단위직교기저를 형성하는 열을 갖는 $m \times n$ 행렬 Q와 대각성분이 모두 양수이고 가역적인 $n \times n$ 상삼각행렬 R이 존재하여 A는 $A = QR$과 같이 분해된다.

증명 A의 열들이 Col A의 기저 $\{x_1, \cdots, x_n\}$를 형성한다고 하자. W = Col A의 단위직교기저 $\{u_1, \cdots, u_n\}$를 그램 슈미트(Gram-Schmidt)의 단위직교화 과정을 통해 만든다.

$$Q = [u_1\ u_2\ \cdots\ u_n]$$

이라 하자. $k = 1, \ldots, n$에 대하여 x_k는 $span\{x_1, \ldots, x_k\} = span\{u_1, \ldots, u_k\}$의 원소이다. 그러므로 적당한 상수 $r_{1k}, \ldots, r_{kk}$가 존재하여

$$x_k = r_{1k}u_1 + \cdots + r_{kk}u_k + 0u_{k+1} + \cdots + 0u_n$$

를 만족한다. $r_{kk} \geq 0$라 가정하자. 만약 $r_{kk} < 0$이면 r_{kk}와 u_k에 -1을 곱하면 된다. 이것은 x_k가 Q의 열들의 선형결합임을 말해주고 그 계수는

$$r_k = \begin{bmatrix} r_{1k} \\ \vdots \\ r_{kk} \\ 0 \\ \vdots \\ 0 \end{bmatrix}$$

이다. 즉, $k = 1, \ldots, n$에 대하여 $x_k = Q\,r_k$이다. $R = [r_1\ \cdots\ r_n]$이라 하면

$$A = [x_1\ \cdots\ x_n] = [Qr_1\ \cdots\ Qr_n] = QR$$

이다. 또한 R이 가역적이다. 왜냐하면 $Rc = 0$, $c^T = [c_1, \cdots, c_n]$이면 $QRc = Ac = 0$이다. 그런데 A의 열들이 선형 독립이므로 c의 성분들은 모두 0이 되어야 한다. 따라서 R이 가역적이다. 분명히 R은 상삼각행렬이고 대각성분은 모두 양수이다. ■

보기 6.13 $A = \begin{bmatrix} 1&0&0 \\ 1&1&0 \\ 1&1&1 \\ 1&1&1 \end{bmatrix}$를 QR분해하라.

풀이 A의 단위직교벡터를 먼저 구하자. $v_1 = x_1$이고
$W_1 = span\{x_1\} = span\{v_1\}$이라 하자.

$$\begin{aligned} v_2 &= x_2 - \mathrm{proj}_{W_1} x_2 \\ &= x_2 - \frac{x_2 \cdot v_1}{v_1 \cdot v_1} v_1 \\ &= \begin{bmatrix} 0 \\ 1 \\ 1 \\ 1 \end{bmatrix} - \frac{3}{4} \begin{bmatrix} 1 \\ 1 \\ 1 \\ 1 \end{bmatrix} = \begin{bmatrix} -3/4 \\ 1/4 \\ 1/4 \\ 1/4 \end{bmatrix} \end{aligned}$$

그러면 $\{v_1, v_2\}$는 x_1과 x_2로 확장되는 부분공간 W_2를 위한 직교기저가

된다. v_2에 4를 곱해 분수를 없애주고 v_2'를 만든다. 물론 그렇게 하지 않아도 계산은 된다.

$$v_1 = \begin{bmatrix}1\\1\\1\\1\end{bmatrix},\ v'_2 = \begin{bmatrix}-3\\1\\1\\1\end{bmatrix}$$

$\{v_1, v_2'\}$를 사용하여 다음과 같이 v_3를 만든다.

$$v_3 = x_3 - \mathrm{proj}_{W_2} x_3 = x_3 - \frac{x_3 \bullet v_1}{v_1 \bullet v_1} v_1 - \frac{x_3 \bullet v'_2}{v'_2 \bullet v'_2} v'_2$$

$$= \begin{bmatrix}0\\0\\1\\1\end{bmatrix} - \left(\frac{2}{4}\begin{bmatrix}1\\1\\1\\1\end{bmatrix} + \frac{2}{12}\begin{bmatrix}-3\\1\\1\\1\end{bmatrix} \right) = \begin{bmatrix}0\\0\\1\\1\end{bmatrix} - \begin{bmatrix}0\\2/3\\2/3\\2/3\end{bmatrix} = \begin{bmatrix}0\\-2/3\\1/3\\1/3\end{bmatrix}$$

$\mathrm{ColA} = span\{x_1, x_2, x_3\}$를 위한 직교기저는

$$v_1 = \begin{bmatrix}1\\1\\1\\1\end{bmatrix},\ v_2 = \begin{bmatrix}-3\\1\\1\\1\end{bmatrix},\ v_3 = \begin{bmatrix}0\\-2/3\\1/3\\1/3\end{bmatrix}$$

가 된다. $v'_3 = 3v_3$로 분수를 없앤 후 각각의 벡터들을 정규화시켜 Q의 열벡터를 만들면

$$Q = \begin{bmatrix}1/2 & -3/\sqrt{12} & 0\\ 1/2 & 1/\sqrt{12} & -2/\sqrt{6}\\ 1/2 & 1/\sqrt{12} & 1/\sqrt{6}\\ 1/2 & 1/\sqrt{12} & 1/\sqrt{6}\end{bmatrix}$$

를 만들 수 있다. 만드는 과정을 통하여 Q의 처음 k개의 열들은 $span\{x_1, \dots, x_k\}$의 단위직교기저가 됨을 알 수 있다. 정리 6.12에 의해 적당한 R에 대하여 $A = QR$임을 알고 있다. Q의 열벡터들은 단위직교이므로 $Q^TQ = I$이다. 따라서

$$Q^TA = Q^T(QR) = IR = R$$

이다. 그러므로

$$R = \begin{bmatrix}1/2 & 1/2 & 1/2 & 1/2\\ -3/\sqrt{12} & 1/\sqrt{12} & 1/\sqrt{12} & 1/\sqrt{12}\\ 0 & -2/\sqrt{6} & 1/\sqrt{6} & 1/\sqrt{6}\end{bmatrix} \begin{bmatrix}1&0&0\\1&1&0\\1&1&1\\1&1&1\end{bmatrix}$$

$$= \begin{bmatrix}2 & 3/2 & 1\\ 0 & 3/\sqrt{12} & 2/\sqrt{12}\\ 0 & 0 & 2/\sqrt{6}\end{bmatrix}$$

이다. ■

6.6 최소제곱문제(LEAST-SQUARES PROBLEMS)

연립방정식을 풀어 해가 없을 때 가장 정답에 가까운 근삿값을 찾는 것은 응용에서 많이 나오는 상황이다. 이 절에서는 그 방법 중 하나인 최소제곱방법을 소개한다.

A가 $m\times n$행렬이고 $b\in\mathbb{R}^m$라고 하자. $Ax=b$의 최소제곱해는 다음을 만족시키는 $Ax=b$의 해 $\hat{x}\in\mathbb{R}^n$을 말한다. 모든 $x\in\mathbb{R}^n$에 대하여

$$\|b-A\hat{x}\| \le \|b-Ax\|$$

을 만족한다. 이러한 해를 구하는 문제를 **최소제곱문제**(least-squares problem)라 한다. 어떤 x를 선택하든 Ax는 부분공간 Col A위에 놓이게 된다. 그러므로 $Ax=b$가 해가 없는 경우는 b가 부분공간 Col A 위에 놓여 있지 않다는 것이다. 따라서 최적의 근삿값은 x중에서 Ax가 b와 가장 가까운 점을 찾는 문제이다.

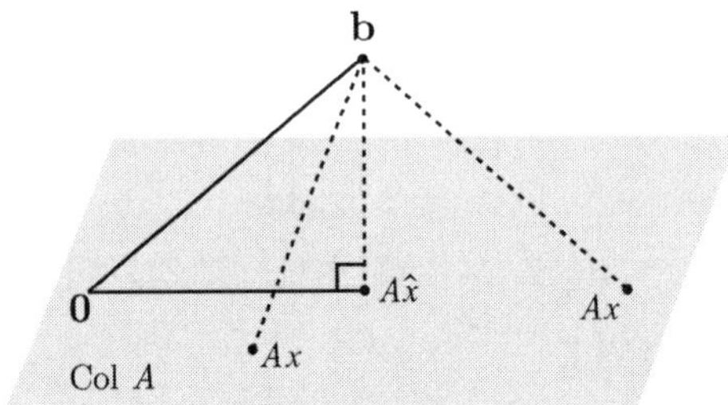

그림 6.3

최소제곱문제의 해

주어진 A와 b에 대하여 Col A 위의 점 중에서 b와 가장 가까운 점은 그림에서 보듯이 b를 Col A에 정사영시킨 점이 될 것이다. 따라서

$$\hat{b}=\mathrm{proj}_{\mathrm{Col\,A}}\mathrm{b}$$

가 될 것이고 이 값을 치역으로 갖는 $Ax=\hat{b}$의 해 $\hat{x}$를 찾아야 한다. 적당한 $\hat{x}\in\mathbb{R}^n$가 존재하여

$$A\hat{x}=\hat{b} \qquad \cdots (3)$$

을 만족한다. 왜냐하면 $\hat{b}$는 Col A 위에 있기 때문에 $Ax=\hat{b}$는 해를 갖는다. $\hat{b}$이 Col A 안에서 b에 가장 가까운 점이기 때문에 $\hat{x}$이 $Ax=b$의 최소제곱해가 되기 위한 필요충분조건은 $\hat{x}$이 식 (3)을 만족하는 것이다.

$\hat{x}$가 $A\hat{x}=\hat{b}$를 만족한다고 하자. 정리 6.9에 의해 $b-\hat{b}$는 Col A와 직교하므로

$b-A\hat{x}$는 A의 각 열과 직교한다. a_j를 A의 임의의 열이라 하면 $a_j \cdot (b-A\hat{x})=0$이고 $a_j^T(b-A\hat{x})=0$이다. a_j^T는 A^T의 행이므로

$$A^T(b-A\hat{x})=0 \qquad \cdots (4)$$

를 만족한다. 따라서

$$\begin{aligned} A^Tb-A^TA\hat{x} &= 0 \\ A^TA\hat{x} &= A^Tb \end{aligned}$$

이다. 이것은 $Ax=b$의 최소제곱해가

$$A^TAx=A^Tb \qquad \cdots (5)$$

를 만족함을 뜻한다. 식 (5)를 $Ax=b$의 정규방정식(normal equation)이라 하고 그 해를 $\hat{x}$이라 한다.

정리 6.13 $Ax=b$의 최소제곱해집합은 정규방정식 $A^TAx=A^Tb$의 공집합이 아닌 해집합과 일치한다.

증명 최소제곱해집합은 공집합이 아니고 각 최소제곱해 $\hat{x}$는 정규방정식을 만족한다. 반대로 $\hat{x}$이 $A^TAx=A^Tb$를 만족한다고 하자. $\hat{x}$는 식 (4)를 만족하고 이것은 $b-A\hat{x}$이 A^T의 행들과 직교함을 말한다. 따라서 $b-A\hat{x}$이 A의 열들과 직교한다는 것이다. A의 열들이 Col A를 확장하므로 벡터 $b-A\hat{x}$는 Col A의 모든 벡터와 직교한다. 따라서

$$b=A\hat{x}+(b-A\hat{x})$$

는 b의 Col A 위의 벡터와 Col A에 수직한 벡터로의 분해가 된다. 이 직교분해는 유일하므로 $A\hat{x}$는 Col A 위로의 b의 직교정사영이 된다. 즉 $A\hat{x}=\hat{b}$이고 $\hat{x}$는 최소제곱해가 된다. ■

보기 6.14 $Ax=b$의 최소제곱해집합을 구하라.

$$A=\begin{bmatrix}4&0\\0&2\\1&1\end{bmatrix},\quad b=\begin{bmatrix}2\\0\\11\end{bmatrix}$$

풀이 식 (5)를 사용하면

$$A^TA=\begin{bmatrix}4&0&1\\0&2&1\end{bmatrix}\begin{bmatrix}4&0\\0&2\\1&1\end{bmatrix}=\begin{bmatrix}17&1\\1&5\end{bmatrix}$$

$$A^Tb = \begin{bmatrix} 4 & 0 & 1 \\ 0 & 2 & 1 \end{bmatrix} \begin{bmatrix} 2 \\ 0 \\ 11 \end{bmatrix} = \begin{bmatrix} 19 \\ 11 \end{bmatrix}$$

방정식 $A^TAx = A^Tb$는

$$\begin{bmatrix} 17 & 1 \\ 1 & 5 \end{bmatrix} \begin{bmatrix} x_1 \\ x_2 \end{bmatrix} = \begin{bmatrix} 19 \\ 11 \end{bmatrix}$$

이 되고 A^TA는 가역적이므로

$$(A^TA)^{-1} = \frac{1}{84} \begin{bmatrix} 5 & -1 \\ -1 & 17 \end{bmatrix}$$

이고

$$\begin{aligned} \hat{x} &= (A^TA)^{-1}A^Tb \\ &= \frac{1}{84} \begin{bmatrix} 5 & -1 \\ -1 & 17 \end{bmatrix} \begin{bmatrix} 19 \\ 11 \end{bmatrix} = \frac{1}{84} \begin{bmatrix} 84 \\ 168 \end{bmatrix} = \begin{bmatrix} 1 \\ 2 \end{bmatrix} \end{aligned}$$

이다. ■

정리 6.14 A를 $m \times n$ 행렬이라 할 때 다음 명제들은 서로 동치이다.

(1) 각각의 $b \in \mathbb{R}^m$에 대하여 $Ax = b$는 유일한 최소제곱해를 갖는다.

(2) A의 열들은 선형 독립이다.

(3) 행렬 A^TA는 가역적이다.

이 명제가 참일 때 최소제곱해 $\hat{x}$는

$$\hat{x} = (A^TA)^{-1}A^Tb \quad \cdots (6)$$

이다.

최소제곱해를 구하는 다른 방법

보기 6.15 다음 행렬에 대하여 $Ax = b$의 최소제곱해를 구하라.

$$A = \begin{bmatrix} 1 & -6 \\ 1 & -2 \\ 1 & 1 \\ 1 & 7 \end{bmatrix}, \ b = \begin{bmatrix} -1 \\ 2 \\ 1 \\ 6 \end{bmatrix}$$

풀이 A의 열 a_1과 a_2는 직교하므로 Col A 위의 b의 직교정사영은

$$\hat{b} = \frac{b \cdot a_1}{a_1 \cdot a_1}a_1 + \frac{b \cdot a_2}{a_2 \cdot a_2}a_2 = \frac{8}{4}a_1 + \frac{45}{90}a_2 \qquad \cdots (7)$$

$$= \begin{bmatrix} 2 \\ 2 \\ 2 \\ 2 \end{bmatrix} + \begin{bmatrix} -3 \\ -1 \\ 1/2 \\ 7/2 \end{bmatrix} = \begin{bmatrix} -1 \\ 1 \\ 5/2 \\ 11/2 \end{bmatrix}$$

이다. $\hat{b}$를 구하였음으로 $A\hat{x} = \hat{b}$를 풀 수 있다. 그러나 식 (7)로부터 우리는

$$\hat{x} = \begin{bmatrix} 8/4 \\ 45/90 \end{bmatrix} = \begin{bmatrix} 2 \\ 1/2 \end{bmatrix}$$

을 바로 구할 수 있다. ■

정리 6.15 A가 열들이 선형 독립인 $m \times n$ 행렬이라 하고 $A = QR$를 QR 분해라 하자. 각 $b \in \mathbb{R}^m$에 대하여 방정식 $Ax = b$는 다음과 같은 유일한 최소제곱해를 갖는다.

$$\hat{x} = R^{-1}Q^Tb \qquad \cdots (8)$$

증명 $\hat{x} = R^{-1}Q^Tb$라 하면

$$A\hat{x} = QR\hat{x} = QRR^{-1}Q^Tb = QQ^Tb$$

이다. QR 분해정리(정리 6.10)에 의해 Q의 열들은 Col A의 직교기저를 이룬다. 정리 6.8에 의해 QQ^Tb는 Col A 위로의 b의 직교정사영 $\hat{b}$이다. 그러므로 $A\hat{x} = \hat{b}$이고 이 말은 $\hat{x}$는 $Ax = b$의 최소제곱해라는 것이다. 정리 6.14에 의해 $\hat{x}$는 유일한 해이다. ■

보기 6.16 $Ax = b$의 최소제곱해를 구하라.

$$A = \begin{bmatrix} 1 & 3 & 5 \\ 1 & 1 & 0 \\ 1 & 1 & 2 \\ 1 & 3 & 3 \end{bmatrix}, \ b = \begin{bmatrix} 3 \\ 5 \\ 7 \\ -3 \end{bmatrix}$$

풀이 A의 QR분해를 구하였다(연습문제).

$$A = QR = \begin{bmatrix} 1/2 & 1/2 & 1/2 \\ 1/2 & -1/2 & -1/2 \\ 1/2 & -1/2 & 1/2 \\ 1/2 & 1/2 & -1/2 \end{bmatrix} \begin{bmatrix} 2 & 4 & 5 \\ 0 & 2 & 3 \\ 0 & 0 & 2 \end{bmatrix}$$

이므로

$$Q^Tb = \begin{bmatrix} 1/2 & 1/2 & 1/2 & 1/2 \\ 1/2 & -1/2 & -1/2 & 1/2 \\ 1/2 & -1/2 & 1/2 & -1/2 \end{bmatrix} \begin{bmatrix} 3 \\ 5 \\ 7 \\ -3 \end{bmatrix} = \begin{bmatrix} 6 \\ -6 \\ 4 \end{bmatrix}$$

이다. 최소제곱해 $\hat{x}$는 $Rx = Q^Tb$를 만족하므로

$$\begin{bmatrix} 2 & 4 & 5 \\ 0 & 2 & 3 \\ 0 & 0 & 2 \end{bmatrix} \begin{bmatrix} x_1 \\ x_2 \\ x_3 \end{bmatrix} = \begin{bmatrix} 6 \\ -6 \\ 4 \end{bmatrix}$$

이고 이를 풀면 $\hat{x} = \begin{bmatrix} 10 \\ -6 \\ 2 \end{bmatrix}$ 이다. ■

MATLAB으로 구하면 좀 다른 형태의 QR분해가 구해진다. 본질적으로 같다고 할 수 있다.

```
>> A = [ 1 3 5; 1  1 0; 1 1 2; 1 3 3 ]

A =

      1          3          5
      1          1          0
      1          1          2
      1          3          3

>> [Q, R] = qr(A, 0)

Q =

    -1/2        1/2       -1/2
    -1/2       -1/2        1/2
    -1/2       -1/2       -1/2
    -1/2        1/2        1/2


R =

    -2         -4         -5
     0          2          3
     0          0         -2
```

6.7 직교와 양수한정행렬

이 절에서는 내적공간 V와 밀접한 두 가지 행렬에 대해서 논한다. $\mathbb{R}^n$에서의 벡터들은 모두 열벡터로 나타내지므로 내적은 $\langle u, v \rangle = u^T v$로 표시된다.

직교행렬

실수행렬 P가 비단수이고 $P^{-1} = P^T$를 만족하면 이 행렬을 **직교행렬**(Orthogonal matrices)이라 부른다. 다른 말로 하면, 만약 $PP^T = P^T P = I$이면 이 행렬을 직교행렬이라 부른다. 정리 1.6을 다시 한번 쓰자.

정리 6.16 P를 실수행렬이라 하자. 다음은 모두 동치이다.

(1) P는 직교행렬이다.

(2) P의 모든 행들의 집합은 단위직교집합이다.

(3) P의 모든 열들은 집합은 단위직교집합이다.

언급 정리 6.16은 $\mathbb{R}^n$ 위에서의 일반적인 기본 내적에 대해서만 사실이고 다른 내적이 주어지면 사실이 아니다.

보기 6.17 (1) $P = \begin{bmatrix} 1/\sqrt{3} & 1/\sqrt{3} & 1/\sqrt{3} \\ 0 & 1/\sqrt{2} & -1/\sqrt{2} \\ 2/\sqrt{6} & -1/\sqrt{6} & -1/\sqrt{6} \end{bmatrix}$이라 하자. P의 행들은 서로 간에 직교하고 단위벡터이다. 그러므로 P는 직교행렬이다.

(2) P를 2×2 직교행렬이라 하자. 그러면 임의의 실수 θ에 대하여

$$P = \begin{bmatrix} \cos\theta & \sin\theta \\ -\sin\theta & \cos\theta \end{bmatrix} \text{ 또는 } P = \begin{bmatrix} \cos\theta & \sin\theta \\ \sin\theta & -\cos\theta \end{bmatrix}$$

가 된다. ■

다음 정리들은 직교행렬과 단위직교기저 사이의 관계를 잘 보여준다.

정리 6.17 $E=\{e_i\}$와 $E'=\{e'_i\}$을 V의 단위직교기저라 하고 $P_{E\leftarrow E'}$를 E로부터 E'으로의 기저변환행렬이라 하자. 그러면 $P_{E\leftarrow E'}$는 직교행렬이다.

증명
$$e_i' = b_{i1}e_1 + b_{i2}e_2 + \cdots + b_{in}e_n,\ i=1,\ 2,\ \ldots,\ n \quad \cdots (8)$$
이라 하자. $E=\{e_i\}$가 단위직교기저이면
$$\langle a_1e_1+\cdots+a_ne_n,\ b_1e_1+\cdots+b_ne_n\rangle = a_1b_1+a_2b_2+\cdots+a_nb_n$$
이고(유제 6.6(2)) $E'=\{e'_i\}$이 단위직교기저이므로
$$\delta_{ij}=\langle e_i',\ e_j'\rangle = b_{i1}b_{j1}+b_{i2}b_{j2}+\cdots+b_{in}b_{jn} \quad \cdots (9)$$
이다. $B=[b_{ij}]$를 (8)의 계수들의 행렬이라 하자(즉 $P=B^T$).

$BB^T=[c_{ij}]$라 하면
$$c_{ij}=b_{i1}b_{j1}+b_{i2}b_{j2}+\cdots+b_{in}b_{jn} \quad \cdots (10)$$
이다. (9)와 (10)에 의하여 $c_{ij}=\delta_{ij}$를 얻는다. 그러므로 $BB^T=I$이다. 따라서 B는 직교행렬이므로 $P_{E\leftarrow E'}=B^T$도 직교행렬이다. ■

정리 6.18 $\{e_1,\ \ldots,\ e_n\}$을 내적공간 V의 단위직교기저라 하고 $P=[a_{ij}]$를 직교행렬이라 하자. 다음 n개의 벡터들은 V의 단위직교기저를 이룬다.
$$e_i'=a_{1i}e_1+a_{2i}e_2+\cdots+a_{ni}e_n,\ i=1,\ 2,\ \ldots,\ n.$$

증명 $\{e_1,\ \ldots,\ e_n\}$이 내적공간 V의 단위직교기저이므로 유제 6.6(2)에 의하여
$$\langle e_i',\ e_j'\rangle = a_{1i}a_{1j}+b_{2i}b_{2j}+\cdots+b_{ni}b_{nj}=\langle C_i,\ C_j\rangle$$
이다. 여기서 C_i는 직교행렬 $P=[a_{ij}]$의 i번째 열을 뜻한다. P가 직교행렬이므로 이들의 열들은 단위직교집합을 이룬다. 이것은
$$\langle e_i',\ e_j'\rangle = \langle C_i,\ C_j\rangle = \delta_{ij}$$
를 뜻한다. 그러므로 $[e_i']$은 단위직교기저이다. ■

유제 6.10 $\{e_1,\ e_2,\ \ldots,\ e_r\}$, $e_i\in V$를 단위직교집합이라 하자. 임의의 벡터 $v\in V$에 대하여 c_i를 e_i에 대한 v의 푸리에 계수라고 하자. 다음의 베셀(Bessel) 부등식을 증명하라.
$$\sum_{k=1}^{r} c_k^2 \le \|v\|^2$$

풀이 $c_i = \dfrac{< v,\, e_i >}{< e_i,\, e_i >}$이고 $\|e_i\| = 1$이므로 $c_i = < v,\, e_i >$이다. 그러므로 $\langle e_i,\, e_j \rangle = 0\,(i \neq j)$을 사용하여

$$\begin{aligned} 0 &\le \left\langle v - \sum_{k=1}^{r} c_k e_k\,,\, v - \sum_{k=1}^{r} c_k e_k \right\rangle \\ &= \langle v,\, v\rangle - 2\left\langle v,\, \sum_{k=1}^{r} c_k e_k \right\rangle + \sum_{k=1}^{r} c_k^2 \\ &= \langle v,\, v\rangle - \sum_{k=1}^{r} 2c_k \langle v,\, e_k\rangle + \sum_{k=1}^{r} c_k^2 \\ &= \langle v,\, v\rangle - \sum_{k=1}^{r} 2c_k^2 + \sum_{k=1}^{r} c_k^2 \\ &= \langle v,\, v\rangle - \sum_{k=1}^{r} c_k^2 \end{aligned}$$

임을 알 수 있다. ■

유제 6.11 첫째 행이 $u_1 = \left(\dfrac{1}{3},\, \dfrac{2}{3},\, \dfrac{2}{3}\right)$인 직교행렬 P를 찾아라.

풀이 먼저 u_1에 수직인 벡터 $w_2 = (x,\, y,\, z)$를 찾자.

$$0 = \langle u_1,\, w_2 \rangle = \frac{x}{3} + \frac{2y}{3} + \frac{2z}{3} = 0 \quad \text{또는} \quad x + 2y + 2z = 0$$

이다. 이 식을 만족하는 벡터 중 하나를 선택하자. 즉 $w_2 = (0,\, 1,\, -1)$이라 하자. w_2를 정규화하여 P의 둘째 행을 구하면

$$u_2 = \left(0,\, \frac{1}{\sqrt{2}},\, -\frac{1}{\sqrt{2}}\right)$$

이다. 다음에 u_1과 u_2에 동시에 수직인 $w_3 = (x,\, y,\, z)$를 구하자.

$$0 = \langle u_1,\, w_3 \rangle = \frac{x}{3} + \frac{2y}{3} + \frac{2z}{3} = 0 \quad \text{또는} \quad x + 2y + 2z = 0,$$

$$0 = \langle u_2,\, w_3 \rangle = \frac{y}{\sqrt{2}} - \frac{z}{\sqrt{2}} = 0 \quad \text{또는} \quad y - z = 0$$

$z = -1$이라 하면 $w_3 = (4,\, -1,\, -1)$이고 정규화하면

$$u_3 = \left(\frac{4}{\sqrt{18}},\, -\frac{1}{\sqrt{18}},\, -\frac{1}{\sqrt{18}}\right)$$

이므로

$$P = \begin{bmatrix} \frac{1}{3} & \frac{2}{3} & \frac{2}{3} \\ 0 & \frac{1}{\sqrt{2}} & -\frac{1}{\sqrt{2}} \\ \frac{4}{3\sqrt{2}} & -\frac{1}{3\sqrt{2}} & -\frac{1}{3\sqrt{2}} \end{bmatrix}$$

이다. ■

유제 6.12 다음을 증명하라.

(1) P가 직교행렬일 필요충분조건은 P^T가 직교행렬인 것이다.

(2) P가 직교행렬이면 P^{-1}도 직교행렬이다.

(3) P와 Q가 직교행렬이면 PQ도 직교행렬이다.

풀이 (1) $(P^T)^T = P$이다. 그러므로 P가 직교행렬이다.

$\Leftrightarrow PP^T = I \Leftrightarrow P^{TT}P^T = I \Leftrightarrow P^T$가 직교행렬이다.

(2) P가 직교행렬이므로 $P^T = P^{-1}$이다. 그러므로 (1)에 의해 P^{-1}도 직교행렬이다.

(3) $P^T = P^{-1}$이고 $Q^T = Q^{-1}$이다. 그러므로

$$(PQ)(PQ)^T = PQQ^TP^T = PQQ^{-1}P^{-1} = I$$

이다. 즉 $(PQ)^T = (PQ)^{-1}$이므로 PQ도 직교행렬이다. ■

양수한정행렬

A를 실수대칭행렬(real symmetric matrix)이라 하자. 즉 $A^T = A$이다. 모든 0이 아닌 벡터 $u \in R^n$에 대하여

$$\langle u,\ Au \rangle = u^T Au > 0$$

을 만족하면 A를 **양수한정행렬**(positive definite Matrices)이라 한다.

2×2 행렬들의 경우 다음 정리와 같은 기준이 있다.

정리 6.19 2×2 대칭행렬 $A = \begin{bmatrix} a & b \\ c & d \end{bmatrix} = \begin{bmatrix} a & b \\ b & d \end{bmatrix}$가 양수한정행렬일 필요충분조건은 주대각선 성분 a와 d가 양수이고 행렬식 값 $|A| = ad - bc = ad - b^2$이 양수인 것이다.

증명 $u=[x,\ y]^T$라 하자. 그러면

$$f(u)=u^TAu=[x,\ y]\begin{bmatrix}a & b\\ b & d\end{bmatrix}\begin{bmatrix}x\\ y\end{bmatrix}=ax^2+2bxy+dy^2$$

이다. A가 양수한정행렬이므로 모든 $u\neq 0$에 대하여 $f(u)>0$라 가정하자. 그러면 $f(1,\ 0)=a>0$이고 $f(0,\ 1)=d>0$이다. 또한

$$f(b,\ -a)=ab^2+2bb(-a)+da^2=a^2d-ab^2=a(ad-b^2)>0$$

이다. $a>0$이므로 $(ad-b^2)>0$을 얻는다.

반대로 a와 d가 양수이고 행렬식 값 $|A|=ad-bc=ad-b^2$이 양수라고 가정하자. 완전제곱식에 의해

$$f(u)=a\left(x^2+\frac{2b}{a}xy+\frac{b^2}{a^2}y^2\right)+dy^2-\frac{b^2}{a}y^2=a\left(x+\frac{b}{a}y\right)^2+\frac{ad-b^2}{a}y^2$$

이다. $a>0$이고 $ad-b^2>0$이므로(자동적으로 $d>0$이다) 모든 $u\neq 0$에 대하여 $f(u)>0$이다. ■

보기 6.18 다음의 대칭행렬들을 보자.

$$A=\begin{bmatrix}1 & 3\\ 3 & 4\end{bmatrix},\ B=\begin{bmatrix}1 & -2\\ -2 & -3\end{bmatrix},\ C=\begin{bmatrix}1 & -2\\ -2 & 5\end{bmatrix}$$

$|A|=4-9=-5$이므로 A는 양수한정행렬이 아니다. B는 주대각선 성분이 음수이므로 양수한정행렬이 아니다. 하지만 C는 $|C|=5-4=1$이고 주대각선이 모두 양수이므로 양수한정행렬이다. ■

정리 6.20 A를 양수한정행렬이라 하자. 그러면 $\langle u,\ v\rangle=u^TAv$는 $\mathbb{R}^n$의 한 내적으로 정의된다.

증명 임의의 벡터 $u_1,\ u_2,\ v$에 대하여

$$\begin{aligned}\langle u_1+u_2,\ v\rangle&=(u_1+u_2)^TAv=(u_1^T+u_2^T)Av\\ &=u_1^TAv+u_2^TAv=\langle u_1,\ v\rangle+\langle u_2,\ v\rangle\end{aligned}$$

이다. 또한 임의의 스칼라 k와 벡터 $u,\ v$에 대하여

$$\langle ku,\ v\rangle=(ku)^TAv=ku^TAv=k\langle u,\ v\rangle$$

이다. 그러므로 $[\mathrm{I}_1]$이 성립한다. u^TAv는 스칼라이므로 $(u^TAv)^T=u^TAv$이다. 또한 A가 대칭행렬이므로 $A^T=A$이다. 따라서

$$\langle u,\ v\rangle = u^T A v = (u^T A v)^T = v^T A^T u^{TT} = v^T A u = \langle v,\ u\rangle$$

이므로 $[\mathrm{I}_2]$가 성립한다. 마지막으로 A가 양수한정행렬이므로 임의의 0이 아닌 벡터 X에 대하여 $X^T AX > 0$이다. 그러므로 임의의 0이 아닌 벡터 v에 대하여 $\langle v,\ Av\rangle = v^T Av > 0$이다. 또한 $\langle 0,\ 0\rangle = 0^T A0 = 0$이다. 따라서 $[\mathrm{I}_3]$가 성립하므로 $\langle u,\ v\rangle = u^T Av$는 하나의 내적으로 정의된다. ■

유제 6.13 다음의 정의가 잘 정의된 $\mathbb{R}^2$의 내적임을 보여라.

$$\langle u,\ v\rangle = x_1y_1 - x_1y_2 - x_2y_1 + 3x_2y_2,$$
$$u = (x_1,\ x_2),\ v = (y_1,\ y_2)$$

풀이 행렬을 이용하자. $\langle u,\ v\rangle$를 행렬로 나타내면

$$\langle u,\ v\rangle = u^T Av = [x_1,\ x_2]\begin{bmatrix} 1 & -1 \\ -1 & 3 \end{bmatrix}\begin{bmatrix} y_1 \\ y_2 \end{bmatrix}$$

이다. A가 실수대칭행렬이기 때문에 A가 양수한정행렬임을 보이면 된다. $\|A\| = 3-1 = 2$가 양수이므로 정리 6.20에 의해 양수한정행렬이므로 $\langle u,\ v\rangle$는 잘 정의된 내적이다. ■

유제 6.14 다음 대칭행렬 중 양수한정행렬을 찾아라.

(1) $A = \begin{bmatrix} 3 & 4 \\ 4 & 5 \end{bmatrix}$

(2) $B = \begin{bmatrix} 8 & -3 \\ -3 & 2 \end{bmatrix}$

(3) $C = \begin{bmatrix} 2 & 1 \\ 1 & -3 \end{bmatrix}$

(4) $D = \begin{bmatrix} 3 & 5 \\ 5 & 9 \end{bmatrix}$

풀이 (1) $|A| = 15-16 = -1$이므로 양수한정행렬이 아니다.

(2) 양수한정행렬이다.

(3) 대각성분 중 하나가 음수이므로 양수한정행렬이 아니다.

(4) 양수한정행렬이다. ■

6장 연습문제

1. $u=(x_1,\ x_2)$, $v=(y_1,\ y_2)$일 때 다음이 $\mathbb{R}^2$ 위의 내적임을 보여라.

$\langle u,\ v\rangle = x_1y_1 - 2x_1y_2 - 2x_2y_1 + 5x_2y_2$

2. $u=(x_1,\ x_2,\ x_3)$와 $v=(y_1,\ y_2,\ y_3)$일 때 다음의 정의가 $\mathbb{R}^3$에서 내적이 아님을 보이시오.

(1) $\langle u,\ v\rangle = x_1y_1 + x_2y_2$ (2) $\langle u,\ v\rangle = x_1y_2x_3 + y_1x_2y_3$

3. V를 $\mathbb{R}$ 위의 $m\times n$ 행렬이라 하자. $\langle A,\ B\rangle = tr(B^TA)$는 V 안의 내적임을 보여라.

4. $|\langle u,\ v\rangle| = \|u\|\|v\|$라 하자. u와 v가 선형 종속임을 보여라.

5. $f(u,\ v)$와 $g(u,\ v)$가 $\mathbb{R}$ 위의 벡터 공간 V의 내적이라 하자. 다음을 증명하라.

(1) 합 $f+g$가 $(f+g)(u+v) = f(u+v) + g(u+v)$일 때 $f+g$가 V 위의 내적임을 보여라.

(2) $k>0$일 때, 스칼라 곱 kf가 $(kf)(u+v) = kf(u+v)$일 때 kf가 V 위의 내적임을 보여라.

6. $\mathbb{R}$ 위의 2차 이하의 다항식의 벡터 공간 V에 내적이

$$\langle f,\ g\rangle = \int_0^1 f(t)g(t)\,dt$$

라고 정의되어 있다고 하자. $h(t) = 2t+1$에 직교하는 부분공간 W의 기저를 구하라.

7. 벡터 $w = (1,\ -2,\ -1,\ 3) \in \mathbb{R}^4$이라 하자.

(1) $w^\perp$의 직교기저를 구하라.

(2) $w^\perp$의 단위직교기저를 구하라.

8. $u_1=(1,\ 1,\ 2,\ 2)$와 $u_2=(0,\ 1,\ 2,\ -1)$에 직교하는 $\mathbb{R}^4$의 부분공간을 W라 할 때 W의 단위직교기저를 구하라.

9. 집합 S가 다음 $\mathbb{R}^4$의 벡터들을 원소로 갖는다고 하자.

$$u_1=(1,\ 1,\ 1,\ 1),\ u_2=(1,\ 1,\ -1,\ -1),$$
$$u_3=(1,\ -1,\ 1,\ -1),\ u_4=(1,\ -1,\ -1,\ 1)$$

(1) S는 직교집합이고 $\mathbb{R}^4$의 기저임을 보여라.

(2) $v=(1,\ 3,\ -5,\ 6)$을 $u_1,\ u_2,\ u_3,\ u_4$의 선형결합으로 나타내어라.

(3) 기저 S에 대한 $\mathbb{R}^4$ 안의 임의의 벡터 v의 계수를 구하라.

(4) S를 정규화하여 $\mathbb{R}^4$의 단위직교기저를 구하라.

10. $\{u_1,\ u_2,\ \ldots,\ u_r\}$이 벡터들의 직교집합이라 하자. 임의의 스칼라 $k_i(1\le i\le r)$에 대해 $\{k_1u_1,\ k_2u_2,\ \ldots,\ k_ru_r\}$도 직교집합임을 보여라.

11. U를 다음 주어진 벡터에 의해 확장된 $\mathbb{R}^4$의 부분공간이라 하자.

$$v_1=(1,\ 1,\ 1,\ 1),\ v_2=(1,\ -1,\ 2,\ 2),\ u_3=(1,\ 2,\ -3,\ -4)$$

(1) 그램 슈미트 알고리듬을 적용하여 U의 직교기저와 단위직교기저를 구하라.

(2) U 위의 벡터 $v=(1,\ 2,\ -3,\ 4)$의 정사영을 구하라.

12. $v=(1,\ 2,\ 3,\ 4,\ 6)$이라 하고 W를 $\mathbb{R}^5$ 안의 다음에 주어진 2개의 벡터들로 확장된 부분공간이라 하자. v의 W 위로의 정사영을 구하라.

(1) $u_1=(1,\ 2,\ 1,\ 2,\ 1)$과 $u_2=(1,\ -1,\ 2,\ -1,\ 1)$

(2) $v_1=(1,\ 2,\ 1,\ 2,\ 1)$과 $v_2=(1,\ 0,\ 1,\ 5,\ -1)$

13. 처음 2개의 행이 각각 $u=(-1,\ 1,\ 1)$과 $v=(1,\ -2,\ 3)$의 배수로 이루어진 3×3 직교행렬 P를 찾아라.

14. 해가 없는 방정식 $Ax=b$의 최소제곱해를 구하라.

$$A=\begin{bmatrix}1&1&0&0\\1&1&0&0\\1&0&1&0\\1&0&1&0\\1&0&0&1\\1&0&0&1\end{bmatrix},\ b=\begin{bmatrix}-3\\-1\\0\\2\\5\\1\end{bmatrix}$$

15. 보기 6.16의 $A=\begin{bmatrix}1&3&5\\1&1&0\\1&1&2\\1&3&3\end{bmatrix}$의 QR분해를 구하고 보기의 방정식의 풀이를 완성하라.

16. 최소제곱해 $\hat{x}$가 b의 근사치로서 $A\hat{x}$를 구하는 데 사용되었을 때 b와 $A\hat{x}$사이의 거리를 최소제곱해의 근사치 오차(error)라고 한다. 보기 6.14의 A와 b를 사용하여 $Ax=b$의 최소제곱오차를 구하라.

17. $\mathbb{R}^2$ 위의 내적이 $u=(x_1,\ x_2)$, $v=(y_1,\ y_2)$일 때

$$f(u,\ v)=x_1y_1-2x_1y_2-2x_2y_1+5x_2y_2$$

라고 정의된다. 이때 이 내적을 나타내는 표현 행렬 B를 다음의 기저를 이용하여 구하라.

(1) $v_1=(1,\ 4)$, $v_2=(2,\ -3)$

(2) $w_1=(1,\ -3)$, $w_2=(6,\ 2)$

18. A와 B를 양수한정행렬이라 하자. 행렬 (1) $A+B$, (2) $kA(k>0)$도 양수한정행렬임을 보여라.

19. $A=[a_1\,a_2\ \cdots\ a_n]$, $B=[b_1\,b_2\ \cdots\ b_n]$라 할 때 다음의 정의는 내적임을 보여라.

$$\langle A,\ B\rangle=b_1^Ta_1+b_2^Ta_2+\cdots+b_n^Ta_n$$

20. $A=\begin{bmatrix}9&8&7\\6&5&4\end{bmatrix}$, $B=\begin{bmatrix}1&2&3\\4&5&6\end{bmatrix}$, $C=\begin{bmatrix}3&-5&2\\1&0&-4\end{bmatrix}$라 할 때 19번의 내적의 정의를 사용하여 다음을 계산하라.

(1) $\langle A,\ B\rangle$ (2) $\langle A,\ C\rangle$ (3) $\langle B,\ C\rangle$ (4) $\|A\|$ (5) $d(A,B)$

7장

행렬식

n 정방행렬 $A = [a_{ij}]$는 **행렬식**(determinant)을 갖는다. 이것을

$$\det(A) \text{ 또는 } D = \begin{vmatrix} a_{11} & a_{12} & \cdots & a_{1n} \\ a_{21} & a_{22} & \cdots & a_{2n} \\ \vdots & \vdots & \vdots & \vdots \\ a_{n1} & a_{n2} & \cdots & a_{nn} \end{vmatrix}$$

라고 나타낸다.

$$A = \begin{bmatrix} 1 & 2 \\ 3 & 4 \end{bmatrix} : \text{행렬}, \qquad |A| = \begin{vmatrix} 1 & 2 \\ 3 & 4 \end{vmatrix} : \text{행렬식}$$

과 같이 표시법에 주의하자. 이 행렬식 함수는 처음 선형 연립방정식을 연구하다 발견된 것이다. 앞으로 이 값이 정방행렬의 연구에 없어서는 안 될 도구임을 알게 될 것이다.

7.1 위수 1과 2의 행렬식

위수 1과 2의 행렬식은 다음과 같이 정의된다.

$$|a_{11}| = a_{11}, \qquad \begin{vmatrix} a_{11} & a_{12} \\ a_{21} & a_{22} \end{vmatrix} = a_{11}a_{22} - a_{12}a_{21}.$$

그러므로 1×1 행렬 $A = [a_{11}]$의 행렬식은 스칼라 a_{11} 자신이다. 즉 $\det(A) = a_{11}$이다. 위수 2의 행렬식은 다음과 같은 그림을 이용하여 기억하면 좋을 것이다.

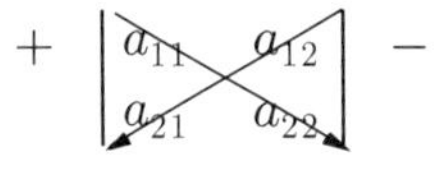

즉 행렬식은 덧셈으로 표시된 화살표 방향의 성분의 곱에서 뺄셈으로 표시된 화살표 방향의 성분의 곱을 빼주는 것과 같다(비슷한 그림을 이용한 방법이 위수 3에 대해서는 존재하지만 그 이상의 위수에 대해서는 존재하지 않는다).

보기 7.1 (1) $\det(27) = 27$, $\det(-7) = -7$, $\det(t-3) = t-3$.

(2) $\begin{vmatrix} 5 & -3 \\ 1 & 2 \end{vmatrix} = 5(2) - 1(-3) = 10 + 3 = 13,$

$\begin{vmatrix} 4 & 2 \\ -4 & 4 \end{vmatrix} = 16 + 8 = 24.$ ■

MATLAB으로 행렬식을 구해보자.

```
>> A=[5 -3 ; 1 2]

A =

     5          -3
     1           2

>> d=det(A)

d =

    13

>>  B=[4 2 ; -4 4]

B =

     4           2
    -4           4

>> det(B)

ans =

    24
```

언급 ‖ 행렬식의 의미 보기 7.1에서 $A = \begin{bmatrix} 5 & -3 \\ 1 & 2 \end{bmatrix} = [v_1,\ v_2]$의 행렬식이

$$\begin{vmatrix} 5 & -3 \\ 1 & 2 \end{vmatrix} = 5(2) - 1(-3) = 10 + 3 = 13$$

임을 알았다. 그럼 이 행렬식의 의미는 무엇인가 생각해보자. 행렬 $A = \begin{bmatrix} 5 & -3 \\ 1 & 2 \end{bmatrix}$가 선형변환을 나타낸다고 할 때 기본기저 $e_1 = (1, 0)$과 $e_2 = (0, 1)$은 $v_1 = (5, 1)$ $v_2 = (-3, 2)$로 대응된다. 즉

$$Ae_1 = \begin{bmatrix} 5 & -3 \\ 1 & 2 \end{bmatrix}\begin{bmatrix} 1 \\ 0 \end{bmatrix} = \begin{bmatrix} 5 \\ 1 \end{bmatrix} = v_1, \quad Ae_2 = \begin{bmatrix} 5 & -3 \\ 1 & 2 \end{bmatrix}\begin{bmatrix} 0 \\ 1 \end{bmatrix} = \begin{bmatrix} -3 \\ 2 \end{bmatrix} = v_2$$

이다. e_1과 e_2로 이루어진 사각형은 면적이 1이고 행렬 A에 의해 대응되는 벡터 v_1과 v_2로 이루어지는 평행사변형의 면적은 13이다. 즉, 행렬식의 의미는 행렬 A에 의한 선형변환이 단위 정사각형의 면적을 얼마만큼의 비율로 확대 또는 축소시키는가를 말하는 것이다. 그럼 행렬식 값이 음수인 경우도 있는데 그 의미는 무엇인가 생각해보라. 3차원 공간에서는 부피가 됨을 유추할 수 있다.

선형방정식에의 응용

다음과 같은 2개의 미지수를 가진 2개의 선형방정식을 보자.

$$a_1x+b_1y=c_1$$
$$a_2x+b_2y=c_2$$

계수행렬의 행렬식을 $D=a_1b_2-a_2b_1$이라 하면, 이 연립방정식이 유일한 해를 가질 필요충분조건은 $D\neq 0$인 것이다. 이 경우 유일한 해는 다음과 같이 완전히 행렬식을 사용하여 나타낼 수 있다(자세한 것은 7장 후반에 설명한다).

$$x=\frac{N_x}{D}=\frac{b_2c_1-b_1c_2}{a_1b_2-a_2b_1}=\frac{\begin{vmatrix} c_1 & b_1 \\ c_2 & b_2 \end{vmatrix}}{\begin{vmatrix} a_1 & b_1 \\ a_2 & b_2 \end{vmatrix}},\quad y=\frac{N_y}{D}=\frac{a_1c_2-a_2c_1}{a_1b_2-a_2b_1}=\frac{\begin{vmatrix} a_1 & c_1 \\ a_2 & c_2 \end{vmatrix}}{\begin{vmatrix} a_1 & b_1 \\ a_2 & b_2 \end{vmatrix}}$$

여기서 D는 각각의 분수의 분모로 쓰인다. 분자 N_x, N_y는 계수행렬의 각 열에 상수항의 열 행렬을 대신 대입하여 구한다. 반면 $D=0$이면 이 연립방정식은 해가 없거나 무한히 많은 해를 가질 것이다.

보기 7.2 $\begin{cases} 4x-3y=15 \\ 2x+5y=1 \end{cases}$을 행렬식을 이용하여 풀어라.

풀이 $$x=\frac{N_x}{D}=\frac{\begin{vmatrix} 15 & -3 \\ 1 & 5 \end{vmatrix}}{\begin{vmatrix} 4 & -3 \\ 2 & 5 \end{vmatrix}}=\frac{75+3}{4(5)-(-3)2}=\frac{78}{26}=3$$

$$y=\frac{N_y}{D}=\frac{\begin{vmatrix} 4 & 15 \\ 2 & 1 \end{vmatrix}}{26}=\frac{4-30}{26}=\frac{-26}{26}=-1.$$ ■

위수 3의 행렬식

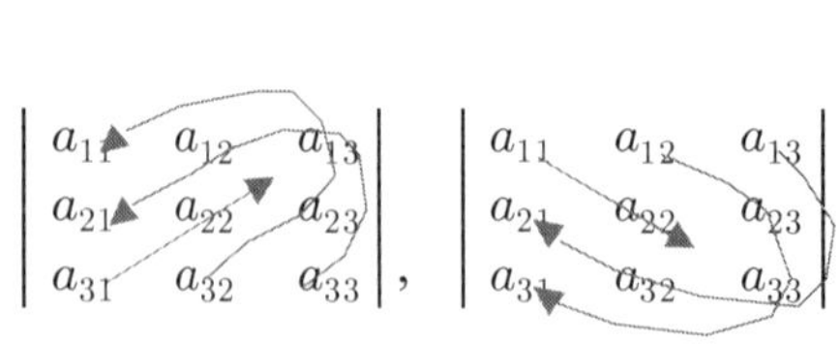

3×3 행렬 $A=[a_{ij}]$를 보자. A의 행렬식은 다음과 같다.

$$\det(A) = \begin{vmatrix} a_{11} & a_{12} & a_{13} \\ a_{21} & a_{22} & a_{23} \\ a_{31} & a_{32} & a_{33} \end{vmatrix}$$

$$= a_{11}a_{22}a_{33} + a_{12}a_{23}a_{31} + a_{13}a_{21}a_{32} - a_{13}a_{22}a_{31} - a_{12}a_{21}a_{33} - a_{11}a_{23}a_{32}$$

6개의 곱셈이 있고 각각의 곱셈은 주어진 행렬의 성분 3개로 되어 있다. 3개의 곱셈은 양수이고 3개의 곱셈은 음수이다. 즉 행렬식은 3개의 양수로 나타내어진 화살표 성분의 곱셈에 3개의 음수로 나타내어진 두 번째 화살표 성분의 곱셈의 음수를 더하여 준 것이다. 위수가 4 이상에서는 불행하게도 이러한 그림을 그릴 수 없다.

보기 7.3 $A = \begin{bmatrix} -2 & 3 & 1 \\ 3 & 6 & -2 \\ 1 & -3 & 4 \end{bmatrix}$이고 $B = \begin{bmatrix} 3 & 2 & 2 \\ -5 & 3 & -1 \\ 2 & -4 & 4 \end{bmatrix}$라 할 때 $\det(A)$, $\det(B)$를 구하라.

풀이 $\det(A) = -2(6)(4) + 3(-2)(1) + 3(-3)(1)$

$$\qquad - 1(6)(1) - (-3)(-2)(-2) - 3(3)(4)$$

$$= -48 - 6 - 9 - 6 + 12 - 36 = -93$$

$\det(B) = 36 - 4 + 40 - 12 + 40 - 12 = 88.$ ■

위수 3의 행렬식을 구하는 다른 방법

3×3 행렬 $A = [a_{ij}]$의 행렬식은 다음과 같이 다시 쓸 수 있다.

$$\det(A) = a_{11}(a_{22}a_{33} - a_{23}a_{32}) - a_{12}(a_{21}a_{33} - a_{23}a_{31}) + a_{13}(a_{21}a_{32} - a_{22}a_{31})$$

$$= a_{11}\begin{vmatrix} a_{22} & a_{23} \\ a_{32} & a_{33} \end{vmatrix} - a_{12}\begin{vmatrix} a_{21} & a_{23} \\ a_{31} & a_{33} \end{vmatrix} + a_{13}\begin{vmatrix} a_{21} & a_{22} \\ a_{31} & a_{32} \end{vmatrix}$$

이것은 계수가 주어진 행렬의 첫째 행인 위수 2의 행렬식의 일차결합이다. 이 일차결합은 다음과 같이 나타낼 수 있다.

$$a_{11}\begin{vmatrix} a_{11} & a_{12} & a_{13} \\ a_{21} & a_{22} & a_{23} \\ a_{31} & a_{32} & a_{33} \end{vmatrix} - a_{12}\begin{vmatrix} a_{11} & a_{12} & a_{13} \\ a_{21} & a_{22} & a_{23} \\ a_{31} & a_{32} & a_{33} \end{vmatrix} + a_{13}\begin{vmatrix} a_{11} & a_{12} & a_{13} \\ a_{21} & a_{22} & a_{23} \\ a_{31} & a_{32} & a_{33} \end{vmatrix}$$

원래 주어진 행렬에서 계수가 속한 행과 열을 지우면 2×2 행렬을 얻을 수 있다.

```
>>  A = [-2 3 1; 3 6 -2; 1 -3 4]

A =

     -2          3          1
      3          6         -2
      1         -3          4

>> det(A)

ans =

    -93

>> B = [3 2 2; -5 3 -1; 2 -4 4]

B =

      3          2          2
     -5          3         -1
      2         -4          4

>> det(B)

ans =

     88
```

보기7.4

$$\begin{aligned}\begin{vmatrix}1&2&3\\4&-2&3\\0&5&-1\end{vmatrix}&=1\begin{vmatrix}1&2&3\\4&-2&3\\0&5&-1\end{vmatrix}-2\begin{vmatrix}1&2&3\\4&-2&3\\0&5&-1\end{vmatrix}+3\begin{vmatrix}1&2&3\\4&-2&3\\0&5&-1\end{vmatrix}\\&=1\begin{vmatrix}-2&3\\5&-1\end{vmatrix}-2\begin{vmatrix}4&3\\0&-1\end{vmatrix}+3\begin{vmatrix}4&-2\\0&5\end{vmatrix}\\&=1(2-15)-2(-4+0)+3(20+0)\\&=-13+8+60=55.\end{aligned}$$

■

7.2 일반적인 행렬식

$\{1,\ 2,\ \ldots,\ n\}$의 한 **순열**(permutation) σ는 이 집합에서 자기자신으로 가는 일대일 함수를 말한다. 다른 말로 바꾸면 숫자 $1,\ 2,\ \ldots,\ n$의 **재배열**(rearrangement)이다. 이러한 순열은

$$\sigma=\begin{pmatrix}1 & 2 & \cdots & n\\ j_1 & j_2 & \cdots & j_n\end{pmatrix} \text{ 또는 } \sigma=j_1\, j_2 \cdots j_n$$

과 같이 나타내며, 여기서 $j_i=\sigma(i)$이다. 이러한 모든 순열의 집합을 S_n이라고 쓰며 이러한 순열의 총 개수는 $n!$이다. 즉 $|S_n|=n!$이다. 만약 $\sigma\in S_n$이면 역함수 $\sigma^{-1}\in S_n$이고 $\sigma,\ \tau\in S_n$이면 합성함수 $\sigma\circ\tau\in S_n$이다. 또한 항등순열 $\epsilon=\sigma\circ\sigma^{-1}\in S_n$이다. 사실 $\epsilon=123\ldots n$이다.

보기7.5 (1) $2!=2\cdot 1=2$개의 순열이 S_2에 존재한다. 그들은 12와 21이다.

(2) $3!=3\cdot 2\cdot 1=6$개의 순열이 S_3에 존재한다. 그들은

123, 132, 213, 231, 312, 321

이다. ■

순열의 부호(sign, parity)

임의의 순열 $\sigma\in S_n(\sigma=j_1j_2\ \ldots\ j_n)$을 보자. 우리는 σ 안에 짝수 개 혹은 홀수 개의 **역전**(inversion)이 있느냐에 따라 σ를 짝수 또는 홀수 순열이라고 부른다. σ 안에 역전이란 σ에서 i가 먼저 나오고 k가 나중에 나오는 $i>k$인 순서쌍 $(i,\ k)$를 말한다. 예를 들면 $\sigma=312$에서 $(3,\ 1)$, $(3,\ 2)$는 σ에서 역전이지만 $(1,\ 2)$는 역전이 아니다. 그러면 순열 σ의 부호 $\operatorname{sgn}\sigma$는 다음과 같이 정의된다.

$$\operatorname{sgn}\sigma=\begin{cases}1, & \sigma\text{가 짝수 순열}\\ -1, & \sigma\text{가 홀수 순열}\end{cases}$$

보기7.6 (1) S_5에서 $\sigma=35142$의 부호를 찾아라.

각각의 k에 대하여 k보다 순열에서는 먼저 나오는 i이지만 $i>k$인 i의 개수를 세자.

2개의 숫자(3과 5)가 1보다 크지만 1보다 σ 안에 먼저 나온다.

3개의 숫자(3, 5과 4)가 2보다 크지만 2보다 σ 안에 먼저 나온다.

1개의 숫자(5)가 4보다 크지만 4보다 σ 안에 먼저 나온다.

(어떤 숫자도 3 또는 5보다 크지만 먼저 나오는 숫자는 없다.)

그러므로 σ 안에는 6개의 역전이 존재하므로 $\operatorname{sgn}\sigma=1$이다.

(2) 항등순열 $\epsilon=123\ldots n$의 부호는 $\operatorname{sgn}\epsilon=1$이다. 왜냐하면 역전의 개수가 0이기 때문이다.

(3) S_2에서 12는 짝수 순열이고 21은 홀수 순열이다. 순열 123, 231, 312는 짝수이고 132, 213, 321은 홀수이다.

(4) τ를 2개의 숫자 i와 j를 교환하고 다른 숫자들은 고정하는 순열이라고 하자. 즉

$$\tau(i)=j,\ \tau(j)=i,\ \tau(k)=k,\ k\neq i,\ j$$

우리는 이러한 순열 τ를 **호환**(transposition)이라 한다. 만약 $i<j$이면 $2(j-i)-1$개의 역전이 τ 안에 존재하므로 순열 τ는 홀수 순열이다. ■

언급 || 임의의 수 n에 대하여 S_n 안의 순열 중 반은 짝수 순열이고 반은 홀수 순열이다. 예를 들면 S_3 안에는 3개의 짝수 순열과 3개의 홀수 순열이 있다.

$A=[a_{ij}]$를 실수체 $\mathbb{R}$ 위의 n 정방행렬이라 하자. A의 성분 중 n개를 곱하는 것을 생각하자. 단, 이 n개의 원소는 각각의 다른 열에서 오직 한 개의 원소를, 또한 각각의 다른 행에서 한 개의 원소를 선택하여 만든 것이다. 다음과 같이 쓸 수 있다.

$$a_{1j_1}a_{2j_2}\cdots a_{nj_n}$$

즉 성분들은 각 행으로부터 연속적으로 선택되므로 첫 번째 첨자는 $1,\ 2,\dots,\ n$의 순서를 갖는다. 이제 각각의 성분들은 각각 다른 열에서 선택해야 하므로 두 번째 첨자는 순열 $\sigma=j_1j_2\cdots j_n$을 이룬다. 반대로 S_n 안의 각각의 순열은 위와 같은 곱셈을 결정한다. 그러므로 행렬 A에서 $n!$개의 이와 같은 곱셈을 만들 수 있다.

정의 7.1 $A=[a_{ij}]$의 행렬식 $\det(A)$ 또는 $|A|$는 위와 같은 $n!$개의 곱셈의 합이다. 단, 각각의 곱셈은 $\operatorname{sgn}\sigma$를 곱해야 한다. 즉

$$|A|=\sum_{\sigma}(\operatorname{sgn}\sigma)a_{1j_1}a_{2j_2}\cdots a_{nj_n}$$

또는

$$|A|=\sum_{\sigma\in S_n}(\operatorname{sgn}\sigma)a_{1\sigma(1)}a_{2\sigma(2)}\cdots a_{n\sigma(n)}$$

n 정방행렬 $A=[a_{ij}]$의 행렬식을 위수 n이라고 말한다.

다음 보기를 보면 정의 7.1이 앞 절에서의 행렬식의 정의와 정확히 일치함을 알 수 있다.

보기 7.7 (1) $A=[a_{11}]$은 1×1 행렬이다. S_1은 한 개의 짝수 순열을 가지므로 $\det(A)=a_{11}$이다.

(2) $A=[a_{ij}]$가 2×2 행렬이라 하자. S_2는 짝수 순열 12와 홀수 순열 21을 갖는다. 그러므로

$$\det(A)=\begin{vmatrix} a_{11} & a_{12} \\ a_{21} & a_{22} \end{vmatrix}=a_{11}a_{22}-a_{12}a_{21}$$

이다.

(3) $A=[a_{ij}]$가 3×3 행렬이라 하자. S_3는 짝수 순열 123, 231, 312와 홀수 순열 321, 213, 132를 갖는다. 그러므로

$$\det(A)=\begin{vmatrix} a_{11} & a_{12} & a_{13} \\ a_{21} & a_{22} & a_{23} \\ a_{31} & a_{32} & a_{33} \end{vmatrix}$$

$$=a_{11}a_{22}a_{33}+a_{12}a_{23}a_{31}+a_{13}a_{21}a_{32}-a_{13}a_{22}a_{31}-a_{12}a_{21}a_{33}-a_{11}a_{23}a_{32}$$

이다. ■

유제 7.1 순열 $\sigma=j_1j_2\cdots j_n$이 주어져 있다고 하자. $\operatorname{sgn}\sigma^{-1}=\operatorname{sgn}\sigma$를 보여라. 또한 스칼라 a_{ij}에 대해

$$a_{j_1 1}a_{j_2 2}\cdots a_{j_n n}=a_{1k_1}a_{2k_2}\cdots a_{nk_n}$$

임을 보여라. 여기서 $\sigma^{-1}=k_1k_2\cdots k_n$이다.

풀이 $\sigma^{-1}\circ\sigma=\epsilon$이고 ϵ은 짝수 순열이므로 σ^{-1}와 σ는 둘 다 짝수 순열이거나 홀수 순열이다. 그러므로 $\operatorname{sgn}\sigma^{-1}=\operatorname{sgn}\sigma$이다. $\sigma=j_1j_2\cdots j_n$이고 $\sigma^{-1}=k_1k_2\cdots k_n$이기 때문에 $a_{j_i i}$는 a_{ik_i}에 대응하므로

$$a_{j_1 1}a_{j_2 2}\cdots a_{j_n n}=a_{1k_1}a_{2k_2}\cdots a_{nk_n}$$

이다. $k_1,\ k_2,\ \ldots,\ k_n$은 다음과 같은 성질을 갖는다.

$$\sigma(k_1)=1,\ \sigma(k_2)=2,\ \ldots,\ \sigma(k_n)=n$$

$\tau=k_1k_2\ldots k_n$이라 하자. $i=1,\ 2,\ \ldots,\ n$에 대하여

$$(\sigma\circ\tau)(i)=\sigma(\tau(i))=\sigma(k_i)=i$$

이다. 따라서 $\sigma\circ\tau=\epsilon$이므로 $\tau=\sigma^{-1}$이다. ■

언급 Ⅱ n이 커질수록 행렬식의 항의 개수는 천문학적인 숫자가 된다. 따라서 정의를 사용한 행렬식보다 간접적인 방법을 사용한다. 사실 행렬식에 대한 몇 개의

성질을 증명함으로써 계산과정을 상당히 줄일 수 있다. 특히 위수 n의 행렬식은 앞 절에서 $n=3$일 때 보았듯이 위수 $n-1$의 행렬식의 일차결합으로 나타내어짐을 보았다.

행렬식의 성질

행렬식의 기본적인 성질에 대해서 알아보자.

정리 7.1 행렬 A와 전치행렬 A^T의 행렬식은 같다. 즉 $|A|=|A^T|$이다.

증명 $A=[a_{ij}]$이면 $A^T=[b_{ij}]$, $b_{ij}=a_{ji}$이다. 그러므로

$$|A^T| = \sum_{\sigma\in S_n}(\operatorname{sgn}\sigma)b_{1\sigma(1)}b_{2\sigma(2)}\cdots b_{n\sigma(n)}$$

$$= \sum_{\sigma\in S_n}(\operatorname{sgn}\sigma)a_{\sigma(1)\,1}a_{\sigma(2)\,2}\dots a_{\sigma(n)\,n}.$$

$\tau=\sigma^{-1}$라 하자. 유제 7.1에 의하여 $\operatorname{sgn}\tau=\operatorname{sgn}\sigma$이고

$$a_{\sigma(1)\,1}a_{\sigma(2)\,2}\cdots a_{\sigma(n)\,n}=a_{1\tau(1)}a_{2\tau(2)}\cdots a_{n\tau(n)}$$

이므로

$$|A^T| = \sum_{\tau\in S_n}(\operatorname{sgn}\tau)a_{1\tau(1)}a_{2\tau(2)}\cdots a_{n\tau(n)}$$

이다. σ가 S_n의 모든 원소들을 거쳐 갈 때 $\tau=\sigma^{-1}$도 S_n의 모든 원소들을 거쳐 가므로 $|A|=|A^T|$이다. ■

이 정리에 의해 A의 행에 관한 행렬식의 정리와 A의 열에 관한 행렬식의 정리가 닮아 있음을 알 수 있다. 다음 정리는 행렬의 행렬식을 바로 구할 수 있는 몇 가지 경우에 대해서 논하고 있다.

정리 7.2 행렬 A를 정방행렬이라 하자.

(1) 행렬 A의 한 행이 모두 0이면 $|A|=0$이다.

(2) 행렬 A의 두 행이 일치하면 $|A|=0$이다.

(3) 행렬 A가 삼각행렬이면, 다시 말해 A의 주대각선 위 또는 아래가 모두 0이면 $|A|$는 주대각성분을 모두 곱한 것과 같다. 특히 항등행렬일 때 $|I|=1$이다.

증명 (1) $|A|$ 안의 각 항은 각 행에서 한 항씩을 포함한다. 그러므로 모두 항이 0인 행에서도 0인 항을 가져오므로 $|A|$의 각 항은 0이 된다.

(2) 서로 일치하는 두 행을 교환하면 다시 A가 된다. 즉 $|A|=-|A|$이다(정리 7.3(1)). 그러므로 $|A|=0$이다.

(3) $A=[a_{ij}]$가 하삼각행렬이라 하자. 즉 주대각선 위의 성분은 모두 0이다 ($a_{ij}=0,\ i<j$). A의 행렬식의 한 항 t를 보자.

$$t=(\operatorname{sgn}\sigma)a_{1i_1}a_{2i_2}\cdots a_{ni_n}$$

여기서 $\sigma=i_1i_2\cdots i_n$이다. $i_1\neq 1$이라 하자. 그러면 $1<i_1$이므로 $a_{1i_1}=0$이다. 즉 $t=0$이다. $i_1\neq 1$이 아닌 각 항이 모두 0이라는 것이다. 이제 $i_1=1$이고 $i_2\neq 2$라 하자. $2<i_2$이므로 $a_{2i_2}=0$이다. 즉 $t=0$이다. 그러므로 $i_1\neq 1$이거나 $i_2\neq 2$인 항들은 모두 0이다. 비슷하게 $i_1\neq 1$이거나 $i_2\neq 2$이거나 $\cdots$ $i_n\neq n$인 항들은 모두 0이다. 따라서 $|A|=a_{11}a_{22}\cdots a_{nn}=$대각성분의 곱이다. ■

정리 7.3 행렬 B를 A로부터 기본 행(렬) 연산에 의하여 얻어진 행렬이라 하자.

(1) A의 두 행(렬)을 교환해서 얻어진 행렬 B이면 $|B|=-|A|$이다.

(2) A의 한 행에 스칼라 k를 곱하여 얻어진 행렬 B이면 $|B|=k|A|$이다.

(3) A의 한 행의 곱을 다른 행에 더하여 얻어진 행렬 B이면 $|B|=|A|$이다.

증명 (1) 2개의 열이 교환되었을 경우에 대하여 증명하자. τ를 2개의 열을 교환할 때 각각의 열에서의 2개의 원소를 교환하는 호환이라 하자(보기 7.6(4) 참조). 만약 $A=[a_{ij}]$이고 $B=[b_{ij}]$이면 $b_{ij}=a_{i\tau(j)}$이다. 그러므로 임의의 순열 σ에 대하여

$$b_{1\sigma(1)}b_{2\sigma(2)}\ldots b_{n\sigma(n)}=a_{1(\tau\circ\sigma)(1)}a_{2(\tau\circ\sigma)(2)}\ldots a_{n(\tau\circ\sigma)(n)}$$

이므로

$$\begin{aligned}|B| &= \sum_{\sigma\in S_n}(\operatorname{sgn}\sigma)b_{1\sigma(1)}b_{2\sigma(2)}\cdots b_{n\sigma(n)}\\ &= \sum_{\sigma\in S_n}(\operatorname{sgn}\sigma)a_{1(\tau\circ\sigma)(1)}a_{2(\tau\circ\sigma)(2)}\cdots a_{n(\tau\circ\sigma)(n)}\end{aligned}$$

이다. 호환 τ가 홀수 순열이므로 $\operatorname{sgn}(\tau\circ\sigma)=(\operatorname{sgn}\tau)(\operatorname{sgn}\sigma)=-\operatorname{sgn}\sigma$이다. 따라서 $\operatorname{sgn}\sigma=-\operatorname{sgn}(\tau\circ\sigma)$이고 또한

$$|B| = -\sum_{\sigma\in S_n}[\operatorname{sgn}(\tau\circ\sigma)]a_{1(\tau\circ\sigma)(1)}a_{2(\tau\circ\sigma)(2)}\cdots a_{n(\tau\circ\sigma)(n)}$$

이다. 그런데 σ가 S_n의 모든 원소들을 거쳐 갈 때 $\tau \circ \sigma$도 S_n의 모든 원소들을 거쳐 가므로 $|B| = -|A|$이다.

(2) A의 j째 행을 k배 했다 하면 $|A|$의 모든 항들이 k배 된다. 그러므로 $|B| = k|A|$이다. 즉

$$
\begin{aligned}
|B| &= \sum_{\sigma \in S_n} (\operatorname{sgn} \sigma) a_{1i_1} a_{2i_2} \cdots (k a_{ji_j}) \cdots a_{n i_n} \\
&= k \sum_{\sigma \in S_n} (\operatorname{sgn} \sigma) a_{1i_1} a_{2i_2} \cdots a_{n i_n} = k|A|.
\end{aligned}
$$

(3) k째 행을 c배 하여 A의 j째 행에 더했다 하자. 행렬식에서 ^을 사용하여 j째 위치를 나타내자.

$$
\begin{aligned}
|B| &= \sum_{\sigma \in S_n} (\operatorname{sgn} \sigma) a_{1i_1} a_{2i_2} \ldots (c\,\widehat{a_{ki_k} + a_{ji_j}}) \ldots a_{n i_n} \\
&= c \sum_{\sigma \in S_n} (\operatorname{sgn} \sigma) a_{1i_1} a_{2i_2} \ldots (\widehat{a_{ki_k}}) \ldots a_{n i_n} \\
&\quad + \sum_{\sigma \in S_n} (\operatorname{sgn} \sigma) a_{1i_1} a_{2i_2} \ldots (\widehat{a_{ji_j}}) \ldots a_{n i_n}
\end{aligned}
$$

첫 번째 합은 k째 행과 j째 행이 일치하는 행렬의 행렬식을 의미하므로 정리 7.2(2)에 의하여 0이다. 두 번째 합은 A의 행렬식이다. 그러므로

$$|B| = c \cdot 0 + |A| = |A|$$

이다. ■

유제 7.2 B는 정방행렬 A와 행 동치이다. $|B| = 0$일 필요충분조건은 $|A| = 0$임을 보여라.

풀이 정리 7.3에 의하여 기본 행 연산의 행렬식에 끼치는 영향은 0이 아닌 스칼라를 곱하거나 부호를 바꾸는 정도이다. 그러므로 $|B| = 0$일 필요충분조건은 $|A| = 0$이 된다. ■

정리 7.4 행렬 E를 기본행렬(elementary matrix)이라 하자. 임의의 행렬 A에 대하여 $|EA| = |E||A|$이다.

증명 다음의 기본 행 연산을 보자.

(i) 한 행에 스칼라 $k \neq 0$를 곱한다.

(ii) 두 행을 교환한다.

(iii) 한 행의 스칼라 곱을 다른 행에 더한다.

E_1, E_2, E_3를 위의 기본 행 연산에 대응하는 기본행렬이라 하자. 즉 E_1, E_2, E_3 들은 단위행렬 I에 위의 연산들을 적용하여 얻어질 수 있다. 정리 7.3에 의해

$$|E_1| = k|I| = k,\ |E_2| = -|I| = -1,\ |E_3| = |I| = 1$$

이다. E_iA는 행렬 A에 E_i에 대응하는 기본 연산을 적용하여 얻어지는 행렬과 같다고 했다. 따라서 정리 7.3에 의해 다음을 얻는다.

$$|E_1A| = k|A| = |E_1||A|,$$
$$|E_2A| = -|A| = |E_2||A|,$$
$$|E_3A| = |A| = 1|A| = |E_3||A|$$

이다. ■

정리 7.5 행렬 A와 B를 곱한 결과의 행렬식은 이 두 행렬식의 곱과 같다. 즉

$$\det(AB) = \det(A)\det(B)$$

이다.

증명 A가 단수이면 AB도 단수이다. 그러므로 $|AB| = 0 = |A||B|$이다. 반면 A가 비단수이면 $A = E_n \cdots E_2E_1$이다. 즉 기본행렬의 곱셈으로 나타내어지고 정리 7.4에 의하여

$$|AB| = |E_n \cdots E_2E_1B| = |E_n| \cdots |E_1||B| = |A||B|$$

이다. ■

유제 7.3 P가 가역적이라 하자. $|P^{-1}| = |P|^{-1}$이다. 여기서 $|P|^{-1}$는 실수의 역수이다.

풀이 $P^{-1}P = I$ 이므로 $1 = |I| = |P^{-1}P| = |P^{-1}||P|$이다.

따라서 $|P^{-1}| = |P|^{-1}$ 이다. ■

정리 7.6 행렬 A를 정방행렬이라 하자. 다음 명제들은 동치이다.

(1) A는 가역적이다. 즉 A는 역행렬 A^{-1}를 갖는다.

(2) $A\mathbf{x} = \mathbf{0}$의 해는 $\mathbf{0}$뿐이다.

(3) A의 행렬식이 0이 아니다. 즉 $\det(A) \neq 0$이다.

증명 가우스 소거법을 이용하여 증명한다. 만약 A가 가역적이라면 A는 I와 행 동치가 된다. 그러나 $|I| \neq 0$이므로 유제 7.2에 의하여 $|A| \neq 0$이다. 만약 A가 가역적이 아니면 A는 한 행이 모두 0인 행을 갖는 행렬과 행 동치가 될 것이다. 따라서 $\det(A) = 0$이다. 그러므로 (1)과 (3)은 동치이다.

만약 $Ax = 0$의 해가 $x = 0$뿐이면 A는 I와 행 동치가 되고 가역적이 된다. 반대로 A는 역행렬 A^{-1}를 갖는다고 하면

$$x = Ix = (A^{-1}A)x = A^{-1}(Ax) = A^{-1}0 = 0$$

이 $Ax = 0$의 유일한 해이므로 (1)과 (2)는 동치이다. ■

언급 || 위의 명제들은 책에 따라 가역행렬의 정의로서 사용된다.

가역행렬 P가 존재하여 $B = P^{-1}AP$를 만족시키면 A와 B를 유사행렬이라 부른다.

정리 7.7 행렬 A와 B가 유사행렬(similar matrix)이라 하자. 그러면 $|A| = |B|$이다.

증명 행렬 A와 B가 유사행렬이라면 적당한 가역행렬 P가 존재하여 $B = P^{-1}AP$를 만족한다. 그러므로 유제 7.3과 정리 7.5에 의하여

$$|B| = |P^{-1}AP| = |P^{-1}||A||P| = |A||P^{-1}||P| = |A||P|^{-1}|P| = |A|$$

이다. ■

유제 7.4 다음 행렬의 행렬식을 계산하라.

(1) $A = \begin{bmatrix} 2 & 3 & 4 \\ 5 & 4 & 3 \\ 1 & 2 & 1 \end{bmatrix}$ (2) $B = \begin{bmatrix} 1 & -2 & 3 \\ 2 & 4 & -1 \\ 1 & 5 & -2 \end{bmatrix}$ (3) $C = \begin{bmatrix} 1 & 3 & -5 \\ 3 & -1 & 2 \\ 1 & -2 & 1 \end{bmatrix}$

풀이 (1) $|A| = 8 + 9 + 40 - 16 - 12 - 15 = 14$

(2) $|B| = -8 + 2 + 30 - 12 + 5 - 8 = 9$

(3) $|C| = -1 + 6 + 30 - 5 + 4 - 9 = 25$ ■

7.3 마이너와 여인수

행렬 $A=[a_{ij}]$를 정방행렬이라 하자. M_{ij}를 A의 i째 행과 j째 열을 A에서 제거한 후 얻어진 A의 $(n-1)$ 부분정방행렬이라 하자. 행렬식 $|M_{ij}|$를 A의 성분 a_{ij}의 **마이너**(minor)라 하고, 마이너에 부호를 붙인 것을 a_{ij}의 **여인수**(cofactor)라 하며 A_{ij}로 표시한다.

$$A_{ij}=(-1)^{i+j}|M_{ij}|$$

마이너와 같이 나오는 부호 $(-1)^{i+j}$는 주대각선에 $+$를 갖는 체스판 형태를 형성한다.

$$\begin{bmatrix} + & - & + & \cdots \\ - & + & - & \cdots \\ + & - & + & \cdots \\ \vdots & \vdots & \vdots & \vdots \end{bmatrix}$$

여기서 M_{ij}는 행렬이고 A_{ij}는 스칼라임을 명심하자.

언급 || 여인수 A_{ij}의 부호 $(-1)^{i+j}$는 종종 체스판 형태로부터 얻어진다. 특히 $+$로 시작하여 부호가 교대로 나온다. 즉

$$+,\ -,\ +,\ -,\ \cdots$$

보기 7.8 행렬 $A=\begin{bmatrix} 1 & 2 & 3 \\ 4 & 5 & 6 \\ 7 & 8 & 9 \end{bmatrix}$라 하자. 다음의 마이너와 여인수를 찾아라.

(1) $|M_{23}|$, A_{23}　　　　(2) $|M_{31}|$, A_{31}

풀이 (1) $|M_{23}|=\begin{vmatrix} 1 & 2 & 3 \\ 4 & 5 & 6 \\ 7 & 8 & 9 \end{vmatrix}=\begin{vmatrix} 1 & 2 \\ 7 & 8 \end{vmatrix}=8-14=-6$

$A_{23}=(-1)^{2+3}|M_{23}|=-(-6)=6$

(2) $|M_{31}|=\begin{vmatrix} 1 & 2 & 3 \\ 4 & 5 & 6 \\ 7 & 8 & 9 \end{vmatrix}=\begin{vmatrix} 2 & 3 \\ 5 & 6 \end{vmatrix}=12-15=-3$

$A_{31}=(-1)^{1+3}|M_{31}|=(-3)=-3$ ■

라플라스 전개

정리 7.8 **(라플라스)** 행렬 $A=[a_{ij}]$를 정방행렬이라 하자. A의 행렬식은 임의의 행(열)의 원소를 그들의 여인수와 곱한 값들을 모두 더한 것과 같다.

$$|A|=a_{i1}A_{i1}+a_{i2}A_{i2}+\cdots+a_{in}A_{in}=\sum_{j=1}^{n}a_{ij}A_{ij},$$

$$|A|=a_{1j}A_{1j}+a_{2j}A_{2j}+\cdots+a_{nj}A_{nj}=\sum_{i=1}^{n}a_{ij}A_{ij}.$$

언급 ‖ 위의 전개를 행렬식을 위한 i째 행, j째 열에 의한 **라플라스 전개**(Laplace Expansion) 또는 여인수 전개라고 한다.

행렬식 계산

다음의 위수 n의 행렬식을 계산하는 것은 위수 $n-1$의 행렬식 계산으로 줄여주는 알고리듬이다. 정리 7.3 (3)에 의하여 이 알고리듬은 증명 없이 쉽게 이해할 수 있다.

알고리듬 7.1

(Reduction of the order of a determinant) 입력은 n 정방행렬 $A=[a_{ij}]$, $n>1$이다.

Step 1. $a_{ij}=1$인 원소를 택한다. 없으면 $a_{ij}\neq 0$를 택한다.

Step 2. a_{ij}를 피벗(pivot)으로 사용하여 a_{ij}를 포함한 행(열)의 다른 모든 성분들을 0으로 바꿀 수 있도록 교체 기본연산(replace elementary operations)을 취한다.

Step 3. a_{ij}를 포함하는 열(행)을 따라 행렬식을 전개한다.

언급 ‖ 1. 위의 알고리듬은 4 이상의 위수의 행렬식 계산에 쓰인다.

2. 주대각성분의 곱이 행렬식이 되도록 가우스 소거법이나 위의 알고리듬 7.1을 반복 사용하여 행렬 A를 상삼각행렬을 만들도록 행들을 교환한다. 단 행들을 교환할 때 그 횟수를 정확히 알고 있어야 한다.

보기 7.9 알고리듬 7.1을 사용하여 행렬 $A=\begin{bmatrix} 5 & 4 & 2 & 1 \\ 2 & 3 & 1 & -2 \\ -5 & -7 & -3 & 9 \\ 1 & -2 & -1 & 4 \end{bmatrix}$의 행렬식을 구하라.

풀이 $a_{23}=1$을 피벗으로 사용하여 셋째 열을 0으로 바꾼다. 즉 정리 7.3 (3)의 연산을 반복 사용하면 행렬식은 변하지 않는다. 그러므로

$$|A| = \begin{vmatrix} 5 & 4 & 2 & 1 \\ 2 & 3 & 1 & -2 \\ -5 & -7 & -3 & 9 \\ 1 & -2 & -1 & 4 \end{vmatrix} = \begin{vmatrix} 1 & -2 & 0 & 5 \\ 2 & 3 & 1 & -2 \\ 1 & 2 & 0 & 3 \\ 3 & 1 & 0 & 2 \end{vmatrix}$$

이다. 이제 셋째 열을 따라 행렬식을 전개한다. 그러면 0을 가진 항들은 모두 사라진다.

$$|A| = \begin{vmatrix} 5 & 4 & 2 & 1 \\ 2 & 3 & 1 & -2 \\ -5 & -7 & -3 & 9 \\ 1 & -2 & -1 & 4 \end{vmatrix} = (-1)^{2+3}\begin{vmatrix} 1 & -2 & 5 \\ 1 & 2 & 3 \\ 3 & 1 & 2 \end{vmatrix}$$

$$=-(4-18+5-30-3+4)=-(-38)=38.$$ ■

유제 7.5 다음 행렬의 행렬식을 계산하라.

(1) $A=\begin{bmatrix} 2 & 5 & -3 & -2 \\ -2 & -3 & 2 & -5 \\ 1 & 3 & -2 & 2 \\ -1 & -6 & 4 & 3 \end{bmatrix}$ (2) $B=\begin{bmatrix} 6 & 2 & 1 & 0 & 5 \\ 2 & 1 & 1 & -2 & 1 \\ 1 & 1 & 2 & -2 & 3 \\ 3 & 0 & 2 & 3 & -1 \\ -1 & -1 & -3 & 4 & 2 \end{bmatrix}$

풀이 (1) $|A| = \begin{vmatrix} 2 & 5 & -3 & -2 \\ -2 & -3 & 2 & -5 \\ 1 & 3 & -2 & 2 \\ -1 & -6 & 4 & 3 \end{vmatrix} = \begin{vmatrix} 0 & -1 & 1 & -6 \\ 0 & 3 & -2 & -1 \\ 1 & 3 & -2 & 2 \\ 0 & -3 & 2 & 5 \end{vmatrix} = \begin{vmatrix} -1 & 1 & -6 \\ 3 & -2 & -1 \\ -3 & 2 & 5 \end{vmatrix}$

$$=10+3-36+36-2-15=-4$$

(2) $|B| = \begin{vmatrix} 6 & 2 & 1 & 0 & 5 \\ 2 & 1 & 1 & -2 & 1 \\ 1 & 1 & 2 & -2 & 3 \\ 3 & 0 & 2 & 3 & -1 \\ -1 & -1 & -3 & 4 & 2 \end{vmatrix} = \begin{vmatrix} 2 & 0 & -1 & 4 & 3 \\ 2 & 1 & 1 & -2 & 1 \\ -1 & 0 & 1 & 0 & 2 \\ 3 & 0 & 2 & 3 & -1 \\ 1 & 0 & -2 & 2 & 3 \end{vmatrix}$

$$= \begin{vmatrix} 2 & -1 & 4 & 3 \\ -1 & 1 & 0 & 2 \\ 3 & 2 & 3 & -1 \\ 1 & -2 & 2 & 3 \end{vmatrix} = \begin{vmatrix} 1 & 1 & 4 & 5 \\ 0 & 1 & 0 & 0 \\ 5 & 2 & 3 & -5 \\ -1 & -2 & 2 & 7 \end{vmatrix} = \begin{vmatrix} 1 & 4 & 5 \\ 5 & 3 & -5 \\ -1 & 2 & 7 \end{vmatrix}$$

$$=21+20+50+15+10-140=-24.$$ ■

고전적 수반행렬

행렬 $A=[a_{ij}]$를 정방행렬이라 하고 A_{ij}를 a_{ij}의 여인수라고 하자. A의 **고전적 수반행렬**(adjoint matrix)은 A의 여인수 행렬의 전치행렬로 adj A라고 표시한다. 즉

$$\text{adj } A=[A_{ij}]^T$$

이다. adjoint라는 단어는 현재 완전히 다른 뜻으로 쓰이기 때문에 고전적 수반행렬이라고 부른다.

보기 7.10 행렬 $A=\begin{bmatrix} 2 & 3 & -4 \\ 0 & -4 & 2 \\ 1 & -1 & 5 \end{bmatrix}$라 하자. A의 9개 원소의 여인수는 다음과 같다.

$$A_{11}=+\begin{vmatrix} -4 & 2 \\ -1 & 5 \end{vmatrix}=-18,\ A_{12}=-\begin{vmatrix} 0 & 2 \\ 1 & 5 \end{vmatrix}=2,\ A_{12}=+\begin{vmatrix} 0 & -4 \\ 1 & -1 \end{vmatrix}=4,$$

$$A_{21}=-\begin{vmatrix} 3 & -4 \\ -1 & 5 \end{vmatrix}=-11,\ A_{22}=+\begin{vmatrix} 2 & -4 \\ 1 & 5 \end{vmatrix}=14,\ A_{23}=-\begin{vmatrix} 2 & 3 \\ 1 & -1 \end{vmatrix}=5,$$

$$A_{31}=+\begin{vmatrix} 3 & -4 \\ -4 & 2 \end{vmatrix}=-10,\ A_{32}=-\begin{vmatrix} 2 & -4 \\ 0 & 2 \end{vmatrix}=-4,\ A_{33}=+\begin{vmatrix} 2 & 3 \\ 0 & -4 \end{vmatrix}=-8.$$

이 여인수들의 전치행렬로 고전적 수반행렬을 만든다. 즉

$$\text{adj } A=\begin{bmatrix} -18 & -11 & -10 \\ 2 & 14 & -4 \\ 4 & 5 & -8 \end{bmatrix}$$

이다. ■

이제 역행렬을 구하는 또 다른 방법을 소개할 수 있다.

정리 7.9 행렬 A를 정방행렬이라 하자. 그러면

$$A(\text{adj } A)=(\text{adj } A)A=|A|I$$

이다. 여기서 I는 단위행렬이다. 그러므로 $|A|\neq 0$이면

$$A^{-1}=\frac{1}{|A|}(\text{adj } A)$$

이다.

증명 $A=[a_{ij}]$이고 $A(\text{adj } A)=[b_{ij}]$라 하자. A의 i째 행은

$$(a_{i1},\ a_{i2},\ \ldots,\ a_{in}) \qquad \cdots (1)$$

이다. adj A는 여인수 행렬의 전치행렬이므로 adj A의 j째 열은 A의 j째 행의

여인수의 전치행렬이다. 즉

$$(A_{j1},\ A_{j2},\ \dots,\ A_{jn})^T \qquad \cdots (2)$$

이다. $A\,(\mathrm{adj}\,A)=[b_{ij}]$의 ij 성분 b_{ij}는 (1)과 (2)를 곱하여 얻어진다.

$$b_{ij}=a_{i1}A_{j1}+a_{i2}A_{j2}+\cdots+a_{in}A_{jn}$$

정리 7.8과 유제 7.6에 의해

$$b_{ij}=\begin{cases}|A|, & i=j\\ 0, & i\neq j\end{cases}$$

이다. 따라서 $A\,(\mathrm{adj}\,A)$는 $|A|$를 대각성분으로 갖는 대각행렬이다. 다른 말로 $A\,(\mathrm{adj}\,A)=|A|I$ 이다. 비슷하게 $(\mathrm{adj}\ A)A=|A|I$ 이다. ■

유제 7.6 $A=[a_{ij}]$이고 행렬 A의 i째 행을 행벡터 $(b_{i1},\ \dots,\ b_{in})$으로 교환하여 얻은 행렬을 B라 하자.

$$|B|=b_{i1}A_{i1}+b_{i2}A_{i2}+\cdots+b_{in}A_{in}$$

임을 보이고 $j\neq i$에 대하여

$$a_{j1}A_{i1}+a_{j2}A_{i2}+\cdots+a_{jn}A_{in}=0$$

이고

$$a_{1j}A_{1i}+a_{2j}A_{2i}+\cdots+a_{nj}A_{in}=0$$

임을 보여라.

풀이 $B=[b_{ij}]$라 하자. 정리 7.8에 의하여

$$|B|=b_{i1}B_{i1}+b_{i2}B_{i2}+\cdots+b_{in}B_{in}$$

이다. B_{ij}는 B의 i째 행에 의해 변하지 않으므로 $B_{ij}=A_{ij}\,(j=1,\dots,n)$ 이다. 그러므로

$$|B|=b_{i1}A_{i1}+b_{i2}A_{i2}+\cdots+b_{in}A_{in}$$

이다. 이제 A'을 A의 j째 행을 A의 i째 행으로 바꾸어서 얻은 행렬이라 하자. A'은 2개의 동일한 행을 가지므로 $|A'|=0$이다. 따라서 위의 결과에 의하여

$$|A'|=a_{j1}A_{i1}+a_{j2}A_{i2}+\cdots+a_{jn}A_{in}=0$$

이다. $|A^T|=|A|$이므로 $a_{1j}A_{1i}+a_{2j}A_{2i}+\cdots+a_{nj}A_{in}=0$이다. ■

보기 7.11 행렬 $A=\begin{bmatrix}2 & 3 & -4\\ 0 & -4 & 2\\ 1 & -1 & 5\end{bmatrix}$라 하자.

$$\det(A) = -40 + 6 - 16 + 4 + 0 = -46$$

이므로 A는 역행렬을 갖고 정리 7.9에 의하여

$$A^{-1} = \frac{1}{|A|}(\text{adj}\, A) = -\frac{1}{46}\begin{bmatrix} -18 & -11 & -10 \\ 2 & 14 & -4 \\ 4 & 5 & -8 \end{bmatrix}$$

이다. ■

유제 7.7 $B = \begin{bmatrix} 1 & 1 & 1 \\ 2 & 4 & 4 \\ 1 & 5 & 9 \end{bmatrix}$라 할 때 다음을 구하라.

(1) $|B|$ (2) $\text{adj}\, B$

(3) B^{-1}(도움말: $\text{adj}\, B$를 이용하여라.)

풀이 (1) $|B| = 8$

(2) $$\text{adj}\, B = \begin{bmatrix} \begin{vmatrix} 4 & 4 \\ 5 & 9 \end{vmatrix} & -\begin{vmatrix} 1 & 1 \\ 5 & 9 \end{vmatrix} & \begin{vmatrix} 1 & 1 \\ 4 & 4 \end{vmatrix} \\ -\begin{vmatrix} 2 & 4 \\ 1 & 9 \end{vmatrix} & \begin{vmatrix} 1 & 1 \\ 1 & 9 \end{vmatrix} & -\begin{vmatrix} 1 & 1 \\ 2 & 4 \end{vmatrix} \\ \begin{vmatrix} 2 & 4 \\ 1 & 5 \end{vmatrix} & -\begin{vmatrix} 1 & 1 \\ 1 & 5 \end{vmatrix} & \begin{vmatrix} 1 & 1 \\ 2 & 4 \end{vmatrix} \end{bmatrix} = \begin{bmatrix} 16 & -4 & 0 \\ -14 & 8 & -2 \\ 6 & -4 & 2 \end{bmatrix}$$

(3) $$B^{-1} = \frac{1}{|B|}(\text{adj}\, B) = \frac{1}{8}\begin{bmatrix} 16 & -4 & 0 \\ -14 & 8 & -2 \\ 6 & -4 & 2 \end{bmatrix}.$$ ■

크래머 법칙

n개의 미지수와 n개의 일차방정식을 가진 $AX = B$를 생각하자. $A = [a_{ij}]$는 n 정방계수행렬이고 $B = [b_i]$는 상수들의 열벡터이다. A_i를 A의 i째 열을 열벡터 B로 치환하여 얻어진 행렬이라 하자. 더 나아가

$$D = \det(A),\ N_1 = \det(A_1),\ N_2 = \det(A_2),\ \ldots,\ N_n = \det(A_n)$$

이라고 하자. 행렬식과 $AX = B$와의 근본적인 관계는 다음과 같다.

정리 7.10 $Ax = B$가 한 개의 해를 가질 필요충분조건은 $D \neq 0$이다. 이 경우 그 유일한 해는 다음과 같다.

$$x_1 = \frac{N_1}{D},\ x_2 = \frac{N_2}{D},\ \ldots,\ x_n = \frac{N_n}{D}$$

증명 정리 7.9에 의해 $A^{-1} = (1/D)(\text{adj}\,A)$이다. A^{-1}를 $Ax = B$의 양변에 곱하면

$$x = A^{-1}Ax = (1/D)(\text{adj}\,A)B \qquad \cdots (3)$$

가 된다. $(1/D)(\text{adj}\,A)$의 i째 행은 $(1/D)(A_{1i}, A_{2i}, \ldots, A_{ni})$이다. 만약 $B = (b_1, b_2, \ldots, b_n)^T$이면 식 (3)에 의해

$$x_i = (1/D)(b_1A_{1i} + b_2A_{2i} + \cdots + b_nA_{ni})$$

이다. 그런데 유제 7.6에 의해 $b_1A_{1i} + b_2A_{2i} + \cdots + b_nA_{ni} = N_i$이다. 따라서 $x_i = (1/D)N_i$이다. 여기서 A_{ij}와 A_i를 구별하자. ■

위의 정리를 선형 연립방정식을 푸는 **크래머 법칙**(Cramer's rule)이라고 한다. 여기서 주의할 것은 선형 연립방정식이 같은 수의 미지수와 방정식을 포함하고 있어야 한다는 것이다. 만약 $D = 0$이면 해의 존재성에 대해 아무 말도 할 수 없다. 단, 선형 연립방정식이 **동차**(homogeneous)일 때는 다음의 정리가 성립한다.

정리 7.11 동차연립방정식 $Ax = 0$이 0이 아닌 해를 가질 필요충분조건은 $D = |A| = 0$이다.

보기 7.12 다음 1차 연립방정식을 행렬식을 이용하여 풀어라.

$$\begin{cases} x + y + z = 5 \\ x - 2y - 3z = -1 \\ 2x + y - z = 3 \end{cases}$$

풀이 $D = \begin{vmatrix} 1 & 1 & 1 \\ 1 & -2 & -3 \\ 2 & 1 & -1 \end{vmatrix} = 2 - 6 + 1 + 4 + 3 + 1 = 5 \neq 0$이므로 유일한 해를 갖는다.

$$N_x = \begin{vmatrix} 5 & 1 & 1 \\ -1 & -2 & -3 \\ 3 & 1 & -1 \end{vmatrix} = 20,$$

$$N_y = \begin{vmatrix} 1 & 5 & 1 \\ 1 & -1 & -3 \\ 2 & 3 & -1 \end{vmatrix} = -10,$$

$$N_z = \begin{vmatrix} 1 & 1 & 5 \\ 1 & -2 & -1 \\ 2 & 1 & 3 \end{vmatrix} = 15$$

이므로 $x = \dfrac{N_x}{D} = 4$, $y = \dfrac{N_y}{D} = -2$, $z = \dfrac{N_z}{D} = 3$, 즉 해는 $u = (4, -2, 3)$이다. ■

유제 7.8 $\begin{cases} 2x+3y-\ z = \ \ 1 \\ 3x+5y+2z = \ \ 8 \\ x-2y-3z = -1 \end{cases}$ 을 행렬식을 사용하여 풀어라.

풀이 $D = \begin{vmatrix} 2 & 3 & -1 \\ 3 & 5 & 2 \\ 1 & -2 & -3 \end{vmatrix} = -30+6+6+5+8+27 = 22$

$$N_x = \begin{vmatrix} 1 & 3 & -1 \\ 8 & 5 & 2 \\ -1 & -2 & -1 \end{vmatrix} = 66,$$

$$N_y = \begin{vmatrix} 2 & 1 & -1 \\ 3 & 8 & 2 \\ 1 & -1 & -3 \end{vmatrix} = -22,$$

$$N_z = \begin{vmatrix} 2 & 3 & 1 \\ 3 & 5 & 8 \\ 1 & -2 & -1 \end{vmatrix} = 44$$

이므로 $x = \dfrac{N_x}{D} = \dfrac{66}{22} = 3$, $y = \dfrac{N_y}{D} = \dfrac{-22}{22} = -1$, $z = \dfrac{N_z}{D} = \dfrac{44}{22} = 2$이다.

따라서 $(x, y, z) = (3, -1, 2)$이다.

■

7.4 블록행렬과 행렬식

정리 7.12 M을 대각블록 $A_1, A_2, \ldots, A_n$을 가진 상(하)삼각블록행렬이라 하자. 그러면

$$\det(M) = \det(A_1)\det(A_2)\cdots\det(A_n)$$

이다.

증명 $n=2$일 때만 증명하자(귀납법에 의해 쉽게 일반적인 증명이 가능하다). $A=[a_{ij}]$가 r 정방행렬, $B=[b_{ij}]$가 s 정방행렬, $M=[m_{ij}]$가 n 정방행렬이라 하자. $n=r+s$이다. 정의에 의해

$$\det(M) = \sum_{\sigma \in S_n} (\operatorname{sgn}\sigma) m_{1\sigma(1)} m_{2\sigma(2)} \cdots m_{n\sigma(n)}$$

이다. 만약 $i > r$이고 $j \le r$이면 $m_{ij} = 0$이다. 그러므로

$$\sigma\{r+1, r+2, \ldots, r+s\} = \{r+1, r+2, \ldots, r+s\}$$
$$\sigma\{1, 2, \ldots, r\} = \{1, 2, \ldots, r\}$$

과 같은 순열 σ만 살펴보면 된다. $k \le r$에 대하여 $\sigma_1(k) = \sigma(k)$라 하고 $k \le s$

에 대하여 $\sigma_2(k)=\sigma(r+k)-r$이라 하자. 그러면

$$
\begin{aligned}
&(\operatorname{sgn}\sigma)m_{1\sigma(1)}m_{2\sigma(2)}\cdots m_{n\sigma(n)}\\
&\quad=(\operatorname{sgn}\sigma_1)a_{1\sigma_1(1)}a_{2\sigma_1(2)}\cdots a_{r\sigma_1(r)}(\operatorname{sgn}\sigma_2)b_{1\sigma_2(1)}b_{2\sigma_2(2)}\cdots b_{s\sigma_2(s)}
\end{aligned}
$$

이고 이것은 $\det(M)=\det(A)\det(B)$임을 뜻한다. ■

보기 7.14 행렬 $M=\begin{bmatrix} 2 & 3 & 4 & 7 & 8\\ -1 & 5 & 3 & 2 & 1\\ 0 & 0 & 2 & 1 & 5\\ 0 & 0 & 3 & -1 & 4\\ 0 & 0 & 5 & 2 & 6\end{bmatrix}$식 $|M|$을 찾아라.

풀이 M은 상삼각블록행렬이다. 각각의 대각블록의 행렬식을 계산하자.

$$\begin{vmatrix} 2 & 3\\ -1 & 5\end{vmatrix}=10+3=13,$$

$$\begin{vmatrix} 2 & 1 & 5\\ 3 & -1 & 4\\ 5 & 2 & 6\end{vmatrix}=-12+20+30+25-16-18=29,$$

$$|M|=13(29)=377.$$ ■

언급 ‖ $M=\begin{bmatrix} A & B\\ C & D\end{bmatrix}$에서 A, B, C, D가 모두 정방행렬이라 하자. 그러면 다음은 일반적으로 사실이 아니다.

$$|M|=|A||D|-|B||C|$$

유제 7.9 $A=\begin{bmatrix} 3 & 4 & 0 & 0 & 0\\ 2 & 5 & 0 & 0 & 0\\ 0 & 9 & 2 & 0 & 0\\ 0 & 5 & 0 & 6 & 7\\ 0 & 0 & 4 & 3 & 4\end{bmatrix}=\left[\begin{array}{cc|c|cc} 3 & 4 & 0 & 0 & 0\\ 2 & 5 & 0 & 0 & 0\\ \hline 0 & 9 & 2 & 0 & 0\\ \hline 0 & 5 & 0 & 6 & 7\\ 0 & 0 & 4 & 3 & 4\end{array}\right]$의 행렬식을 구하라.

풀이 A는 하삼각블록행렬이므로 대각블록의 행렬식을 구하면 된다.

$$\begin{vmatrix} 3 & 4\\ 2 & 5\end{vmatrix}=15-8=7,\ |2|=2,\ \begin{vmatrix} 6 & 7\\ 3 & 4\end{vmatrix}=24-21=3$$

이므로 $|A|=7(2)(3)=42$이다. ■

7장 연습문제

1. 다음 행렬의 행렬식을 계산하라.

(1) $\begin{bmatrix} 2 & 1 & 1 \\ 0 & 5 & -2 \\ 1 & -3 & 4 \end{bmatrix}$　　(2) $\begin{bmatrix} 3 & -2 & -4 \\ 2 & 5 & -1 \\ 0 & 6 & 1 \end{bmatrix}$　　(3) $\begin{bmatrix} -2 & -1 & 4 \\ 6 & -3 & -2 \\ 4 & 1 & 2 \end{bmatrix}$

2. 다음을 계산하라.

(1) $\begin{vmatrix} 1 & 2 & -1 & 3 & 1 \\ 2 & -1 & 1 & -2 & 3 \\ 3 & 1 & 0 & 2 & -1 \\ 5 & 1 & 2 & -3 & 4 \\ -2 & 3 & -1 & 1 & -2 \end{vmatrix}$　　(2) $\begin{vmatrix} 1 & 3 & 5 & 7 & 9 \\ 2 & 4 & 2 & 4 & 2 \\ 0 & 0 & 1 & 2 & 3 \\ 0 & 0 & 5 & 6 & 2 \\ 0 & 0 & 2 & 3 & 1 \end{vmatrix}$

(3) $\begin{vmatrix} 1 & 2 & 3 & 0 & 2 \\ 5 & 2 & 3 & 2 & 1 \\ 0 & 0 & 5 & 2 & 3 \\ 0 & 0 & 0 & 1 & 2 \\ 0 & 0 & 0 & 8 & 6 \end{vmatrix}$

3. 다음 행렬의 $|A|$, $\mathrm{adj}\,A$를 이용하여 A^{-1}를 구하라.

(1) $A = \begin{bmatrix} 1 & 1 & 0 \\ 1 & 1 & 1 \\ 0 & 2 & 1 \end{bmatrix}$　　(2) $A = \begin{bmatrix} 1 & 2 & 2 \\ 3 & 1 & 0 \\ 1 & 1 & 1 \end{bmatrix}$

4. $\begin{cases} 2x - 5y + 2z = 2 \\ x + 2y - 4z = 5 \\ 3x - 4y - 6z = 1 \end{cases}$을 행렬식을 사용하여 풀어라.

5. $\begin{cases} 2z + 3 = y + 3z \\ x - 3z = 2y + 1 \\ 3y + z = 2 - 2x \end{cases}$를 행렬식을 사용하여 풀어라.

6. A가 직교행렬이라 하자. 즉 $A^TA = I$이다. $\det(A) = \pm 1$임을 증명하라.

7. $\begin{cases} 2x - 3y = 7 \\ 3x + 5y = 1 \end{cases}$를 행렬식을 사용하여 풀어라.

8. $\sigma = 35142 \in S_5$의 부호를 구하라.

9. S_5에서 $\sigma = 24513$, $\tau = 41352$일 때 $\tau \circ \sigma$를 구하라.

10. 문제 9에서 $\sigma \circ \tau$를 구하라.

11. $A = \begin{bmatrix} 2 & 3 & 4 \\ 5 & 6 & 7 \\ 8 & 9 & 1 \end{bmatrix}$라 할 때 다음 방법으로 행렬식 값을 구하라.

(1) 두 번째 행의 성분을 계수로 사용하여 위수 2의 행렬식의 선형결합으로 행렬식 값을 구하라.

(2) 세 번째 열을 성분을 계수로 사용하여 위수 2의 행렬식의 선형결합으로 행렬식 값을 구하라.

12. $B = \begin{bmatrix} 2 & 1 & -3 & 4 \\ 5 & -4 & 7 & -2 \\ 4 & 0 & 6 & -3 \\ 3 & -2 & 5 & 2 \end{bmatrix}$일 때 여인수(cofactor) B_{44}를 구하라.

13. $A = \begin{bmatrix} 2 & 3 & 4 \\ 5 & 6 & 7 \\ 8 & 9 & 1 \end{bmatrix}$일 때 고전적수반행렬을 사용하여 A^{-1}를 구하라.

14. $A = \begin{bmatrix} 1 & 2 & 3 \\ 2 & 3 & 4 \\ 1 & 5 & 7 \end{bmatrix}$일 때 다음을 구하라.

(1) $\det A$를 구하라.

(2) adjA를 구하라.

(3) $A(\mathrm{adjA}) = |A|I$

(4) A^{-1}을 구하라.

15. $M = \begin{bmatrix} 2 & 3 & 4 & 7 & 8 \\ -1 & 5 & 3 & 2 & 1 \\ 0 & 0 & 2 & 1 & 5 \\ 0 & 0 & 3 & -1 & 4 \\ 0 & 0 & 5 & 2 & 6 \end{bmatrix}$을 상삼각블록행렬이다. 행렬식을 구하라.

16. $M = \begin{bmatrix} 3 & 4 & 0 & 0 & 0 \\ 2 & 5 & 0 & 0 & 0 \\ 0 & 9 & 2 & 0 & 0 \\ 0 & 5 & 0 & 6 & 7 \\ 0 & 0 & 4 & 3 & 4 \end{bmatrix}$의 행렬식을 구하라.

8장

고윳값과 고유벡터

유한차원 벡터 공간 V에 대하여 선형연산(linear operator) $T : V \to V$가 주어져 있다고 하자. 만약 V의 한 기저가 존재하여 이 기저에 대한 T의 행렬 표현이 대각행렬 D가 될 때 이 선형연산 T가 대각화 가능하다고 한다. 이 장은 선형연산 T가 어떤 조건하에서 대각화 가능한지에 대하여 논한다. 사실 위의 두 관점은 기본적으로 동치이다. 특히 정방행렬 $A = [a_{ij}]$는

$$F(x) = Ax$$

와 같이 정의된 선형연산 F와 같이 볼 수 있다. 여기서 x는 열벡터이고 $B = P^{-1}AP$는 새로운 기저 S에 관한 F의 한 행렬 표현이며 P의 열들은 S의 원소들이다. 반면 임의의 선형연산 T는 한 기저에 관해 행렬 A로 나타내어지고 또 다른 기저를 택하면 이 기저에 대하여

$$B = P^{-1}AP$$

라고 나타내어진다. 즉 P는 기저변환행렬(change-of-basis matrix)이다.

8.1 특성다항식, 케일리 해밀턴 정리

실수 $\mathbb{R}$ 위의 다항식 $f(t) = a_n t^n + \cdots + a_1 t + a_0$를 보자. A를 임의의 정방행렬이라 할 때

$$f(A) = a_n A^n + \cdots + a_1 A + a_0 I$$

라고 하자. 여기서 I는 단위행렬이다. 특히 $f(A) = \mathbf{0}$(영행렬)일 때 A를 다항식 $f(t)$의 **근**이라 한다.

보기 8.1 $A = \begin{bmatrix} 1 & 2 \\ 3 & 4 \end{bmatrix}$라 하자. 그러면 $A^2 = \begin{bmatrix} 7 & 10 \\ 15 & 22 \end{bmatrix}$이다.

$$f(t) = 2t^2 - 3t + 5 \text{이고 } g(t) = t^2 - 5t - 2$$

라 하자. 그러면

$$\begin{aligned} f(A) &= 2A^2 - 3A + 5I \\ &= \begin{bmatrix} 14 & 20 \\ 30 & 44 \end{bmatrix} + \begin{bmatrix} -3 & -6 \\ -9 & -12 \end{bmatrix} + \begin{bmatrix} 5 & 0 \\ 0 & 5 \end{bmatrix} = \begin{bmatrix} 16 & 14 \\ 21 & 37 \end{bmatrix} \end{aligned}$$

이고

$$g(A) = A^2 - 5A - 2I$$

$$= \begin{bmatrix} 7 & 10 \\ 15 & -22 \end{bmatrix} + \begin{bmatrix} -5 & -10 \\ -15 & -20 \end{bmatrix} + \begin{bmatrix} -2 & 0 \\ 0 & -2 \end{bmatrix} = \begin{bmatrix} 0 & 0 \\ 0 & 0 \end{bmatrix}$$

이므로 A는 $g(t)$의 근이다. ■

정리 8.1 f와 g를 다항식이라 하자. 임의의 행렬 A와 스칼라 k에 대하여 다음이 성립한다.

(i) $(f+g)(A) = f(A) + g(A)$ (ii) $(fg)(A) = f(A)g(A)$

(iii) $(kf)(A) = kf(A)$ (iv) $f(A)g(A) = g(A)f(A)$

(iv)에서 보다시피 임의의 2개의 함수들이 행렬 A를 입력으로 했을 때 교환법칙이 성립함을 알 수 있다.

행렬과 선형연산(linear operator) 관점

이제 $T : V \to V$를 벡터 공간 V에서의 선형연산이라 하자. T의 거듭제곱은 다음과 같이 연산의 합성으로 정의된다.

$$T^2 = T \circ T,\ T^3 = T \circ T \circ T,\ \ldots$$

또한 임의의 다항식 $f(t) = a_n t^n + \cdots + a_1 t + a_0$에 대하여 $f(T)$를 행렬에서와 같이 정의한다. 즉

$$f(T) = a_n T^n + \cdots + a_1 T + a_0 I.$$

여기서 I는 항등연산을 나타낸다. 또한 $f(T) = 0$을 만족시키는 연산 T를 f의 영(zero) 또는 근(root)이라 한다. 위의 정리 8.1도 선형연산을 입력으로 했을 때 똑같이 성립한다.

언급 ‖ A가 선형연산 T의 행렬 표현이라 하자. 그러면 $f(A)$는 $f(T)$의 행렬 표현이다. 특히 $f(T) = 0$일 필요충분조건은 $f(A) = 0$이다.

특성다항식

$A = [a_{ij}]$를 n 정방행렬이라 하자. I_n이 단위행렬이고 t가 미지수일 때 행렬 $M = A - tI_n$은 A의 대각성분에서 t를 빼서 얻어진 행렬이다. $-M$은 $tI_n - A$이고 그

행렬식은

$$\Delta(t) = \det(tI_n - A) = (-1)^n \det(A - tI_n)$$

이다. 이 식은 차수 n의 t에 관한 다항식이고 A의 **특성다항식**(characteristic polynomial)이라고 부른다.

보기 8.2 차수 2와 3의 특성다항식들

(1) $A = \begin{bmatrix} a_{11} & a_{12} \\ a_{21} & a_{22} \end{bmatrix}$라고 하자. 그러면

$$\Delta(t) = \begin{vmatrix} t - a_{11} & -a_{12} \\ -a_{21} & t - a_{22} \end{vmatrix} = (t - a_{11})(t - a_{22}) - a_{12}a_{21}$$

$$= t^2 - (a_{11} + a_{22})t + \det(A) = t^2 - tr(A)t + \det(A)$$

이다. 여기서 $tr(A)$는 A의 트레이스이다. 즉 A의 대각성분의 합이다.

(2) $A = \begin{bmatrix} a_{11} & a_{12} & a_{13} \\ a_{21} & a_{22} & a_{23} \\ a_{31} & a_{32} & a_{33} \end{bmatrix}$이라고 하자. 그러면

$$\Delta(t) = \begin{vmatrix} t - a_{11} & -a_{12} & -a_{13} \\ -a_{21} & t - a_{22} & -a_{23} \\ -a_{31} & -a_{32} & t - a_{33} \end{vmatrix}$$

$$= (t - a_{11})(t - a_{22})(t - a_{33}) - a_{12}a_{23}a_{31} - a_{21}a_{32}a_{13}$$
$$- a_{13}a_{31}(t - a_{22}) - a_{23}a_{32}(t - a_{11}) - a_{12}a_{21}(t - a_{33})$$

$$= t^3 - (a_{11} + a_{22} + a_{33})t^2 + a_{11}a_{22}t + a_{22}a_{33}t + a_{11}a_{33}t - a_{11}a_{22}a_{33}$$
$$- a_{13}a_{31}t - a_{23}a_{32}t - a_{12}a_{21}t + a_{13}a_{31}a_{22} + a_{23}a_{32}a_{11} + a_{12}a_{21}a_{33}$$
$$- a_{12}a_{23}a_{31} - a_{21}a_{32}a_{13}$$

$$= t^3 - tr(A)t^2 + \left(\begin{vmatrix} a_{22} & a_{23} \\ a_{32} & a_{33} \end{vmatrix} + \begin{vmatrix} a_{11} & a_{13} \\ a_{31} & a_{33} \end{vmatrix} + \begin{vmatrix} a_{11} & a_{12} \\ a_{21} & a_{22} \end{vmatrix} \right) t - \det(A)$$

$$= t^3 - tr(A)t^2 + (A_{11} + A_{22} + A_{33})t - \det(A)$$

이다. 여기서 A_{11}, A_{22}, A_{33}은 a_{11}, a_{22}, a_{33}의 여인수들이다.

보기 8.3 다음 각 행렬의 특성다항식을 찾아라.

(1) $A = \begin{bmatrix} 3 & 3 \\ 1 & 6 \end{bmatrix}$ (2) $B = \begin{bmatrix} 5 & -1 \\ 6 & 2 \end{bmatrix}$ (3) $C = \begin{bmatrix} 3 & -2 \\ 2 & -4 \end{bmatrix}$

풀이 (1) $tr(A) = 3 + 6 = 9$, $|A| = 18 - 3 = 15$이므로 $\Delta(t) = t^2 - 9t + 15$이다.

(2) $tr(B)=5+2=7$, $|B|=10+6=16$이므로 $\Delta(t)=t^2-7t+16$이다.

(3) $tr(C)=3-4=-1$, $|C|=-12+4=-8$이므로 $\Delta(t)=t^2+t-8$이다.

■

다음은 MATLAB을 사용하여 계산한 것이다. 여기서 syms x는 x를 문자 처리한다는 뜻이다. 위의 보기에서는 t를 썼는데 MATLAB 예제에서는 x를 대신 사용하였다. syms는 symbol의 약자를 사용한 명령이다. charpoly(A, x)는 행렬 A의 특성다항식을 구하여 준다.

```
>> syms x
A = sym([3 3 ; 1  6 ]);
charpoly(A, x)

ans =

x^2 - 9*x + 15

>>  B = sym([ 5 -1 ; 6  2 ]);
charpoly(B, x)

ans =

x^2 - 7*x + 16

>> C = sym([ 3 -2 ; 2  -4 ]);
charpoly(C, x)

ans =

x^2 + x - 8
```

보기8.4 $A=\begin{bmatrix}1&1&2\\0&3&2\\1&3&9\end{bmatrix}$의 특성다항식을 찾아라.

풀이 $tr(A)=1+3+9=13$이고 대각성분의 여인수들은 다음과 같다.

$$A_{11}=\begin{vmatrix}3&2\\3&9\end{vmatrix}=21,\ A_{22}=\begin{vmatrix}1&2\\1&9\end{vmatrix}=7,\ A_{33}=\begin{vmatrix}1&1\\0&3\end{vmatrix}=3$$

그러므로 $A_{11}+A_{22}+A_{33}=31$이고 $|A|=27+2+0-6-6-0=17$이다.

따라서 $\Delta(t)=t^3-13t^2+31t-17$이다. ■

다음에서 문자로 t를 사용했다.

```
>> syms t
A = sym([1 1 2  ; 0  3 2 ; 1 3 9]);
charpoly(A, t)



ans =

t^3 - 13*t^2 + 31*t - 17
```

유제 8.1 다음 각 행렬의 특성다항식 $\Delta(t)$를 구하라.

(1) $A=\begin{bmatrix}2 & 5\\4 & 1\end{bmatrix}$ (2) $B=\begin{bmatrix}7 & -3\\5 & -2\end{bmatrix}$ (3) $C=\begin{bmatrix}3 & -2\\9 & -3\end{bmatrix}$

2×2 행렬을 위한 $\Delta(t)=t^2-tr(A)t+|A|$을 이용하라.

풀이 (1) $tr(A)=2+1=3$, $|A|=2-20=-18$이므로 $\Delta(t)=t^2-3t-18$이다.

(2) $tr(B)=7-2=5$, $|B|=-14+15=1$이므로 $\Delta(t)=t^2-5t+1$이다.

(3) $tr(C)=3-3=0$, $|C|=-9+18=9$이므로 $\Delta(t)=t^2+9$이다. ■

정리 8.2 (케일리 해밀턴) 모든 행렬 A는 그 특성다항식의 근이다.

증명 A를 임의의 n 정방행렬이라 하고 $\Delta(t)$를 그 특성다항식이라 하자. 즉

$$\Delta(t)=|tI-A|=t^n+a_{n-1}t^{n-1}+\ldots+a_1t+a_0$$

이다. $B(t)$를 $tI-A$의 고전적 수반행렬이라 하자. $B(t)$의 원소들은 행렬 $tI-A$의 여인수(cofactor)들이므로 차수가 $n-1$보다 크지 않은 t에 관한 다항식이다. 그러므로

$$B(t)=B_{n-1}t^{n-1}+\cdots+B_1t+B_0$$

이라 놓을 수 있다. 여기서 B_i는 t와 독립적인 실수 위의 n정방행렬이다. 정리 7.9에 의해 $(tI-A)B(t)=|tI-A|I$ 이므로

$$(tI-A)(B_{n-1}t^{n-1}+\cdots+B_1t+B_0)=(t^n+a_{n-1}t^{n-1}+\cdots+a_1t+a_0)I$$

가로를 풀고 t의 계수들을 비교하면

$$B_{n-1} = I,\ B_{n-2} - AB_{n-1} = a_{n-1}I,\ \ldots,\ B_0 - AB_1 = a_1 I,\ -AB_0 = a_0 I$$

이다. 위의 방정식에 각각 A^n, A^{n-1}, ..., A, I를 곱해주면

$$A^n B_{n-1} = A^n I,\ A^{n-1}B_{n-2} - A^n B_{n-1} = a_{n-1}A^{n-1},\ \ldots,$$

$$AB_0 - A^2 B_1 = a_1 A,\ -AB_0 = a_0 I$$

가 된다. 위의 각 방정식을 좌우 항끼리 더해주면

$$0 = A^n + a_{n-1}A^{n-1} + \cdots + a_1 A + a_0 I$$

이다. 그러므로 $\Delta(A) = 0$이다. ■

언급 ‖ $A = [a_{ij}]$를 삼각행렬이라 하자. 그러면 $tI_n - A$는 대각성분이 $t - a_{ii}$인 삼각행렬이다. 그러므로

$$\Delta(t) = \det(tI_n - A) = (t - a_{11})(t - a_{22}) \cdots (t - a_{nn})$$

이다. 여기서 주의해서 봐야 할 것은 $\Delta(t)$의 근들이 A의 대각성분이라는 것이다.

보기 8.5 $A = \begin{bmatrix} 1 & 3 \\ 4 & 5 \end{bmatrix}$라고 하자. 이 행렬의 특성다항식은

$$\Delta(t) = |tI_n - A| = \begin{vmatrix} t-1 & -3 \\ -4 & t-5 \end{vmatrix} = (t-1)(t-5) - 12 = t^2 - 6t - 7$$

이다. 케일리 해밀턴(Cayley-Hamilton) 정리에 의하여 행렬 A는 $\Delta(t)$의 근이다. 즉

$$\begin{aligned} \Delta(t) &= A^2 - 6A - 7I \\ &= \begin{bmatrix} 13 & 18 \\ 24 & 37 \end{bmatrix} + \begin{bmatrix} -6 & -18 \\ -24 & -30 \end{bmatrix} + \begin{bmatrix} -7 & 0 \\ 0 & -7 \end{bmatrix} = \begin{bmatrix} 0 & 0 \\ 0 & 0 \end{bmatrix} \end{aligned}$$ ■

A, B를 유사행렬이라 하자. 즉 가역행렬 P가 있어 $B = P^{-1}AP$라 하자. 그러면 A와 B의 특성다항식은 일치한다. $tI = P^{-1}tIP$를 사용하여

$$\begin{aligned} \Delta_B(t) &= \det(tI - B) = \det(tI - P^{-1}AP) = \det(P^{-1}tIP - P^{-1}AP) \\ &= \det(P^{-1}(tI - A)P) = \det(P^{-1})\det(tI - A)\det(P). \end{aligned}$$

행렬식은 스칼라이고 교환법칙이 성립하므로 $\det(P^{-1})\det(P) = \det(I) = 1$이다. 따라서

$$\Delta_B(t) = \det(tI - A) = \Delta_A(t)$$

이다. 즉 우리는 다음 정리를 증명한 것이다.

정리 8.3 유사행렬은 같은 특성다항식을 가진다.

언급 || 정방행렬 A의 특성다항식의 계수들은 반복적으로 나타난다.

$$S_1 = tr(A),\ S_2 = A_{11} + A_{22} + A_{33},\ S_3 = \det(A)$$

각 S_k들은 행렬 A의 위수 k의 주요 마이너들의 합임을 주의하자(보기 8.2).

다음 정리의 증명은 이 책의 범위를 넘어서므로 생략하지만 그 결과는 일반적으로 사실이다.

정리 8.4 A를 n 정방행렬이라 하자. 특성다항식은 다음과 같이 위수 k의 주요 마이너의 합 S_k를 계수로 갖는다.

$$\Delta(t) = t^n - S_1 t^{n-1} + S_2 t^{n-2} - \cdots + (-1)^n S_n$$

이다.

선형연산의 특성다항식

$T : V \to V$를 유한 차원 벡터 공간 V 위의 선형연산이라 하자. T의 특성다항식 $\Delta(t)$를 T의 임의의 행렬 표현의 특성다항식으로 정의한다. P가 기저변환행렬일 때, T의 행렬 표현 A, B는 $B = P^{-1}AP$의 관계를 가진다. 그러므로 그들은 유사행렬이고 정리 8.3에 의해 같은 특성다항식을 가진다. 따라서 T의 특성다항식은 어떤 특별한 기저의 선택에 무관하다.

정리 8.5 **(케일리 해밀턴)** 한 선형연산 T는 그 특성다항식의 근이다.

유제 8.2 다음 각 선형연산의 특성다항식 $\Delta(t)$를 구하라.

(1) $F : \mathbb{R}^2 \to \mathbb{R}^2,\ F(x,\ y) = (3x + 5y,\ 2x - 7y)$

(2) $D : V \to V,\ D(f) = df/dt$, V는 기저 $S = \{\sin t,\ \cos t\}$를 갖는 함수공간이다.

풀이 (1) $\mathbb{R}^2$의 기본기저를 사용하여 선형연산 F를 나타내면

$A=\begin{bmatrix}3 & 5\\2 & -7\end{bmatrix}$이므로 $\Delta(t)=t^2-tr(A)t+|A|=t^2+4t-31$이다.

(2) 기저 S에 대한 미분연산 D의 행렬 표현 A는

$$D(\sin t)=\cos t=0(\sin t)+1(\cos t),$$
$$D(\cos t)=-\sin t=-1(\sin t)+0(\cos t)$$

이므로 $A=\begin{bmatrix}0 & -1\\1 & 0\end{bmatrix}$이다. 따라서 $\Delta(t)=t^2+1$이다. ■

유제 8.3 행렬 A와 그의 전사행렬 A^T의 특성다항식은 같음을 증명하라.

풀이 $(tI-A)^T=tI^T-A^T=tI-A^T$이다. 행렬 A와 그의 전사행렬 A^T는 행렬식이 같으므로

$$\Delta(t)=|tI-A|=|(tI-A)^T|=|tI-A^T|=\Delta_{A^T}(t)$$

이다. ■

유제 8.4 다음 각 행렬의 특성다항식 $\Delta(t)$를 구하라.

(1) $A=\begin{bmatrix}1 & 2 & 3\\3 & 0 & 4\\6 & 4 & 5\end{bmatrix}$ (2) $B=\begin{bmatrix}1 & 6 & -2\\-3 & 2 & 0\\0 & 3 & -4\end{bmatrix}$

3×3 행렬을 위한 $\Delta(t)=t^3-tr(A)t^2+(A_{11}+A_{22}+A_{33})t-|A|$($A_{ii}$는 a_{ii}의 여인수)를 이용하라.

풀이 (1) $tr(A)=1+0+5=6$,

$$A_{11}=\begin{vmatrix}0 & 4\\4 & 5\end{vmatrix}=-16,\ A_{22}=\begin{vmatrix}1 & 3\\6 & 5\end{vmatrix}=-13,\ A_{33}=\begin{vmatrix}1 & 2\\3 & 0\end{vmatrix}=-6,$$

$A_{11}+A_{22}+A_{33}=-35$, $|A|=48+36-16-30=38$이므로

$\Delta(t)=t^3-6t^2-35t-38$이다.

(2) $tr(B)=1+2-4=-1$,

$$B_{11}=\begin{vmatrix}2 & 0\\3 & -4\end{vmatrix}=-8,\ B_{22}=\begin{vmatrix}1 & -2\\0 & -4\end{vmatrix}=-4,\ B_{33}=\begin{vmatrix}1 & 6\\-3 & 2\end{vmatrix}=20,$$

$B_{11}+B_{22}+B_{33}=8$, $|B|=-8+18-72=-62$이므로

$\Delta(t)=t^3+t^2+8t+62$이다. ■

유제 8.5 다음 각 행렬의 특성다항식 $\Delta(t)$를 구하라.

(1) $A = \begin{bmatrix} 2 & 5 & 1 & 1 \\ 1 & 4 & 2 & 2 \\ 0 & 0 & 6 & -5 \\ 0 & 0 & 2 & 3 \end{bmatrix}$ (2) $B = \begin{bmatrix} 1 & 1 & 2 & 2 \\ 0 & 3 & 3 & 4 \\ 0 & 0 & 5 & 5 \\ 0 & 0 & 0 & 6 \end{bmatrix}$

풀이 (1) A는 $A_1 = \begin{bmatrix} 2 & 5 \\ 1 & 4 \end{bmatrix}$와 $A_2 = \begin{bmatrix} 6 & -5 \\ 2 & 3 \end{bmatrix}$을 대각블록으로 갖는 블록대각행렬이므로 $AI - A$도 블록대각행렬이다. 정리 7.12에 의해

$$\Delta(t) = \Delta_{A_1}(t)\Delta_{A_2}(t) = (t^2 - 6t + 3)(t^2 - 9t + 28)$$

이다.

(2) B는 삼각행렬이므로 $\Delta(t) = (t-1)(t-3)(t-5)(t-6)$이다. ■

8.2 고윳값, 고유벡터, 고유공간

$A = [a_{ij}]$를 n 정방행렬이라 하자. 다음은 선형연산 T의 행렬 표현 A라 했을 때로 생각하면 선형연산에 대해서도 성립한다. A가 대각행렬 $D = \mathrm{diag}(k_1, k_2, \ldots, k_n)$과 유사행렬일 필요충분조건은 다음을 만족시키는 한 기저 $S = \{u_1, u_2, \ldots, u_n\}$이 존재하는 것이다.

$$\begin{aligned} Au_1 &= k_1u_1 \\ Au_2 &= \quad k_2u_2 \\ &\vdots \\ Au_n &= \qquad k_nu_n \end{aligned}$$

이 경우 행렬 A를 **대각화가능**(diagonalizable)하다고 한다. 더구나 P가 기저벡터 $u_1, u_2, \ldots, u_n$들을 각 열로 가지는 정칙행렬일 때 $D = P^{-1}AP$이다. 위의 개념을 정리하면 다음과 같은 정의를 할 수 있다.

정의 8.1 A를 임의의 정방행렬이라 하자.

$$Av = \lambda v$$

를 만족시키는 0이 아닌 벡터 v가 존재할 때 스칼라 λ를 A의 **고윳값(치)**(eigenvalues)이라고 한다. 또한 이 관계를 만족시키는 벡터 v를 고윳값 λ의 **고유벡터**(eigenvector)라 한다.

수학에서 함수 $f(x)$와 이 함수의 정의구역 D가 있을 때, 어떤 $a \in D$가 $f(a) = a$를 만족하면 a를 f의 고정점(fixed point)이라고 하고 수학에서 아주 중요한 개념 중 하나이다. 이 개념을 선형변환 T나 그 표준 행렬 A에 개념을 확장하여 적용한 것이다.

스칼라 λ에 대하여 $Av = \lambda v$이므로 벡터 v가 고정되는 것이 아니라 λ배 만큼 커지거나 축소된 벡터 λv가 대응되는 것이다. 기하하적으로 λv는 벡터 v와 평행한 벡터를 나타냄을 유의하자. 또한 임의의 스칼라 k에 대하여

$$A(kv) = k(Av) = k(\lambda v) = \lambda(kv)$$

이므로 λ의 고유벡터 v의 k배 kv 또한 λ의 고유벡터가 된다. 즉, v와 평행한 모든 벡터 kv들은(v를 포함한 직선 위의 모든 벡터) 행렬 A에 의하여 λkv로 대응되므로 도로 v와 평행한 벡터가 된다. 다시 말해 한 직선 위의 모든 벡터가 모두 그 직선 위의 다른 벡터로 고정되는 것이다. 이러한 모든 벡터들의 집합 E_λ는 V의 부분공간이다(유제 8.6). 이 부분공간을 λ의 **고유공간**(eigenspace)이라 한다. 선형변환 T나 그 표준 행렬 A에 의해 고정되는 것은 벡터 공간이 된다. 0벡터는 모든 선형변환 T나 그 표준 행렬 A에 의해 고정된다. $\dim E_\lambda = 1$이면 E_λ를 **고유선**(eigenline)이라 부르고 λ를 **비례인수**(scaling factor)라 부르기도 한다. 특성값(characteristic value), 특성벡터(characteristic vector)라는 말들이 고윳값, 고유벡터 대신 쓰이기도 한다. 위의 관찰과 정의들은 다음 정리를 유도한다.

정리 8.6 n 정방행렬 A가 대각행렬 D와 유사할 필요충분조건은 A가 n개의 선형 독립인 고유벡터를 갖는 것이다. 이 경우 D의 대각성분은 고윳값과 일치하고 $D = P^{-1}AP$를 만족한다. 여기서 P의 각 열은 바로 고윳값에 대응하는 고유벡터들이다.

A가 대각화 가능하다고 하자. 즉 $P^{-1}AP = D$(D는 대각행렬)이다. 그러면 A는 절대적으로 유용한 대각인수분해(diagonal factorization)

$$A = PDP^{-1}$$

를 갖는다. 이 대각인수분해를 사용하여 A에 관한 연산은 D에 관한 연산(훨씬 쉽다)으로 축소된다. 특히 $D = \operatorname{diag}(k_1, k_2, \ldots, k_n)$이면

$$A^m = (PDP^{-1})^m = PD^mP^{-1} = P\operatorname{diag}(k_1^m, \ldots, k_n^m)P^{-1}$$

이다. 더구나 만약 D의 대각성분들이 음이 아닐 때

$$B = P\operatorname{diag}(\sqrt{k_1}, \sqrt{k_2}, \ldots, \sqrt{k_n})P^{-1}$$

이라 하면 B는 A의 음이 아닌 제곱근이다. 즉 $B^2 = A$이고 B의 고윳값

$$\sqrt{k_1}, \sqrt{k_2}, \ldots, \sqrt{k_n}$$

은 음이 아니다.

보기8.6 $A = \begin{bmatrix} 3 & 1 \\ 2 & 2 \end{bmatrix}$, $v_1 = \begin{bmatrix} 1 \\ -2 \end{bmatrix}$, $v_2 = \begin{bmatrix} 1 \\ 1 \end{bmatrix}$이라 하자. 그러면

$$Av_1 = \begin{bmatrix} 3 & 1 \\ 2 & 2 \end{bmatrix}\begin{bmatrix} 1 \\ -2 \end{bmatrix} = \begin{bmatrix} 1 \\ -2 \end{bmatrix} = v_1,$$

$$Av_2 = \begin{bmatrix} 3 & 1 \\ 2 & 2 \end{bmatrix}\begin{bmatrix} 1 \\ 1 \end{bmatrix} = \begin{bmatrix} 4 \\ 4 \end{bmatrix} = 4v_2$$

이다(여기서 고윳값과 고유벡터를 구하는 방법은 소개되지 않았다). 그러므로 v_1과 v_2는 고윳값 $\lambda_1 = 1$과 $\lambda_2 = 4$에 속하는 A의 고유벡터들이다. v_1과 v_2는 선형 독립이므로 $\mathbb{R}^2$의 기저를 형성한다. 따라서 A는 대각화 가능하다. 더구나 P를 고유벡터 v_1과 v_2를 열로 갖는 행렬이라 하자. 즉

$$P = \begin{bmatrix} 1 & 1 \\ -2 & 1 \end{bmatrix} \text{이므로 } P^{-1} = \begin{bmatrix} \frac{1}{3} & -\frac{1}{3} \\ \frac{2}{3} & \frac{1}{3} \end{bmatrix}$$

이라 하자. 그러면 A는 대각행렬

$$D = P^{-1}AP = \begin{bmatrix} 1/3 & -1/3 \\ 2/3 & 1/3 \end{bmatrix}\begin{bmatrix} 3 & 1 \\ 2 & 2 \end{bmatrix}\begin{bmatrix} 1 & 1 \\ -2 & 1 \end{bmatrix} = \begin{bmatrix} 1 & 0 \\ 0 & 4 \end{bmatrix}$$

와 유사행렬이다. 기대했던 대로 D의 대각성분 1과 4는 P의 열을 이루는 고유벡터 v_1과 v_2에 대응하는 고윳값이다. 특히 A는 인수분해

$$A = PDP^{-1} = \begin{bmatrix} 1 & 1 \\ -2 & 1 \end{bmatrix}\begin{bmatrix} 1 & 0 \\ 0 & 4 \end{bmatrix}\begin{bmatrix} 1/3 & -1/3 \\ 2/3 & 1/3 \end{bmatrix}$$

을 갖는다. 따라서

$$A^4 = PD^4P^{-1} = \begin{bmatrix} 1 & 1 \\ -2 & 1 \end{bmatrix}\begin{bmatrix} 1 & 0 \\ 0 & 4^4 \end{bmatrix}\begin{bmatrix} 1/3 & -1/3 \\ 2/3 & 1/3 \end{bmatrix} = \begin{bmatrix} 171 & 85 \\ 170 & 86 \end{bmatrix}$$

이다. 마지막으로 A의 양의 제곱근을 구하자. $\sqrt{1} = 1$이고 $\sqrt{4} = 2$이므로

$$\sqrt{A} = B = P\sqrt{D}P^{-1} = \begin{bmatrix} 1 & 1 \\ -2 & 1 \end{bmatrix}\begin{bmatrix} 1 & 0 \\ 0 & 2 \end{bmatrix}\begin{bmatrix} 1/3 & -1/3 \\ 2/3 & 1/3 \end{bmatrix}$$

$$= \begin{bmatrix} 5/3 & 1/3 \\ 2/3 & 4/3 \end{bmatrix}$$

이다. $B^2 = A$이고 B는 양의 고윳값 1과 2를 갖는다. ■

유제 8.6 λ가 $T : V \to V$의 고윳값이라 하고 E_λ는 λ의 모든 고유벡터들의 집합이라 하자. 즉 λ의 고유공간이라 하자. E_λ는 V의 부분공간임을 증명하라.

풀이 $u \in E_\lambda$이므로 $T(u) = \lambda u$이다. 그러면 $T(ku) = kT(u) = k(\lambda u) = \lambda(ku)$이므로 $ku \in E_\lambda$이다. $u, v \in E_\lambda$이므로 $T(u) = \lambda u$이고 $T(v) = \lambda v$이다. 따라서 $T(u+v) = T(u) + T(v) = \lambda u + \lambda v = \lambda(u+v)$이므로 $u + v \in E_\lambda$이다. ■

고윳값(eigenvalues), 고유벡터(eigenvectors)의 성질

위의 보기 8.6은 행렬의 대각표현의 이점을 잘 지적해주고 있다. 다음 정리는 대각인수분해를 찾는 몇 가지 성질에 관하여 논한다.

정리 8.7 A를 정방행렬이라 하자. 다음은 서로 동치이다.

(1) 한 스칼라 λ가 A의 고윳값이다.

(2) 행렬 $M = A - \lambda I$는 특이(singular)이다.

(3) 한 스칼라 λ는 A의 특성다항식 $\Delta(t)$의 근이다.

증명 λ가 행렬 A의 고윳값일 필요충분조건은 $Av = \lambda v$를 만족하는 적당한 벡터 v가 존재하는 것이다. 즉

$$(\lambda I)v - Av = 0 \text{ 또는 } (\lambda I - A)v = 0$$

이므로 $\lambda I - A$가 특이행렬이라는 것과 동치이다. 이는 λ가 $\Delta(t) = |tI - A|$의 하나의 근이다. 또한 v가 λ의 고유공간 E_λ에 속할 필요충분조건은 위의 관계가 성립하는 것이다. 그러므로 v가 $(\lambda I - A)v = 0$의 하나의 해이다. ■

보기 8.7 $A = \begin{bmatrix} 1 & 0 \\ 0 & 1 \end{bmatrix}$이라 하자.

$$tr(A) = 1 + 1 = 2,\ |A| = 1$$

이므로

$$\Delta(t) = t^2 - 2t + 1 = (t-1)^2$$

이다. 따라서 $\lambda = 1$일 때

$$M = A - \lambda I = \begin{bmatrix} 1 & 0 \\ 0 & 1 \end{bmatrix} - 1\begin{bmatrix} 1 & 0 \\ 0 & 1 \end{bmatrix} = \begin{bmatrix} 0 & 0 \\ 0 & 0 \end{bmatrix}$$

이다. 그러므로 모든 벡터를 고정한다. 따라서 고유공간은 평면 전체이다.■

고윳값 λ의 고유공간 E_λ는 동차방정식 $Mv = \mathbf{0}$, $M = A - \lambda I$의 해 공간이다. 어떤 행렬은 고윳값을 갖지 않으므로 고유벡터를 갖지 않는다. 그러나 정리 8.7과 **대수학의 기본 정리**(모든 다항식은 복소수체 $\mathbb{C}$ 위에서 한 개 이상의 해를 갖는다)를 사용하면 다음의 결과를 얻는다.

정리 8.8 A를 복소수체 $\mathbb{C}$ 위의 정방행렬이라 하자. 그러면 A는 적어도 한 개의 고윳값을 갖는다.

정리 8.9 $v_1, v_2, \ldots, v_n$을 고윳값 $\lambda_1, \lambda_2, \ldots, \lambda_n$에 대응하는 행렬 A의 0이 아닌 고유벡터라고 하자. 그러면 $v_1, v_2, \ldots, v_n$은 선형 독립이다.

증명 $v_1, v_2, \ldots, v_n$이 선형 독립이 아니라 하자. $v_1, v_2, \ldots, v_s$는 가장 작은 선형종속인 집합이라 하자. 즉 $s \le n$이다. $v_1 \ne 0$이므로 $s > 1$이다. 또한 최소성에 의해 $v_2, \ldots, v_s$들은 선형 독립이다. 그러므로 v_1은 $v_2, \ldots, v_s$들의 선형결합으로 다음과 같이 나타내어진다.

$$v_1 = a_2v_2 + a_3v_3 + \cdots + a_sv_s,\ \text{적어도 하나의 } k\text{에 대하여 } a_k \ne 0 \qquad \cdots (1)$$

A에 대입하면

$$\begin{aligned} A(v_1) &= A(a_2v_2 + a_3v_3 + \cdots + a_sv_s) \\ &= a_2A(v_2) + a_3A(v_3) + \cdots + a_sA(v_s) \qquad \cdots (2) \end{aligned}$$

이다. v_j가 λ_j에 대응하는 A의 고유벡터이므로 $A(v_j) = \lambda_jv_j$이고 이를 식 (2)에 대입하면

$$\lambda_1v_1 = a_2\lambda_2v_2 + a_3\lambda_3v_3 + \cdots + a_s\lambda_sv_s \qquad \cdots (3)$$

이다. 식 (1)에 λ_1을 곱하면

$$\lambda_1 v_1 = a_2\lambda_1 v_2 + a_3\lambda_1 v_3 + \cdots + a_s\lambda_1 v_s \quad \cdots (4)$$

이고 식 (4)에서 (3)을 빼면

$$a_2(\lambda_1 - \lambda_2)v_2 + a_3(\lambda_1 - \lambda_3)v_3 + \cdots + a_s(\lambda_1 - \lambda_s)v_s = 0 \quad \cdots (5)$$

이다. v_2, ..., v_s들은 선형 독립이기 때문에 식 (5)의 모든 계수들은 모두 0이다. 즉

$$a_2(\lambda_1 - \lambda_2) = 0,\ a_3(\lambda_1 - \lambda_3) = 0,\ \ldots,\ a_s(\lambda_1 - \lambda_s) = 0$$

이다. 그런데 λ_j들은 모두 다르므로 $\lambda_1 - \lambda_j \neq 0\ (j > 1)$이다. 따라서 $a_2 = 0$, $a_3 = 0$, ..., $a_s = 0$이다. 이것은 $a_k \neq 0$에 모순이다. 따라서 증명이 끝난다. ■

정리 8.10 n 정방행렬 A의 특성다항식 $\Delta(t)$가 n개의 각각 다른 인수의 곱이라 하자. 즉 $\Delta(t) = (t - a_1)(t - a_2)\cdots(t - a_n)$이면 A는 대각행렬 $D = \mathrm{diag}(a_1, a_2, \ldots, a_n)$과 유사행렬이다.

증명 v_1, v_2, ..., v_n을 고윳값 a_i에 대응하는 고유벡터라 하자. 정리 8.9에 의해 v_1, v_2, ..., v_n은 선형 독립이고 $\mathbb{R}^n$의 기저가 된다. 따라서 A는 대각화 가능하고, A가 대각행렬 D와 유사행렬임을 뜻한다. 그리고 D의 대각성분은 고윳값 a_i들이다. ■

만약 λ가 행렬 A의 고윳값이라 하면 λ의 **대수적반복수**(algebraic multiplicity)는 A의 특성다항식의 근으로 나타나는 λ의 반복되는 횟수로 정의한다(중근, 삼중근 등을 말한다). 반면 λ의 **기하학적반복수**(geometric multiplicity)는 고유공간 E_λ의 차원 $\dim E_\lambda$로 정의한다. 다음 정리가 성립한다.

정리 8.11 행렬 A의 고윳값 λ의 기하학적 반복수는 대수적 반복수보다 크지 않다.

마지막으로 행렬과 선형변환에 대한 다음 정리로 이 절을 마무리한다.

정리 8.12 행렬 A를 선형변환 T의 행렬 표현이라 하자. T가 대각화 가능할 필요충분조건은 A가 대각화 가능한 것이다.

알고리듬 8.1

(대각화 알고리듬) 입력은 n 정방행렬 A이다.

Step 1. A의 특성다항식 $\Delta(t)$를 찾는다.

Step 2. A의 고윳값을 얻기 위해 $\Delta(t)$의 근을 찾는다.

Step 3. 다음을 각각의 A의 고윳값 λ에 대해 반복한다.

(a) $M = A - \lambda I$를 만든다.

(b) 동차방정식 $Mv = 0$의 해 공간의 기저를 찾는다(이 기저벡터들은 λ에 속하는 선형 독립인 A의 고유벡터들이다).

Step 4. Step 3에서 얻은 모든 고유벡터들의 집합 $S = \{v_1, v_2, \ldots, v_n\}$을 보자.

(a) 만약 $m \neq n$이면 A는 대각화가 불가능하다.

(b) 만약 $m = n$이면 A는 대각화 가능하다. 특히 고유벡터 $v_1, v_2, \ldots, v_n$들로 열이 이루어진 행렬을 P라 할 때

$$D = P^{-1}AP = \mathrm{diag}(\lambda_1, \lambda_2, \ldots, \lambda_n)$$

이다. 여기서 λ_i들은 고유벡터 v_i에 대응하는 고윳값이다.

보기 8.8 $A = \begin{bmatrix} 4 & 2 \\ 3 & -1 \end{bmatrix}$에 위의 알고리듬을 적용하라.

풀이 (1) A의 특성다항식 $\Delta(t)$를 계산하자.

$$tr(A) = 4 - 1 = 3,\ |A| = -4 - 6 = -10$$

이므로

$$\Delta(t) = t^2 - 3t - 10 = (t-5)(t+2).$$

(2) $\Delta(t) = (t-5)(t+2) = 0$의 근을 구하면 $\lambda_1 = 5$와 $\lambda_2 = -2$이다. A의 고윳값이다.

(3) (a) $\lambda_1 = 5$일 때

$$M = A - \lambda I = \begin{bmatrix} 4 & 2 \\ 3 & -1 \end{bmatrix} - 5\begin{bmatrix} 1 & 0 \\ 0 & 1 \end{bmatrix} = \begin{bmatrix} -1 & 2 \\ 3 & -6 \end{bmatrix}$$ 이므로

$$Mv = \begin{bmatrix} -1 & 2 \\ 3 & -6 \end{bmatrix}\begin{bmatrix} x \\ y \end{bmatrix} = \begin{bmatrix} 0 \\ 0 \end{bmatrix}$$

또는

$$\begin{aligned} -x + 2y &= 0 \\ 3x - 6y &= 0 \end{aligned}$$

또는

$$-x+2y=0$$

을 풀면 자유변수가 하나이다. 그러므로 0이 아닌 해는 벡터 $v_1=(2,\ 1)$이 $\lambda_1=5$의 고유공간을 생성하는 고유벡터이다.

(b) $\lambda_2=-2$일 때

$M=A-\lambda I=\begin{bmatrix}4&2\\3&-1\end{bmatrix}+2\begin{bmatrix}1&0\\0&1\end{bmatrix}=\begin{bmatrix}6&2\\3&1\end{bmatrix}$이므로

$$Mv=\begin{bmatrix}6&2\\3&1\end{bmatrix}\begin{bmatrix}x\\y\end{bmatrix}=\begin{bmatrix}0\\0\end{bmatrix}$$

또는

$$\begin{aligned}6x+2y&=0\\3x+\ \ y&=0\end{aligned}$$

또는

$$3x+y=0$$

을 풀면 자유변수가 하나이다. 그러므로 0이 아닌 해는 벡터 $v_2=(-1,\ 3)$이 $\lambda_2=-2$의 고유공간을 생성하는 고유벡터이다.

(4) P를 고유벡터 v_1과 v_2로 열을 이루는 행렬이라 하면

$$P=\begin{bmatrix}2&-1\\1&3\end{bmatrix}\text{이고 } P^{-1}=\begin{bmatrix}3/7&1/7\\-1/7&2/7\end{bmatrix}$$

이다. 따라서 $D=P^{-1}AP$는 대각행렬이고 그 대각성분은 고윳값들이다. 즉

$$D=P^{-1}AP=\begin{bmatrix}3/7&1/7\\-1/7&2/7\end{bmatrix}\begin{bmatrix}4&2\\3&-1\end{bmatrix}\begin{bmatrix}2&-1\\1&3\end{bmatrix}=\begin{bmatrix}5&0\\0&-2\end{bmatrix}.$$ ■

보기 8.9 $B=\begin{bmatrix}5&-1\\1&3\end{bmatrix}$이라 하자.

$$tr(B)=5+3=8,\ |B|=15+1=16$$

이므로

$$\Delta(t)=t^2-8t+16=(t-4)^2$$

이다. $\lambda=4$일 때

$$M=B-\lambda I=\begin{bmatrix}5&-1\\1&3\end{bmatrix}-4\begin{bmatrix}1&0\\0&1\end{bmatrix}=\begin{bmatrix}1&-1\\1&-1\end{bmatrix}\text{이고 } x-y=0$$

이므로 $v=(1,\ 1)$은 대수적 반복수 2를 갖는 B의 고유벡터이다. 따라서 B는 대각화가 불가능하다. ■

보기 8.10 $A=\begin{bmatrix} 0 & -1 \\ 1 & 2 \end{bmatrix}$라 하자.

$$tr(A)=0+2=2,\ |A|=1$$

이므로

$$\Delta(t)=t^2-2t+1=(t-1)^2$$

이다. 따라서 $\lambda=1$일 때

$$M=A-\lambda I=\begin{bmatrix} 0 & -1 \\ 1 & 2 \end{bmatrix}-1\begin{bmatrix} 1 & 0 \\ 0 & 1 \end{bmatrix}=\begin{bmatrix} -1 & -1 \\ 1 & 1 \end{bmatrix}$$

이므로 $x+y=0$이다. 따라서 $v=(1,\ -1)$은 대수적 반복수 2를 갖는 B의 고유벡터이므로 B는 대각화가 불가능하다. ■

보기 8.11 $A=\begin{bmatrix} 3 & -5 \\ 2 & -3 \end{bmatrix}$을 보자.

$$tr(A)=3-3=0,\ |A|=-9+10=1$$

이므로

$$\Delta(t)=t^2+1$$

이다. 다음의 두 경우를 고려한다.

(a) 실수 $\mathbb{R}$ 위에서의 행렬 A라 하자. 그러면 $\Delta(t)$는 해가 없다. 그러므로 A는 고윳값과 고유벡터가 없으므로 대각화가 불가능하다.

(b) 복소수 $\mathbb{C}$ 위에서의 행렬 A라 하자. 그러면 $\Delta(t)=(t-i)(t+i)$는 2개의 해 i와 $-i$를 갖는다. 그러므로 A는 2개의 고윳값 i와 $-i$를 갖고 2개의 독립인 고유벡터를 갖는다. 따라서 복소수체 $\mathbb{C}$ 위에서 정칙행렬 P가 존재하여

$$D=P^{-1}AP=\begin{bmatrix} i & 0 \\ 0 & -i \end{bmatrix}$$

가 되고 A는 복소수 $\mathbb{C}$ 위에서 대각화 가능하다. ■

보기 8.12 $A = \begin{bmatrix} \frac{\sqrt{3}}{2} & -\frac{1}{2} \\ \frac{1}{2} & \frac{\sqrt{3}}{2} \end{bmatrix}$ 이라 하자(30° 회전 변환).

$$tr(A) = \sqrt{3}/2 + \sqrt{3}/2 = \sqrt{3},\ |A| = 3/4 + 1/4 = 1$$

이므로

$$\Delta(t) = t^2 - \sqrt{3}t + 1$$

이다. 따라서 $\lambda = (\sqrt{3} \pm i)/2$의 허근을 갖는다. ■

유제 8.7 $A = \begin{bmatrix} 3 & -4 \\ 2 & -6 \end{bmatrix}$ 이라 하자.

(1) 모든 고윳값과 고유벡터를 구하라.

(2) $D = P^{-1}AP$를 만족하는 정칙행렬 P와 행렬 D를 구하라.

풀이 (1) A의 특성다항식은

$$\Delta(t) = t^2 - tr(A)t + |A| = t^2 + 3t - 10 = (t-2)(t+5)$$

이므로 A의 고윳값은 $\lambda = 2,\ -5$이다. 이제 대응하는 고유벡터를 구하자.

(a) $\lambda = 2$일 때

$$M = A - 2I = \begin{bmatrix} 3 & -4 \\ 2 & -6 \end{bmatrix} - 2\begin{bmatrix} 1 & 0 \\ 0 & 1 \end{bmatrix} = \begin{bmatrix} 1 & -4 \\ 2 & -8 \end{bmatrix}$$

이므로 $Mv = 0$의 해를 구하면 $\begin{cases} x - 4y = 0 \\ 2x - 8y = 0 \end{cases}$ 이므로 $x - 4y = 0$이다. 따라서 하나의 자유변수를 가지므로 $y = 1$로 놓으면 $v_1 = (4,\ 1)$이다.

(b) $\lambda = -5$일 때

$M = A - 2I = \begin{bmatrix} 3 & -4 \\ 2 & -6 \end{bmatrix} + 5\begin{bmatrix} 1 & 0 \\ 0 & 1 \end{bmatrix} = \begin{bmatrix} 8 & -4 \\ 2 & -1 \end{bmatrix}$ 이므로 $Mv = 0$의 해를 구하면 $\begin{cases} 8x - 4y = 0 \\ 2x - y = 0 \end{cases}$ 이므로 $2x - y = 0$이다. 따라서 하나의 자유변수를 가지므로 $y = 2$로 놓으면 $v_2 = (1,\ 2)$이다.

(2) $P = \begin{bmatrix} 4 & 1 \\ 1 & 2 \end{bmatrix}$ 이므로 $D = P^{-1}AP = \begin{bmatrix} 2 & 0 \\ 0 & -5 \end{bmatrix}$ 이다. D는 A의 고윳값을 대각성분으로 갖는 대각행렬이다. P는 기본기저로부터 $S = \{v_1,\ v_2\}$로의 기저변환행렬이다. D는 기저 $S = \{v_1,\ v_2\}$ 위의 행렬 A의 새로운 표현이다. ■

유제 8.8 $A=\begin{bmatrix}4 & 1 & -1\\ 2 & 5 & -2\\ 1 & 1 & 2\end{bmatrix}$라 하자.

(1) A의 모든 고윳값을 구하라.

(2) A의 선형 독립인 고유벡터들의 집합을 구하라.

(3) A는 대각화가능한가? 만약 그렇다면 $D=P^{-1}AP$를 만족하는 P를 구하라.

풀이 (1) A의 특성다항식은 $tr(A)=11$, $|A|=45$이고

$$A_{11}=\begin{vmatrix}5 & -2\\ 1 & 2\end{vmatrix}=12,\ A_{22}=\begin{vmatrix}4 & -1\\ 1 & 2\end{vmatrix}=9,\ A_{33}=\begin{vmatrix}4 & 1\\ 2 & 5\end{vmatrix}=18$$

이므로

$$\begin{aligned}\Delta(t)&=t^3-tr(A)t^2+(A_{11}+A_{22}+A_{33})t-|A|\\ &=t^3-11t^2+39t-45\\ &=(t-3)^2(t-5)\end{aligned}$$

이다. 따라서 A의 고윳값은 $\lambda=3,\ 5$이다.

(2) 대응하는 고유벡터를 구하자.

(a) $\lambda=3$일 때

$$M=A-3I=\begin{bmatrix}1 & 1 & -1\\ 2 & 2 & -2\\ 1 & 1 & -1\end{bmatrix},\ x+y-z=0$$

이다. 따라서 2개의 자유변수를 가지므로 $y=-1$, $z=0$으로 놓으면 $u=(1,\ -1,\ 0)$이고, $y=0$, $z=1$로 놓으면 $v=(1,\ 0,\ 1)$이다. u, v는 선형 독립이다.

(b) $\lambda=5$일 때

$$M=A-5I=\begin{bmatrix}-1 & 1 & -1\\ 2 & 0 & -2\\ 1 & 1 & -3\end{bmatrix},\ \begin{cases}x \quad - z=0\\ \quad y-2z=0\end{cases}$$

이다. 따라서 하나의 자유변수를 가지므로 $z=1$로 놓으면 $w=(1,\ 2,\ 1)$이다. 그러므로

$$S=\{(1,\ -1,\ 0),(1,\ 0,\ 1),(1,\ 2,\ 1)\}$$

이다.

(3) 3개의 선형 독립인 고유벡터를 가지므로 A는 대각화 가능하다.

$$P=\begin{bmatrix}1 & 1 & 1\\ -1 & 0 & 2\\ 0 & 1 & 1\end{bmatrix},\ D=P^{-1}AP=\begin{bmatrix}3 & 0 & 0\\ 0 & 3 & 0\\ 0 & 0 & 5\end{bmatrix}$$

이다. ■

유제 8.9 $B = \begin{bmatrix} 3 & -1 & 1 \\ 7 & -5 & 1 \\ 6 & -6 & 2 \end{bmatrix}$라 하자.

(1) B의 모든 고윳값을 구하라.

(2) B의 선형 독립인 고유벡터들의 집합을 구하라.

(3) B는 대각화 가능한가? 만약 그렇다면 $D = P^{-1}BP$를 만족하는 P를 구하라.

풀이 (1) B의 특성다항식은 $tr(B) = 0$, $|B| = -16$이고

$$B_{11} = \begin{vmatrix} -5 & 1 \\ -6 & 2 \end{vmatrix} = -4,\ B_{22} = \begin{vmatrix} 3 & 1 \\ 6 & 2 \end{vmatrix} = 0,\ B_{33} = \begin{vmatrix} 3 & -1 \\ 7 & -5 \end{vmatrix} = -8$$

이므로

$$\begin{aligned} \Delta(t) &= t^3 - tr(B)t^2 + (B_{11} + B_{22} + B_{33})t - |B| \\ &= t^3 - 12t + 16 \\ &= (t-2)^2(t+4) \end{aligned}$$

이다. 따라서 B의 고윳값은 $\lambda = 2,\ -4$이다.

(2) 대응하는 고유벡터를 구하자.

(a) $\lambda = 2$일 때

$$M = B - 2I = \begin{bmatrix} 1 & -1 & 1 \\ 7 & -7 & 1 \\ 6 & -6 & 0 \end{bmatrix},\ \begin{cases} x - y + z = 0 \\ \qquad\quad z = 0 \end{cases}$$

이다. 따라서 하나의 자유변수를 가지므로 $y = 1$로 놓으면 $u = (1,\ 1,\ 0)$이다.

(b) $\lambda = -4$일 때

$$M = B + 4I = \begin{bmatrix} 7 & -1 & 1 \\ 7 & -1 & 1 \\ 6 & -6 & 6 \end{bmatrix},\ \begin{cases} x - y + \ \ z = 0 \\ \quad 6y - 6z = 0 \end{cases}$$

이다. 따라서 하나의 자유변수를 가지므로 $z = 1$로 놓으면 $v = (0,\ 1,\ 1)$이다.

(3) 2개의 선형 독립인 고유벡터를 가지므로 B는 대각화가 불가능하다. ■

유제 8.10 $T : \mathbb{R}^3 \to \mathbb{R}^3,\ \ T(x,\ y,\ z) = (2x + y - 2z,\ 2x + 3y - 4z,\ x + y - z)$라 하자.

T의 모든 고윳값을 구하고 T의 고유공간의 기저를 구하라. T는 대각화 가능한가? 만약 그렇다면 $D = P^{-1}BP$를 만족하는 P를 구하라.

풀이 기본기저에 대한 T의 행렬 표현 A를 구하면

$$A = [T] = \begin{bmatrix} 2 & 1 & -2 \\ 2 & 3 & -4 \\ 1 & 1 & -1 \end{bmatrix}$$

이고 특성다항식은 $tr(A) = 4$, $|A| = 2$이며

$$A_{11} = \begin{vmatrix} 3 & -4 \\ 1 & -1 \end{vmatrix} = 1,\ A_{22} = \begin{vmatrix} 2 & -2 \\ 1 & -1 \end{vmatrix} = 0,\ A_{33} = \begin{vmatrix} 2 & 1 \\ 2 & 3 \end{vmatrix} = 4$$

이므로 $\Delta(t) = t^3 - 4t^2 + 5t - 2$이다. 따라서 T의 고윳값은 $\lambda = 1,\ 2$이다.

(a) $\lambda = 1$일 때

$$M = \begin{bmatrix} 1 & 1 & -2 \\ 2 & 2 & -4 \\ 1 & 1 & -2 \end{bmatrix},\ x + y - 2z = 0$$

이다. 따라서 2개의 자유변수를 가지므로 $y = -1$, $z = 0$으로 놓으면 $u = (1,\ -1,\ 0)$이고, $y = 0$, $z = 1$로 놓으면 $v = (2,\ 0,\ 1)$이다. u, v는 선형 독립이다.

(b) $\lambda = 2$일 때

$$M = \begin{bmatrix} 0 & 1 & -2 \\ 2 & 1 & -4 \\ 1 & 1 & -3 \end{bmatrix},\ \begin{cases} x + y - 3z = 0 \\ \quad\ \ y - 2z = 0 \end{cases}$$

이다. 따라서 하나의 자유변수를 가지므로 $z = 1$로 놓으면 $w = (1,\ 2,\ 1)$이다. 그러므로

$$S = \{(1,\ -1,\ 0),\ (2,\ 0,\ 1),\ (1,\ 2,\ 1)\}$$

이다. A는 대각화 가능하다.

$$P = \begin{bmatrix} 1 & 2 & 1 \\ -1 & 0 & 2 \\ 0 & 1 & 1 \end{bmatrix},\ D = P^{-1}AP = \begin{bmatrix} 1 & 0 & 0 \\ 0 & 1 & 0 \\ 0 & 0 & 2 \end{bmatrix}$$

이다. ■

8.3 실가 대칭행렬의 대각화

모든 실가 행렬들이 대각화 가능한 것은 아니다. 사실 어떤 행렬은 실가의 고윳값을 갖지 못한다. 하지만 실가 대칭행렬일 경우 이러한 문제는 걱정할 필요가 없다. 정의를 복습하자.

정의 8.2 한 행렬 A가 $A^T = A$를 만족하면 대칭행렬이라 한다. 따라서 대칭행렬은 정방행렬이어야만 한다.

보기 8.13 대칭행렬 $A = \begin{bmatrix} 6 & -2 & -1 \\ -2 & 6 & -1 \\ -1 & -1 & 5 \end{bmatrix}$를 대각화하라.

풀이 A의 특성다항식은

$$0 = +\lambda^3 - 17\lambda^2 + 90\lambda - 144 = (\lambda - 8)(\lambda - 6)(\lambda - 3)$$

이다. 각각의 고윳값에 대한 고유공간의 기저를 구하면

$$\lambda = 8 : v_1 = \begin{bmatrix} -1 \\ 1 \\ 0 \end{bmatrix};\ \lambda = 6 : v_2 = \begin{bmatrix} -1 \\ -1 \\ 2 \end{bmatrix};\ \lambda = 3 : v_3 = \begin{bmatrix} 1 \\ 1 \\ 1 \end{bmatrix}$$

이고 이 3개의 벡터들은 $\mathbb{R}^3$의 직교기저이다. 직교정규고유벡터(orthonormal eigenvectors)는

$$u_1 = \begin{bmatrix} -1/\sqrt{2} \\ 1/\sqrt{2} \\ 0 \end{bmatrix},\ u_2 = \begin{bmatrix} -1/\sqrt{6} \\ -1/\sqrt{6} \\ 2/\sqrt{6} \end{bmatrix},\ u_3 = \begin{bmatrix} 1/\sqrt{3} \\ 1/\sqrt{3} \\ 1/\sqrt{3} \end{bmatrix}$$

이다. $P = \begin{bmatrix} -1/\sqrt{2} & -1/\sqrt{6} & 1/\sqrt{3} \\ 1/\sqrt{2} & -1/\sqrt{6} & 1/\sqrt{3} \\ 0 & 2/\sqrt{6} & 1/\sqrt{3} \end{bmatrix},\ D = \begin{bmatrix} 8 & 0 & 0 \\ 0 & 6 & 0 \\ 0 & 0 & 3 \end{bmatrix}$ 라고 하면

$A = PDP^{-1}$이 된다. 여기서 $P^{-1} = P^T$가 됨을 주의하자. ■

정리 8.13 A를 실가 대칭행렬이라 하자. 이 행렬의 특성다항식의 해 λ는 실수이다.

정리 8.14 A를 실가 대칭행렬이라 하자. A의 각각 다른 고윳값 λ_1과 λ_2에 속하는 고유벡터들을 v_1와 v_2라 하자. 그러면 v_1와 v_2는 직교한다. 즉 $\langle v_1, v_2 \rangle = 0$이다.

증명
$$\begin{aligned}\lambda_1 \mathrm{v}_1 \cdot \mathrm{v}_2 &= (\lambda_1 \mathrm{v}_1)^T \mathrm{v}_2 = (A\mathrm{v}_1)^T \mathrm{v}_2 \\ &= (\mathrm{v}_1^T A^T)\mathrm{v}_2 = \mathrm{v}_1^T (Av_2), \quad A^T = A \\ &= \mathrm{v}_1^T (\lambda_2 \mathrm{v}_2) \\ &= \lambda_2 \mathrm{v}_1^T \mathrm{v}_2 = \lambda_2 \mathrm{v}_1 \cdot \mathrm{v}_2\end{aligned}$$

이므로 $(\lambda_1 - \lambda_2)v_1 \cdot v_2 = 0$이다. 그런데 $\lambda_1 - \lambda_2 \neq 0$이므로 $\mathrm{v}_1 \cdot \mathrm{v}_2 = 0$이다.

■

정리 8.13과 8.14에 의해 다음을 알 수 있다.

정리 8.15 A를 실가 대칭행렬이라 하자. 그러면 $D = P^{-1}AP$가 대각행렬이 되는 직교행렬 P가 존재한다.

이 정리의 역도 성립한다. 왜냐하면 $P^{-1} = P^T$ 이므로

$$A^T = (PDP^T)^T = P^{TT}D^TP^T = PDP^T = A$$

이므로 A는 대칭행렬이다.

직교행렬 P는 다음 보기에서처럼 A의 직교 고유벡터들의 기저를 정규화함으로써 구할 수 있다.

보기 8.14 $A = \begin{bmatrix} 2 & -2 \\ -2 & 5 \end{bmatrix}$는 실가 대칭행렬이다. $D = P^{-1}AP$가 대각행렬이 되는 직교행렬 P를 찾아라.

풀이 먼저 A의 특성다항식 $\Delta(t)$를 찾자.

$$tr(A) = 2 + 5 = 7, \ |A| = 10 - 4 = 6$$

이므로

$$\Delta(t) = t^2 - 7t + 6 = (t-6)(t-1)$$

이다. 따라서 $\lambda_1 = 6$과 $\lambda_2 = 1$은 A의 고윳값이다.

(a) $M = A - 6I = \begin{bmatrix} 2 & -2 \\ -2 & 5 \end{bmatrix} - 6\begin{bmatrix} 1 & 0 \\ 0 & 1 \end{bmatrix} = \begin{bmatrix} -4 & -2 \\ -2 & -1 \end{bmatrix}$이고

$$Mv = \begin{bmatrix} -4 & -2 \\ -2 & -1 \end{bmatrix} \begin{bmatrix} x \\ y \end{bmatrix} = \begin{bmatrix} 0 \\ 0 \end{bmatrix}$$

또는

$$\begin{aligned} -4x - 2y &= 0 \\ -2x - \ \ y &= 0 \end{aligned}$$

또는

$$2x + y = 0$$

이므로 $u_1 = (1,\ -2)$이다.

(b) $M = A - I = \begin{bmatrix} 2 & -2 \\ -2 & 5 \end{bmatrix} - \begin{bmatrix} 1 & 0 \\ 0 & 1 \end{bmatrix} = \begin{bmatrix} 1 & -2 \\ -2 & 4 \end{bmatrix}$이고

$$Mv = \begin{bmatrix} 1 & -2 \\ -2 & 4 \end{bmatrix} \begin{bmatrix} x \\ y \end{bmatrix} = \begin{bmatrix} 0 \\ 0 \end{bmatrix}$$

또는

$$\begin{aligned} x - 2y &= 0 \\ -2x + 4y &= 0 \end{aligned}$$

또는

$$x - 2y = 0$$

이므로 $u_2 = (2,\ 1)$이다. 정리 8.14에서 언급했듯이 u_1과 u_2는 직교하고 이들을 정규화시키면 다음의 단위직교벡터들을 얻는다.

$$\widehat{u_1} = (1/\sqrt{5},\ -2/\sqrt{5}),\ \widehat{u_2} = (2/\sqrt{5},\ 1/\sqrt{5}).$$

이들 벡터들로 P를 만들면

$$P = \begin{bmatrix} 1/\sqrt{5} & 2/\sqrt{5} \\ -2/\sqrt{5} & 1/\sqrt{5} \end{bmatrix},\ D = P^{-1}AP = \begin{bmatrix} 6 & 0 \\ 0 & 1 \end{bmatrix}$$

이다. 예상했듯이 D의 대각성분들은 A의 고윳값들이다. ■

유제 8.11 선형연산 T에 대하여 다음을 증명하라.

(1) T가 특이일 필요충분조건은 0이 T의 고윳값이라는 것이다.

(2) T가 가역적일 때 λ가 T의 고윳값이라 하면 λ^{-1}는 T^{-1}의 고윳값이다.

풀이 (1) 0이 T의 고윳값일 필요충분조건은 $T(v) = 0v$를 만족하는 벡터 $v \neq 0$가 존재한다는 것이다. 또한 이 말은 T가 특이선형연산이라는 것이다.

(2) T가 가역적이므로 정칙이다. 따라서 (1)에 의해 $\lambda \neq 0$이므로 고윳값의 정의에 의하여 $T(v) = \lambda v$를 만족하는 벡터 $v \neq 0$가 존재한다. T^{-1}를 양쪽에 적용하면 $v = T^{-1}(\lambda v) = \lambda T^{-1}(v)$이다. 따라서 $T^{-1}(v) = \lambda^{-1} v$이다. 즉 λ^{-1}는 T^{-1}의 고윳값이다. ■

유제 8.12 $A = \begin{bmatrix} 7 & 3 \\ 3 & -1 \end{bmatrix}$이라 하자. $D = P^{-1}AP$가 대각행렬이 되게 하는 직교행렬 P를 구하라.

풀이 A의 특성다항식 $\Delta(t)$를 구하면

$$\Delta(t) = t^2 - tr(A) + |A| = t^2 - 6t - 16 = (t-8)(t+2)$$

이다. 따라서 $\lambda = 8,\ -2$이다.

(a) $\lambda = 8$일 때

$M = A - 8I = \begin{bmatrix} -1 & 3 \\ 3 & -9 \end{bmatrix}$, $x - 3y = 0$이므로 $u_1 = (3,\ 1)$을 선택하자.

(b) $\lambda = -2$일 때

$M = A + 2I = \begin{bmatrix} 9 & 3 \\ 3 & 1 \end{bmatrix}$, $3x + y = 0$이므로 $u_2 = (1,\ -3)$을 선택하자.

행렬 A가 대칭행렬이므로 u_1과 u_2는 직교한다. u_1과 u_2를 정규화하면

$$\widehat{u_1} = (3/\sqrt{10},\ 1/\sqrt{10}),\ \widehat{u_2} = (1/\sqrt{10},\ -3/\sqrt{10})$$

이다. 따라서

$$P = \begin{bmatrix} 3/\sqrt{10} & 1/\sqrt{10} \\ 1/\sqrt{10} & -3/\sqrt{10} \end{bmatrix},\ D = P^{-1}AP = \begin{bmatrix} 8 & 0 \\ 0 & -2 \end{bmatrix}$$

이다. ■

MATLAB으로 고윳값 구하기. 여기서 MATLAB으로 계산한 행렬 P의 형태를 보라. 위의 결과와는 다른 고유벡터를 구하여 주고 있다. 한 평면의 기저는 여러 가지이므로 아무 문제가 되지 않는다.

```
>> A=[7 3 ; 3 -1]

A =

      7             3
      3            -1

>> [P, D] = eig(A)

P =

    228/721       -684/721
   -684/721       -228/721

D =

     -2             0
      0             8
```

$B = PDP^{-1}$를 아래와 같이 계산하여 검증이 가능하다.

```
>> Q=inv(P)

Q =

    0.3162   -0.9487
   -0.9487   -0.3162

>> P*D*Q

ans =

    7.0000    3.0000
    3.0000   -1.0000
```

유제 8.13 $B = \begin{bmatrix} 11 & -8 & 4 \\ -8 & -1 & -2 \\ 4 & -2 & -4 \end{bmatrix}$라 하자.

(1) B의 모든 고윳값을 구하라.

(2) B의 0이 아닌 직교벡터들의 최대 집합 S를 구하라.

(3) $D = P^{-1}BP$가 대각행렬이 되게 하는 직교행렬 P를 구하라.

풀이 (1) B의 특성다항식은 $tr(B)=6$, $|B|=400$이고

$$B_{11}=0,\ B_{22}=-60,\ B_{33}=-75$$

이므로

$$\Delta(t)=t^3-6t^2-135t-400=(t+5)^2(t-16)$$

이다. 따라서 B의 고윳값은 $\lambda=-5$(중복도 2)와 $\lambda=16$이다.

(2) (a) $\lambda=-5$일 때

$M=\begin{bmatrix} 16 & -8 & 4 \\ -8 & 4 & -2 \\ 4 & -2 & 1 \end{bmatrix}$, $4x-2y+z=0$이다. 따라서 $v_1=(0,1,\ 2)$라 하고 v_1과 직교인 벡터 $v_2=(a,\ b,\ c)$를 찾자. 즉 $4a-2b+c=0$, $b+2c=0$을 만족하는 벡터를 $v_2=(-5,\ -8,\ 4)$라 하자.

(b) $\lambda=16$일 때

$$M=\begin{bmatrix} -5 & -8 & 4 \\ -8 & -17 & -2 \\ 4 & -2 & -20 \end{bmatrix},\quad \begin{cases} -5x-\ 8y+4z=0 \\ -8x-17y-2z=0 \\ \ \ 4x-2y-20z=0 \end{cases}$$

이므로 $v_3=(4,\ -2,\ 1)$을 해로 갖는다. v_1, v_2, v_3는 B의 0이 아닌 직교 고유벡터들이다.

(3) v_1, v_2, v_3를 정규화하면

$$\widehat{v_1}=v_1/\sqrt{5},\ \widehat{v_2}=v_2/\sqrt{105},\ \widehat{v_3}=v_3/\sqrt{21}$$

이므로

$$P=\begin{bmatrix} 0 & -5/\sqrt{105} & 4/\sqrt{21} \\ 1/\sqrt{5} & -8/\sqrt{105} & -2/\sqrt{21} \\ 2/\sqrt{5} & 4/\sqrt{105} & 1/\sqrt{21} \end{bmatrix},$$

$$D=P^{-1}BP=\begin{bmatrix} -5 & 0 & 0 \\ 0 & -5 & 0 \\ 0 & 0 & 16 \end{bmatrix}$$

이다. ■

MATLAB으로 고윳값 구하기

```
>> B = [11 -8 4; -8 -1 -2; 4 -2 -4]

B =

    11    -8     4
    -8    -1    -2
     4    -2    -4

>> eig(B)

ans =

   -5.0000
   -5.0000
   16.0000
```

[V, D] = eig(B)는 대각행렬 D와 그 열성분들이 고윳값에 대응하는 고유벡터들인 행렬 P를 구해준다. 즉 $B = PDP^{-1}$이다. 위의 식 $D = P^{-1}BP$과 동일한 식이다.

```
>> [P, D] = eig(B)

P =

     -317/1217       -890/2157        769/881
     -376/473        -904/2145       -769/1762
      -40/73         1091/1351        769/3524


D =

       -5               0               0
        0              -5               0
        0               0              16
```

스펙트럼분해(spectral decomposition)

P의 열들이 대칭행렬 A의 직교정규고유벡터들 $u_1, u_2, \ldots, u_n$이고 대응하는 고윳값 $\lambda_1, \lambda_2, \ldots, \lambda_n$들이 대각행렬 D의 대각성분이라 할 때 $A = PDP^{-1}$이라하자. 그러면 $P^{-1} = P^T$이므로

$$A = PDP^T = \begin{bmatrix} u_1 & \cdots & u_n \end{bmatrix} \begin{bmatrix} \lambda_1 & & 0 \\ & \ddots & \\ 0 & & \lambda_n \end{bmatrix} \begin{bmatrix} u_1^T \\ \vdots \\ u_n^T \end{bmatrix}$$

$$= \begin{bmatrix} \lambda_1 u_1 & \cdots & \lambda_n u_n \end{bmatrix} \begin{bmatrix} u_1^T \\ \vdots \\ u_n^T \end{bmatrix}$$

이다. 이 마지막식의 곱셉을 열-행확장으로 다시 쓰면

$$A = \lambda_1 u_1 u_1^T + \lambda_2 u_2 u_2^T + \cdots + \lambda_n u_n u_n^T$$

이다. 행렬 A에 대한 이 표현은 고윳값에 의해 결정되는 성분으로 분해되기에 행렬 A의 스펙트럼분해(spectral decomposition)라고 한다. 각 성분은 랭크 1의 $n \times n$행렬이다. 더 나아가 $u_j u_j^T$는 각각의 $x \in \mathbb{R}^n$에 대하여 $(u_j u_j^T)x$는 u_j에 의해 확장되는 부분공간위의 x의 직교정사영이기 때문에 정사영행렬(projection matrix)이라고도 한다.

보기 8.15 다음을 만족시키는 행렬 A의 스펙트럼 분해를 구하라.

$$A = \begin{bmatrix} 7 & 2 \\ 2 & 4 \end{bmatrix} = \begin{bmatrix} 2/\sqrt{5} & -1/\sqrt{5} \\ 1/\sqrt{5} & 2/\sqrt{5} \end{bmatrix} \begin{bmatrix} 8 & 0 \\ 0 & 3 \end{bmatrix} \begin{bmatrix} 2/\sqrt{5} & 1/\sqrt{5} \\ -1/\sqrt{5} & 2/\sqrt{5} \end{bmatrix}$$

풀이 P의 열들을 u_1, u_2라 하자. 그러면

$$A = 8u_1 u_1^T + 3u_2 u_2^T$$

이다. 이 분해를 다음과 같이 검토할 수 있다.

$$u_1 u_1^T = \begin{bmatrix} 2/\sqrt{5} \\ 1/\sqrt{5} \end{bmatrix} \begin{bmatrix} 2/\sqrt{5} & 1/\sqrt{5} \end{bmatrix} = \begin{bmatrix} 4/5 & 2/5 \\ 2/5 & 1/5 \end{bmatrix}$$

$$u_2 u_2^T = \begin{bmatrix} -1/\sqrt{5} \\ 2/\sqrt{5} \end{bmatrix} \begin{bmatrix} -1/\sqrt{5} & 2/\sqrt{5} \end{bmatrix} = \begin{bmatrix} 1/5 & -2/5 \\ -2/5 & 4/5 \end{bmatrix}$$

이고

$$8u_1 u_1^T + 3u_2 u_2^T = \begin{bmatrix} 32/5 & 16/5 \\ 16/5 & 8/5 \end{bmatrix} + \begin{bmatrix} 3/5 & -6/5 \\ -6/5 & 12/5 \end{bmatrix} = \begin{bmatrix} 7 & 2 \\ 2 & 4 \end{bmatrix} = A$$

이다. ■

실가 대칭행렬의 이차방정식형태에 대한 응용

실가 다항식 q를 미지수 x_1, x_2, ..., x_n을 변수로 가지고 모든 항들이 2차인 다항식이라 하자. 즉

$$q(x_1,\ x_2,\ \ldots,\ x_n) = \sum_i c_i x_i^2 + \sum_{i<j} d_{ij} x_i x_j,\ c_i,\ d_{ij} \in \mathbb{R}$$

그러면 q는 **이차방정식형태**(quadratic form)이다. 만약 교차하는 곱 $x_i x_j$를 가진 항들이 없다면, 즉 모든 $d_{ij}=0$이면 q는 **대각적**이라 부른다.

위의 이차방정식 형태 q는 $a_{ii}=c_i$이고 $a_{ij}=a_{ji}=\frac{1}{2}d_{ij}$인 실가 대칭행렬

$$A=[a_{ij}]=\begin{bmatrix} c_1 & \frac{1}{2}d_{12} & \frac{1}{2}d_{13} \\ \frac{1}{2}d_{12} & c_2 & \frac{1}{2}d_{23} \\ \frac{1}{2}d_{13} & \frac{1}{2}d_{23} & c_3 \end{bmatrix}$$

를 결정한다. 다시 말해 q를 행렬 형태로 쓰면

$$q(x)=x^T A x$$

이다. 여기서 $x=[x_1,\ x_2,\ \ldots,\ x_n]^T$는 변수들의 열벡터이다. 예를 들면

$$\begin{aligned} q(x)=x^T A x &= [x_1,\ x_2,\ x_3]\begin{bmatrix} c_1 & \frac{1}{2}d_{12} & \frac{1}{2}d_{13} \\ \frac{1}{2}d_{12} & c_2 & \frac{1}{2}d_{23} \\ \frac{1}{2}d_{13} & \frac{1}{2}d_{23} & c_3 \end{bmatrix}\begin{bmatrix} x_1 \\ x_2 \\ x_3 \end{bmatrix} \\ &= \Big[c_1x_1+\frac{1}{2}d_{12}x_2+\frac{1}{2}d_{13}x_3,\ \frac{1}{2}d_{12}x_1+c_2x_2+\frac{1}{2}d_{23}x_3,\ \frac{1}{2}d_{13}x_1 \\ &\qquad +\frac{1}{2}d_{23}x_2+c_3x_3\Big]\begin{bmatrix} x_1 \\ x_2 \\ x_3 \end{bmatrix} \\ &= c_1x_1^2+\frac{1}{2}d_{12}x_1x_2+\frac{1}{2}d_{13}x_1x_3+\frac{1}{2}d_{12}x_1x_2+c_2x_2^2+\frac{1}{2}d_{23}x_2x_3 \\ &\qquad +\frac{1}{2}d_{13}x_1x_3+\frac{1}{2}d_{23}x_2x_3+c_3x_3^2 \\ &= c_1x_1^2+c_2x_2^2+c_3x_3^2+d_{12}x_1x_2+d_{13}x_1x_3+d_{23}x_2x_3 \end{aligned}$$

이다. 또한 영이 아닌 가장 단순한 이차방정식형태는

$$q(x)=x^T I x = \| x \|^2$$

이다.

보기8.16 $x=\begin{bmatrix} x_1 \\ x_2 \end{bmatrix}$이라 할 때 다음 행렬에 대하여 $x^T A x$를 구하라.

(1) $A=\begin{bmatrix}4&0\\0&3\end{bmatrix}$ (2) $A=\begin{bmatrix}3&-2\\-2&7\end{bmatrix}$

풀이 (1) $x^TAx=[x_1\ x_2]\begin{bmatrix}4&0\\0&3\end{bmatrix}\begin{bmatrix}x_1\\x_2\end{bmatrix}=[x_1\ x_2]\begin{bmatrix}4x_1\\3x_2\end{bmatrix}=4x_1^2+3x_2^2$

(2) $$x^TAx=[x_1\ x_2]\begin{bmatrix}3&-2\\-2&7\end{bmatrix}\begin{bmatrix}x_1\\x_2\end{bmatrix}=[x_1\ x_2]\begin{bmatrix}3x_1-2x_2\\-2x_1+7x_2\end{bmatrix}$$

$$=x_1(3x_1-2x_2)+x_2(-2x_1+7x_2)$$

$$=3x_1^2-2x_1x_2-2x_2x_1+7x_2^2$$

$$=3x_1^2-4x_1x_2+7x_2^2$$

이다. ■

보기 8.17 $x\in\mathbb{R}^3$에 대하여 $q(x)=5x_1^2+3x_2^2+2x_3^2-x_1x_2+8x_2x_3$라 하자. 이 이차방정식 형태를 x^TAx형태로 바꾸어 써라.

풀이 x_1^2, x_2^2, x_3^2의 계수는 A의 대각성분이다. A를 대칭행렬이 되기 위해서 $i\neq j$에 대하여 x_ix_j의 계수는 (i,j)-성분과 (j,i)-성분에 똑같이 분배되어야 한다. x_1x_3의 계수는 0이다. 따라서 다음을 구할 수 있다.

$$q(x)=x^TAx=[x_1\ x_2\ x_3]\begin{bmatrix}5&-1/2&0\\-1/2&3&4\\0&4&2\end{bmatrix}\begin{bmatrix}x_1\\x_2\\x_3\end{bmatrix}$$

■

더 나아가 $x=Py$를 변수들에 선형적인 대입(linear substitution)을 한다고 하자. 그러면 위의 이차방정식 형태 q는

$$q(x)=x^TAx=(Py)^TA(Py)=y^T(P^TAP)y$$

가 되어 P^TAP는 새로운 변수 x에 대한 q의 행렬 표현이 된다.

우리는 $x=Py$가 대각 이차방정식 형태를 만들어내는 직교대입(orthogonal substitution) $x=Py$를 위한 직교행렬 P를 찾기를 원한다. 즉 P^TAP가 대각행렬이 되는 것을 말한다. P가 직교(7.8절)이기 때문에 $P^T=P^{-1}$이고 또 $P^TAP=P^{-1}AP$이다. 위의 이론은 이러한 직교행렬을 구하는 방법을 설명하고 있다.

보기 8.18 다음의 이차방정식 형태를 보자.

$$q(x,\ y) = 2x^2 - 4xy + 5y^2 = v^T A\, x,\ A = \begin{bmatrix} 2 & -2 \\ -2 & 5 \end{bmatrix},\ x = \begin{bmatrix} x \\ y \end{bmatrix}$$

보기 8.14에서

$$P^{-1}AP = \begin{bmatrix} 6 & 0 \\ 0 & 1 \end{bmatrix} = P^TAP,\ P = \begin{bmatrix} 1/\sqrt{5} & 2/\sqrt{5} \\ -2/\sqrt{5} & 1/\sqrt{5} \end{bmatrix}$$

이다. $w = [s,\ t]^T$라고 하자. 그러면 행렬 P가 바로 $x,\ y$변수에

$$\begin{bmatrix} x \\ y \end{bmatrix} = v = Pw = P \begin{bmatrix} s \\ t \end{bmatrix}$$

를 대입하여 $s,\ t$변수들로 바꾸는 선형직교대입과 같은 것이다.

$$x = \frac{1}{\sqrt{5}}s + \frac{2}{\sqrt{5}}t,\quad y = -\frac{2}{\sqrt{5}}s + \frac{1}{\sqrt{5}}t$$

이다. $q(x,\ y)$에 위를 대입하면 이차방정식 형태 $q(s,\ t) = 6s^2 + t^2$을 얻는다. 즉

$$q(Pw) = w^T(P^{-1}AP)w = [s,\ t]\begin{bmatrix} 6 & 0 \\ 0 & 1 \end{bmatrix}\begin{bmatrix} s \\ t \end{bmatrix}$$

$$= [6s,\ t]\begin{bmatrix} s \\ t \end{bmatrix} = 6s^2 + t^2$$ ■

정의 8.3 이차방정식 형태 q는

(1) $x \neq 0$에 대하여 $q(x) > 0$이면 이 이차방정식 형태를 양수한정(positive definite)이라고 한다.

(2) $x \neq 0$에 대하여 $q(x) < 0$이면 이 이차방정식 형태를 음수한정(negative definite)이라고 한다.

(3) $q(x)$의 값이 양수인 경우도 있고 음수인 경우도 있으면 불한정(indefinite)이라고 한다.

8.4 최소다항식

A가 정방행렬이라 하자. $J(A)$를 A를 근으로 갖는 모든 다항식 $f(t)$의 모임이라고 하자. 즉 $f(A) = 0$이다. 케일리 해밀턴의 정리 8.1에 의하면 A의 특성다항식 $\Delta_A(t)$는 $J(A)$의 원소이므로 집합 $J(A)$는 공집합이 아니다. $J(A)$의 원소 중 차수가 제일

작은 다항식을 $m(t)$라고 하자(이러한 다항식은 유일하게 존재한다). 우리는 $m(t)$를 **최소다항식**(minimal polynomial)이라고 부른다.

언급 ‖ 최고 차항의 계수가 1인 다항식 $f(t) \neq 0$를 모닉(monic)이라고 부른다. $f(x) = x^2 + x + 2$이면 $f(A) = A^2 + A + 2I$ 이라는 것이다.

또한 $f(A) = 0$이면 $f(A) = A^2 + A + 2I = \begin{bmatrix} 0 & 0 \\ 0 & 0 \end{bmatrix}$이라는 것이다.

정리 8.16 한 행렬 A의 최소다항식 $m(t)$는 A를 해로 갖는 모든 다항식을 나눈다. 특히 A의 특성다항식 $\Delta(t)$를 나눈다.

증명 $f(t)$가 $f(A) = 0$을 만족하는 다항식이라 하자. 나눗셈 정리에 의해 다항식 $q(t)$와 $r(t)$가 존재하여

$$f(t) = m(t)q(t) + r(t),\ r(t) = 0 \text{ 또는 } \deg r(t) < \deg m(t)$$

를 만족한다. 이 방정식에 $t = A$를 대입하고 $f(A) = 0$과 $m(A) = 0$을 이용하면 $r(A) = 0$을 얻는다. 만약 $r(t) \neq 0$이라면 $r(t)$는 A를 해로 갖는 $m(t)$보다 차수가 작은 다항식이다. 이것은 최소다항식의 정의에 모순된다. 그러므로 $r(t) = 0$이다. 따라서 $f(t) = m(t)q(t)$이므로 $m(t)$는 $f(t)$를 나눈다. ■

정리 8.17 한 행렬 A의 특성다항식 $\Delta(t)$와 최소다항식 $m(t)$는 같은 기약인수를 갖는다.

증명 $f(t)$를 기약다항식이라 하자. 만약 $f(t)$가 $m(t)$를 나눈다면 $m(t)$가 $\Delta(t)$를 나누므로 $f(t)$는 또한 $\Delta(t)$를 나눈다. 반면 $f(t)$가 $\Delta(t)$를 나눈다면 유제 8.16에 의해 $f(t)$ 또한 $[m(t)]^n$을 나눈다. 그러나 $f(t)$는 기약이므로 $f(t)$는 $m(t)$를 나눈다. 따라서 $\Delta(t)$와 $m(t)$는 같은 기약인수를 갖는다. ■

정리 8.18 스칼라 λ가 행렬 A의 고윳값일 필요충분조건은 λ가 행렬 A의 최소다항식 $m(t)$의 근인 것이다.

보기 8.19 $A=\begin{bmatrix}2 & 2 & -5\\3 & 7 & -15\\1 & 2 & -4\end{bmatrix}$의 최소다항식 $m(t)$를 찾아라.

풀이 행렬 A의 특성다항식 $\Delta(t)$를 찾자.

$$tr(A)=5,\ A_{11}+A_{22}+A_{33}=2-3+8=7,\ |A|=3$$

이므로

$$\Delta(t)=t^3-5t^2+7t-3=(t-1)^2(t-3)$$

이다. $m(t)$는 특성다항식 $\Delta(t)$를 나누고 같은 기약인수를 가지므로

$$f(t)=(t-3)(t-1) \quad 또는 \quad g(t)=(t-3)(t-1)^2$$

중 하나이다. 또한 케일리 해밀턴의 정리에 의해 $g(A)=\Delta(A)=0$이므로 $f(t)$를 테스트해봐야 한다.

$$f(A)=(A-I)(A-3I)=\begin{bmatrix}1 & 2 & -5\\3 & 6 & -15\\1 & 2 & -5\end{bmatrix}\begin{bmatrix}2 & 2 & -5\\3 & 7 & -15\\1 & 2 & -4\end{bmatrix}$$
$$=\begin{bmatrix}0 & 0 & 0\\0 & 0 & 0\\0 & 0 & 0\end{bmatrix}$$

이다. 그러므로 최소다항식은 $f(t)=(t-3)(t-1)=t^2-4t+3$이다. ■

유제 8.14 $A=\begin{bmatrix}4 & -2 & 2\\6 & -3 & 4\\3 & -2 & 3\end{bmatrix}$, $B=\begin{bmatrix}3 & -2 & 2\\4 & -4 & 6\\2 & -3 & 5\end{bmatrix}$라 하자. 두 행렬의 특성다항식은 모두 $\Delta(t)=(t-2)(t-1)^2$이다. 각 행렬의 최소다항식 $m(t)$를 찾아라.

풀이 $m(t)$는 $\Delta(t)$를 나눈다. 또한 $\Delta(t)$의 각 인수 $(t-2)$와 $(t-1)$은 또한 $m(t)$의 인수이다. 따라서 $m(t)$는 다음 중 하나이다.

$$f(t)=(t-2)(t-1) \ 또는\ g(t)=(t-2)(t-1)^2$$

(a) 케일리 해밀턴 정리에 의해 $g(A)=\Delta(A)=0$이다. 따라서 $f(t)$를 보자.

$$f(A)=(A-2I)(A-I)=\begin{bmatrix}2 & -2 & 2\\6 & -5 & 4\\3 & -2 & 1\end{bmatrix}\begin{bmatrix}3 & -2 & 2\\6 & -4 & 4\\3 & -2 & 2\end{bmatrix}$$
$$=\begin{bmatrix}0 & 0 & 0\\0 & 0 & 0\\0 & 0 & 0\end{bmatrix}$$

이다. 따라서 $m(t)=f(t)=(t-2)(t-1)=t^2-3t+2$가 A의 최소다항식이다.

(b) 비슷하게 $g(B)=\Delta(B)=0$이다. 따라서 $f(t)$를 보자.

$$f(B)=(B-2I)(B-I)=\begin{bmatrix}1&-2&2\\4&-6&6\\2&-3&3\end{bmatrix}\begin{bmatrix}2&-2&2\\4&-5&6\\2&-3&4\end{bmatrix}$$

$$=\begin{bmatrix}-2&2&-2\\-4&4&-4\\-2&2&-2\end{bmatrix}\neq 0$$

이다. 따라서 $m(t)\neq f(t)$이다. B의 최소다항식은 $m(t)=g(t)=(t-2)(t-1)^2$이다. ■

유제 8.15 다음 각 행렬의 특성다항식 $\Delta(t)$와 최소다항식 $m(t)$를 구하라.

(1) $M=\begin{bmatrix}4&1&0&0&0\\0&4&1&0&0\\0&0&4&0&0\\0&0&0&4&1\\0&0&0&0&4\end{bmatrix}$ (2) $M'=\begin{bmatrix}2&7&0&0\\0&2&0&0\\0&0&1&1\\0&0&-2&4\end{bmatrix}$

풀이 (1) M은 대각블록

$$A=\begin{bmatrix}4&1&0\\0&4&1\\0&0&4\end{bmatrix},\ B=\begin{bmatrix}4&1\\0&4\end{bmatrix}$$

를 갖는 블록대각행렬이다. A의 특성다항식과 최소다항식은 $f(t)=(t-4)^3$이고 B의 특성다항식과 최소다항식은 $g(t)=(t-4)^2$이다. 그러므로 $\Delta(t)=f(t)g(t)=(t-4)^5$이지만 $m(t)=\mathrm{LCM}[f(t),\ g(t)]=(t-4)^3$이다.

(2) M'은 대각블록

$$A=\begin{bmatrix}2&7\\0&2\end{bmatrix},\ B=\begin{bmatrix}1&1\\-2&4\end{bmatrix}$$

를 갖는 블록대각행렬이다. A의 특성다항식과 최소다항식은 $f(t)=(t-2)^2$이고 B의 특성다항식과 최소다항식은 $g(t)=t^2-5t+6=(t-2)(t-3)$이다. 그러므로

$$\Delta(t)=f(t)g(t)=(t-2)^3(t-3),$$
$$m(t)=\mathrm{LCM}[f(t),\ g(t)]=(t-2)^2(t-3)$$

이다. ■

유제 8.16 n 정방행렬 A의 최소다항식을 $m(t)$라고 하자. A의 특성다항식 $\Delta(t)$가 $[m(t)]^n$을 나눔을 증명하라.

풀이 $m(t)=t^r+c_1t^{r-1}+\cdots+c_{r-1}t+c_r$이라 하자. 행렬 B_j를 다음과 같이 정의하자.

$$B_0=I \qquad \Rightarrow\ I=B_0$$

$$B_1=A+c_1I \qquad \Rightarrow\ c_1I=B_1-A=B_1-AB_0$$

$$B_2=A^2+c_1A+c_2I \qquad \Rightarrow\ c_2I=B_2-A(A+c_1I)=B_2-AB_1$$

$$\vdots \qquad\qquad \vdots$$

$$B_{r-1}=A^{r-1}+c_1A^{r-2}+\cdots+c_{r-1}I$$

$$\Rightarrow\ c_{r-1}I=B_{r-1}-AB_{r-2}$$

그러면

$$\begin{aligned}-AB_{r-1}&=c_rI-(A^r+c_1A^{r-1}+\cdots+c_{r-1}A+c_rI)\\&=c_rI-m(A)=c_rI\end{aligned}$$

이다.

$$B(t)=t^{r-1}B_0+t^{r-2}B_1+\cdots+tB_{r-2}+B_{r-1}$$

이라 하면

$$\begin{aligned}&(tI-A)B(t)\\&=(t^rB_0+t^{r-1}B_1+\cdots+tB_{r-1})\\&\qquad-(t^{r-1}AB_0+t^{r-2}AB_1+\cdots+AB_{r-1})\\&=t^rB_0+t^{r-1}(B_1-AB_0)+t^{r-2}(B_2-AB_1)+\cdots\\&\qquad+t(B_{r-1}-AB_{r-2})-AB_{r-1}\\&=t^rI+c_1t^{r-1}I+c_2t^{r-2}I+\cdots+c_{r-1}tI+c_rI=m(t)I.\end{aligned}$$

위 식의 양쪽 행렬의 행렬식을 구하면 $|tI-A||B(t)|=|m(t)I|=[m(t)]^n$이다. $|B(t)|$가 다항식이므로 $|tI-A|$는 $[m(t)]^n$을 나눈다. 즉 A의 특성다항식이 $[m(t)]^n$을 나눈다. ■

8장 연습문제

1. $A=\begin{bmatrix} a & b \\ c & d \end{bmatrix}$가 대수적 중복도 2의 고윳값 λ를 갖는다고 하자. 그러면 $\lambda=\dfrac{a+d}{2}$임을 증명하라.

2. $A=\begin{bmatrix} a & b \\ c & d \end{bmatrix}$가 대수적 중복도 2의 고윳값 λ를 갖는다고 하자. 적당한 실수 k에 대하여 $ck=a-\lambda$이고 $(d-\lambda)k=b$를 만족한다고 하자. 그러면 λ의 고유공간의 차원이 1차임을 증명하라.

3. $A=\begin{bmatrix} a & b \\ c & d \end{bmatrix}$가 대수적 중복도 2의 고윳값 λ를 갖는다고 하자. 모든 실수 k에 대하여 $ck\neq a-\lambda$ 또는 $(d-\lambda)k\neq b$를 만족한다고 하자. 그러면 λ의 고유공간의 차원이 2차임을 증명하라.

4. $B=\begin{bmatrix} 8 & 12 & 0 \\ 0 & 8 & 12 \\ 0 & 0 & 8 \end{bmatrix}$이라고 하자. $B=A^3$이 되는 실가 행렬 A를 찾아라.

5. 다음 각 행렬에 대하여 고윳값과 고유벡터를 구하라.

(1) $A=\begin{bmatrix} 2 & -3 \\ 2 & -5 \end{bmatrix}$ (2) $B=\begin{bmatrix} 2 & 4 \\ -1 & 6 \end{bmatrix}$

(3) $C=\begin{bmatrix} 1 & -4 \\ 3 & -7 \end{bmatrix}$

6. $A=\begin{bmatrix} a & b \\ c & d \end{bmatrix}$를 실가 행렬이라 하자. A가 대각화 가능할 a, b, c, d에 대한 조건을 찾아라. 즉 A가 2개의 선형 독립인 고유벡터를 가지는 것을 의미한다.

7. $E: V\rightarrow V$를 사영함수라 하자. 즉 $E^2=E$이다. E가 대각화 가능함을 보이고 대각행렬이 $M=\begin{bmatrix} I_r & 0 \\ 0 & 0 \end{bmatrix}$임을 보여라. 여기서 r은 E의 차수 $(\mathrm{rank}(E)=\dim(\mathrm{Im}\,E))$이다.

8. 다음의 고윳값을 갖는 2×2 대칭행렬 A를 찾아라. 각각의 경우에 대해 $B^2=A$가 되는 행렬 B를 찾아라.

(1) $\lambda=1$과 $\lambda=4$ 그리고 $\lambda=1$에 속하는 고유벡터는 $u=(1,\ 1)$이다.

(2) $\lambda=2$와 $\lambda=3$ 그리고 $\lambda=2$에 속하는 고유벡터는 $u=(1,\ 2)$이다.

9. A와 이것의 전치행렬 A^T는 같은 최소다항식을 가짐을 증명하라.

10. $A=\begin{bmatrix} 1 & 2 \\ 3 & 2 \end{bmatrix}$라 할 때 다음을 구하라.

(1) 행렬 A의 특성다항식을 구하라.

(2) 케일리 해밀턴 정리가 성립함을 보여라.

11. $B=\begin{bmatrix} 1 & 2 & 3 & 4 \\ 0 & 2 & 8 & -6 \\ 0 & 0 & 3 & -5 \\ 0 & 0 & 0 & 4 \end{bmatrix}$의 특성다항식을 구하라.

12. $A=\begin{bmatrix} 1 & -3 & 3 \\ 3 & -5 & 3 \\ 6 & -6 & 4 \end{bmatrix}$이라 하자.

(1) 행렬 A의 특성다항식을 구하라.

(2) 고윳값을 구하라.

(3) $\lambda_1=-2$의 고유공간의 기저를 구하라.

(4) 대수적반복수와 기하적반복수를 구하라.

(5) A는 대각화 가능한가?

13. 선형변환 $T:\mathbb{R}^3\rightarrow\mathbb{R}^3,\ T(x,\ y,\ z)=(2x+y,\ y-z,\ 2y+4z)$라 정의할 때 다음을 구하라.

(1) T의 특성다항식을 구하라.

(2) 고윳값을 구하라.

(3) 각 고윳값에 대한 고유공간의 기저를 구하라.

(4) T는 대각화 가능한가?

14. $A = \begin{bmatrix} 4 & -2 & 2 \\ 6 & -3 & 4 \\ 3 & -2 & 3 \end{bmatrix}$ 이라 하자.

(1) 행렬 A의 특성다항식을 구하라.

(2) 행렬 A의 최소다항식을 구하라.

15. 대칭행렬 $A = \begin{bmatrix} 5 & -3 \\ -3 & 8 \end{bmatrix}$의 이차방정식 형태를 구하라.

16. $q(x, y) = 4x^2 + 5xy - 7y^2$에 대응하는 대칭행렬 B를 구하라.

참고문헌

1. 김대수, 선형대수학, 생능출판사, 2010.
2. 김응태, 박승안, 선형대수학 3판, 경문사, 2002.
3. 김창근, 송영권, 양영균, Matlab을 이용한 선형대수학, 경문사, 2003.
4. 신항균, 이광연, 이상구, 천기상, 선형대수학과 응용, 경문사, 2002.
5. David C. Lay, *Linear Algebra and its application 3rd edition*, Pearson Addison wesley, 2006.
6. George Nakos, David Joyner, *Linear Algebra with Applications*, Brooks/Cole Publishing Company, 1998.
7. Howard Anton, *Elementary Linear Algebra 4th edition*, wiley, 1986.
8. Larry Smith, *Linear Algebra,* Springer-Verlag, 1978.
9. Serge Lang, *Linear Algebra 2nd edition*, Addison wesley, 1986.
10. Seymour Lipschutz, Marc Lipson, *Linear Algebra Schaum's outlines 3rd edition*, Mc Graw Hill, 2001.
11. Seymour Lipschutz, 3000 solved problems in *Linear Algebra, Schaum's ssolved problems Series*, Mc Graw Hill, 1989.

찾아보기

선형대수학 제2판

지은이 채갑병
펴낸이 조경희
펴낸곳 경문사
펴낸날 2010년 9월 1일 1판 1쇄
2021년 3월 2일 2판 1쇄
등 록 1979년 11월 9일 제 1979-000023호

주 소 04057, 서울특별시 마포구 와우산로 174
전 화 (02)332-2004 팩스 (02)336-5193
이메일 kyungmoon@kyungmoon.com

값 26,000원

ISBN 979-11-6073-380-8